AF384099

COURS DE CHIMIE INDUSTRIELLE

BIBLIOTHÈQUE DE L'ENSEIGNEMENT TECHNIQUE

VOLUMES PARUS

SECTION COMMERCIALE

Notions de Physique	3 fr.	»
Cours de Chimie	4	»
Eléments de Marchandises. — T. I. Bois, Matériaux, etc..	3	»
— T. II. Métallurgie, Métaux	3	»
— T. III. Produits chimiques	2	»
— T. IV. Matières alimentaires	2	50
— T. V. Matières grasses, textiles et diverses	3	25
Essais chimiques des marchandises	3	»
Cours de Géographie commerciale	4	»
Notions de commerce	4	»
Précis de Législation usuelle et commerciale	4	50
Morceaux choisis	3	50
First Book of Business English	4	50
Fred and Maud (Premier livre d'anglais usuel)	3	25
Across the Channel (Second livre d'anglais usuel)	3	»
Round the World (Troisième livre d'anglais usuel)	3	50
Primer curso de lengua castellana	2	75
Segundo curso de lengua castellana	4	50
Vademecum español del comerciante	3	50
Allemand commercial	3	50

SECTION INDUSTRIELLE

Cours d'Arithmétique	4	75
Problèmes et Exercices d'Arithmétique avec solutions	6	»
Eléments d'Algèbre	3	50
Cours de Géométrie, t. I	3	50
— t. II	4	50
Géométrie descriptive appliquée au dessin (2ᵉ édition)	2	50
Eléments de Physique (3ᵉ édition)	3	50
Cours de Chimie industrielle	3	75
Cours de Mécanique industrielle, t. I (2ᵉ édition)	4	50
— — t. II	4	50
— — t. III	2	50
Cours d'Électricité industrielle	4	50
Travaux pratiques d'Electricité industrielle. — T. I. Mesures	3	»
— T. II. Machines électriques	3	50
— T. III. Installations intérieures	6	»
Technologie. — T. I. Bois : généralités	4	50
— T. II. Bois : travail mécanique	5	»
Géographie industrielle	4	50
Cours d'Histoire contemporaine, t. I	2	50
— — — t. II	3	»
Législation ouvrière et industrielle	3	50
Hygiène générale et industrielle	5	»

Tous les volumes de cette collection sont vendus séparément. Les différents tomes d'un même ouvrage peuvent être également achetés séparément.

BIBLIOTHÈQUE DE L'ENSEIGNEMENT TECHNIQUE

PUBLIÉE SOUS LA DIRECTION DE

MM. Michel LAGRAVE, Inspecteur général honoraire de l'Enseignement technique
Emile PARIS, Inspecteur général de l'Enseignement technique
Secrétaire Général : Georges BOURREY, Inspecteur de l'Enseignement technique

COURS ÉLÉMENTAIRE

DE

CHIMIE INDUSTRIELLE

PAR

D. TOMBECK
DOCTEUR ÈS SCIENCES
ANCIEN PROFESSEUR
A L'ÉCOLE SUPÉRIEURE PRATIQUE
DE COMMERCE ET D'INDUSTRIE DE PARIS

E. GOUARD
PROFESSEUR A L'ÉCOLE PRATIQUE
D'INDUSTRIE
DE BOULOGNE-SUR-MER

*A l'usage des Écoles pratiques de Commerce et d'Industrie
rédigé conformément aux programmes du 28 août 1909.*

PARIS

H. DUNOD et E. PINAT, ÉDITEURS

47 ET 49, QUAI DES GRANDS-AUGUSTINS (VIᵉ ARRᵗ)

1911

PROGRAMME OFFICIEL
DU COURS DE CHIMIE INDUSTRIELLE

DES

ÉCOLES PRATIQUES DE COMMERCE ET D'INDUSTRIE

FIXÉ PAR ARRÊTÉ MINISTÉRIEL DU 28 AOUT 1909

SECTION INDUSTRIELLE

PREMIÈRE ANNÉE

Expériences simples ayant pour but :
1° De différencier le phénomène physique du phénomène chimique ;
2° D'amener aux notions de corps simples, corps composés, décomposition, combinaison, analyse, synthèse ;
3° De familiariser les élèves avec les appareils et procédés de laboratoire (différentes façons de produire et de recueillir un gaz, etc.).

I. — AIR

Composition qualitative.

II. — OXYGÈNE

Combustion dans l'oxygène. — Rôle de l'oxygène et de l'azote dans la respiration. — Des produits obtenus par combustion dans l'oxygène ; donner quelques notions sur les oxydes, acides, sels, hydrates.

III. — EAU PURE

Composition de l'eau. — Pouvoir dissolvant. — Eaux naturelles. — Eaux industrielles. — Eaux résiduelles. — Eaux potables.

V. — HYDROGÈNE

Propriétés essentielles :
1° Légèreté : gonflement des ballons ;

2° Combustion : soudures autogènes ;
3° Pouvoir réducteur : réduction des oxydes.

V. — CHARBONS

a. — Caractères communs des charbons. Classification. Propriétés essentielles ·
1° Pouvoir absorbant : épuration des eaux ;
2° Pouvoir décolorant : raffinage du sucre ;
3° Pouvoir réducteur : fabrication du fer.
b. — Productions de la combustion du charbon.
1° Gaz carbonique :
Propriétés essentielles :
Applications industrielles : eaux gazeuses, carbonatation : rôle de ce gaz dans la nature.
2° Oxyde de carbone :
Propriétés essentielles ;
Pouvoir réducteur ; son importance dans l'industrie ; réduction des oxydes de fer dans les hauts fourneaux.
Température élevée et régulière produite par sa combustion ; gazogène, récupération, moteurs à gaz pauvre.
Son rôle toxique.
c. — Applications du charbon et de ses composés au chauffage et à l'éclairage.
1° Combustibles :
solides : charbons naturels, coke, agglomérés, charbon de bois ;
gazeux : gaz de houille, gaz pauvre, gaz à l'eau, gaz mixte, gaz de bois, acétylène ;
liquides : pétroles, huiles lourdes de pétrole.
2° Quelques mots sur la composition d'une flamme pour expliquer son pouvoir éclairant.
Se basant sur les notions qui viennent d'être acquises, donner des notions élémentaires sur les lois des combinaisons chimiques, la notation chimique et la classification des métalloïdes.

VI. — CHLORE

Propriétés essentielles.
Pouvoir oxydant ; blanchiment, désinfection. — Quelques mots sur l'acide chlorhydrique (esprit de sel) et les chlorures susceptibles d'applications industrielles

VII. — SOUFRE

Propriétés essentielles.
Emplois industriels du soufre : poudre à tirer, allumettes, vulcanisation du caoutchouc, scellements, etc.

Emplois dans l'agriculture et la médecine.

Princi aux composés du soufre :

1° Anhydride sulfureux ; son emploi dans le blanchiment des textiles, comme désinfectant, dans la machine à glace, etc.

2° Acide sulfurique : son emploi dans la fabrication des composés chimiques les plus usités, des bougies, du glucose, du phosphore, des matières colorantes, dans l'épuration des huiles, l'extraction des matières grasses, les piles, la dissolution de l'indigo, etc.

3° Quelques mots sur l'hydrogène sulfuré et les sulfates susceptibles d'applications industrielles ou agricoles.

VIII. — PRINCIPAUX COMPOSÉS DE L'AZOTE

1° Ammoniaque, sels ammoniacaux.

Emploi de l'ammoniaque dans les appareils frigorifiques, en teinturerie pour dissoudre les couleurs, rehausser les teintes, dégraisser, etc. : emploi des sels ammoniacaux dans les soudures, en agriculture.

2° Acide azotique.

Pouvoir oxydant : fabrication de l'acide sulfurique.

Pouvoir nitrant : nitroglycérine, celluloïd. Agent de dérochage dans le travail des métaux ; gravure sur métaux.

IX. — PHOSPHORE

Propriétés essentielles : fabrication des allumettes.

Emploi des scories de hauts fourneaux en agriculture.

X. — SILICIUM

Rôle du silicium dans la métallurgie ; silice ou sable.

Produits céramiques : briques, tuiles, faïences, porcelaines.

Produits vitrifiés : verre, cristal.

Produits réfractaires : carborundum.

DEUXIÉME ANNÉE

Métaux.

Propriétés physiques : aspect, texture, densité, fusion, conductibilité.

Propriétés mécaniques : dureté, ténacité, malléabilité, ductilité.

Propriétés chimiques : action de l'oxygène, de l'air, de l'eau ; moyen de protéger les métaux contre la rouille.

I. — FERS, FONTES ET ACIERS

Différence entre les fers, fontes et aciers. — Principes sur lesquels repose la fabrication de ces produits.

1° Hauts fourneaux. — Différentes espèces de fontes. — Usages divers.

2° Fers soudés. — Puddlage, cinglage, laminage.

3° Fers et aciers fondus, aciers au creuset, acier Bessemer, acier Thomas, acier Martin, aciers spéciaux.

Quelques mots sur les composés du fer : ocres, colcothar, vitriol vert, prussiates.

II. — ZINC

Métallurgie. Propriétés, usages, fer galvanisé.

Quelques mots sur le blanc de zinc, le sulfate de zinc (lithophone).

III. — CUIVRE

Principales propriétés. — Usages.

Quelques mots sur les composés du cuivre susceptibles d'applications industrielles : couperose bleue.

IV. — ÉTAIN

Principales propriétés. — Usages. — Étamage du fer, du cuivre. — Fer-blanc.

V. — PLOMB

Principales propriétés. — Usages. — Composés du plomb les plus importants : litharge, minium, céruse, jaune de chrome.

VI. — ALUMINIUM

Principales propriétés. — Usages. — Aluns.

VII. — Quelques mots sur le nickel, l'or, l'argent, le platine, le mercure.

VIII — LES ALLIAGES

Préparation et propriétés des alliages.

1° Laiton : métal Delta ;

2° Bronze : bronze d'art, bronze de cloches. — Bronze de monnaies. —

Bronze de constructions mécaniques. — Bronze d'aluminium. — Bronze phosphoreux ;

3° Antifriction ;
4° Maillechort ;
5° Soudure et brasure ;
6° Alliages fusibles.

Matières organiques

Moyens de reconnaître les corps simples contenus dans les substances organiques.

Notions sommaires sur :

1° Les industries se rattachant aux fermentations, boissons fermentées, alcool industriel, vinaigre, etc... :

2° Les industries se rapportant aux hydrates de carbone sucre, cellulose et dérivés :

3° Les industries des matières textiles : blanchiment, teinture, etc.

Cette partie peut être adaptée aux besoins de chaque école.

AVERTISSEMENT

Le temps très limité — 1 h. 1/2 par semaine en première année et 1 h. 1/2 par quinzaine en seconde — que l'horaire prévoit pour l'enseignement de la chimie dans les Ecoles pratiques d'industrie, ainsi que le jeune âge des élèves, — 12 à 13 ans, — met le professeur dans la nécessité de réduire au minimum le développement de son programme. Dans ces conditions, quelques-uns de nos collègues penseront sans doute que l'ouvrage aurait pu s'alléger de diverses questions reproduites en petits caractères. Cela est exact. Mais d'un autre côté, les parties du cours ainsi traitées avec quelque développement : épuration des eaux, soudure autogène, chauffage industriel, combustibles gazeux, propriétés mécaniques des métaux, moulage mécanique, etc., sont justement celles qui présentent le plus d'intérêt pour les futurs ouvriers, contremaîtres, chefs d'atelier et petits patrons de l'Industrie. — Ceux-ci pourront les aborder dès leur scolarité pendant les loisirs des heures d'études et des jours de congé; ils pourront y revenir après leur sortie de l'école. Quant aux professeurs qui sont souvent chargés d'un complément d'enseignement scientifique en 3ᵉ ou en 4ᵉ année, ils en trouveront ainsi la matière dans leur livre de cours.

CHIMIE INDUSTRIELLE

AGENTS DE LA CHIMIE

L'AIR, L'EAU, LE FEU, COMBUSTIBLES

I. — EXPÉRIENCES SIMPLES PRÉLIMINAIRES

1. Phénomènes physiques. — *Expériences.* — I.
Dissolution du sel (*fig.* 1). — Dans un tube
à essai contenant de l'eau, versons du sel
de cuisine. Celui-ci disparaît; on dit qu'il
s'est dissous dans l'eau. L'aspect du sel
a changé puisque, de solide, il est devenu
liquide. Mais si l'on porte le tube sur la
flamme d'un bec Bunsen, on constate que

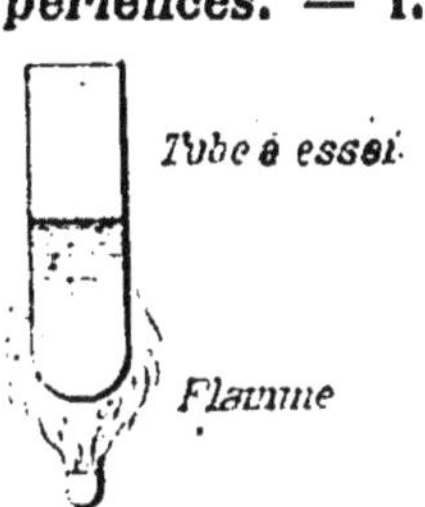

Fig. 1.

la liqueur diminue
peu à peu et que l'on
retrouve dans le fond du tube un corps
qui présente l'aspect et possède toutes les
propriétés du sel primitif.

Fig. 2.

II. Congélation de l'eau et fusion de la
glace (*fig.* 2). — Pendant l'hiver, lorsque le thermomètre
indique que la température est de 3 ou 4° au-dessous de zéro,
transportons dans la cour un verre conique contenant de
l'eau. Celle-ci se transforme en une masse de glace solide que
l'on peut retirer du verre sans la déformer. L'aspect de l'eau

a donc varié. Mais si, après avoir replacé le morceau de glace dans le verre, on le rentre près du feu, l'on obtient à nouveau l'eau primitive.

III. Vaporisation de l'eau et condensation (e la vapeur (*fig. 3*). — Plaçons au-dessus de la flamme d'un bec Bunsen une cornue

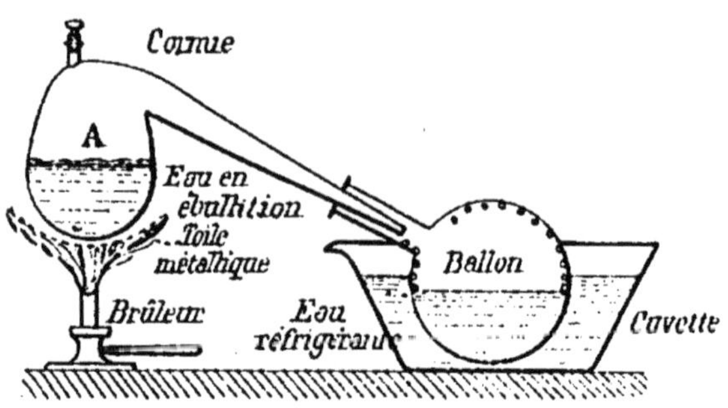

Fig. 3. — Vaporisation et condensation.

A contenant de l'eau. Peu à peu l'eau s'échauffe, puis elle entre en ébullition et se transforme en vapeur qui s'échappe de la cornue avec des propriétés différentes de celles de l'eau. Mais si, au lieu de laisser cette vapeur s'enfuir dans l'air, nous la conduisons dans un ballon baignant dans l'eau de la cuvette, nous constatons que cette vapeur se dépose en fines gouttelettes, le long des parois de la cornue. Elle se condense et les gouttelettes se réunissant entre elles, tombent à la partie inférieure

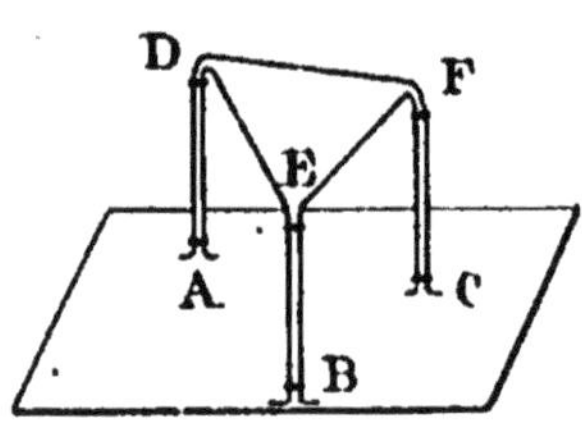

Fig. 4. — Trépied destiné à recevoir une toile métallique et à supporter les appareils de verre : cornue ou ballon.

où l'on obtient exactement la même eau que celle qui primitivement occupait le ballon.

IV. Fusion du soufre. — Dans un tube à essai, posons quelques morceaux de soufre et soumettons le tout à la flamme, le soufre fond; mais si l'action de la flamme vient à cesser, le soufre reprend son aspect et ses caractères primitifs.

V. Échauffement d'une barre de fer lorsqu'on la place dans un foyer.

VI. Mélange de fleur de soufre et de limaille de fer. — Quelle que soit l'intimité du mélange, on distingue à l'œil nu les parcelles de fer de celles du soufre, on peut les séparer les unes des autres. Si l'on jette le tout dans la benzine, le soufre se dissout comme s'il était seul; quant au fer, on peut l'extraire facilement du mélange à l'aide d'un aimant.

Définition. — On appelle phénomène physique toute action, qui, comme les précédentes, a pour effet de modifier, mais d'une manière momentanée, l'aspect et certaines propriétés des corps qui sont le siège du phénomène. Ces corps reprennent leur forme et leurs qualités primitives, dès que cesse l'action qui est la cause du phénomène.

En dehors des faits constatés lors des expériences I à VI, on peut encore citer comme phénomènes physiques toute dissolution d'un corps solide dans l'eau ou dans un liquide approprié, la fusion du plomb, l'allongement sous l'action de la chaleur d'une barre d'acier, l'électrisation d'un conducteur en cuivre, l'attraction d'un aimant, l'étincelle électrique, etc...

2. Phénomènes chimiques. — *Expériences.* — **VII. Combustion du soufre dans l'air.** — Au cours de l'expérience IV, nous avons constaté que la fusion du soufre ne modifiait que momentanément ses propriétés. Si maintenant nous approchons de ce corps une allumette enflammée, le soufre brûle avec une flamme bleue en même temps que se dégage un gaz qui, s'il est conduit dans un verre contenant de la teinture bleue de tournesol, communique à cette liqueur une teinte rose. Or le soufre lui-même n'avait aucune influence sur la teinture de tournesol; ses propriétés se sont donc profondément modifiées, à tel point d'ailleurs que l'on serait bien en peine de retrouver le soufre primitif. Que s'est-il donc passé ? Le soufre en brûlant s'est *combiné* avec un gaz de l'air, l'*oxygène*, pour former un troisième corps, l'anhydride sulfureux, qui n'a aucune des propriétés du soufre ni de l'oxygène. La combinaison qui s'est produite en s'accompagnant d'un dégagement de chaleur est un phénomène chimique.

VIII. Combinaison du soufre et du fer. — Reprenons le mélange de fleur de soufre et de limaille de fer de l'expérience VI et, après nous être assurés qu'il y a 16 grammes de soufre pour 28 grammes de fer, portons sur la flamme en agitant avec une tige de verre plein, appelée agitateur. Peu à peu la masse se boursoufle, dégage une grande quantité de chaleur et devient noire. A la fin de l'expérience, il s'est formé un troisième corps, le sulfure de fer, ne ressemblant en rien ni au soufre, ni au fer. Il y a eu combinaison des deux corps; c'est un phénomène chimique.

IX. Décomposition du sucre par la chaleur. — Dans un tube à essai, plaçons quelques morceaux de sucre, puis soumettons le tout à la flamme. Du tube, on voit se dégager des vapeurs pendant que la substance brunit de plus en plus et finalement devient noire. Il ne reste qu'une masse de charbon, poreuse et légère. Le sucre s'est décomposé; les substances gazeuses ont disparu dans l'atmosphère pendant que du charbon solide restait au fond du tube. Ce charbon, pas plus que les gaz qui se sont dégagés, ne possède la saveur bien caractéristique du sucre.

X. Réaction du vinaigre sur la craie. — Sur de la craie contenue dans un verre, versons quelques gouttes de vinaigre ; un bouillonnement se produit, un gaz à odeur un peu piquante se dégage, et la masse blanchâtre qui reste dans le verre n'est plus de la craie.

En outre, malgré la basse température des deux corps mis en présence, le verre s'est fortement échauffé. Il y a eu une double action : la craie a été décomposée en gaz carbonique qui se dégage et en chaux qui s'est combinée au vinaigre pour former de l'acétate de calcium; c'est un phénomène chimique.

·Définition. — On appelle phénomène chimique toute action ayant pour effet de modifier d'une façon profonde et durable l'aspect et les propriétés des corps qui sont le siège de ce phénomène. Cette action est toujours accompagnée d'un dégagement ou d'une absorption de chaleur.

Il y a *combinaison* entre deux corps, si ces deux corps s'unissent pour en former un troisième. Le rapport entre les poids de ces corps est constant, c'est-à-dire toujours le même.

Ex. : combustion du charbon dans l'oxygène de l'air ; disparition de la tournure de cuivre dans du soufre fondu ; formation de carbonate de calcium lorsqu'on insuffle dans de l'eau de chaux le gaz carbonique qui se dégage de nos poumons, l'action de l'air humide sur une barre de fer qui se rouille, etc.

Il y a *décomposition* d'un corps lorsque celui-ci, sous l'action de la chaleur, de la lumière ou de l'électricité, donne naissance à d'autres corps. Ex. : décomposition du sucre, fabrication de la chaux à l'aide du calcaire dans les fours à chaux, électrolyse de l'eau dans un voltamètre, grillage des pyrites, sulfures de fer ou de cuivre.

Lorsque deux corps agissent l'un sur l'autre pour donner lieu à plusieurs autres corps, on dit qu'il y a *réaction*. Ex. : réaction du vinaigre sur la craie, réduction par le charbon du minerai ou oxyde de fer pour donner dans le haut fourneau la fonte et l'oxyde de carbone.

8. Corps simples. — Les corps simples sont ceux que l'on ne peut pas décomposer, au moins avec les procédés dont la science dispose à l'heure actuelle. Ex. : l'oxygène, le soufre, le fer.

En chimie, on appelle *symbole* d'un corps simple une ou deux lettres servant à le désigner et représentant un certain poids caractéristique de ce corps, nommé son *poids atomique* (¹)

(¹) Ce nom, qui provient d'une hypothèse sur la constitution de la matière sera expliqué plus loin.

Pour fixer les idées nous admettrons toujours que le poids atomique est un nombre de grammes correspondant à un volume de $11^l,13$ de vapeur du corps ramenée à la température de la glace fondante (zéro degré centigrade, $0°$) et à la pression atmosphérique de 760 millimètres de mercure. Ceci est vrai dès maintenant pour les corps gazeux à la température de $0°$. Pour les autres, le poids atomique se définit d'une autre manière, qu'on peut ramener théoriquement à la précédente.

I. SYMBOLES DE QUELQUES CORPS SIMPLES

Gazeux

Hydrogène	H =	1
Oxygène	O =	16
Azote	Az =	14
Chlore	Cl =	35,5

Liquides

Brome	Br =	80
Mercure	Hg =	200

Solides

Aluminium	Al =	27
Argent	Ag =	108
Baryum	Ba =	137
Bore	B =	11
Calcium	Ca =	40

Carbone	C =	12
Cuivre	Cu =	63,5
Étain	Sn =	118
Fer	Fe =	56
Iode	I =	126,5
Magnésium	Mg =	24
Manganèse	Mn =	55
Nickel	Ni =	58,5
Or	Au =	196,2
Phosphore	P =	31
Platine	Pt =	194,4
Plomb	Pb =	206,4
Potassium	K =	39
Silicium	Si =	28
Sodium	Na =	23
Soufre	S =	32
Zinc	Zn =	65

4. Corps composés. — Les corps composés sont ceux qui résultent d'une combinaison ou qui peuvent être décomposés pour donner naissance à d'autres corps. Ex. : le sucre, l'eau, la craie, le sel de cuisine, le minerai de fer, les pyrites, l'anhydride sulfureux, le gaz carbonique, le sulfure de fer, la rouille. Un corps composé est toujours constitué par deux ou plusieurs corps simples qui en sont les *éléments*.

En chimie, un corps composé se représente symboliquement par le groupement des symboles de tous ses éléments ; à ce groupement on a donné le nom de *formule*. Dans une formule les différents symboles sont d'ailleurs affectés d'un exposant indiquant combien de fois le poids atomique de chaque élément entre dans la combinaison. (Remarque : on ne met pas l'exposant 1.) Ex. : le rapport dans lequel l'hydrogène se combine à l'oxygène pour donner de l'eau est le même que si 2 fois le poids atomique (1 gramme) de l'hydrogène H se combinait avec le poids atomique (16 grammes) de l'oxygène O pour former de l'eau, la formule de ce corps composé sera H^2O.

On désigne sous le nom de *poids moléculaire* d'un corps composé la somme des produits obtenus en multipliant chacun des poids atomiques de tous les symboles, par leurs exposants respectifs.

Le poids moléculaire de l'eau sera :

$$1^{gr} \times 2 \text{ pour } H^2 + 16^{gr} \times 1 \text{ pour } O = 18^{gr} \text{ pour } H^2O.$$

5. Analyse et synthèse. — Les méthodes, employées en chimie pour connaître la constitution des corps composés peuvent se ramener à deux types : l'analyse et la synthèse. L'*analyse* consiste à séparer l'un de l'autre les différents éléments du corps composé. Elle est *qualitative* si elle fait connaître seulement les corps simples entrant dans le corps composé ; elle est *quantitative* si elle fait connaître en outre dans quelle proportion se trouvent les poids et les volumes des corps simples. Ex. : la décomposition du sucre par la chaleur est un commencement d'analyse (expérience IX).

La *synthèse* est le contraire de l'analyse ; elle consiste à provoquer la combinaison de deux ou plusieurs corps simples. La combustion du soufre S et la formation du sulfure de fer FeS (expériences VII et VIII) sont des synthèses.

6. Moyens de produire et de recueillir un gaz. — Préparation à froid. — Hydrogène (*fig.* 5). — On emploie un flacon à large goulot muni d'un bouchon percé de deux trous destinés au passage de deux tubes. L'un, appelé tube de sûreté, plonge jusqu'au fond du flacon et est muni à sa partie supérieure d'un entonnoir par lequel on verse sur un métal, du zinc Zn généralement, de l'eau H^2O additionnée d'acide sulfurique ou huile de vitriol, SO^4H^2. Par le second qui est appelé tube de dégagement, et qui ne plonge pas dans le liquide, l'hydrogène produit se rend dans une éprouvette remplie d'eau et placée au-dessus d'un têt à gaz dans la cuve à eau.

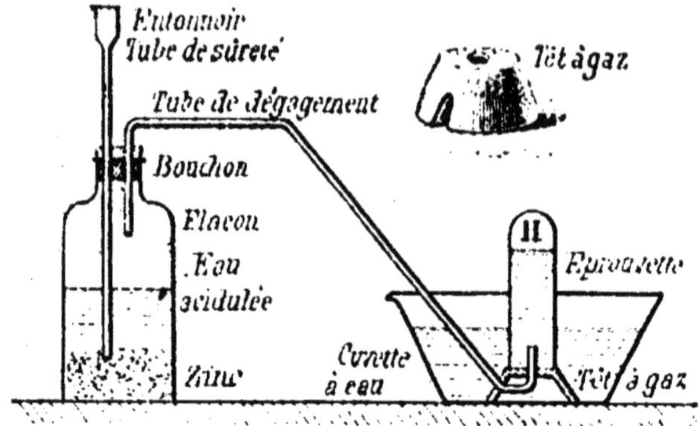

Fig. 5. — Préparation à froid (hydrogène).

Lorsque le gaz est soluble dans l'eau, au lieu de remplir de ce liquide la cuve et l'éprouvette, on lui substitue du mercure Hg.

Préparation à chaud. — **Chlore** (*fig.* 6). — On emploie un

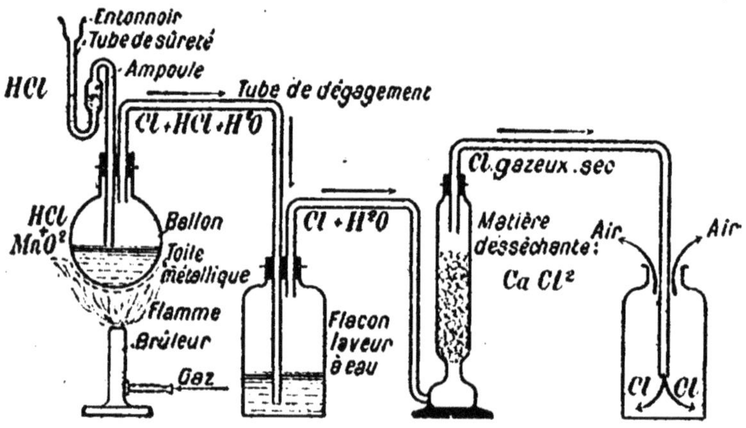

Fig. 6. — Préparation à chaud (chlore).

ballon que l'on place sur une toile métallique au-dessus de la flamme. Il y a encore deux tubes, mais celui de sûreté est recourbé et présente une ampoule dans laquelle on verse un liquide, ici l'acide chlorhydrique. D'autre part, comme le chlore n'est pas pur, on le lave dans un flacon contenant de l'eau, puis on le dessèche dans une éprouvette renfermant une matière avide d'eau, le chlorure de calcium. (Pour d'autres gaz, on peut employer la pierre ponce imbibée d'acide sulfurique.) Enfin le chlore étant plus lourd que l'air est recueilli dans un flacon ouvert au fond duquel il tombe (on dit que l'on a recueilli le gaz par déplacement).

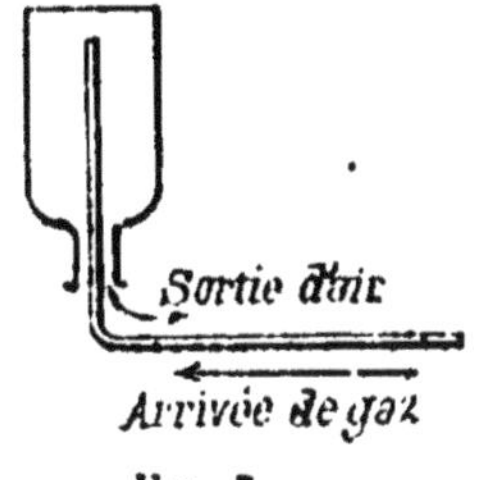

Fig. 7.

Lorsque le gaz que l'on recueille est plus léger que l'air, comme l'ammoniaque AzH^3, on peut encore le recueillir par déplacement de l'air, mais le flacon est disposé le goulot en bas (*fig.* 7).

Lorsque la production du gaz a lieu à température élevée, on substitue une cornue au ballon.

Appareil intermittent Sainte-Claire Deville (*fig.* 8). — Il est constitué par deux flacons A et B portant deux tubulures

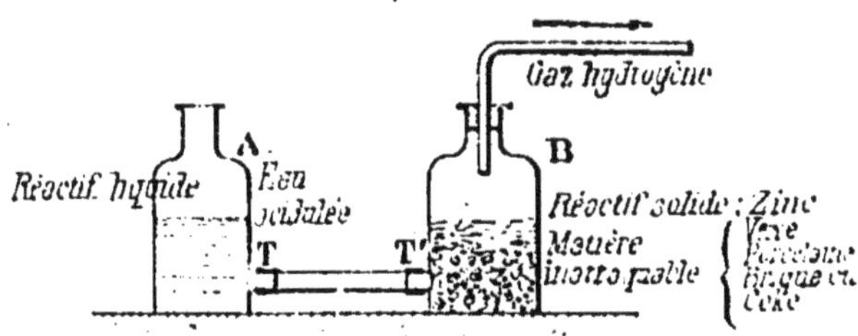

Fig. 8. — Appareil intermittent Sainte-Claire Deville.

T et T' qui permettent de les faire communiquer par un tube de caoutchouc. Le flacon A renferme le réactif liquide que l'on peut à volonté faire agir sur le réactif solide ou l'empêcher d'agir (placer B sur un support).

QUESTIONNAIRE (¹)

Qu'appelle-t-on phénomène physique? exemple; — phénomène chimique? exemple; — combinaison? exemple; — décomposition? exemple; — réaction? exemple; — corps simple? exemple; — symbole d'un corps simple? exemple; — poids atomique d'un corps simple? — corps composé? exemple; — formule d'un corps composé? exemple; — poids moléculaire d'un corps composé? — analyse? — synthèse? — Comment produit-on et recueille-t-on un gaz? — Pourquoi la dissolution du sel, la congélation de l'eau, la fusion du soufre, la vaporisation de l'eau, le mélange du soufre et du fer, sont-ils des phénomènes physiques? — Pourquoi la combinaison du soufre et du fer, la décomposition du sucre par la chaleur, le grillage des pyrites, sont-ils des phénomènes chimiques? — Quels sont les symboles et les poids atomiques de l'oxygène, de l'hydrogène, du carbone, du soufre et du fer?

EXERCICES

I. — Sachant que le poids atomique exprimé en grammes d'un corps simple représente un volume gazeux de $11^l,13$, quel est le poids d'un litre d'hydrogène H, d'oxygène O, d'azote Az et de chlore Cl?

II. — Sachant qu'il faut 32 grammes d'oxygène O pour brûler complètement 12 grammes de carbone C, quelle est la formule du gaz carbonique formé pendant la combustion?

III. — Quel est le poids moléculaire du gaz anhydride sulfureux SO^2?

IV. — Sachant que le poids moléculaire exprimé en grammes d'un corps composé représente un volume gazeux de $22^l,26$, quel est le poids de un litre de gaz carbonique CO^2, d'anhydride sulfureux SO^3, d'ammoniaque AzH^3?

II. — AIR ATMOSPHÉRIQUE

7. Composition qualitative. — L'air que nous respirons et qui constitue l'atmosphère entourant la surface de la terre est un mélange de plusieurs gaz. En effet :

1° Si l'on abandonne à l'air de l'eau de chaux, celle-ci se

(¹) Pour guider les débutants, nous avons ajouté un questionnaire à la fin de chaque chapitre, mais dans la première partie seulement.

recouvre au bout d'un certain temps d'une pellicule de carbonate de calcium dû au gaz carbonique;

2° Lorsque, par une chaude journée d'été, on apporte sur la table une carafe sortant d'une cave bien fraîche ou remplie de glace, on constate que cette carafe primitivement essuyée se recouvre de gouttelettes d'eau ne pouvant provenir que de la condensation de la vapeur d'eau contenue dans la salle;

3° Les combustibles, bois, charbon, soufre, etc., brûlent dans l'air comme dans l'oxygène O que nous étudierons et qui seul entretient la combustion; c'est donc que l'air en renferme;

4° Mais il renferme en outre un autre gaz, car son action est bien moins vive que celle de l'oxygène O, et si ce dernier gaz est absorbé par la combustion vive du phosphore P placé

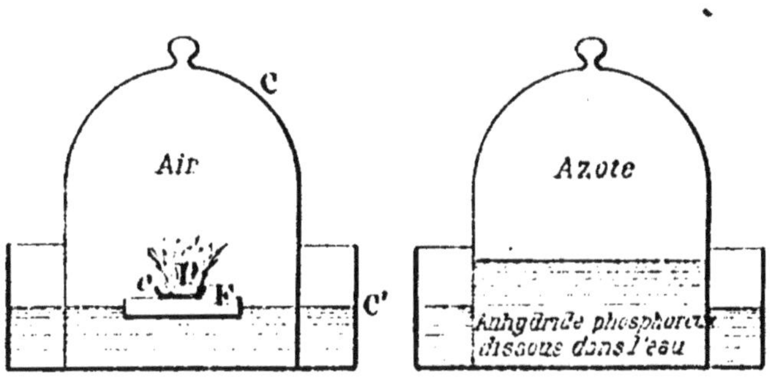

FIG. 9. FIG. 10.

dans une coupelle c, sous une cloche C, sur la cuve à eau C' (*fig.* 9), le gaz restant n'entretient plus la combustion; c'est de l'azote Az (*fig.* 10);

5° L'air renferme encore en petite quantité d'autres gaz, des microbes ou ferments, et aussi des poussières visibles dans un rayon de soleil.

La vapeur d'eau et le gaz carbonique étant également en petite quantité, on peut dire que l'air renferme surtout de l'oxygène et de l'azote avec des traces d'autres gaz et des poussières diverses.

8. Analyse quantitative. — Absorption de l'oxygène O par le phosphore P (*fig.* 11). — Dans une éprouvette graduée (A₁) on mesure 100 centimètres cubes d'air et l'on maintient l'éprouvette bien verticale sur la cuve à eau. Puis on introduit dans cet air, au moyen d'un fil de fer, un petit morceau de phosphore. Celui-ci absorbe lentement l'oxygène O pour former de l'anhydride phosphoreux qui se dissout très facilement dans l'eau.

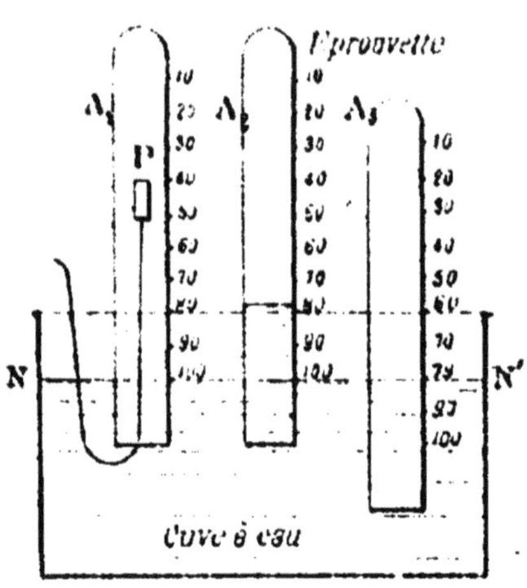

Fig. 11. — Absorption de l'oxygène par le phosphore.

Ce liquide monte alors dans l'éprouvette (A₂), au-dessus du niveau NN' de la cuve, et si l'on ramène les niveaux en concordance (A₃), on constate que le volume restant est de 79 centimètres cubes: c'est de l'azote.

On pourrait également absorber l'oxygène O par de l'acide pyrogallique en présence de la potasse, on trouverait le même résultat, c'est-à-dire que :

L'air renferme en volume 21°/₀ d'oxygène O et 79 °/₀ d'azote Az.

Dosage de l'oxygène en poids par le cuivre (*fig.* 12). — Avant

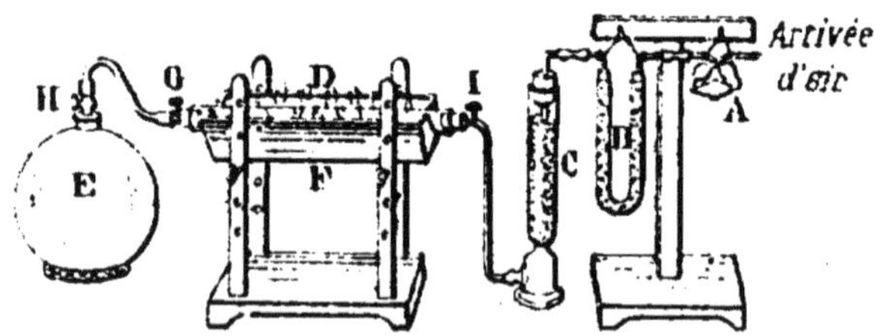

Fig. 12. — Dispositif de dosage de l'oxygène en poids.

l'expérience, on fait le vide d'air dans le tube D contenant du cuivre et dans le grand ballon E que l'on pèse séparément avec beaucoup de précision. Puis on place le tube dans le brasier F, et l'on ouvre les robinets I, G, H. L'air aspiré passe dans une série de tubes dits *tubes de Liebig* A, de *tubes en U*, B, ou d'éprouvettes à pied C renfermant : les uns, de la potasse qui retient le gaz carbonique ; les autres, de la pierre ponce imbibée d'acide sulfurique qui retient la vapeur d'eau.

L'air pur et sec passe alors sur le cuivre Cu porté au rouge que l'oxygène O transforme en oxyde de cuivre CuO, pendant que l'azote Az se rend dans le ballon E.

On pèse à nouveau séparément le tube et le ballon dont les augmentations de poids représentent les poids d'oxygène et d'azote. On constate ainsi que :

L'air renferme en poids 23°/₀ d'oxygène O et 77 °/₀ d'azote Az.

REMARQUES. — 1° Le poids de l'azote ainsi déterminé, divisé par la contenance du ballon E, donne le poids du litre de ce gaz. On peut obtenir de la même manière le poids du litre d'un gaz ou d'une vapeur quelconques : l'air, l'oxygène, l'hydrogène, la vapeur d'eau par exemple ;

2° Par l'augmentation de poids des tubes renfermant la potasse qui fixe le gaz carbonique, on peut obtenir le poids de cet élément dans l'air ; mais il faut opérer avec beaucoup de précision, car il n'y a que 3 grammes environ de ce gaz dans 10 kilogrammes d'air.

On obtiendrait de même la proportion de vapeur d'eau contenue dans l'air en déterminant l'excédent de poids des tubes à pierre ponce sulfurique ; il existe d'ailleurs pour cette détermination d'autres méthodes étudiées en physique (hygrométrie). La proportion de vapeur d'eau est excessivement variable : 0 à 3 millièmes, selon la saison, la température et le climat.

9. Propriétés. — *a) Physiques.* — L'air est un mélange de gaz et non une combinaison, car la réunion des éléments constitutifs se fait sans dégagement ni absorption de chaleur, et dans un rapport qui n'est pas simple ; enfin les propriétés de l'air sont intermédiaires entre celles de l'oxygène et de l'azote. C'est ainsi que le poids du litre d'air 1ᵍʳ,293 peut se déterminer par un problème de mélange :

0^l,21 d'oxygène O pèse :

$$(16^{gr} : 22^l,26) \times 0^l,21 = 1^{gr},43 \times 0,21 = 0^{gr},30.$$

0^l,79 d'azote Az pèse :

$$(14^{gr} : 22^l,26) \times 0^l,79 = 1^{gr},23 \times 0,79 = 0^{gr},99.$$

1 litre d'air :

$$0^{gr},30 + 0^{gr},99 = 1^{gr},29.$$

L'oxygène étant plus soluble que l'azote dans l'eau, l'air dissous dans ce liquide (2,5 0/0 du volume de l'eau) renferme en volumes 33 0/0 d'oxygène et 66 0/0 d'azote.

L'air est liquéfiable, c'est-à-dire qu'il peut être transformé en un liquide légèrement bleu et limpide. Il peut être troublé par des traces d'anhydride carbonique, CO, neigeux si l'on n'a pas débarrassé l'air de ce corps avant l'opération.

Liquéfaction de l'air (*fig.* 13). — Pour liquéfier un gaz, c'est-à-dire l'amener à l'état liquide, on dispose de deux moyens que l'on peut employer séparément ou simultanément :

Soit :

1° Le refroidir à une très basse température sur la pression atmosphérique 193° au-dessous de zéro (ou — 193° : lire moins 193 degrés) pour l'air et l'azote ; — 181° pour l'oxygène ; — 90° pour le gaz carbonique, etc. ;

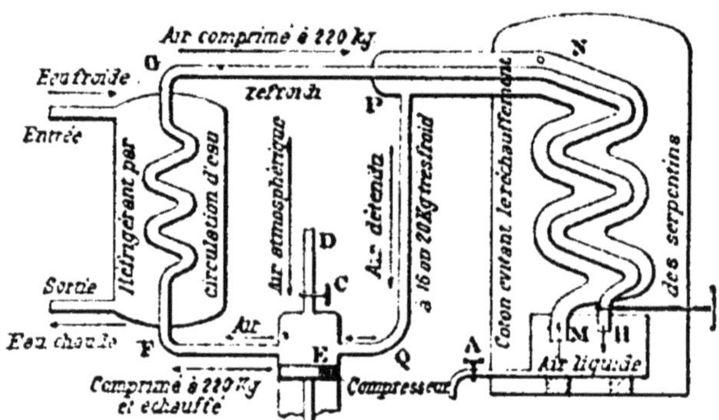

Fio. 13. — Schéma de la liquéfaction de l'air.

2° Le comprimer, c'est-à-dire le soumettre à la pression ; mais, dans ce cas, le gaz doit quand même être refroidi au-dessous d'une certaine température que l'on appelle température critique : — 145° pour l'azote, — 118° pour l'oxygène. Pour le gaz air, cette pression doit être au moins 220 kilogrammes par centimètre carré.

Dans l'appareil de Linde, un compresseur aspire l'air atmosphérique et le comprime à 220 kilogrammes dans le tube EFGoII. Cet air, fortement échauffé par la compression, traverse le serpentin FG, où il est refroidi par une circulation d'eau, puis le serpentin intérieur oII. Si l'on ouvre alors le robinet II, l'air se détend brusquement dans le réservoir à air liquide où il se condense en partie grâce au froid produit par la détente. L'autre partie continue à se détendre dans le serpentin extérieur MN qui forme réfrigérant et d'où le gaz, à la pression de 16 à 20 kilogrammes, est aspiré par le compresseur pour être à nouveau refoulé dans le tube EFGoII.

L'air liquide est recueilli dans des ballons à double enveloppe, argentés sur les parois internes entre lesquelles il y a le vide et placés dans de la sciure de bois bien sèche (*fig. 14*).

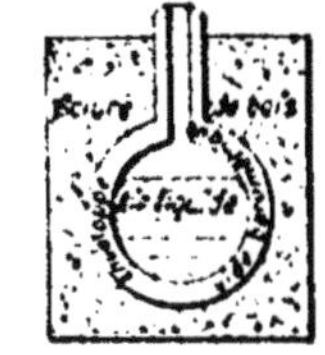

Fig. 14. — Ballon de Dewar pour conserver l'air liquide.

Dans ces ballons, imaginés par d'Arsonval et auxquels on a donné le nom de Dewar, savant anglais qui les a employés, l'air peut se conserver à l'état liquide plus d'une journée.

L'azote s'évaporant le premier, car son point d'ébullition est plus éloigné de zéro (— 193°) que celui de l'oxygène (— 181°) qui est moins volatil, le liquide devient de plus en plus riche en oxygène ; c'est même là une méthode industrielle de préparation de l'oxygène employée par M. Pictet et dite : *méthode par distillation fractionnée.*

b) Chimiques et physiologiques. — Elles sont dues en général à l'action de l'oxygène : l'air entretient la combustion et la vie ; il produit l'oxydation des métaux. La vapeur d'eau et le gaz carbonique jouent toutefois aussi un rôle important ; c'est ainsi que :

1° Le vert-de-gris est un hydrocarbonate de cuivre = hydrogène + oxygène + carbone + cuivre ;

2° Les plantes se nourrissent du gaz carbonique, en absorbant le carbone et mettant l'oxygène en liberté.

10. Usages industriels. — L'air sert à la préparation industrielle de l'oxygène par la baryte et l'air liquide (n° 12).

L'air entretenant la combustion sert :

1° Au chauffage des poêles, des générateurs de vapeur, des fours, des appareils de distillation, des gazogènes, des forges, des cubilots, etc. ;

2° A l'éclairage par la bougie, le pétrole, l'huile, le gaz, l'acétylène ;

3° A la production de la force motrice par les mélanges détonants qu'il forme avec le gaz d'éclairage ; les gaz pauvres

des hauts fourneaux, des fours à coke, des gazogènes ; l'es.
sence, le pétrole, le benzol, l'alcool ;

4° A la réduction des minerais dans les hauts fourneaux,
fours et creusets et à la préparation de la chaux et du plâtre à
cause des hautes températures que produit la combustion du
charbon ;

5° Au grillage des minerais sulfureux ou pyrites.

L'air entretenant la vie sert indirectement l'industrie :

1° Par l'intelligence et la force musculaire qu'elle demande
aux ouvriers ;

2° Par les animaux qu'elle utilise dans les transports ;

3° Par les matières premières d'origine animale ou végétale
qu'elle emploie.

QUESTIONNAIRE

Quels sont les gaz contenus dans l'air? — Pourquoi l'eau de chaux s'y
recouvre-t-elle d'une pellicule et la carafe fraîche d'une buée ?— Comment
absorbe-t-on l'oxygène de l'air? — Que reste-t-il sous la cloche lorsque le
phosphore est brûlé ? — Quelles sont les propriétés de l'azote? — Que
faut-il prendre pour avoir la composition de l'air en volumes? en poids?
— Quelle est cette composition? — Quelles sont les propriétés physiques
et chimiques de l'air ? — Quel est le poids d'un litre d'air ? — Quels sont
les usages industriels de l'air? — Décrivez le schéma de l'appareil de
Linde ; à quoi sert-il ?

EXERCICES

I. — Sachant que 12^{gr} de charbon exigent pour brûler complètement
32^{gr} d'oxygène, calculer en mètres cubes le volume d'air nécessaire à la
combustion de 1^{kg} de charbon.

II. — Sachant que l'azote de cet air s'échappe dans la cheminée à la température de 300°, en emportant 0,24 calorie (^{1}) par kilogramme et par
degré, calculer la chaleur perdue ainsi pendant la combustion de 1^{kg} de
charbon, lorsque l'air extérieur est à la température de 20° (chaufferie).

(^{1}) La calorie est l'unité de quantité de chaleur. C'est la quantité de chaleur nécessaire pour élever de 0 à 1°, 1^{kg} d'eau pure.

III. — OXYGÈNE : $O = 16^{gr} = 11^{l},13$.

11. État naturel. — L'oxygène existe à l'état de mélange dans l'air, à l'état de combinaison dans l'eau et la plupart des composés minéraux ou organiques.

12. Préparation. — *a) Décomposition du chlorate de potassium ClO^3K (fig. 15).* — Dans les *laboratoires*, pour obtenir l'oxygène, on emploie le chlorate de potassium que

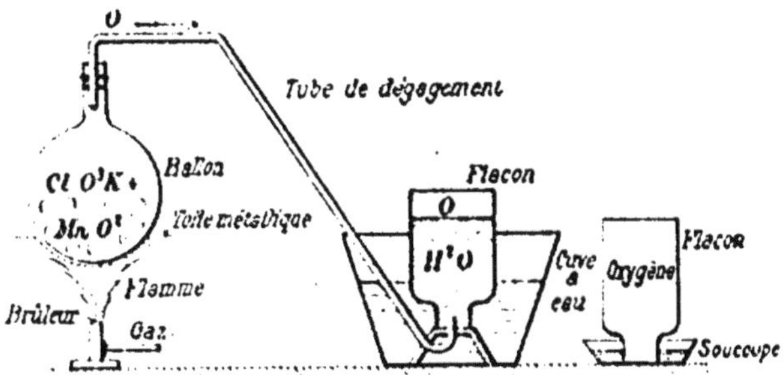

Fig. 15. — Préparation de l'oxygène.

l'on trouve dans le commerce et qui est formé de chlore Cl, d'oxygène O et de potassium K. Si l'on chauffe au-dessus de 200° dans un ballon ou une cornue ce sel additionné de bioxyde de manganèse (le bioxyde de manganèse MnO^2 a pour but de régulariser la réaction), il se décompose : l'oxygène O se dégage, et il reste avec le bioxyde de manganèse indécomposé un autre sel formé uniquement de chlore Cl et de potassium K; c'est le chlorure de potassium KCl, et l'on peut représenter comme ci-dessous la réaction [1] :

ClO^3K	$= KCl$	$+ 3\overset{\nearrow}{O}$
Chlorate de potassium	= chlor. de potassium	+ oxygène
[Chlore + oxygène + potassium]	= [chlore + potassium]	+ oxygène
$[35^{gr},5 + (16^{gr} \times 3) + 39^{gr}]$	$= [35^{gr},5 + 39^{gr}]$	$+ (16^{gr} \times 3)$
$122^{gr},5$	$= 74^{gr},5$	$+ 48^{gr}$
	ou bien $3 \times 11^{l},13 = 33^{l},39$).	

[1] Une flèche dans une égalité indique que le corps est un gaz et qu'il se dégage; ce procédé commode est assez généralement employé.

Ces égalités montrent que 48^{gr} d'oxygène sont produits par la décomposition complète de $122^{gr},5$ de chlorate, et, si l'on désirait davantage d'oxygène, 600^{gr} par exemple, il faudrait :

$$122^{gr},5 \times \frac{600}{48} = 15.312^{gr},5,$$

ou $15^{k},3125$ de chlorate.

L'oxygène qui se dégage est recueilli sur la cuve à eau dans un flacon que l'on enlève en le maintenant fermé au moyen d'une soucoupe remplie d'eau.

Mais généralement, c'est un volume déterminé d'oxygène que l'on désire ; soit 100^l par exemple, on calculera le poids de ce volume, sachant que le poids atomique de O, ou 16^{gr}, occupe $11^l,13$.

Ainsi, dans ce cas :

$$\frac{16^{gr}}{11,13} \times 100 = 1^{gr},43 \times 100 = 143^{gr} \text{ d'oxygène,}$$

et l'on fait le calcul comme précédemment.

De ce procédé se rapprochent ceux qui sont employés dans la soudure oxy-acétylénique : *Calcination de l'oxygénite* ou perchlorate de potassium ClO^4K, moins facilement décomposable que le premier, mais encore plus riche en oxygène ;

Décomposition de l'oxylithe ou peroxyde de sodium, substance solide nommée aussi pierre à oxygène, qui abandonne du gaz en présence de l'eau en fournissant de la soude caustique.

b) **Électrolyse de l'eau,** ou décomposition de l'eau par le courant électrique (n° 23, *fig.* 20).

c) **Distillation fractionnée de l'air liquide** (n° 9, *fig.* 13 et 14). — Ce procédé industriel, réalisé par Linde, puis Pictet et Claude, permet d'obtenir de l'oxygène industriel à tout degré de pureté.

d) **Extraction de l'oxygène de l'air par la baryte.** — C'est encore le procédé le plus employé dans l'industrie malgré l'élégance des deux précédents (*b* et *c*). La baryte ou protoxyde de baryum BaO, chauffée à 500° dans un courant d'air, en absorbe l'oxygène pour former du bioxyde de baryum BaO^2.

$$[O + nAz] \quad + \quad BaO \quad = \quad BaO^2 \quad + \quad nAz.$$

air   baryte   bioxyde de baryum   azote de l'air

Lorsque cette réaction est terminée, on aspire l'azote à l'aide de pompes, et l'on élève la température en même temps que l'on diminue la pression. Le bioxyde de baryum se dissocie alors en abandonnant une partie de son oxygène qui est envoyé au gazomètre :

$$BaO^2 \quad = \quad BaO \quad + \quad O \nearrow$$
$$\text{bioxyde de baryum} \qquad \text{baryte} \qquad \text{oxygène}$$

La baryte peut servir un nombre indéfini de fois, n'étant pas altérée dans cette opération.

Nota. — La *baryte* BaO n'est pas un corps naturel : ses minerais sont la *withérite* ou carbonate naturel de baryum CO^3Ba et le *spath pesant* ou sulfate naturel de baryum SO^4Ba. On l'obtient par les procédés suivants :

1° Grâce à des fours à réverbères spéciaux, on peut décomposer la withérite par la chaleur :

$$CO^3Ba \quad = \quad CO^2 \nearrow \quad + \quad BaO,$$
$$\text{withérite} \qquad \text{gaz carbonique} \qquad \text{baryte}$$

comme l'on décompose le *calcaire* ou carbonate naturel de calcium CO^3Ca dans les fours à chaux pour avoir la chaux vive CaO :

$$CO^3Ca = CO^2 \nearrow + CaO ;$$

2° On peut transformer la *withérite* CO^3Ba en sulfure BaS en la traitant à 360° par un courant d'acide sulfhydrique H^2S, puis décomposer BaS en la traitant à 500° par la vapeur d'eau surchauffée :

phase *a)* $\qquad CO^3Ba + H^2S = BaS + CO^2 + H^2O ;$

$\quad$ *b)* $\qquad BaS \quad + H^2O = BaO + H^2S ;$

3° La *withérite*, CO^3Ba traitée par l'acide azotique ou eau-forte AzO^3H, se transforme en azotate de baryum que l'on dissocie par calcination :

phase *a)* $\quad CO^3Ba + 2AzO^3H = (AzO^3)^2 Ba + CO^2 + H^2O ;$

$\quad$ *b)* $\qquad (AzO^3)^2 Ba = BaO + AzO^2 + AzO^3 ;$

4° Le *spath pesant* SO^4Ba traité au four électrique en présence du charbon donne, suivant les conditions, de la baryte BaO ou du carbure de baryum BaC^2 qui, traité par l'eau, donne naissance à de la baryte hydratée $Ba(OH)^2$ et à de l'acétylène C^2H^2 :

1er cas. $\qquad SO^4Ba + C = BaO + SO^2 + CO$

2e cas. $\qquad SO^4Ba + 4C = BaC^2 + SO^2 + 2CO$

$\qquad\qquad BaC^2 + 2H^2O = (BaOOH^2) + C^2H^2.$

18. Propriétés. — *a) Physiques.* — L'oxygène est un gaz

incolore, inodore et sans saveur ; il pèse $16^{gr} : 11,13 = 1^{gr},43$ par litre. On donne souvent sa densité par rapport à l'air. (La densité d'un gaz est le rapport constant qui existe entre le poids d'un volume de ce gaz et le poids d'un égal volume d'air mesurés dans les mêmes conditions de température et de pression.) Or le poids de $11^l,13$ d'un corps simple gazeux, c'est son poids atomique. Il suffira donc de le diviser par le poids de $11^l,13$ d'air qui est :

$$1^{gr},293 \times 11^l,13 = 14^{gr},4,$$

pour avoir la densité cherchée :

$$\text{Densité de l'oxygène } d = \frac{16}{14,4} = 1,1056.$$

La densité d'un corps gazeux composé s'obtient en divisant son poids moléculaire qui occupe, comme on sait, $22^l,26$ par le poids d'un égal volume d'air, soit :

$$1^{gr},293 \times 22^l,26 = 28^{gr},8.$$

Remarque. — Il est beaucoup plus utile de connaître les poids atomiques avec les nombres $11^l,13$ et $14^{gr},4$ pour les corps simples et les formules avec les nombres $22^l,26$ et $28^{gr},8$ pour les corps composés, que les densités et poids du litre des corps gazeux, les exemples précédents le montrent.

L'oxygène O est très peu soluble dans l'eau H^2O. — 1^{m3} de H^2O dissout 40^l d'O, soit 4 0/0 de son volume.

L'oxygène, nous l'avons vu, se liquéfie à — 181° sous la pression atmosphérique.

b) Chimiques. — 1° **Combustion.** — Tous les combustibles brûlent dans l'oxygène avec un très vif éclat ; une allumette soufflée, mais présentant encore un point en ignition, se rallume instantanément dans l'oxygène.

Le soufre S ou le phosphore P placés dans une coupelle (*fig.* 16)

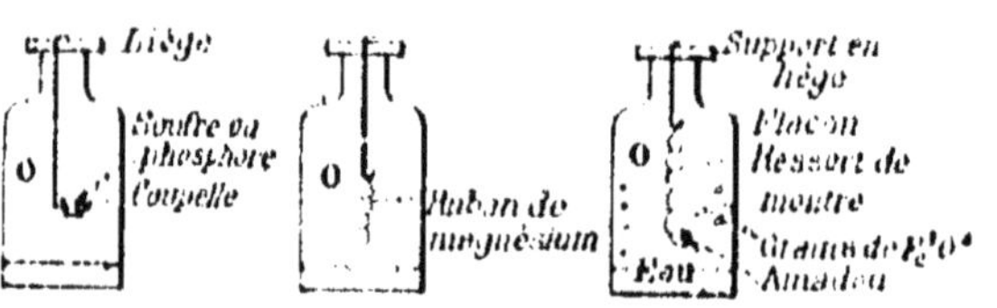

Fig. 16, 17 et 18.

et le ruban de magnésium Mg, fixé à un support (*fig.* 17) brûlent dans l'oxygène avec une lueur éblouissante. La combustion du charbon y est très active ; le potassium fondu donne une lueur violacée. Les métaux eux-mêmes :

ressort de montre en acier (*fig*. 18), fil de clavecin ou fer doux Fe, fil de cuivre Cu, etc., si on munit leur extrémité d'un morceau d'amadou enflammé, brûlent dans l'oxygène en projetant des étincelles, poussières d'oxydes portés à l'incandescence ; la limaille de fer ou de nickel brûle encore plus facilement. Ces corps se combinent tous à l'oxygène et donnent respectivement pendant l'opération :

Le charbon C, de l'anhydride carbonique............... CO_2
Le soufre S, de l'anhydride sulfureux.................. SO_2
Le phosphore P, de l'anhydride phosphorique........... P_2O_5
Le potassium K, de l'oxyde de potassium ou potasse anhydre. K_2O
Le magnésium Mg, de l'oxyde de magnésium ou magnésie. MgO
Le fer ou acier Fe, de l'oxyde magnétique de fer........ Fe_3O_4
Le cuivre Cu, de l'oxyde de cuivre..................... CuO

Les anhydrides CO_2, SO_2, P_2O_5 rougissent la teinture bleue du tournesol ; les oxydes solubles K_2O, MgO ramènent au bleu la teinture rougie.

Toutes ces combinaisons de l'oxygène sont appelées *combustions vives*, parce qu'elles sont toujours accompagnées d'un très grand dégagement de chaleur et de phénomènes lumineux. L'oxygène est appelé *comburant* et les corps qui brûlent dans ce gaz sont appelés *combustibles*.

2° Oxydations ou combustions lentes. — L'oxygène n'attaque pas seulement les corps chauffés comme dans les expériences précédentes, mais il les attaque encore à froid. C'est ainsi que le phosphore peut absorber l'oxygène (*fig*. 9) et que le fer abandonné à l'air se rouille. Dans ces cas, la combinaison est beaucoup plus lente et la chaleur qui l'accompagne n'est pas appréciable à la main ; on lui donne les noms d'oxydation ou combustion lente. L'oxydation n'est généralement pas sensible dans l'oxygène ou l'air froids et secs ; elle est favorisée par la chaleur et surtout par l'humidité.

c) Physiologiques. — Respiration. — L'oxygène de l'air introduit dans les poumons par la respiration (inspiration) est absorbé par les globules rouges du sang. Cet oxygène, distribué dans tout l'organisme, s'y combine avec les éléments :

carbone C et l'hydrogène H, des principes nutritifs. Il y a donc combustion lente, et c'est la chaleur dégagée qui entretient la température voisine de 37° de notre corps.

$$C \;+\; O^2 \;=\; CO^3 \nearrow \;+\; 97^{cal}$$

$$\underset{\text{carbone}}{12^{gr}} \qquad \underset{\text{oxygène}}{(16^{gr} \times 2)} \qquad \underset{\text{anhydride carbonique}}{44^{gr}} \qquad \underset{\text{chaleur}}{}$$

$$H^2 \;+\; O \;=\; H^2O \nearrow \;+\; 58^{cal},2$$

$$\underset{\text{hydrogène}}{(1^{gr} \times 2)} \qquad \underset{\text{oxygène}}{16^{gr}} \qquad \underset{\text{vapeur d'eau}}{18^{gr}} \qquad \underset{\text{chaleur}}{}$$

L'azote Az inactif et les produits de la combustion CO^2 et H^2O sont rejetés hors des poumons pendant la seconde phase de la respiration : l'expiration. Pour s'en rendre compte, souffler : 1° sur une carafe fraîche, elle se recouvre de gouttelettes de vapeur d'eau condensée ; 2° dans de l'eau de chaux, celle-ci se trouble par suite de la combinaison de CO^2 avec la chaux dissoute ($CaO + OH^2$) pour former une pellicule de calcaire insoluble CO^3Ca :

$$CO^2 + CaO^2H^2 = CO^3Ca + H^2O.$$

L'azote joue dans la respiration le rôle d'un régulateur et d'un modérateur, car l'action de l'oxygène pur serait excessivement violente. Les animaux respirent comme l'homme ; ceux qui vivent dans l'eau respirent par les branchies l'oxygène dissous. Les plantes elles-mêmes respirent.

Cependant la proportion de CO^2 n'augmente pas dans l'air malgré la respiration et les combustions des charbons. C'est que les plantes ont besoin de carbone C ou charbon pour se nourrir. Ce carbone, elles le puisent dans l'air. Les feuilles renferment en effet une matière verte, la chlorophylle, qui, sous l'action de la lumière, décompose le CO^2, s'assimile le carbone et dégage l'oxygène :

$$CO^2 = C + O^2 \nearrow.$$

Ceci explique la pureté de l'air dans les forêts et les milieux cultivés.

14. Usages industriels. — L'oxygène étant l'élément actif de l'air a les mêmes usages que ce dernier (n° 10). A part le blanchiment, la fabrication de l'ozone et de l'eau oxygénée ainsi que la soudure au chalumeau oxyhydrique, oxygaz ou oxyacétylénique, l'emploi de l'oxygène pur s'est peu répandu à cause de son prix élevé. Cependant, à cause de son activité plus grande, il rendrait des services considérables qui révolutionneraient l'industrie.

On entrevoit son application en grand, grâce à son obtention depuis 50 jusqu'à 95 0/0 d'O pur par distillation fractionnée de l'air liquide (procédés Pictet ou Claude).

1° Emploi en métallurgie. — En soufflant à l'oxygène le haut fourneau, on supprime la perte due à l'échauffement de l'azote et l'on débarrasse aisément le minerai du soufre, du phosphore et de l'arsenic qu'il contient; on peut même aisément augmenter la température et transformer directement la fonte en fer. A la forge encore, l'utilisation de l'oxygène permettrait de brûler complètement le charbon qui se transformerait en CO_2 au lieu de CO. L'activité de la combustion et l'élévation de température seraient telles que la chauffe des plus grosses pièces serait possible malgré une réduction dans la consommation du charbon. L'emploi d'un chalumeau spécial permettrait de substituer dans les constructions métalliques la soudure au rivetage plus pénible et moins sûre. (On emploie dès maintenant, dans certains cas, le chalumeau à oxygène et hydrogène pour les soudures de chalumeau oxy-hydrique.) Le grillage des minerais sulfureux de cuivre, la fusion des roches renfermant les métaux précieux rendraient d'immenses services à la métallurgie. En résumé, économie de charbon, facilité d'exécution et perfection atteinte, tel serait le bilan de l'oxygène.

2° Emploi en chimie. — La transformation de l'anhydride sulfureux SO_2 en anhydride sulfurique SO_3; la fabrication des oxydes métalliques, celle des gaz pauvres à l'air et à l'eau deviendraient extrêmement faciles avec l'oxygène pur. La force motrice dans les moteurs à explosion et l'intensité de l'éclairage et du chauffage se verraient développées dans une proportion considérable.

3° Emploi en hygiène. — Déjà l'oxygène a permis de prolonger la vie des malades et leur a permis d'attendre la guérison; des asphyxiés par l'oxyde de carbone ont été rappelés à l'existence et l'eau oxygénée est d'un emploi courant comme antiseptique. Mais c'est partout, dans les hôpitaux et les écoles, les bureaux et les usines, les salles de spectacle et les lieux de réunion que l'emploi de l'oxygène permettrait, sans courants d'air froid, de purifier l'atmosphère.

(Ces applications deviendront certainement d'ici peu d'ordre courant, et certaines d'entre elles sont réalisées dans des cas particuliers où l'on n'est pas forcé absolument de regarder à la dépense.)

15. Ozone : $O^3 = 16^{gr} \times 3 = 48^{gr} = 22^l,26$. — C'est une forme condensée et très active de l'oxygène. Il en existe des traces dans l'atmosphère, surtout par les temps d'orages. On le prépare actuellement en soumettant à une série d'effluves électriques un courant d'oxygène dans un appareil appelé ozoneur dont il existe de nombreux types. Nous réprésentons celui de Berthelot (*fig.* 19).

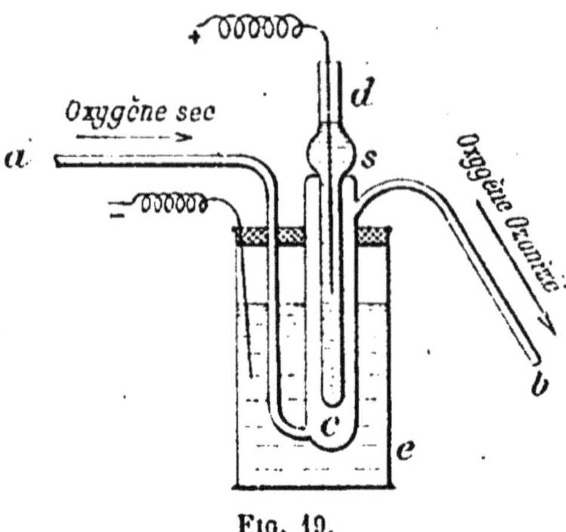

Fio. 19.

Un courant d'oxygène sec arrive en *a*, traverse le tube *c* et quitte l'appareil par le conduit *b*.

Le tube *c* renferme un tube intérieur *d* auquel il est soudé en *s* et qui est rempli d'eau additionnée d'acide sulfurique SO^4H^2, de même que l'éprouvette *e*.

Dans le tube intérieur *d* plonge un fil conducteur, un autre fil plonge dans le liquide de l'éprouvette. Ces deux fils sont en communication avec les pôles d'une bobine de Ruhmkorff. Les parois des éprouvettes internes et externes forment armatures d'un condensateur. Une série d'étincelles jaillit entre les deux liquides, et une grande partie de l'oxygène est transformée en ozone O^3.

L'ozone est un oxydant encore plus énergique que l'oxygène pur ; il détruit la plupart des composés organiques et des ferments. Il est surtout employé pour épurer les eaux d'alimentation des villes ; mais il sert aussi au blanchiment des fibres textiles, de l'ivoire, de l'os et des plumes ; à l'épuration du sucre et à l'amélioration des alcools.

16. Eau oxygénée : $H^2O^2 = (1^{gr} \times 2) + (16^{gr} \times 2) = 34^{gr}$. — L'eau oxygénée ou bioxyde d'hydrogène s'obtient en traitant le bioxyde de baryum par l'acide : fluorhydrique HF, phosphorique PO^4H^3 ou chlorhydrique HCl, entre 0° et + 10° :

$$BaO^2 \quad + \quad 2HF \quad = \quad H^2O^2 \quad + \quad BaF^2$$
bioxyde de baryum   acide fluorhydrique   bioxyde d'hydrogène   fluorure de baryum

Le bioxyde d'hydrogène qu'on obtient à l'état de solution dans l'eau, à son maximum de concentration, est un liquide incolore, sirupeux, de densité 1,46, qui se décompose facilement par la chaleur à 250°, par la lumière et au contact des corps poreux.

$$H^2O^2 = H^2O + O.$$

Est un oxydant très énergique ; par exemple :

Il oxyde directement le sulfure de plomb :

$$PbS + 4H^2O^2 = SO^4Pb + 4H^2O,$$

d'où son emploi pour la restauration des vieilles peintures, noircies par suite de la formation de PbS ; il redonne du SO^4Pb qui est blanc.

$$SO^2 + H^2O^2 = SO^4H^2.$$

l'anhydride sulfureux est directement transformée en acide sulfurique.

L'eau oxygénée très étendue sert :

1° A décolorer ou blanchir les cheveux, les sirops de sucre, la laine, la soie, les plumes ;

2° A arrêter les fermentations et à laver les plaies (antiseptique).

Dans le commerce, on indique la concentration d'une eau oxygénée par le volume d'oxygène qu'elle peut dégager dans sa décomposition. Ainsi on dira : Une eau à 18 volumes, à 30 volumes...

QUESTIONNAIRE

Comment prépare-t-on l'oxygène dans les laboratoires? dans l'industrie? — Comment se décompose le chlorate de potassium ? — Comment trouvez-vous le poids du litre et la densité de l'oxygène? d'un corps simple gazeux ? d'un composé gazeux? — L'oxygène est-il soluble dans l'eau? liquéfiable? — Citez des exemples de combustion dans l'oxygène. — Quels sont les produits de la combustion du charbon? du soufre? du phosphore? du potassium? du magnésium? du fer? du cuivre? — Citez un comburant; des combustibles; deux combustions lentes. — Expliquez le phénomène de la respiration. — Citez les applications de l'oxygène. — Qu'est-ce que l'ozone? l'eau oxygénée?

EXERCICES

I. — Quel est le poids de chlorate de potassium ClO^3K nécessaire à la préparation de 20^l d'oxygène O?

II. — Quel est le poids du litre du gaz ozone $O^3 = 22^l,26$? Quelle est sa densité?

III. — Quel est le poids de soufre S qui brûle dans un flacon contenant $1^l,50$ d'oxygène pur en donnant de l'anhydride sulfureux SO^2 ?

IV. — CLASSIFICATION CHIMIQUE DES CORPS

17. Corps simples. — .On les range en deux catégories : les métalloïdes et les métaux.

a) Métalloïdes :

1° A la température ordinaire, les uns sont solides : soufre S, phosphore P, carbone C; d'autres sont liquides : brome Br; d'autres gazeux : oxygène O, chlore Cl, azote Az, fluor F;

2° Ils sont peu denses, peu résistants et ne brillent d'aucun éclat particulier;

3° Ils sont mauvais conducteurs de la chaleur et de l'électricité;

4° Ils ont au moins une de leurs combinaisons avec l'oxygène : l'*anhydride* (voir CO^2, SO^2 et P^2O^5), ou avec l'hydrogène, l'*hydracide* (HCl) qui, en solution dans l'eau, rougit la teinture bleue du tournesol (réactif coloré);

5° Ils ne peuvent jamais se substituer à l'hydrogène d'un acide tel que HCl (acide chlorhydrique) ou Az^3H (acide azotique) par exemple, pour donner un sel (un chlorure et un azotate en l'espèce). (Nous admettons ici que tout le monde sait ce que c'est qu'un sel, substance solide dont le type est le sel marin.)

b) Métaux. — 1° A la température ordinaire, ils sont tous solides : fer Fe, cuivre Cu, zinc Zn, or Au, argent Ag..., sauf le mercure qui est liquide; l'hydrogène, qui est gazeux, est rangé dans les métaux à cause de ses propriétés chimiques;

2° Ils sont très denses, très résistants, et la plupart brillent d'un éclat particulier dit éclat métallique;

3° Ils sont bons conducteurs de la chaleur et de l'électricité;

4° Ils ont au moins une de leurs combinaisons avec l'oxygène : l'*oxyde basique* KO^2, MgO, qui, en solution dans l'eau, ramène au bleu la teinture de tournesol rougie par un acide;

3° Ils peuvent toujours se substituer à l'hydrogène d'un acide, HCl par exemple, pour constituer un sel.

Cette classification n'est pas d'une netteté et d'une rigueur absolues, mais elle est commode.

Constitution des corps. — Pour expliquer l'action des corps les uns sur les autres, on suppose que la matière ne peut pas être divisée à l'infini, mais qu'elle est formée par la juxtaposition de parcelles très fines toutes identiques, ne pouvant pas être diminuées et auxquelles on donne le nom de *molécules*. Ces molécules exerceraient entre elles une action attractive très grande à l'état solide, d'où la *résistance* ou *cohésion* des corps solides; une répulsion très grande à l'état gazeux, d'où la tendance d'un gaz à occuper tout le volume qu'on lui offre; une action presque nulle dans les corps liquides dont les molécules peuvent facilement se déplacer l'une par rapport à l'autre, mais sans changer de volume.

Chaque molécule serait formée par la réunion de plusieurs *atomes* tous semblables dans un corps simple, différents dans un corps composé. L'atome serait la partie de la molécule qui entre en combinaison. Ainsi la molécule d'oxygène $O^2 = 2$ atomes semblables d'oxygène $OO = 2O$ ou O^2, et la molécule de l'eau $H^2O = 2$ atomes d'hydrogène $+ 1$ atome d'oxygène $HH + O$. En principe le symbole d'un corps simple représente son atome; la formule d'un composé représente sa molécule. Mais on ignore quel est le volume et le poids réels des atomes ou des molécules; on a seulement émis l'hypothèse (hypothèse d'Avogadro et Ampère) que tous les atomes avaient même volume et toutes les molécules un autre volume généralement double du premier.

On a pris pour volume atomique $11^l,13$ parce que c'est le volume occupé par 1^{gr} d'hydrogène, le plus léger de tous les corps, pris comme terme de comparaison.

Le volume moléculaire est par suite $22^l,26$.

Ceci se justifie par l'expérience, car la combinaison :

1° De $11^l,13$ d'O avec $11^l,13 \times 2$ de H^2 donne $22^l,26$ de vapeur d'eau H^2O et non $33^l,39$;

2° De 11¹,13 de Cl avec 11¹,13 de II donne 22¹,26 d'acide chlorhydrique IICl;

3° De 11¹,13 d'Az avec 11¹,3 × 3 de H^3 donne encore 22¹,26 d'ammoniaque.

Valence des corps simples. — Un métalloïde est dit monovalent ou divalent selon qu'un atome de ce corps peut se combiner directement avec 1 ou 2 atomes d'hydrogène. Exemples :

Un atome de chlore Cl se combine à 1 atome d'hydrogène pour former 1 molécule d'acide chlorhydrique HCl; donc il est *monovalent.*

Un atome de soufre S se combine à 2 atomes d'hydrogène H^2 pour former 1 molécule d'acide sulfhydrique H^2S; donc il est *divalent.*

Un métal est dit *monovalent, divalent, trivalent, tétravalent* selon que 1 atome de ce corps peut se substituer à 1, 2, 3, 4, atomes d'hydrogène dans un acide pour former un sel.

1 atome d'argent Ag se substitue à 1 atome de II : *monovalent :*

$$IICl + Ag = AgCl + II.$$

1 atome de calcium Ca se substitue à 2 atomes de II : *divalent :*

$$SO^4H^2 + Ca = SO^4Ca + II^2.$$

1 atome d'or Au se substitue à 3 atomes de II : *trivalent :*

$$3IICl + Au = AuCl^3 + II^3.$$

1 atome de platine Pt se substitue à 4 atomes de H : *tétravalent :*

$$4IICl + Pt = PtCl^4 + II^4.$$

RÈGLE USUELLE. — Dans les cas les plus usuels, tous les métaux sont divalents, sauf le potassium K, le sodium Na, l'argent Ag, qui sont monovalents; l'or Au, qui est trivalent; le platine et l'étain, qui sont tétravalents.

18. Combinaisons des corps simples avec l'oxygène. — 1° *Anhydrides.* — Combinés avec l'eau, ils donnent des *oxacides* ou acides renfermant de l'oxygène qui rougissent la teinture de tournesol. Ils proviennent le plus souvent d'un métalloïde, qui peut d'ailleurs donner plusieurs anhydrides différemment oxygénés. Dans ce cas, le moins oxygéné a une terminaison en *eux*, l'autre une terminaison en *ique*. Exemples :

C carbone	avec O	$=$	CO^2 anhydride carbonique	qui avec H^2O	$=$	CO^3H^2 ; acide carbonique	
S soufre	avec O	$=$	SO^2 anhydride sulfureux	qui avec H^2O	$=$	SO^3H^2 ; acide sulfureux	
S soufre	avec O	$=$	SO^3 anhydride sulfurique	qui avec H^2O	$=$	SO^4H^2 ; acide sulfurique	
Az Azote	avec O	$=$	Az^2O^3 anhydride azotique	qui avec H^2O	$=$	AzO^3H ; acide azotique	
P phosphore	avec O	$=$	P^2O^5 anhydride phosphorique	qui avec H^2O	$=$	PO^4H^3. acide phosphorique	

Quelques métaux donnent aussi des anhydrides ; dans ce cas, c'est la combinaison la plus oxygénée du métal. Exemples :

Fe Fer	avec O	$=$	Fe^2O^3 ; anhydride ferrique
Pb plomb	avec O	$=$	PbO^2 ; anhydride plombique
Sn étain	avec O	$=$	SnO^2 ; anhydride stannique
Mn manganèse	avec O	$=$	Mn^2O^7 ; anhydride permanganique
Cr chrome	avec O	$=$	CrO^3. anhydride chromique

2° *Oxydes basiques.* — Ils proviennent toujours d'un métal ; combinés avec l'eau, ils donnent des *bases* ou *hydrates* ramenant au bleu la teinture de tournesol rougie par un acide ; c'est la combinaison la moins oxygénée du métal ; d'où le nom de protoxyde (premier oxyde) qu'il porte généralement.

Exemples :

$$K^2 + O = K^2O$$ ou potasse ; avec $H^2O = 2KOH$;
potassium   oxygène   protoxyde de potassium   eau

$$Na^2 + O = Na^2O$$ ou soude : avec $H^2O = 2NaOH$;
sodium   protoxyde de sodium

$$Ca + O = CaO$$ ou chaux ; avec $H^2O = CaO^2H^2$;
calcium   protoxyde de calcium

$$Ba + O = BaO$$ ou baryte ; avec $H^2O = BaO^2H^2$;
baryum   protoxyde de baryum

$$Mg + O = MgO$$ ou magnésie ; avec $H^2O = MgO^2H^2$;
magnésium   protoxyde de magnésium

$$Fe + O = FeO$$ $H^2O = FeO^2H^2$:
Fer   protoxyde de fer

$$Cu + O = CuO$$ $H^2O = CuO^2H^2$;
cuivre   protoxyde de cuivre

$$Pb + O = PbO$$ $H^2O = PbO^2H^2$;
plomb   protoxyde de plomb

$$Ag^2 + O = Ag^2O$$ $H^2O = 2AgOH$:
argent   protoxyde d'argent

$$Hg + O = HgO$$ $H^2O = HgO^2H^2$.
mercure   protoxyde de mercure

3° **Oxydes salins.** — Ils peuvent être considérés comme la combinaison de l'anhydride et de l'oxyde basique du même métal. Exemples :

$$Pb^3O^4 = PbO^2 + 2PbO.$$
minium   anhydride plombique   protoxyde de plomb

$$Fe^3O^4 = Fe^2O^3 + FeO.$$
oxyde magnétique de fer   anhydride ferrique   protoxyde de fer

4° **Oxydes singuliers.** — L'oxyde d'aluminium Al^2O^3 joue tantôt le rôle d'anhydride, tantôt le rôle de base.

L'oxyde de carbone CO et le bioxyde de baryum BaO^2 ne jouent aucun rôle acide ou basique ; ils sont neutres.

19. Acides. — Ce sont des corps qui rougissent la teinture de tournesol et qui possèdent un ou plusieurs atomes d'hydrogène H remplaçables par un métal. Ils ont deux origines :

1° **Oxacides.** — Ils proviennent de la combinaison d'un

anhydride avec l'eau :

$$\text{Acide carbonique } CO^3H^2 = \text{anhydride } \quad CO^2 + \text{eau } H^2O ;$$
$$-\text{ sulfurique } SO^4H^2 = \quad - \quad SO^3 + \text{eau } H^2O ;$$
$$-\text{ azotique } 2AzO^3H = \quad - \quad Az^2O^5 + \text{eau } 2H^2O.$$

Les oxacides attaquent : 1° les métaux; 2° les oxydes et les hydrates basiques pour former des sels ternaires (composés de trois corps simples) avec mise en liberté d'hydrogène dans le premier cas, d'eau dans le second :

$$SO^4H^2 \quad + \quad Zn \quad = \quad SO^4Zn \quad + \quad H^2 ;$$
acide sulfurique — zinc — sulfate de zinc — hydrogène
$$CO^3H^2 \quad + \quad CaO \quad = \quad CO^3Ca \quad + \quad H^2O ;$$
acide carbonique — oxyde de calcium — carbonate de calcium — eau
$$SO^4H^2 \quad + \quad Ca(OH)^2 \quad = \quad SO^4Ca \quad + \quad 2H^2O.$$
acide sulfurique — hydrate de calcium — sulfate de calcium — eau
huile de vitriol — chaux éteinte — plâtre — eau

On voit par ces formules des sels qu'on peut les obtenir en remplaçant l'hydrogène de l'acide par le métal, valence à valence.

2° **Hydracides.** — Ils proviennent de la combinaison directe d'un métalloïde avec l'hydrogène :

$$HCl \quad = \quad Cl \quad + \quad H ;$$
acide chlorhydrique — chlore — hydrogène
$$HF \quad = \quad F \quad + \quad H ;$$
acide fluorhydrique — fluor — hydrogène
$$H^2S \quad = \quad S \quad + \quad H^2.$$
acide sulfhydrique — soufre — hydrogène

Les hydracides eux aussi attaquent : 1° les métaux; 2° les oxydes et les hydrates basiques, mais pour donner naissance à des sels binaires (composés de deux corps simples) avec mise en liberté d'hydrogène dans le premier cas, d'eau dans le second :

$$H^2S \quad + \quad Fe \quad = \quad FeS \quad + \quad H^2,$$
acide sulfhydrique — fer — sulfure de fer — hydrogène
$$2HCl \quad + \quad BaO \quad = \quad BaCl^2 \quad + \quad H^2O ;$$
acide chlorhydrique — oxyde de baryum — chlorure de baryum — eau
$$HCl \quad + \quad NaOH \quad = \quad NaCl \quad + \quad H^2O.$$
acide chlorhydrique — hydrate de sodium — chlorure de sodium — eau

la même remarque que précédemment peut être faite sur les formules des sels obtenus.

20. Sels. — De ce qui précède, si on étend à la réaction ce que l'on voit sur la formule, un sel peut être défini le résultat de la substitution d'un métal à l'hydrogène remplaçable d'un acide. Mais, d'une façon absolue, le sel est le résultat de l'action d'un acide sur une base. Les sels binaires peuvent cependant provenir de la combinaison directe d'un métalloïde avec un métal (n° 2, expérience VIII) :

$$FeS = S + Fe.$$
sulfure de fer   soufre   fer

Les sels sont généralement solides : craie, calcaire ou carbonate de calcium CO^3Ca ; plâtre ou sulfate de calcium SO^4Ca ; sel de cuisine ou chlorure de sodium $NaCl$.

Il y a de grandes variétés dans l'action de l'eau sur les sels ; ainsi :

Les chlorures et les sels alcalins de potassium ou de sodium sont très solubles dans l'eau ; le sulfate de baryum est insoluble ainsi que le chlorure d'argent ; les autres sels sont plus ou moins solubles.

QUESTIONNAIRE

Définir en donnant leurs propriétés et en citant des exemples ; les métalloïdes ; les métaux ; les anhydrides ; les oxydes basiques ; les oxydes salins ; les oxacides ; les hydracides ; les hydrates ; les sels binaires ; les sels ternaires. — Pourquoi le chlorure de zinc $ZnCl^2$ est-il appelé sel binaire ? le sulfate de zinc SO^4Zn, un sel ternaire ? — Avec quoi un métal donne-t-il un sel binaire ? exemple ; avec quoi donne-t-il un sel ternaire ? — Que donne un hydrate avec un oxacide ? un hydracide ? — Que donne un métal avec un oxacide ? un hydracide ? un métalloïde ?

EXERCICES

I. — Sachant que le sodium Na et l'argent Az sont des métaux monovalents, le calcium Ca et le zinc Zn divalents, donner les vingt sels que peuvent former ces métaux avec les cinq acides principaux : carbonique, sulfurique, azotique, chlorhydrique et sulfhydrique.

II. — Calculer les poids moléculaires de chaque sel.

II. — *Résumé de la classification chimique des minéraux.*

L'oxygène peut être considéré comme un métalloïde; l'hydrogène H comme un métal; l'eau H^2O comme un oxyde neutre.

soufre S + Oxygène O = anhydride SO^3 + eau H^2O = **Oxacide :** SO^4H^2 (*Acides :*)

- \+ métal Zn = hydrogène H
- \+ oxyde basique ZnO = eau H^2O } \+ *sel ternaire* SO^4Zn
- \+ hydrate $Zn(OH)^2$ = eau H^2O

+ Hydrogène H = ... = **Hydracide :** HCl

- \+ métal Zn = hydrogène H
- \+ oxyde basique ZnO = eau H^2O } \+ *sel binaire* $ZnCl^2$
- \+ hydrate $Zn(OH)^2$ = eau H^2O

+ Métal Fe = ... *sel binaire* $FeCl^2$

plomb Pb + Oxygène O :

- = anhydride ou oxyde salin (pas d'intérêt pour la classification). PbO^2 Pb^3O^4
- = Oxyde basique PbO + eau H^2O = base
  = **Hydrate :** $Pb(OH)^2$
  - \+ oxacide SO^4H^2 = eau H^2O + *sel ternaire* SO^4Pb
  - \+ hydracide HCl = eau H^2O + *sel binaire* $PbCl^2$

cuivre Cu + Acide. .... ou

- oxacide SO^4H^2 = hydrogène H + *sel ternaire* SO^4Cu
- hydracide HCl = hydrogène H + *sel binaire* $CuCl^2$

+ Métalloïde S .... = *sel binaire* CuS

Composés les plus importants :

Oxacides : sulfurique SO^4H^2, azotique AzO^3H, phosphorique PO^4H^3, carbonique CO^3H^2, donnent sulfates, azotates, phosphates et carbonates.

Hydracides : chlorhydrique HCl et sulfhydrique H^2S donnent chlorures et sulfures.

Matières organiques : très compliquées, entrent dans la composition des êtres vivants, renferment toutes du carbone.

V. — EAU : $H^2O = (1^g \times 2) + 16^g = 18^g$

21. État naturel. — L'eau est excessivement répandue dans la nature, mais rarement d'une pureté absolue. Elle se présente d'ailleurs à nous sous les trois états : solide, neige ou glace ; liquide, eau ; et gazeux, vapeur. La neige et la glace existent dans les régions polaires, sur la cime des sommets élevés et un peu partout en hiver. La vapeur existe dans l'atmosphère ; elle provient : 1° de la vaporisation de l'eau située à la surface de la terre : mers, cours d'eau, lacs, eau de ruissellement ; 2° des produits de la respiration humaine ou animale ; 3° de la combustion de tous les composés organiques. Outre les endroits que nous venons de signaler, l'eau existe : 1° dans des galeries souterraines, véritables cours d'eau alimentés par les eaux d'infiltration ; 2° dans le sol où elle dissout les éléments nécessaires à l'alimentation des végétaux ; 3° dans tous les animaux et les végétaux, à l'état libre ou combinée ; 4° dans les acides et les bases à l'état de combinaison ; 5° dans les sels à l'état d'eau de cristallisation ou d'eau d'incorporation.

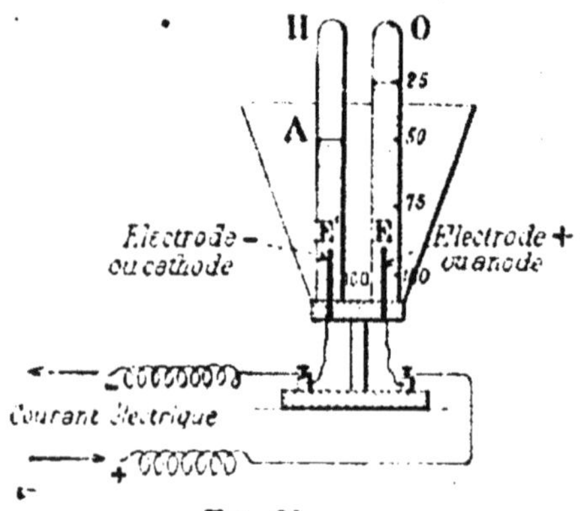

Fio. 20.

22. Composition. — 1° *Électrolyse de l'eau par le voltamètre* (*fig.* 20). — Le voltamètre est un vase A dans le fond duquel sont fixées deux lames de platine E, E', appelées électrodes ; elles sont reliées aux deux pôles positif et négatif d'une pile ou d'un autre générateur d'électricité. Si l'on verse dans le vase A un liquide bon conducteur de l'électricité, de l'eau additionnée d'acide sulfurique SO^4H^2 par exemple, le courant électrique traverse ce liquide de l'électrode positive ou anode E à l'électrode négative ou cathode E'.

En même temps, le courant provoque une décomposition de l'eau en deux gaz que l'on peut recueillir dans des éprouvettes graduées. L'un, qui se porte sur l'électrode négative E', se dégage deux fois plus vite que l'autre, n'entretient pas la combustion, mais brûle avec une flamme jaunâtre chaude et peu éclairante : c'est l'*hydrogène* H. L'autre se dégage sur l'électrode positive E; il rallume une allumette présentant encore un point en ignition, c'est l'*oxygène* O. On peut d'ailleurs constater qu'il y a 50^{cm3} de H dans l'éprouvette de gauche lorsqu'il n'y a encore que 25^{cm3} de O dans celle de droite. Donc :

L'eau est composée de deux volumes d'hydrogène pour un volume d'oxygène, d'où sa formule H^2O.

Le platine coûtant très cher, on peut lui substituer des électrodes en fer; mais comme ce métal serait détruit par l'acide sulfurique, l'eau est rendue conductrice à l'aide de la soude ou hydrate de sodium NaOH.

2° **Synthèse de l'eau par l'eudiomètre** (*fig.* 21). — L'eudiomètre est une sorte d'éprouvette graduée à parois très résistantes et munie à sa partie supérieure de deux fils de platine E, E', traversant le verre et suffisamment rapprochées à l'intérieur du tube, entre lesquels on peut faire éclater une étincelle électrique.

Dans ce tube, on introduit 100^{cm3} d'hydrogène H et 100^{cm3} d'oxygène O, le tout placé sur une cuve profonde à mercure.

A l'aide d'une bouteille de Leyde, on fait jaillir entre les électrodes E, E', une étincelle électrique.

Sous son action les 100^{cm3} d'hydrogène H se combinent à 50^{cm3} d'oxygène pour former de la vapeur d'eau qui se condense au-dessus du mercure. Il reste 50^{cm3} d'oxygène que l'on reconnaît à sa propriété de rallumer une allumette ne présentant qu'un point rouge. L'eau est donc bien un corps composé de deux gaz dans la proportion de 1 volume d'oxygène pour 2 volumes d'hydrogène.

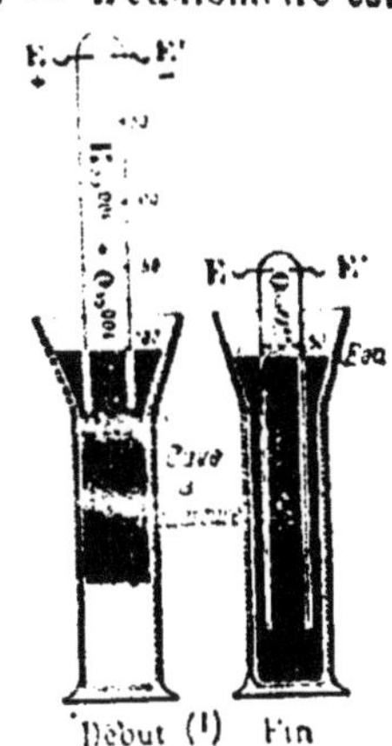

Fig. 21.

3° **Réduction de l'oxyde de cuivre CuO par l'hydrogène** (*fig.* 22). —

(¹) Le mercure devrait être figuré jusqu'au fond de la cuve.

A l'aide des résultats des expériences précédentes (*fig.* 20 et 21), et par la considération des poids atomiques, on détermine aisément la composition de l'eau en poids. En effet, $11^l,13$ ou 16^l d'oxygène O se combinent à $22^l,26$ ou $1^g \times 2 = 2^g$ d'hydrogène H; il y a donc 2^g d'hydrogène H pour 16^l d'oxygène O et 1^g de H pour 8^g de O et 9^g de H^2O. Donc :

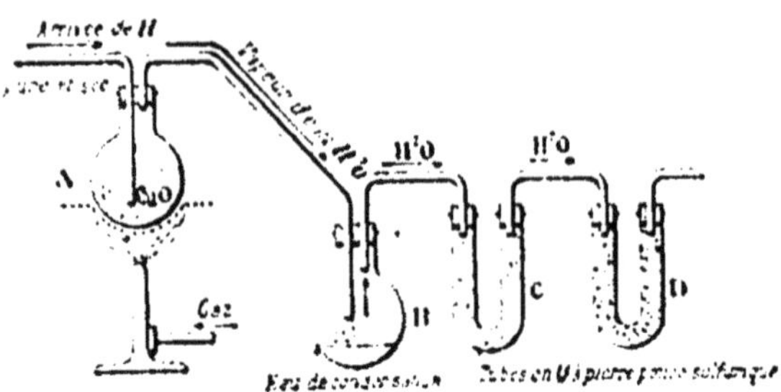

Fig. 22.

L'eau est composée en poids de 11 0/0 d'hydrogène et de 89 0 0 d'oxygène.
Pour le démontrer expérimentalement, Dumas fit arriver un courant d'hydrogène H pur et sec sur de l'oxyde de cuivre CuO, chauffé au rouge dans un ballon. L'hydrogène enlève l'oxygène de l'oxyde CuO en s'y combinant; on dit qu'il le *réduit :*

$$CuO + H^2 = Cu + H^2O.$$

Il reste un mélange de cuivre pur Cu et d'oxyde dans le ballon. Quant à la vapeur formée, elle se condense en partie dans le ballon B. Le reste est absorbé par une matière desséchante, généralement de la pierre ponce sulfurique placée dans des tubes en U.
La diminution de poids du ballon A, 80^g par exemple, indique le poids d'oxygène combiné à l'hydrogène. L'augmentation totale des poids du ballon B et des tubes en U représente le poids de vapeur d'eau. Si le premier est 80^g, le second est 90^g. Il y a donc 10^g d'hydrogène, et :
L'eau est composée en poids de 11 0/0 d'hydrogène et 89 0/0 d'oxygène.

23. Propriétés. — *a) Physiques.* — L'eau liquide est incolore, inodore et sans saveur, elle présente son maximum de densité à 4°, température à laquelle 1^l pèse 1^{kg} par définition. Elle se congèle à 0° et bout à 100° aussi par définition, elle émet des vapeurs à toute température. Le poids de 1^l de vapeur à 0° est $18^g : 22,26 = 0^g,089$, et sa densité par rapport à l'air $18^g : 28,8 = 0,625$ (voir n° 13). La quantité de chaleur nécessaire pour élever de 1° la température de 1^{kg} d'eau a été prise pour unité, c'est la *calorie*. Il faut 80 ca-

lories pour transformer 1ᵏᵍ de glace à 0° en eau liquide à 0° et 537 calories pour transformer en vapeur à 100° 1ᵏᵍ d'eau à 100° ; ce sont les *chaleurs latentes* de fusion et de vaporisation. L'eau se mélange facilement à d'autres liquides : alcools, acides, et dissout plus ou moins un grand nombre de sels et de gaz. L'eau conduit mal la chaleur, et pas du tout l'électricité quand elle est chimiquement pure.

b) Chimiques. — L'eau se combine aux anhydrides et aux oxydes basiques pour former des oxacides et des hydrates métalliques. Elle est décomposée par l'électricité quand elle est rendue conductrice par un acide ou une base (*fig.* 20) ; la chaleur la décompose à haute température : à 1.000, elle se *dissocie ;* c'est-à-dire qu'elle est séparée en ses éléments sans faire intervenir d'autre cause que la chaleur.

Les métaux alcalins : potassium K et sodium Na, décomposent l'eau à froid ; d'autres, zinc Zn, fer Fe, la décomposent à chaud en donnant naissance à un oxyde qui s'hydrate et à de l'hydrogène qui se dégage.

$$\text{(à froid)} \quad (H^2O + K^2) + H^2O = (K^2O + H^2) + H^2O = 2KOH + H^2;$$
$$\text{(à chaud)} \quad (H^2O + Zn) + H^2O = (ZnO + H^2) + H^2O = Zn(OH)^2 + H^2.$$

Le chlore Cl, à l'opposé des corps précédents, décompose l'eau pour lui enlever son hydrogène H :

$$H^2O + 2Cl - 2HCl + O.$$

C'est une propriété qui fait dire, comme nous le verrons plus loin, que le chlore est un oxydant : dans une réaction du chlore sur l'eau, prend naissance de l'oxygène qui peut agir sur les corps en présence.

24. Pouvoir dissolvant. — *Gaz.* — Un grand nombre de gaz sont solubles dans l'eau, mais à un degré bien différent. D'ailleurs la solubilité diminue quand la température augmente, et croît lorsqu'on soumet le dissolvant à une forte pression. C'est ainsi que l'eau de Seltz renferme une forte proportion de gaz carbonique CO^2.

III. — *Solubilité pour 100 en volumes de quelques gaz à la température de 15° et sous la pression atmosphérique.*

Ammoniaque...............	AzH^3	78000	0/0
Acide chlorhydrique.......	HCl	45000	0/0
Anhydride sulfureux......	SO^2	4700	0/0
Acide sulfhydrique	H^2S	323	0/0
Chlore..................	Cl	237	0/0
Anhydride carbonique....	CO^2	100	0/0
Méthane................	CH^4	3,9	0/0
Oxygène................	O	3,5	0/0
Oxyde de carbone........	CO	2,5	0/0
Hydrogène..............	H	1,9	0/0
Air....................	$[O + nAz]$	1,8	0/0
Azote...................	Az	1,7	0/0

L'oxygène dissous dans l'eau sert à la respiration des poissons. D'ailleurs, les gaz tels que l'oxygène et l'acide carbonique dissous dans l'eau la rendent plus agréable à boire et plus digeste; aussi recommande-t-on à ceux qui boivent de l'eau bouillie ou distillée de la battre à l'air pour lui faire dissoudre ces gaz.

Substances solides. — L'eau dissout à des degrés divers un très grand nombre de substances; ainsi : 1° le sucre, l'acide borique, la soude du commerce et le sel de cuisine disparaissent assez rapidement dans l'eau pure; 2° en évaporant complètement quelques gouttes d'une eau quelconque, mais bien claire (prendre de préférence l'eau de distribution de la ville, celle d'un puits, celle de la mer ou une eau minérale), sur une capsule de platine, on constate un dépôt pulvérulent sur la paroi de cette capsule. La solubilité dans l'eau augmente généralement avec la température (mettre du sucre en excès dans l'eau froide d'un tube à essai et chauffer; l'excès disparaît). Lorsque l'eau contient déjà une substance, elle en dissout moins vite une nouvelle quantité (verser du sel dans de l'eau douce et dans de l'eau de mer ou déjà salée), et il arrive un moment où il n'y a plus dissolution du tout; on dit que l'eau est saturée.

IV. — *Solubilité de quelques corps solides dans 1 litre d'eau.*

CORPS	NOM SCIENTIFIQUE	FORMULES	A FROID : 0°	A CHAUD : 100°
Calcaire.......	Carbonate neutre de calcium............	CO^3Ca	$0^{gr},02$	$0^{gr},09$
	Carbonate acide de calcium............	$(CO^3)^2\ CaH^2$	$0^{gr},90$	dissocié CO
Gypse.........	Sulfate de calcium cristallisé...........	$SO^4Ca,\ 2H^2O$	$2^{gr},05$	$2^{gr},17$
Chaux.........	Oxyde de calcium....................	CaO	$1^{gr},28$	$0^{gr},78$
Baryte........	Hydrate de baryum cristallisé..........	$Ba(OH)^2,\ 8H^2O$	47^{gr}	480^{gr} à $60°$
Withérite	Carbonate de baryum................	CO^3Ba	$0^{gr},016$	$0^{gr},06$
	Sulfate de baryum...................	SO^4Ba	$0^{gr},002$	insoluble
	Azotate de baryum..................	$(AzO^3)^2\ Ba$	52^{gr}	348^{gr}
	Aluminate de baryum...............	$Al^2O^3,\ BaO$	soluble	
Magnésie......	Oxyde de magnésium...:...........	MgO	$0^{gr},01$	
	Carbonate neutre de magnésium........	CO^3Mg	insoluble	insoluble
	Carbonate acide de magnésium.........	$(CO^3)^2\ MgH^2$	soluble	soluble
	Sulfate de magnésium................	SO^4Mg	218^{gr}	714^{gr}
	Chlorure de magnésium...............	$MgCl^2$	1.300^{gr}	3.670^{gr}
	Carbonate de sodium cristallisé........	$(CO^3Na^2 + 10H^2O)$	210^{gr}	4.200^{gr}
Sel marin......	Chlorure de sodium..................	$NaCl$	355^{gr}	396^{gr}
	Sulfate de sodium...................	$SO^4Na^2 + 10H^2O)$	421^{gr}	4.120^{gr} à $34°$
	Chrorure de potassium...............	KCl	285^{gr}	570^{gr}
	Chlorure de baryum..................	$BaCl^2,$	310^{gr}	590^{gr}
	Acide borique......................	BoO^3H^3	19^{gr}	340^{gr}
Sucre.........	Saccharose........................	$C^{12}H^{22}O^{11}$	1.792^{gr}	4.872^{gr}

Le pouvoir dissolvant de l'eau chargée de gaz carbonique CO_2 est plus grand que celui de l'eau pure sur le carbonate de chaux. C'est grâce à la solubilité des engrais chimiques et de la silice (dans l'eau chargée d'acide carbonique) que les plantes peuvent les puiser dans le sol et en faire leur nourriture. Les engrais chimiques sont les sels solubles renfermant de l'azote, du phosphore et du potassium.

Les eaux d'infiltration qui, après avoir ruisselé sur le sol, ont pénétré peu à peu plus profondément, renferment de nombreux sels prélevés sur chaque roche traversée ; notamment du calcaire, du gypse, des chlorures et des sels de magnésie.

25. Eaux naturelles. — Selon leur origine et la nature des matières qu'elles renferment, les eaux naturelles reçoivent une dénomination particulière.

Eaux ordinaires. — Eau de pluie. — Elle renferme en dissolution de l'air riche en oxygène, parfois aussi des traces d'ozone et d'ammoniaque, des poussières et des ferments. Recueillie directement, au bout de quelques minutes de pluie, c'est la plus saine et la plus digeste. Recueillie sur des toits et conservée dans des bassins ou citernes, elle ne vaudra que par la propreté absolue des parois qu'elle rencontre.

Eau de rivière. — Elle est généralement pure et aérée près des sources éloignées des habitations. Après avoir traversé les villes, elle renferme en grande quantité les germes de nombreuses maladies que l'air et le soleil détruisent peu à peu, mais il convient de ne pas s'y fier. On reconnaît qu'une eau est chargée de matières organiques invisibles lorsqu'elle donne à l'ébullition avec le chlorure d'or $AuCl_3$ un dépôt brun d'or en poudre.

Eau salée. — Elle contient du chlorure de sodium $NaCl$, l'eau de mer en renferme 30ᵍ environ par litre. On reconnaît $NaCl$ et en général les chlorures solubles à ce qu'une solution d'azotate d'argent AzO³Ag donne un précipité (¹) blanc soluble dans l'ammoniaque AzH³.

Eau calcaire. — Elle contient du bicarbonate de calcium $(CO^3)^2$ CaH² assez soluble (1ᵍ par litre) et du carbonate neutre CO³Ca beaucoup moins soluble. Le premier sel se dissocie (décompose) par la chaleur, se transforme en carbonate neutre CO³Ca, qui se dépose sur les parois des vases. Une eau trop calcaire (plus de 0ᵍ,5 par litre) est dite *crue* ou *dure*; elle est impropre à la cuisson des légumes et au lavage du linge, car elle forme des grumeaux avec le savon (oléate de soude au point de vue chimique) :

Oléate de soude + Carbonate de chaux
(savon soluble)   soluble
          = Carbonate de soude + Oléate de chaux.
                 soluble   insoluble

Eau séléniteuse. — Elle renferme du gypse (pierre à plâtre) ou sulfate de calcium SO⁴Ca; elle est impropre aux usages domestiques et industriels. Elle donne avec le chlorure de baryum un précipité de sulfate de baryum SO⁴Ba insoluble dans les acides :

SO⁴Ca + BaCl² = SO⁴Ba + CaCl.
soluble   soluble   insoluble   soluble

Eaux minérales. — Ce sont des eaux employées en médecine à cause des propriétés particulières que leur communiquent les substances qu'elles tiennent en dissolution. Ces eaux jaillissent du sol ; elles sont froides ou chaudes et, dans ce dernier cas, sont dites *thermales*. Il en existe un très grand nombre de variétés parmi lesquelles nous citerons :

1° **Eaux gazeuses** (Seltz, Soultzmatt, Pougues, Saint-Nectaire). — Elles ont une saveur piquante due au gaz carbonique CO².

2° **Eaux carbonatées ou alcalines** (Vals, Vichy, Ems, Saint-Galmier). — Elles sont employées dans des maladies d'estomac à cause du bicarbonate de sodium $(CO^3)^2$ CaH² qu'elles contiennent. Ces eaux verdissent le sirop

(¹) Poussière de sel insoluble qui se précipite au fond du verre.

de violette (liqueur violette obtenue en mettant des fleurs de mauve au contact de l'eau).

3° **Eaux purgatives** (Sedlitz, Epsom, Pullna, Hunyadi-Janos). — Elles renferment des sulfates de soude SO^4Na^2 et de magnésie SO^4Mg. Elles forment un précipité blanc caillebotté, insoluble dans les acides avec les sels solubles de baryum : azotate $(AzO^3)^2Ba$, chlorure $BaCl^2$.

4° **Eaux salines** (Carlsbad, Salies-de-Bearn, Bourbon-Lancy). — Elles sont légèrement purgatives à cause des chlorures : de sodium ou sel marin $NaCl$, de magnésie $MgCl^2$, de potassium KCl, des bromures et des iodures qu'elles contiennent. Elles forment avec l'azotate d'argent AzO^3Ag un précipité blanc insoluble dans l'acide azotique AzO^3H, mais soluble dans l'ammoniaque AzH^3.

5° **Eaux sulfureuses** (Bagnères, Barèges, Enghien, Pierrefonds). — Elles renferment de l'hydrogène sulfuré H^2S et des sulfures alcalins K^2S, Na^2S qui leur communiquent une odeur d'œufs pourris. Elles sont employées dans les maladies des bronches et de la gorge. Elles forment un précipité noir avec l'azotate de plomb AzO^3Pb.

6° **Eaux arsénicales** (Bourboule, Mont-Dore). — Elles renferment des arséniates alcalins facilitant la guérison des rhumatismes.

7° **Eaux ferrugineuses** (Spa, Forges, Bussang). — Elles renferment du fer à l'état d'oxyde, de sulfate et de bicarbonate. Elles sont employées contre l'anémie.

26. Eaux industrielles. — L'eau est employée dans l'industrie à une foule d'usages :

1° L'eau des mers, des lacs, des canaux et des rivières supporte les bateaux servant au *transport* des hommes ou des marchandises par la *navigation* ;

2° L'eau des torrents, des rivières à pente rapide, des lacs et des glaciers de montagne est capable de produire dans sa descente vers la mer une grande quantité de travail que l'on peut recueillir au moyen de roues et turbines. C'est la production de la *force motrice par l'énergie hydraulique (houille blanche)* ;

3° L'eau est employée comme *dissolvant* du sucre dans les sucreries et les raffineries ; des couleurs dans les teintureries ; de l'amidon ou fécule, dans les amidonneries, féculeries, fabriques de pâtes alimentaires ; des acides et des sels en pharmacie et en chimie ;

4° Elle est *mélangée* à la glucose pour la fabrication des boissons fermentées : vin, bière, cidre, hydromel ; à l'alcool et aux jus de fruits pour la fabrication des liqueurs et des sirops ;

5° Elle sert au *blanchiment* de la laine et des autres étoffes ; au *rouissage* du lin et du chanvre ;

6° Elle est employée comme *réfrigérant* pour condenser les vapeurs d'échappement des machines à vapeur, refroidir les cylindres des moteurs à gaz ou à essences, refroidir et laver le gaz d'éclairage, le gaz pauvre à l'air ou à l'eau, le gaz des hauts fourneaux ;

7° A l'état de glace, elle sert pour rafraîchir les boissons et conserver les aliments : viande, beurre, lait..., par le froid ;

8° A l'état de vapeur, elle sert :

a) A la production de la *force motrice par les machines à vapeur;*

b) Au *chauffage central* des vastes appartements, des monuments et des hôtels ;

c) A la production du gaz à l'eau *combustible gazeux* provenant de la réaction, sous l'influence de la chaleur, du charbon sur la vapeur d'eau :

$$C + H^2O = CO \nearrow + H^2 \nearrow.$$

Ce gaz CO + H^2 sert d'ailleurs non seulement au chauffage, mais encore à l'éclairage et à la production de la force motrice par les moteurs à gaz.

A propos du gaz à l'eau, signalons que l'eau sert encore à la fabrication d'un autre combustible gazeux, l'acétylène C^{2}H^2, qui est produit par la réaction de l'eau sur le carbure de calcium CaC^2 :

$$\underset{\text{carbure}}{CaC^2} + \underset{\text{eau}}{2H^2O} = \underset{\text{acétylène}}{C^2H^2} \nearrow + \underset{\text{chaux éteinte}}{CaO^2H^2},$$

Enfin on tire de l'eau l'hydrogène H et l'oxygène O électrolytiques.

Les eaux industrielles doivent remplir certaines conditions de pureté que nous indiquons au numéro 29.

27. Eaux résiduelles. — Les eaux qui ont servi à tous les usages domestiques ou industriels d'une grande ville et qui souvent ont servi de véhicule à toutes les ordures sont excessivement impures et souillées lorsqu'elles rejoignent la rivière à la sortie de la cité. Leur souillure rend insalubres tous leurs abords, car elles sont dangereuses non seulement pour l'homme et les animaux qui en feraient leur boisson, mais aussi pour ceux qui en respirent les émanations.

L'air et la lumière amènent la destruction d'une partie des germes que renferme une telle eau; mais on peut aussi la purifier soit en l'épandant sur des terrains de culture dont les végétaux constituent autant de filtres, ou bien en la traitant par l'ozone qui détruit les matières organiques et, en particulier, les germes de maladies contagieuses (¹).

La décantation, la filtration et les traitements chimiques particuliers peuvent également donner d'excellents résultats.

28. Eau potable. — On appelle ainsi toute eau fraîche, claire, limpide, inodore, d'une saveur agréable, qui cuit facilement les légumes, mousse bien avec le savon sans former de grumeaux et ne renferme aucun germe organique; une eau bonne à boire est propre aux différents usages domestiques.

L'eau potable n'est pas chimiquement pure; elle doit contenir par litre de 20 à 50^{cm3} d'air et 0^{gr},1 à 0^{gr},5 de matières minérales dont le phosphate et le carbonate de calcium. Une eau plus riche en éléments calcaires est indigeste et cause des troubles de l'estomac. Une eau privée d'air est aussi indigeste.

En dehors de l'alimentation, l'eau sert aux soins de l'hygiène: toilette, lavage du linge, des objets et des appartements. On l'emploie, en outre, pour l'arrosage des jardins et dans la construction pour la préparation du plâtre à gâcher, de la chaux destinée aux mortiers et pour préparer le ciment en pâte.

Lorsque l'eau est douteuse, on doit lui faire subir différentes opérations que nous allons signaler:

(¹) Qui se transmettent facilement à l'homme sain par les microbes.

29. Épuration des eaux (*traitement destiné à les rendre propres aux usages domestiques ou industriels*). — *a*) **Élimination des matières en suspension** (fer, sable, argile, matières terreuses, débris d'animaux, de végétaux et de minéraux précipités provenant d'un traitement chimique). — 1° **Décantation.** — L'eau étant maintenue au repos, les matières en suspension se déposent au fond sous l'action de leur propre poids. A l'aide d'un siphon ou d'un robinet placés à une hauteur convenable au-dessus du fond, on retire après le repos une eau claire.

2° **Filtration.** — L'eau passe sur des matières poreuses, diverses, couche de sable, coke, charbon de bois, porcelaine non vernissée, amiante, qui se laissent traverser par le liquide, mais qui s'opposent plus ou moins au passage des matières solides minérales ou organiques, des germes vivants et parfois aussi des gaz nuisibles (pouvoir absorbant du charbon de bois, n° 35).

Filtre à silex et à charbon de bois (*fig.* 23). — Si l'eau arrive sous pression, il est préférable de lui faire suivre une marche ascendante ; pour les filtres sans pression, l'eau est placée à la partie supérieure, car elle ne descend que sous l'action de son propre poids.

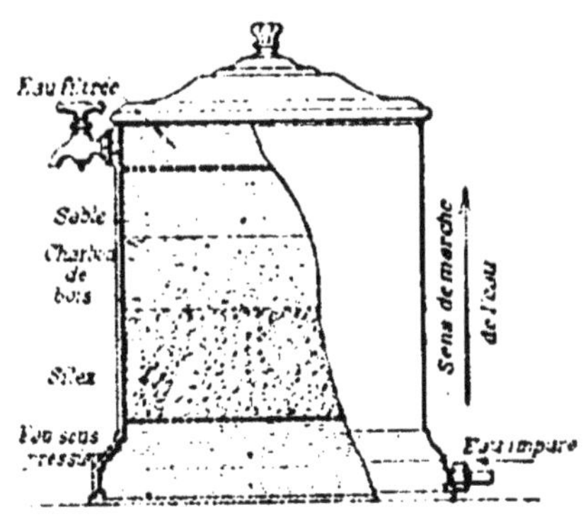

Fig. 23.

La première couche de silex retient les plus grosses impuretés, les gaz délétères nuisibles sont absorbés par le charbon. Ce procédé a l'inconvénient de laisser passer les microbes.

Filtre à bougie (*fig.* 24). — D'après les conseils de Pasteur, Chamberland construisit des cylindres creux ou *bougies* à parois en *porcelaine dégourdie* (non vernie) qui s'oppose au passage des microbes incapables de traverser les espaces très fins qui constituent les pores de la matière.

Aujourd'hui, on emploie beaucoup la *porcelaine d'amiante* à grain excessivement fin, mais très poreux. La bougie *b* se

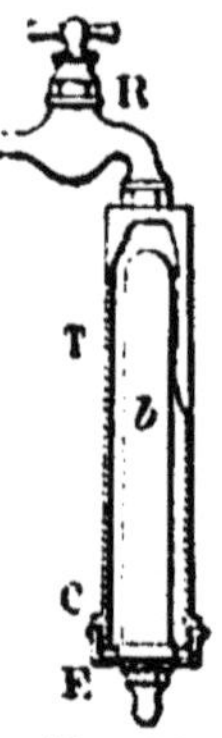

Fig. 24.

place à l'intérieur d'un tube en cuivre nickelé T, inoxydable, à la partie inférieure duquel on peut le maintenir par un écrou E qui se visse sur ce tube en l'appuyant sur un rebord en caoutchouc C. Le tube métallique est lui-même vissé sur le robinet d'arrivée d'eau brute R.

Sous l'effort de la pression de l'eau, celle-ci pénètre à l'intérieur de la bougie, d'où elle sort filtrée par le bas. Les impuretés sont arrêtées sur la paroi extérieure de la bougie que l'on nettoie au savon minéral et que l'on stérilise en la maintenant quinze à vingt minutes dans l'eau bouillante. Pour de grands débits, on peut monter une batterie de plusieurs bougies.

L'eau nécessaire à l'alimentation d'une ville ou d'une usine très importante est ordinairement clarifiée par un filtre à silex, et les matières ténues sont entraînées par un coagulant, généralement l'alumine gélatineuse ou hydrate d'aluminium $Al^2O^6H^6$ provenant de la réaction du sulfate d'aluminium $(SO^4)^3Al^2$ sur le calcaire $(CO^3)^2CaH^2$ dissous dans l'eau :

$$3(CO^3)^2CaH^2 \quad + \quad (SO^4)^3Al^2 \quad = \quad 3SO^4Ca \quad + \quad 3CO^2 \quad + \quad Al^2(OH)^6.$$

calcaire — sulfate d'aluminium — plâtre — gaz carbonique — alumine gélatineuse

b) Élimination des microbes. — Ils sont généralement arrêtés par le filtre à porcelaine et quelquefois aussi enrobés par l'alumine gélatineuse. Il est pourtant bon de stériliser l'eau :

1° **Ébullition.** — Tous les microbes sont tués au bout de quinze à vingt minutes.

2° **Distillation** (*fig.* 25). — Cette opération consiste à produire de la vapeur d'eau par la chaleur et parfois aussi par le vide puis à condenser (ramener à l'état liquide) cette vapeur en la refroidissant dans un serpentin placé au sein d'un récipient d'eau toujours froide.

On ne doit pas recueillir les premières vapeurs qui peuvent contenir les gaz dissous, ni les dernières pouvant contenir du chlore ou de l'acide chlorhydrique provenant de la décomposition par la chaleur des chlorures concentrés par suite de la diminution d'eau dans la chaudière.

Sur les navires, on distille l'eau de mer pour l'alimentation des hommes et des animaux, le lavage du linge et la production de la force motrice par la vapeur. Cette eau doit être brassée à l'air avant d'être utilisée comme boisson.

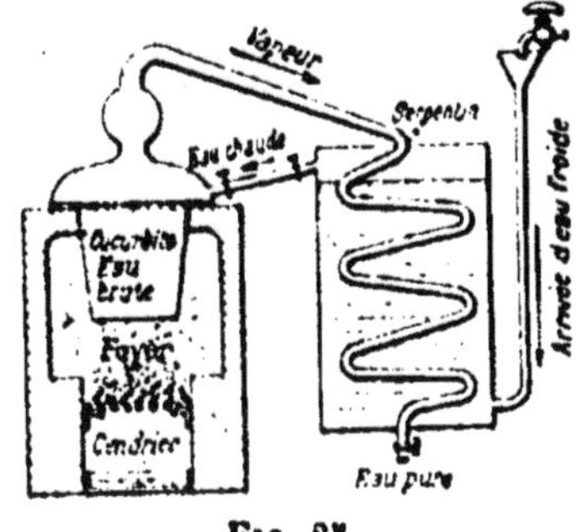

Fig. 25.

3° **Oxydation.** — Les corps qui cèdent facilement l'oxygène qu'ils contiennent détruisent les microbes et les autres germes en les brûlant. Parmi ces corps, citons l'*ozone*, l'eau oxygénée et le permanganate de potasse. Ce dernier corps, liquide, d'une belle couleur rouge violacé, devient incolore dans une eau chargée de matières organiques portée à l'ébullition; il y a réduction si l'on en verse goutte à goutte en agitant l'eau essayée; dès que celle-ci conserve une teinte légèrement rosée, elle devient inoffensive et peut être bue sans inconvénient; cette décoloration est fort longue à froid.

LECTURE

Elimination des sels dissous dans l'eau

Une machine à vapeur d'une puissance de 150^{ch}, fonctionnant dix heures par jour, consomme environ 15.000^k de vapeur ou 15^{m3} d'eau, soit 420^{m3} par mois de vingt-huit jours. Une eau relativement très pure comme celle de l'Allier à Moulins abandonnerait dans le générateur, pour une telle vaporisation, 16^k de tartre (on nomme ainsi dans l'industrie les matières incrustantes qui se déposent); l'eau de la Seine au pont d'Ivry à Paris, 80^k; à Chaillot, 107^k, et il y a des eaux qui déposeraient jusqu'à 1.000^k et davantage [1].

(1) Début extrait de l'album des *Fonderies et ateliers de la Courneuve*

Les eaux de pluie et celles des terrains granitiques sont seules exemptés de matières minérales; mais les secondes sont très rares, et quant aux premières elles sont, d'une part, trop peu abondantes pour les besoins de l'industrie et, d'autre part, elles attaquent fortement les tôles, on dit qu'il y a corrosion en présence de l'anhydride carbonique CO^2 et de l'oxygène O de l'air qu'elles contiennent en dissolution.

La majeure partie des *incrustations* [1] est constituée par des sels de calcium : carbonate neutre CO^3Ca et sulfate SO^4Ca. Le premier forme un dépôt granulaire tendre ; le second, un dépôt dur et cristallin. Les huiles végétales peuvent également réagir sur la chaux CaO et donner lieu à des dépôts d'oléate de calcium insoluble.

Les sels de magnésium : carbonate neutre CO^3Mg et sulfate SO^4Mg, forment aussi de nombreux dépôts. Les carbonates neutres sont peu solubles dans l'eau pure; ils y existent surtout à la faveur de l'anhydride carbonique CO^2, avec lequel ils constituent des bicarbonates ou carbonates acides beaucoup plus solubles.

$$\underset{\text{très peu soluble}}{\text{Carbonate neutre}} + \text{anhydride carbonique} + \text{eau} = \underset{\text{beaucoup plus soluble}}{\text{carbonate acide}}$$

$$\underset{\text{0gr,02 par 1 litre}}{CO^3Ca} + CO^2 + H^2O = \underset{\text{0gr,900 par 1 litre}}{(CO^3)^2 CaH^2}$$

$$CO^3Mg + CO^2 + H^2O = (CO^3)^2 MgH^2$$

Les carbonates acides, se décomposant par la chaleur entre 50° et 100°, contribuent puissamment à la formation des incrustations, en même temps que CO^2 mis en liberté :

$$(CO^3)^2 CaH^2 \text{ (entre 50° et 100°)} = CO^3Ca + CO^2 \nearrow + H^2O,$$

attaque les tôles comme nous l'avons signalé pour les eaux de pluie.

Outre ces matières, les eaux peuvent renfermer : des oxydes de fer, de l'alumine, de la silice, du chlorure de magnésium et de nombreux sels alcalins de potassium ou de sodium : silicates, carbonates, azotates, chlorures.

Les premiers corps se déposent comme CO^3Ca et SO^4Ca. Quant aux chlorures et aux sels alcalins, ils sont excessivement solubles, et, si l'on a soin de faire des vidanges nombreuses empêchant la *concentration* [2] des sels, ils offrent peu de dangers. Il convient cependant de noter que les bicarbonates, le gaz carbonique et les chlorures peuvent par la concentration et la chaleur donner naissance à des vapeurs acides provoquant des corrosions (attaque des tôles) :

$$\underset{\text{sel de Vichy}}{2CO^3NaH} = \underset{\text{cristaux de soude}}{(CO^3)^2 Na^2} + \underset{\text{corrosion des tôles}}{CO^2 \uparrow} + H^2O ;$$

$$\underset{\text{chlorure de magnésium}}{2MgCl^2} + \underset{\text{eau}}{H^2O} = \underset{\text{oxychlorure de magnésium}}{MgO,MgCl^2} + \underset{\text{acide chlorhydrique}}{2HCl \nearrow}.$$

Les dépôts ou incrustations qui se forment dans un *générateur de vapeur*

[1] Matières minérales adhérant à la tôle.

[2] On dit qu'une dissolution est saturée d'un sel solide lorsqu'elle contient le maximum de ce sel qu'elle puisse dissoudre à cette température; elle est d'autant plus concentrée qu'elle s'approche davantage de la saturation.

s'opposent à la transmission de la chaleur du métal à l'eau. Il en résulte une perte de calories, donc de charbon ; et une surélévation anormale de la température du métal qui devient moins résistant, s'altère et se déforme (coups de feu). L'enlèvement des dépôts soit au burin, soit à la turbine de nettoyage, est une opération pénible, longue et coûteuse, nécessitant l'arrêt momentané de la chaudière. De nombreuses explosions, accidents graves, souvent mortels, ont eu pour cause des incrustations. Pour ne parler que de la dépense de combustible, nous dirons qu'on évalue son augmentation à :

12 0/0 pour 1^{mm},5 de tartre.	32 0/0 pour 7^{mm} de tartre.
20 0/0 pour 3^{mm} de tartre.	50 0/0 pour 13^{mm} de tartre.

Dans les *blanchisseries*, il faut employer en pure perte un poids de savon (oléate de soude) égal à environ 10 fois celui des sels dissous avant d'arriver à faire mousser l'eau de lavage :

Oléate de soude + carbonate de chaux
soluble   dissous

$$= \text{carbonate de soude} + \text{oléate de chaux.}$$
soluble   insoluble

En outre, le précipité d'oléate de chaux ainsi formé communique au linge une teinte grisâtre et nécessite une augmentation dans la consommation de l'eau.

Dans les *teintureries*, les sels de chaux forment avec les matières colorantes des laques (matières insolubles contenant la substance colorante) qui se précipitent (se déposent) et provoquent la souillure des étoffes et des matières colorantes restantes. Les bains de mordançage[1] sont affaiblis par la précipitation des sels de fer et d'alumine.

Dans les *papeteries*, l'eau chargée de sels tache la pâte à papier et empêche l'adhérence du papier dans l'encollage. Elle nécessite une augmentation importante de sulfate d'alumine.

Dans les *brasseries*, le CO^3Ca communique au moût une coloration rouge intense. La fermentation est irrégulière ; la bière ainsi fabriquée possède un goût amer et se conserve mal.

Pour les *usages domestiques*, nous avons signalé que le calcaire provoque des troubles d'estomac ; ajoutons qu'il rend le lavage plus difficile.

Le traitement que l'on fait subir aux eaux avant de les employer comprend deux phases : 1° la précipitation des matières minérales par la chaleur ou par l'adjonction de réactifs appropriés ; 2° l'extraction des précipités et des matières en suspension par décantation et filtration.

1° *Chauffage.* — Le chauffage de l'eau entre 50 et 100° provoque la dissociation des carbonates acides :

$$(CO^3)^2 CaH^2 = CO^3Ca + CO^2 \uparrow + H^2O,$$

$$(CO^3)^2 MgH^2 = CO^3Mg + CO^2 \uparrow + H^2O,$$

le dégagement de CO^2 et la précipitation des carbonates neutres.

[1] Destinés à fixer la couleur sur l'étoffe.

C'est en soi un excellent procédé dont la perfection n'est limitée que par la solubilité du carbonate neutre CO_3Ca ($0^{gr},09$ par litre à $100°$), lorsque le chauffage de l'eau s'opère : $1°$ par les gaz chauds (réchauffeurs); $2°$ par mélange avec de la vapeur vive prise au générateur. Si le chauffage s'opère par mélange avec les vapeurs d'échappement des machines, ces vapeurs contenant des huiles en suspension, un traitement supplémentaire se trouve nécessaire (*voir l'élimination des matières grasses*).

$2°$ *Eau de chaux* ($1^{gr},28$ de CaO par litre à $0°$). — Elle précipite les carbonates acides $(CO_3)_2CaH_2$, $(CO_3)_2MgH_2$, la silice SiO_2, les huiles végétales et le sulfate de magnésie (les chiffres indiquent la solubilité dans 1 litre)

$$(CO_3)_2CaH_2 \quad + \quad CaO \quad = \quad 2CO_3Ca \quad + \quad H_2O ;$$
soluble $0^g,900$ — soluble $1^g,28$ — peu soluble $0^g,02$

$$(CO_3)_2MgH_2 \quad + \quad CaO \quad = \quad CO_3Mg \quad + \quad CO_3Ca \quad + \quad H_2O$$
soluble — soluble $1^g,28$ — insoluble — peu soluble $0^g,02$

$$SO_4Mg \quad + \quad CaO \quad = \quad SO_4Ca \quad + \quad MgO ;$$
soluble 218^g — soluble $1^g,28$ — moins soluble 2^g — peu soluble $0^g,01$

$$SiO_2 \quad + \quad CaO \quad = \quad SiO_2Ca ;$$
$$SiO_3K_2 \quad + \quad CaO \quad = \quad SiO_3Ca \quad + \quad K_2O ;$$
$$SiO_3Na_2 \quad + \quad CaO \quad = \quad SiO_3Ca \quad + \quad Na_2O ;$$
dissous — insoluble — très solubles

Acide oléique $+$ CaO $=$ Oléate de chaux (insoluble).

Ce réactif est excellent et peu coûteux, mais il est sans action sur le sulfate de calcium SO_4Ca, sur le carbonate neutre CO_3Ca dissous ; il nécessite un malaxage énergique pour se dissoudre et, s'il est employé en excès, détermine aussi des incrustations.

$3°$ *Eau de baryte* (47^{gr} de BaO_2H_2 par litre). — Elle réagit sur les mêmes sels que la chaux et aussi sur le sulfate de calcium SO_4Ca :

$$(CO_3)_2CaH_2 + BaO_2H_2 = CO_3Ca + CO_3Ba + 2H_2O ;$$
$$(CO_3)_2MgH_2 + BaO_2H_2 = CO_3Mg + CO_3Ba + 2H_2O ;$$
$$SO_4Mg \quad + BaO_2H_2 = SO_4Ba \quad + MgO_2H_2 ;$$
$$SO_4Ca \quad + BaO_2H_2 = SO_4Ba \quad + CaO_2H_2.$$

Lorsque ces corps existent simultanément, il est bon de tenir compte de la mise en liberté des hydrates MgO_2H_2 et CaO_2H_2 qui peuvent remplacer une petite partie de la baryte.

$4°$ *Carbonate de baryte naturel ou withérite* CO_3Ba. — Ce corps étant très peu soluble ($0^{gr},016$ par litre), il est nécessaire de faire barboter l'eau à épurer dans le bac contenant en suspension le réactif. Le sulfate de calcium est précipité :

$$SO_4Ca + CO_3Ba = SO_4Ba + CO_3Ca ;$$

le procédé paraît cependant peu pratique.

$5°$ *Carbonate de soude* CO_3Na_2. — Ce corps est très commun (soude du commerce) et très soluble, aussi est-il généralement employé pour précipiter SO_4Ca :

$$SO_4Ca \quad + \quad CO_3Na_2 \quad = \quad CO_3Ca \quad + \quad SO_4Na_2.$$
soluble 2^g — très soluble — peu soluble $0^g,02$ — très soluble

L'emploi de CO³Na² est très répandu pour précipiter SO⁴Ca, quand on précipite les carbonates acides par la chaleur ou à froid par la chaux. Il n'est cependant pas sans inconvénients : il nécessite des purges fréquentes pour éviter la concentration de SO⁴Na²; sa présence et celle de la soude caustique dont la formation est toujours à craindre peuvent amener la *corrosion des tôles*, la destruction des joints, la détérioration des conduites et des robinets en cuivre.

6° *Aluminate de baryum* Al²O³BaO. — C'est le meilleur réactif à employer lorsque les eaux ayant subi l'action de la chaleur ou de l'eau de chaux ne contiennent plus que CO³Ca neutre et SO⁴Ca. Il se produit des sels de baryum et de l'aluminate de calcium insolubles :

$$CO_3Ca + Al_2O_3BaO = CO_3Ba + Al_2O_3CaO;$$
$$SO_4Ca + Al_2O_3BaO = SO_4Ba + Al_2O_3CaO.$$

soluble   soluble   insoluble   insoluble

L'aluminate de calcium Al²O³CaO facilite en outre la précipitation des sels de baryum, de sorte que la décantation peut avoir lieu au bout de quelques heures.

Épurateur à froid Buron (*fig.* 26). — « L'eau brute arrive en A et, partant d'un bac distributeur N, se déverse sous la même pression, d'une part par un robinet 3 sur une roue à augets K, pour tomber ensuite dans une rigole S; d'autre part par le robinet 4 sur la chaux éteinte contenue dans le panier du saturateur D et entraîne celle-ci au fond de la colonne centrale en formant du lait de chaux constamment brassé par un malaxeur à palettes, actionné lui-même par la roue à augets K. Le lait de chaux remonte latéralement en abandonnant peu à peu la chaux en suspension et en T se déverse de l'eau de chaux saturée et claire, par conséquent d'une teneur constante (1ᵍ,25 de chaux pure par litre).

« La dissolution de carbonate de soude se prépare chaque matin dans le bac M dont l'emplissage est assuré par le robinet 1.

« La dissolution, prise à la surface par un flotteur, passe dans le petit bac régulateur C par un robinet flotteur qui assure la constance du niveau de ce dernier, d'où un robinet la distribue proportionnellement au débit d'eau brute grâce à la genouillère R.

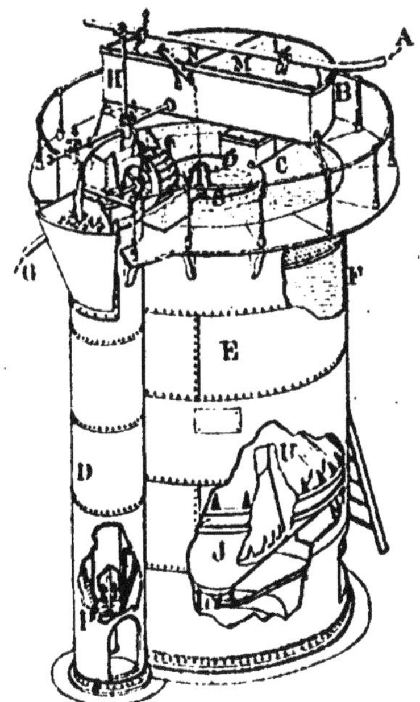

Fig. 26.

« Les trois écoulements tombent donc au même point de la colonne centrale du décanteur. Le mélange s'opère et la réaction commence. Arrivé à la partie inférieure de l'appareil, le plus lourd du précipité se dépose et l'eau remonte latéralement dans l'intervalle des deux cylindres, son faible courant ascensionnel et giratoire est brisé et divisé par les cônes chicanes U; le peu de précipité entraîné se trouve alors arrêté, et l'eau débarrassée de toutes matières en suspension arrive au filtre F qui parfait sa limpidité. Après passage sur le filtre, l'eau épurée se déverse dans un caisson où agit le flotteur H réglant l'arrivée d'eau brute, et s'en écoule par un ajutage pour se rendre dans la bâche alimentaire. »

BULLETINS D'ANALYSE D'EAU [H. Desrumaux (*Construction d'épurateurs et filtres industriels*)] avec dépense nécessaire pour arriver à l'épuration :

N° du bulletin d'examen	14.053	14.436	14.565
Provenance de l'échantillon	eau de l'Escault	eau de la Seine	eau de la Charente
Aspect	louche	légèrement trouble	louche
Matières en suspension	oui	abondantes	oui
Composition par litre — Carbonate de chaux (1) CO^3Ca	0gr,270	0gr,218	0gr,185
— de magnésie (1) CO^3Mg	0 ,002		0 ,012
Sulfate de chaux SO^4Ca	0 ,021	0 ,034	0 ,016
— soude SO^4Na^2	0 ,032	0 ,002	0 ,006
Chlorure de sodium NaCl	0 ,018	0 ,025	0 ,003
Silice SiO^2	0 ,025	0 ,006	0 ,027
Alumine et oxyde de fer	0 ,008	0, 003	0 ,010
Matières organiques	0 ,032	0 ,055	0 ,013
Résidu total	0gr,438	0gr,343	0gr,272
Réactifs par m³ d'eau — claire { eau de chaux saturée	15 0/0	12 0/0	8 à 9 0/0
carbonate de soude	60gr	40gr	25gr
trouble { eau de chaux saturée	15 0/0	12 0/0	8 à 9 0/0
carbonate de soude	80gr	60gr	25gr
sulfate d'alumine	10gr	10gr	10 à 12gr
dépense approximative	0f,02	0f,015	0f,01

Épurateur Barbier (*fig.* 27). — « Il se compose, essentiellement, d'une série de tronçons en fonte superposés et dont les fonds, formés par des disques mobiles en tôle perforée, sont garnis de coke, laitier, machefer, pierre ponce, etc., en morceaux formant une certaine épaisseur.

« L'eau introduite à la partie supérieure de l'appareil par le robinet d'entrée C réglé par un flotteur H actionné par le niveau même de l'eau dans l'appareil, coule dans un arrosoir L. Elle est distribuée le plus régulièrement possible sur le filtre supérieur, se divise en passant à travers les corps filtrants et descend, de filtre en filtre, jusqu'au réservoir inférieur ou chambre d'eau.

(1) Dans l'eau, ces carbonates se trouvent à l'état de combinaison avec l'acide carbonique (bicarbonates).

« La vapeur d'échappement, au contraire, introduite au-dessus de la chambre d'eau par la tubulure extérieure A et celle intérieure J, monte de filtre en filtre à travers les corps filtrants, échauffe l'eau qui abandonne ses sels calcaires et ses impuretés sur les filtres et s'échappe par la tubulure E.

« Une boîte de séparation et d'évacuation des graisses est adaptée à la tubulure A et fait partie de l'appareil.

« Un trop-plein D maintient le niveau maximum de l'eau dans la chambre à eau.

« L'aspiration de la pompe se fait par la tubulure B au milieu de la chambre à eau.

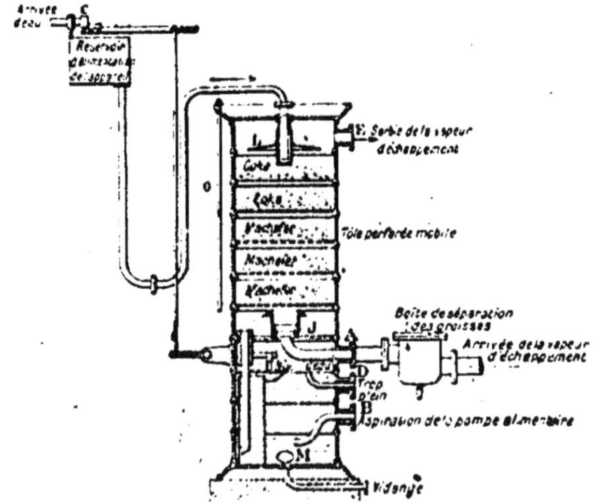

Fig. 27.

« M est un tampon de nettoyage. La vidange se faisant par un robinet placé au-dessous de l'appareil. »

Si l'eau brute renferme SO^4Ca, il y a grand intérêt à l'additionner dès le réservoir d'une solution convenable de Al^2O^3BaO.

Élimination des huiles. — Lorsqu'on désire utiliser pour l'alimentation des générateurs l'eau provenant de la condensation de la vapeur d'échappement, il est indispensable d'en éliminer les matières grasses qui s'opposeraient à la transmission de la chaleur des tôles à l'eau et qui produiraient une évaporation tumultueuse. On peut *extraire* l'huile de la vapeur avant l'arrivée au condenseur ou bien *filtrer* l'eau de condensation.

Extracteur Fouché (*fig*. 28). — La vapeur d'échappement est amenée par la conduite A dans le cylindre C. Un cylindre perforé, intérieur au premier, est

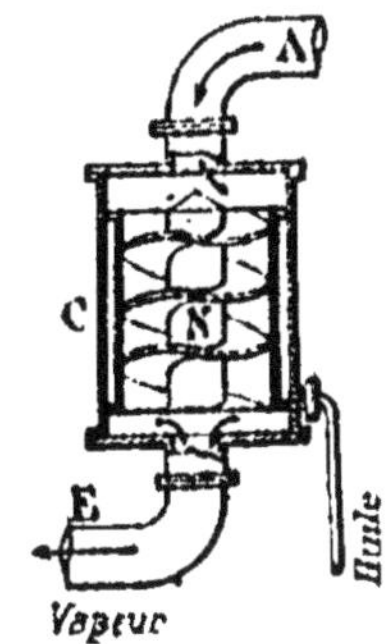

Fig. 28.

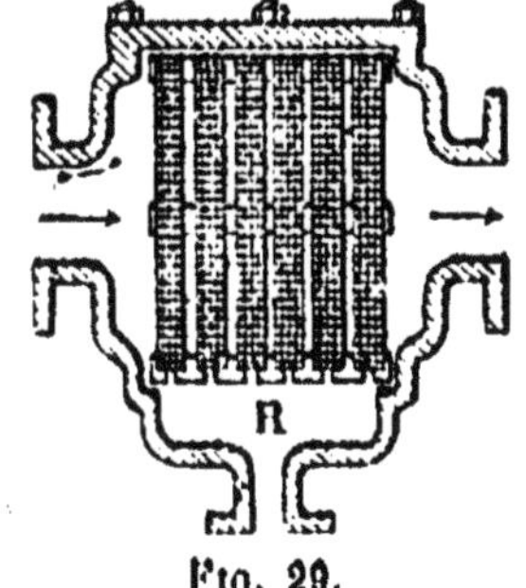

Fig. 29.

muni d'une surface hélicoïdale maintenue par le noyau N. La vapeur est obligée de parcourir cette hélice, la force centrifuge projette sur le cylindre perforé C les molécules d'huile qui s'écoulent par un tuyau pendant que la vapeur se rend au condenseur par la conduite E.

Extracteur Phénix (*fig.* 29). — La vapeur projetée à une grande vitesse sur des cloisons disposées en chicanes y abandonne l'huile qui s'écoule par son propre poids dans le réservoir inférieur.

Filtre Edmiston (*fig.* 30). — L'eau refoulée de l'appareil alimentaire arrive par la conduite A. Pour sortir par la conduite B, elle doit traverser une masse filtrante de déchets de coton ou de feutre, pressée entre deux

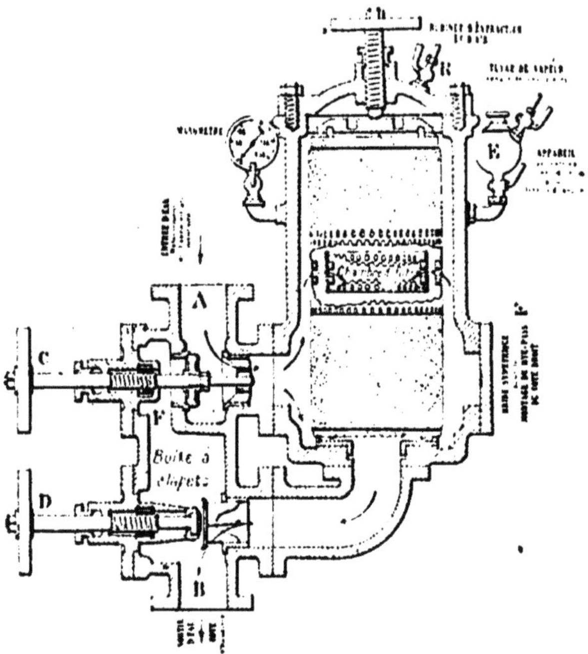

Fig. 30.

cylindres concentriques perforés. L'huile s'accumule à la partie supérieure, d'où on peut l'extraire sous pression par un robinet R vissé dans le couvercle. Le nettoyage doit être effectué une fois par jour et dès que l'indication du manomètre est supérieure de 1ᵏᵍ,500 à la pression de la chaudière. A cet effet, on ferme les vannes C et D, on remplit l'appareil E d'une lessive de soude, on ouvre le robinet d'extraction R et l'on fait arriver pendant deux minutes la vapeur vive par E.

Ce filtre placé au delà des épurateurs a l'avantage d'arrêter non seulement les matières grasses, mais aussi toutes celles qui se trouveraient en suspension dans l'eau comme le montre l'analyse ci-dessous :

Graisse saponifiable similaire au suif................	10,00 0/0
Autres matières organiques et huile minérale.....	41,96
Oxyde de fer..	30,50
Cuivre...	1,50
Matière siliceuse....................................	5,90
Magnésie..	1,86
Eau...	8,28
	————
	100,00 0/0

Désincrustants. — Débourbeurs. — Dans les compagnies de chemins de fer, on préfère empêcher le dépôt du tartre d'être adhérent au corps des tuyaux des chaudières des locomotives; plutôt que d'user d'un procédé chimique, on emploie un épurateur physique. On a reconnu que certaines substances tannantes mélangées à l'eau, avant l'introduction dans la chaudière, laissaient boueux le dépôt solide formé par suite de l'évaporation de l'eau. On emploie dans ce but l'extrait de châtaignier mélangé à l'eau du tender dans certaines proportions. Il n'y a plus qu'à laver de temps en temps, à grande eau, la chaudière pour la débarrasser de la boue formée. Ces extraits étant d'un prix élevé, les dépenses de la compagnie sont grevées considérablement par ce procédé qui est toutefois d'un emploi nécessaire et général.

QUESTIONNAIRE

Comment peut-on décomposer l'eau? — Décrivez un voltamètre. — Comment appelle-t-on le gaz qui rallume une allumette? — Qu'est-ce que l'hydrogène? — Quel est le gaz dont le volume est le plus grand? — A quelle température l'eau bout-elle? gèle-t-elle? — Quel est le poids de 1^l d'eau? — Quelle est l'action sur l'eau du courant électrique? de la chaleur? du charbon et des métaux au rouge? du potassium? du sodium? — Qu'est-ce que le gaz à l'eau? Pourquoi ce gaz est-il combustible? — Citez quelques gaz dissous dans l'eau. — A quoi sert l'air dissous? — Citez quelques matières minérales dissoutes; des utiles; des nuisibles. — Que contiennent les eaux ordinaires? les eaux calcaires? les eaux séléniteuses? les eaux minérales? — Dans l'industrie, à quoi est employée l'eau liquide? la glace? la vapeur? — Qu'est-ce qu'une eau résiduelle? — Que contient-elle? — Comment peut-on la purifier? — Quels sont les caractères d'une eau potable? — Décrivez un filtre à charbon, à bougie. — Quels sont leurs usages? — Comment peut-on débarrasser l'eau des microbes?

EXERCICES

1. — On décompose par le voltamètre 90^{cm3} d'eau; quel est le poids de l'O et de l'H dégagés? quel est le volume de ces gaz?

II. — Combien faut-il de calories pour élever de 21° la température de 23^{kg} d'eau? de 34° à 75° la température de 10^{kg} d'eau?

III. — Combien faut-il de calories pour fondre 12^{kg} de glace à 0°?

IV. — Combien faut-il de calories pour chauffer à 100°, puis vaporiser 8^{kg} d'eau à 10°?

V. — Une eau renferme 0^{gr},98 de matières minérales. Quel serait le poids des dépôts formés par la vaporisation de 20^{m3} d'eau?

VI * (1). — L'analyse a donné pour certaines eaux la composition suivante (Buron, *Construction d'épurateurs et filtres industriels*) :

	canal Marne au Rhin Champigneulles	puits Seine-et-Oise	puits Clichy	Lys rivière Nord
Nature de l'eau..............				
Provenance.......				
Composition :				
Gaz carbonique libre CO^2......	0^l,000	0^l,110	0^l,010	0^l,0225
Carbonate neutre CO^3Ca, CO^3Mg	0^{gr},103	0^{gr},1339	0^{gr},1711	0^{gr},1618
Sulfate de chaux SO^4Ca.......	0 ,056	0 ,350	0 ,028	0 ,000
— magnésie SO^4Mg...	0 ,0123	0 ,750	0 ,325	0 ,0375
Réactifs :				
Eau de chaux $Ca(OH)^2$........	50^{cm3}	208^{cm3}	208^{cm3}	120^{cm3}
Carbon. de soude à 90 0/0 CO^3Na^2	0^{gr},050	0^{gr},752	0^{gr},220	0^{gr},020

Calculer le poids de sulfate de sodium SO^4Na^2 qui prendrait naissance dans un mètre cube d'eau par l'emploi des réactifs indiqués. Quelle serait la quantité d'aluminate de baryum Al^2O^3BaO nécessaire pour remplacer la soude du commerce CO^3Na^2? Quel serait dans chaque cas le prix de revient si l'on paye : 0 fr. 25 le kilogramme de CaO, 0 fr. 70 le kilogramme de $Ba(OH)^2$; 0 fr. 10 le kilogramme de CO^3Na^2, 2 fr. 50 le kilogramme de Al^2O^3BaO

VI. — HYDROGÈNE : $H = 1^{gr} = 11^l$, 13

31. Préparation. — 1° *Décomposition d'un acide par un métal.* — On obtient l'hydrogène H, en faisant réagir dans un des appareils déjà décrits (n° 6, *fig.* 5 et 8) du zinc Zn ou du fer Fe sur un des acides sulfurique SO^4H^2 ou chlorhydrique HCl. Il se forme un sel, sulfate ou chlorure de zinc ou de fer, et il se dégage de l'hydrogène conformément à l'une

(1) * Les problèmes marqués d'un astérisque sont destinés aux élèves qui revoient le cours dans des sections de degré plus élevé.

des réactions :

$$SOH^2 + Zn = SO^4Zn + 2H \nearrow ;$$

$$SOH^2 + Fe = SO^4Fe + 2H \nearrow ;$$

$$2HCl + Zn = ZnCl^2 + 2H \nearrow ;$$

$$2HCl + Fe = FeCl^2 + 2H \nearrow .$$

2° **Electrolyse de l'eau par le courant** (voir n° 22, *fig.* 20).
— Dans l'industrie, les électrodes sont en fer et l'eau est rendue conductrice par une dissolution d'hydrate de soude, NaOH.

3° **Décomposition de l'eau par un métal alcalin.** — On utilise également la propriété qu'ont le potassium K et le sodium Na de décomposer l'eau à froid. En traitant par l'aluminium Al l'hydrate de sodium NaOH ou soude hydratée obtenue en décomposant l'eau par le sodium Na, on obtient une nouvelle quantité d'hydrogène suivant les réactions :

$$(5) \qquad 6H^2O + 6Na = 6NaOH + 6H \nearrow$$

$$(6) \qquad \underset{\text{soude}}{6NaOH} + \underset{\text{aluminium}}{2Al} = \underset{\text{aluminate de soude}}{Al^2O^3(Na^2O)^3} + \underset{\text{hydrogène}}{6H} \nearrow$$

V. — *Résultat du passage de la vapeur d'eau sur du charbon de bois en grains* (M. Bunte).

TEMPÉRATURES	COMPOSITION 0/0 en volumes du gaz à l'eau			VAPEUR D'EAU		VITESSE par seconde du passage de la vapeur
	H	CO	CO²	décomposés	intacte	
A 674° rouge naissant (¹)	65,2	4,9	29,8	8,8	91,2	0ᵐ,270
758° — sombre.....	65,2	7,8	27	25,3	74,7	0 ,540
838° — cerise......	62,4	13,1	24,5	34,7	63,3	1 ,100
861° — cerise......	59,9	18.1	21,9	48,2	51,8	1 ,600
954° — cerise clair.	53,3	39,3	6,8	70,2	29,8	1 ,900
1010° — cerise clair.	48,8	49,7	1,5	94,0	6,0	1 ,850
1060° — orange.....	50,7	48	1,3	93,0	7,0	2 ,950
1125° — orange clair	50,9	48,5	0,6	99,4	0,6	3 ,400

(¹) À la température de 550°, il y a des traces de production de H et de CO².

4° **Production d'hydrogène dans la fabrication du gaz à l'eau.** — C'est un mélange d'oxyde de carbone CO et d'hydrogène H obtenu en faisant passer de la vapeur d'eau H_2O sur du charbon incandescent :

$$H_2O + C = \dot{C}O \nearrow + 2H \nearrow$$

Si la température était insuffisamment élevée, il y aurait production de gaz carbonique CO_2, incombustible; ce serait donc une perte (tableau V).

Le gaz à l'eau, nous le verrons plus loin (combustibles gazeux) est employé au chauffage, à la soudure et surtout à la production de la force motrice dans les moteurs à gaz pauvres.

32. Propriétés. — 1° *Légèreté : gonflement des ballons.* — L'hydrogène est le plus léger de tous les corps; à volume égal, il pèse 14,4 fois moins que l'air.

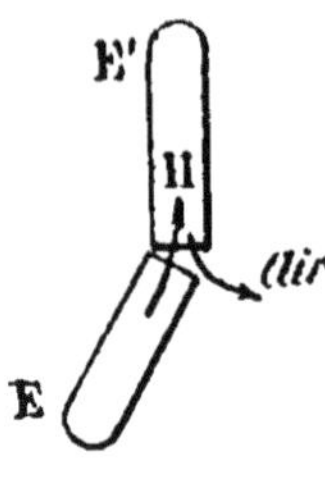

Fig. 31.

Le poids du litre de H est 1^g : $11,13 = 0,089$ et la densité $1 : 14,4 = 0,069$.

On montre la faible densité de l'hydrogène en le transvasant (*fig.* 31) de l'éprouvette E dans l'éprouvette E'; en en gonflant des ballonnets ou des bulles de savon qui s'élèvent rapidement dans l'air. On peut allumer le gaz de l'éprouvette E' et celui des bulles de savon.

Cette propriété essentielle de l'hydrogène reçoit une application dans le gonflement des ballons. On emploie l'un des procédés de production indiqués (n° 31), et pour des atterrissages suivis de nouveaux départs, on emporte des bouteilles cylindriques en acier renfermant de l'hydrogène comprimé à 150 ou 200^{kg} par centimètre carré ([1]). A cause du poids énorme du récipient, il y aurait avantage à emporter le sodium Na métallique baignant dans de l'huile de naphte ou du pétrole épuré pour éviter son attaque par l'H_2O de l'humidité de l'air et de l'aluminium Al nécessaires à produire les réactions (5) et (6).

L'hydrogène, malgré sa grande légèreté, présente un grave inconvénient pour le gonflement des ballons: son *pouvoir diffuseur ou osmotique,* c'est-à-dire la propriété que possède

---

([1]) Si la bouteille a une contenance de 10^l, elle peut ainsi donner $10 \times 150 = 1.500^l$ ou $10 \times 200^l = 2.000^l$ de gaz à la pression ordinaire.

l'hydrogène de traverser certains corps tels que le papier
buvard (*fig.* 32), la
terre cuite non ver-
nissée, le fer rouge,
par exemple. D'ail-
leurs l'air lui aussi
traverse ces corps,
mais beaucoup
moins rapidement,
car le pouvoir os-
motique varie
d'une façon inverse
de la densité. Un
vase poreux étant
rempli d'hydro-
gène (*fig.* 32 *bis*),

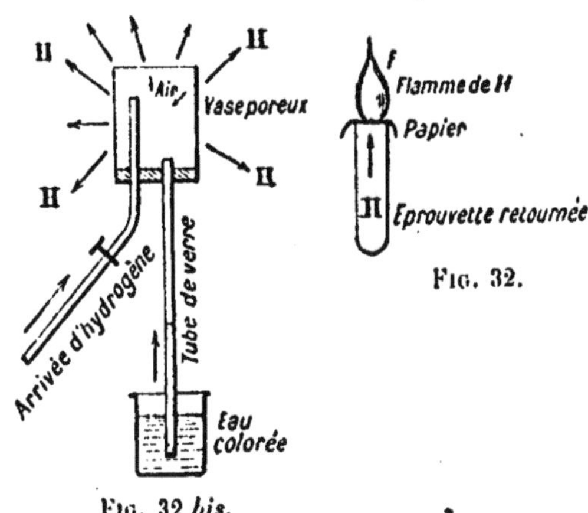

Fig. 32.

Fig. 32 *bis*.

ce gaz s'échappe rapidement, l'air rentre lentement, de sorte
que la pression diminue à l'intérieur du vase, et celle de l'air
atmosphérique fait monter l'eau colorée dans le tube.

Il est donc indispensable d'employer pour les ballons des
enveloppes bien imperméables. Pour les petites ascensions,
on se contente du gaz d'éclairage dont 1^l pèse $0^{gr},5$ environ.

2° Combustion : soudures autogènes. — L'hydrogène
brûle dans l'oxygène ou dans l'air pour donner de la vapeur
d'eau : sa flamme est jaune, très chaude, mais peu éclairante.

C'est le corps dont la combustion dégage le plus de chaleur :

$$2H + O = H^2O + 58 \text{ calories } (^1).$$

Cette propriété est appliquée dans l'emploi du gaz à l'eau,
et surtout dans la production des hautes températures à l'aide
du *chalumeau oxhydrique* (*fig.* 33). Cet appareil se compose

____

(^{1}) Si la vapeur revenait à l'état liquide, on aurait

$$2H + O = H^2O \text{ liq.} + 69 \text{ cal.}$$

essentiellement de deux tubes concentriques dont les sections de passage sont réglées par les robinets R et R'. L'hydrogène arrive par la couronne extérieure en proportion trois à quatre fois plus grande que l'oxygène arrivant par le tube intérieur.

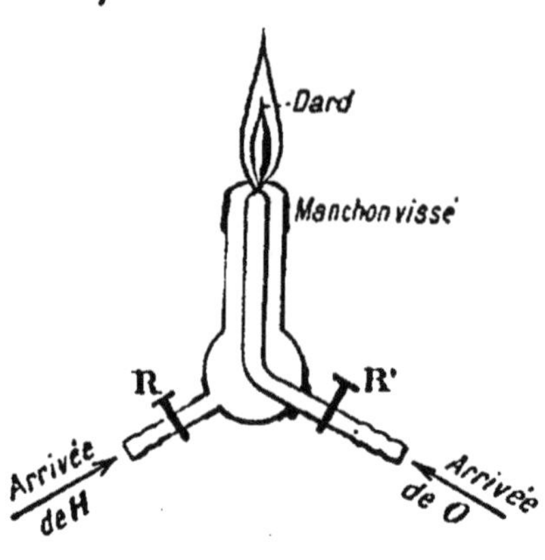

Fig. 33.

Si l'oxygène était seul comburant, il faudrait 2 volumes de H pour 1 de O, mais une partie de H est brûlée par l'air qui entoure la flamme. Cette flamme est très chaude; à l'extrémité de la partie centrale ou dard, elle est voisine de 2.000°; un fil de platine y fond rapidement; le fer et le cuivre y brûlent.

En projetant le dard sur un crayon de chaux CaO ou de magnésie MgO anhydres, on porte ces oxydes à l'incandescence, et on obtient une lumière excessivement brillante qui sert dans les projections lumineuses; c'est la *lampe de Drummond* (*fig.* 34), à laquelle on préfère actuellement l'arc électrique.

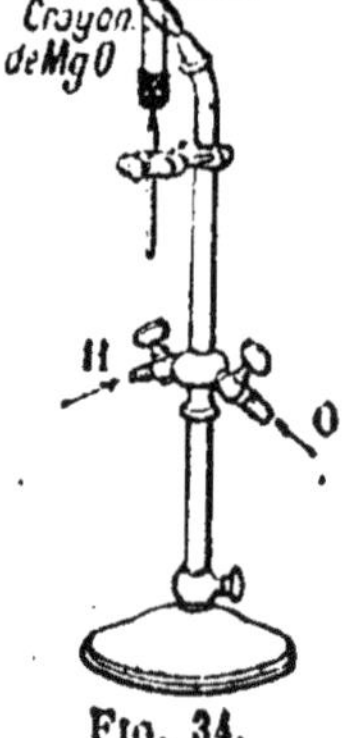

Fig. 34.

De nos jours l'éclairage au gaz se produit souvent par l'incandescence d'un manchon Auer; on pourrait employer avec avantage l'hydrogène au lieu du gaz.

Concurremment avec le gaz à l'eau (CO + nH) et l'acétylène qui est au carbure d'hydrogène (C^2H^2), l'hydrogène est employé pour faire la *soudure autogène des métaux* ([1]).

3° *Pouvoir réducteur.* — Nous avons vu, lors de la synthèse de l'eau en poids (n° 22, *fig.* 22), que l'hydrogène H

([1]) Lire à la fin du chapitre l'article de M. Blanchi.

enlève à l'oxyde de cuivre CuO son oxygène O pour former de la vapeur d'eau H^2O et laisse comme résidu du cuivre métallique Cu, suivant la relation :

$$CuO + H^2 = Cu + H^2O.$$

Cette propriété qu'ont certains corps d'enlever l'oxygène des oxydes s'appelle *pouvoir réducteur*, et l'opération qui a lieu s'appelle *réduction;* nous verrons que le charbon ou carbone C et l'oxyde de carbone CO sont des *corps réducteurs*. Ces deux derniers sont très employés en métallurgie pour *réduire* les minerais oxydés. L'hydrogène, à cause de son prix élevé, n'est guère usité que dans les laboratoires pour obtenir des métaux à l'état pulvérulent, qui entrent beaucoup plus rapidement en combinaison.

QUESTIONNAIRE

Quels sont les trois modes de préparation de l'hydrogène? — Comment obtient-on le gaz à l'eau? — Qu'est-ce que ce gaz? — Comment peut-on trouver le poids du litre et la densité de l'H? — A quoi applique-t-on la légèreté de l'H? — Quel inconvénient présente-t-il à ce point de vue? — Par quoi le remplace-t-on ordinairement pour cet usage? — L'H peut-il brûler? — Quel est le produit de la combustion? — Décrivez le chalumeau oxhydrique, la lampe de Drummond?

EXERCICES

I. — Quel poids de zinc Zn = 65 et d'acide chlorhydrique HCl = 36,5 : faut-il employer pour produire 100 litres d'hydrogène H ?

II. — Un ballon de 1.200^{m3} est gonflé à l'hydrogène H. Le poids de l'enveloppe, de la nacelle et des aéronautes est de 400^{kg}. Combien faut-il emporter de lest pour que la force ascensionnelle soit de 500^{kg} ?

III. — Pour obtenir l'hydrogène précédent, on traite par le fer Fe = 56 de l'acide sulfurique $SO^4H^2 = 32 + (16 \times 4) + (1 \times 2) = 98$. Calculer les poids nécessaires de chacun de ces corps supposés purs.

IV. — Quel poids de vapeur d'eau $H^2O = 18$ doit-on faire passer sur 1^{kg} de carbone C = 12 pour obtenir du gaz à l'eau théorique ?

V. * — D'après les relations (5) et (6), quels seraient les poids de sodium Na et d'aluminium Al nécessaires pour produire 1.200^{m3} d'hydrogène destinés au gonflement d'un ballon? Calculer le poids d'aluminate de sodium obtenu.

LECTURE
Soudure autogène (¹)

La soudure autogène a pour objet la réunion intime et homogène de pièces métalliques de même nature sans interposition de métal étranger. Ce résultat est obtenu : 1° au feu de forge ; 2° par coulée ; 3° par l'arc électrique ; 4° par la réaction aluminothermique ; 5° par les chalumeaux.

Soudure au feu de forge. — C'est sur la propriété que possède le fer de se souder à lui-même qu'est basé l'art du forgeron. Toutefois la soudure à la forge présente des difficultés de chauffage et de travail telles qu'en de très nombreuses circonstances son application est impossible.

Soudure par coulée. — Pour la réparation des pièces moulées il est possible de remplacer les portions avariées ou disparues de la manière suivante : On place la pièce dans le sable et, par les procédés ordinaires, on reconstitue le moule de la portion à remplacer. On effectue ensuite la coulée du métal d'apport jusqu'à ce que la partie de la pièce constituant la surface de soudure soit elle-même en fusion.

On se rend compte que ce procédé est dispendieux, la quantité de métal d'apport nécessaire pour élever la température de la pièce à réparer jusqu'au point de fusion étant considérable ; aussi son application est-elle limitée à des cas spéciaux (remplacement d'une portion d'aile d'hélice ; d'une partie d'un bâti de machine-outil).

Soudure par l'arc électrique. — On a employé également pour la soudure autogène les hautes températures fournies par l'arc électrique. Dans ce cas, les surfaces à souder ayant été préalablement dressées, on réunit la pièce à l'un des pôles d'une source d'électricité et on fait naître l'arc en approchant du joint un charbon de cornue muni d'un manche isolant relié au deuxième pôle de la source.

La consommation d'électricité étant considérable, ce travail coûte cher, et la brutalité de l'arc provoque parfois des modifications moléculaires nuisant à la solidité du métal.

Soudure par réaction aluminothermique. — L'aluminium ayant une très grande affinité pour l'oxygène détermine par réduction des oxydes métalliques une élévation de température d'autant plus considérable que l'oxyde est plus facilement réductible. D'après le Dʳ Goldsmith on obtient une température de 3.000° en employant l'oxyde de fer. Cette élévation importante de température peut être utilement employée en soudure autogène.

Les pièces à réunir étant parfaitement dressées, on constitue autour du joint un creuset réfractaire dans lequel on provoque la réaction aluminothermique. Cette manipulation est assez dangereuse ; si les substances employées ne sont pas parfaitement desséchées on ne peut opérer que sur de petites quantités de matières à la fois.

(¹) Cette lecture, ici placée pour suivre le programme, sera faite avec plus de fruit après l'étude des combustibles gazeux.

Soudure au chalumeau. — Les chalumeaux soudeurs semblent avoir résolu de la façon la plus pratique le problème de la soudure autogène. Ils permettent d'obtenir les hautes températures nécessaires par la combustion des gaz dans l'oxygène.

Étude des chalumeaux. — En principe, un chalumeau se compose de deux tubulures amenant l'une le gaz combustible, l'autre le gaz comburant à une chambre de mélange aboutissant à une buse pour la combustion (*fig.* 35).

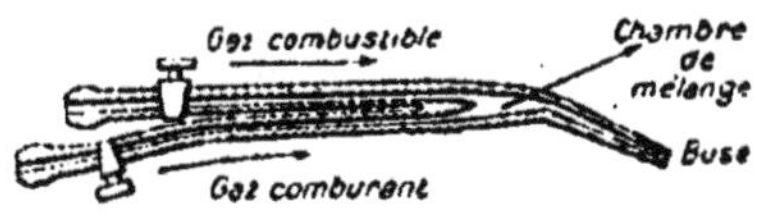

Fig. 35.

En réalité les chalumeaux comportent des dispositifs très variables destinés à assurer le mélange des gaz et à empêcher leur inflammation à l'intérieur de l'appareil. Toutefois les chalumeaux peuvent être classés en deux grandes catégories :

1° Les chalumeaux à basse pression alimentés par des générateurs ordinaires (*fig.* 36) ;

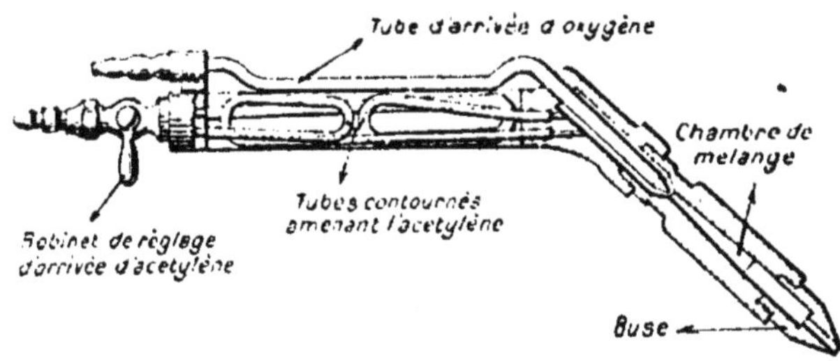

Fig. 36. — Chalumeau Fouché ; l'extrémité du tube d'arrivée d'oxygène forme Giffard et l'acétylène est entraîné à une vitesse de 140 mètres par minute.

2° Les chalumeaux à haute pression employant des gaz emmagasinés sous pression dans des tubes appropriés (*fig.* 37).

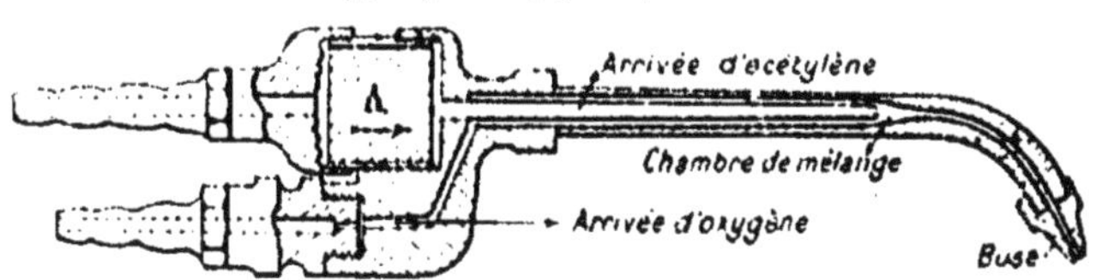

Fig. 37. — Chalumeau à haute pression de la Compagnie française de l'acétylène dissous. En A est placé un cylindre de matière poreuse permettant le passage du gaz dans le sens de la flèche, mais s'opposant à la propagation de la flamme en cas de combustion accidentelle à l'intérieur de l'appareil.

Le gaz d'éclairage, l'hydrogène et l'acétylène sont les gaz combustibles les plus couramment employés. Toutefois, l'industrie actuelle de la soudure autogène semble avoir donné la préférence à l'acétylène, dont emploi a donné jusqu'ici les résultats les plus probants.

Soudure autogène oxyacétylénique. — En brûlant un mélange en parties égales d'acétylène et d'oxygène, la chaleur dégagée dépasse 3.500°, température suffisante pour fondre rapidement tous les métaux usuels, et cette constatation justifie l'emploi de l'acétylène comme combustible.

Théoriquement, le chalumeau devrait consommer un égal volume des deux gaz ; pratiquement, la quantité d'oxygène employée est légèrement supérieure.

Le réglage de la flamme du chalumeau a une importance considérable, il influe sur la qualité de la soudure. Lorsque l'acétylène est en proportion trop considérable, la flamme est éclairante, fumeuse, sa température est inférieure à ce qu'elle pourrait être, et il se produit une carburation préjudiciable à la soudure des métaux ferreux: Lorsque la quantité d'oxygène est trop grande, la flamme, beaucoup plus pâle, est oxydante, et dans ce cas la soudure est également défectueuse.

Lorsque, à l'aide des robinets placés sur le chalumeau on a réglé l'arrivée des gaz, la flamme doit présenter un dard central, blanc violet, très éclairant, ne dépassant jamais, même dans les appareils à plus fort débit, 3 à 4ᵐᵐ de diamètre sur 10 à 15ᵐᵐ de longueur, ayant autour de lui une zone plus étendue, mais beaucoup moins éclairante. La partie active de la flamme est constituée par l'extrémité du dard, qui est le siège de la plus haute température.

Pour effectuer de la soudure autogène de bonne qualité, il importe de bien savoir préparer les pièces et de connaître, avec la nature exacte de la matière d'œuvre, les procédés de soudure particuliers aux différents métaux.

Préparation des pièces. — D'une façon générale, les surfaces de joint de la soudure doivent être débarrassées de l'oxydation soit à la lime, soit au burin, et, dès que l'épaisseur des pièces à réunir dépasse 4ᵐᵐ, il y a lieu de chanfreiner les lèvres de la soudure pour permettre l'action du chalumeau dans toute l'épaisseur du métal.

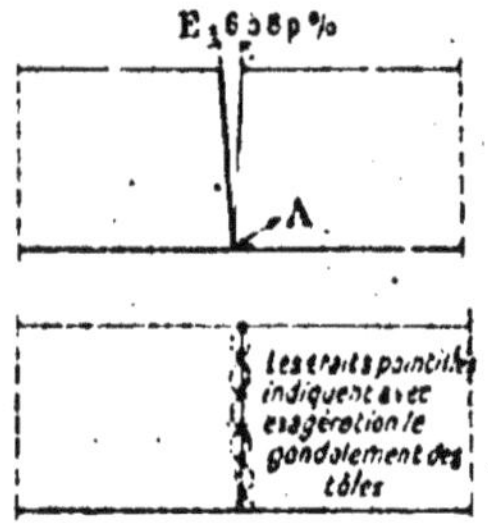

Fig. 38-39.

Lorsqu'il s'agit de réunir des pièces minces d'une certaine longueur (réunion à franc bord de feuilles de tôles, par exemple), on peut procéder de deux façons :

1° (*fig.* 38) Maintenir les pièces écartées de 6 à 8 0/0 de la longueur du joint ;

2° (*fig.* 39) Faire préalablement à la soudure proprement dite des points de suture régulièrement espacés.

Dans le premier cas, l'opération de soudure s'effectuant au point A, la matière est d'abord soumise à un effort de dilatation tendant à augmenter l'écartement E; il se produit ensuite un phénomène de contraction, de retrait dont la valeur est plus considérable et tendant en conséquence à diminuer l'écartement E. Lorsque cet intervalle, qui varie avec l'épaisseur des tôles, la température du chalumeau et la rapidité de soudure, a été judicieusement choisi, les lèvres doivent joindre parfaitement en fin d'opération.

Dans le second cas, les efforts de dilatation et de contraction contrariés par les points de suture déterminent un gondolement des tôles qu'il y a lieu de rectifier au maillet ou au marteau.

Pour que la soudure affecte toute l'épaisseur du métal, nous avons vu qu'il y avait lieu de chanfreiner les lèvres de la soudure ; les quelques croquis suivants donnent des indications en vue de la bonne préparation de pièces à réunir (*fig.* 40 à 48).

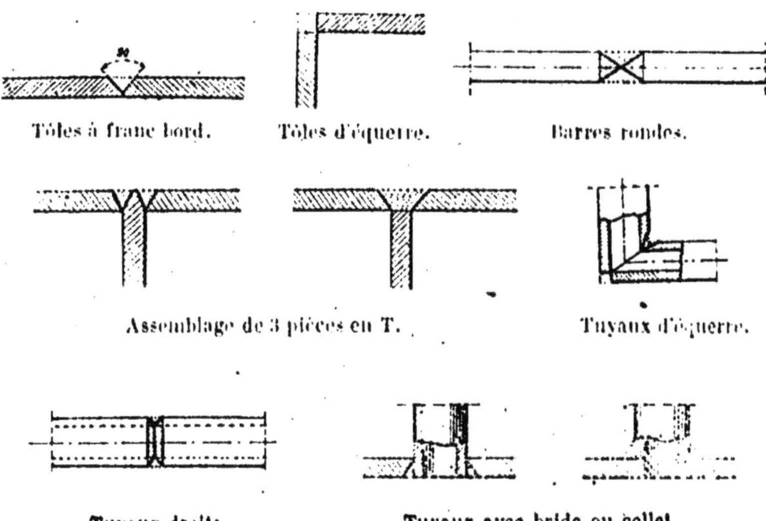

<table>
<tr><td>Tôles à franc bord.</td><td>Tôles d'équerre.</td><td>Barres rondes.</td></tr>
<tr><td>Assemblage de 3 pièces en T.</td><td></td><td>Tuyaux d'équerre.</td></tr>
<tr><td>Tuyaux droits.</td><td>Tuyaux avec bride ou collet.</td><td></td></tr>
</table>

Fig. 40 à 48. — Le pointillé indique l'emplacement du métal d'apport.

Soudure du fer. — La température de fusion du fer varie entre 1.400 1.550°, celle de l'oxyde de fer est seulement de 1.350°. La densité du fer fondu est 6,88, celle de l'oxyde varie entre 4,8 et 5,2. Dans ces conditions, l'oxyde fond avant le métal et sur le métal fondu l'oxyde surnage sans s'opposer à la réunion intime des pièces en contact. Ces considérations expliquent pourquoi le fer est facilement soudable.

Pour faire la soudure autogène du fer, il suffit d'amener les lèvres de joint au point de fusion et de couler entre elles le métal d'apport généralement constitué par du fer de Suède de petites dimensions.

Pour éviter les décollements qui pourraient se produire pendant le retrait (*fig.* 50), il est indispensable de réchauffer le métal au pourtour de la soudure (*fig.* 49).

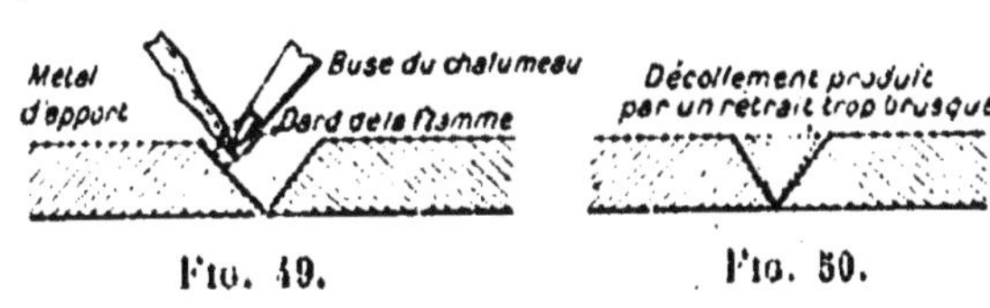

Fig. 49.

Fig. 50.

Il importe que la flamme du chalumeau soit bien réglée, une flamme carburante (excès d'acétylène) rendrait le métal cassant ; un excès d'oxygène déterminerait une formation considérable d'oxyde.

Soudure de l'acier. — La soudure autogène de l'acier ne s'entend que pour l'acier soudable (extra-doux, doux et corroyé); le travail est le même que pour le fer, mais il y a lieu de rappeler que le point de fusion de l'acier diminue au fur et à mesure que la proportion de carbone qu'il contient augmente pour régler la chauffe en approchant ou en éloignant le chalumeau sans modifier l'arrivée des gaz, ce qui aurait pour résultat de provoquer une flamme carburante ou trop riche en oxygène dont les inconvénients sont signalés pour la soudure du fer.

Le métal d'apport peut être constitué par du fil d'acier extra-doux pris dans le commerce.

Lorsqu'on éprouve des difficultés en cours de travail, une poudre composée de :

  35,5 0/0 d'acide borique,
  30,1 de chlorure de sodium,
  26,7 de carbonate de potassium,
  7,6 de colophane,

servant de flux, permet généralement d'obtenir un bon résultat.

Soudure de la fonte (fig. 51). — La fonte est un carbure de fer contenant en proportions variables du silicium, du manganèse, du phosphore. Il est indispensable de connaître la teneur exacte de la fonte pour ce qui est de ces différents corps de façon à constituer des baguettes de métal d'apport à peu près identique, mais contenant généralement plus de silicium, ce corps favorisant la précipitation du carbone sous forme de graphite.

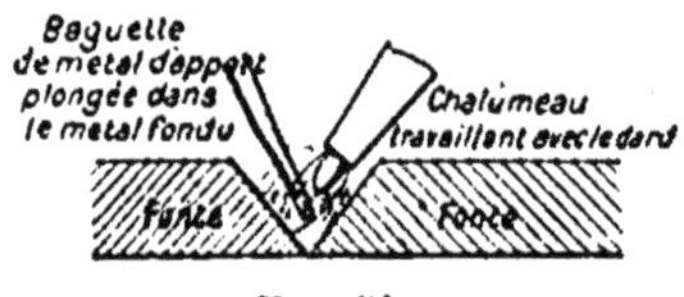

Fig. 51.

La quantité de silicium dans le métal est d'environ 3 0/0 ; dans le métal d'apport, cette proportion peut s'élever jusqu'à 10 0/0.

L'oxyde de fer Fe^3O^4 est fusible à 1.300°, la fonte, suivant sa teneur en carbone, fond entre 1.000 et 1.200°. Cette différence en faveur de l'oxyde rend la soudure de la fonte plus difficile; il est nécessaire de travailler avec une flamme très chaude (opérer avec l'extrémité du dard) et de plonger la baguette de métal d'apport dans la partie déjà fondue pour éviter la formation d'une quantité trop considérable d'oxyde dont on favorise la fusion en jetant sur la soudure un flux composé d'un mélange en parties égales de CO^3Na^2 et de CO^3NaH.

Dans le cas de fontes manganésées, on emploie avec succès une poudre composée de :

50 0/0 de MnO^2 empêchant la précipitation du carbone à l'état de graphite ;

4 à 6 0/0 de ferrocyanure de potassium prévenant la décarburation et produisant du carbone ;

10 0/0 de Si en poudre ;

0,3 d'Al aidant à la fluidité et réduisant Fe^3O^4 ;

14 0/0 de silice pure ;
15 0/0 de chlorure de sodium } agissant comme fondant.

Pour éviter les ruptures qui se produiraient pendant le retrait, il est nécessaire de réchauffer —. de préférence au four ou à défaut à la forge par un feu de bois — les pièces à souder. Le refroidissement doit être très lent.

Soudure autogène du cuivre. — Elle est rendue délicate par suite de l'absorption considérable des gaz par le métal en fusion, ce qui a pour effet de rendre le joint spongieux et cassant.

La soudure s'effectue en maintenant le dard du chalumeau un peu éloigné du métal et en saupoudrant avec du borax pilé.

Soudure de l'aluminium. — La soudure autogène de l'aluminium présente des difficultés d'ordre physique et d'ordre chimique.

Au point de vue physique, son coefficient de dilatation très élevé oblige de réchauffer sur une surface assez grande les pourtours de la soudure et même, pour les pièces épaisses, à porter l'ensemble à une température de 3 à 400° dans des fours à réchauffer pour éviter les ruptures dues à une dilatation ou à un retrait trop brusque.

Au point de vue chimique, l'oxyde d'aluminium (alumine) fond vers 3.000°, tandis que l'aluminium est fusible vers 700° ; la densité du métal fondu est 2,6 et celle de l'alumine 3,75. Nous nous trouvons en conséquence et à un degré beaucoup plus élevé dans les conditions défectueuses signalées pour la fonte.

Par un artifice de pratique on arrive, dans les fortes épaisseurs, à obvier à ces inconvénients en plongeant la baguette de métal d'apport dans l'aluminium déjà fondu, ce qui a pour effet de diminuer la formation de l'oxyde. Pour éviter que le dard trop actif ne fasse des trous dans la matière d'œuvre, on doit le maintenir à une distance égale à 15 ou 20ᵐᵐ du métal à fondre.

Dans les faibles épaisseurs, il est impossible d'obtenir un résultat par cette méthode, et on se trouve dans l'obligation sinon d'éliminer complètement l'alumine, du moins de former entre lui et d'autres corps un mélange plus fusible.

Une poudre composée de :

$$50 \text{ parties de chlorure de potassium ;}$$
$$70 \quad — \quad \text{de lithium ;}$$
$$58 \quad — \quad \text{de sodium ;}$$
$$2 \text{ ou } 3 \text{ parties de fluorure de potassium,}$$

dans laquelle on trempe la baguette de métal d'apport pendant le travail permet d'obtenir ce résultat.

Installation d'un poste de soudure oxyacétylénique. — Les postes de soudure autogène par l'acétylène sont de deux types principaux :

1° Les postes fixes employant l'acétylène à basse pression ;

2° Les postes mobiles employant l'acétylène à haute pression (acétylène dissous).

Un poste fixe comprend :

1° Un gazogène d'un type quelconque employé pour la production de l'acétylène ;

2° Des chalumeaux de différents débits du type à basse pression dans lesquels l'acétylène est entraîné par l'oxygène agissant dans un dispositif de Giffard à une vitesse de 130 à 150ᵐ à la minute, vitesse indispensable pour assurer au dard du chalumeau la rigidité nécessaire à un bon travail;

3° Une soupape de protection placée sur la canalisation du gaz combustible et empêchant le retour accidentel de l'oxygène sous pression vers le réservoir d'acétylène (ce qui pourrait déterminer une explosion).

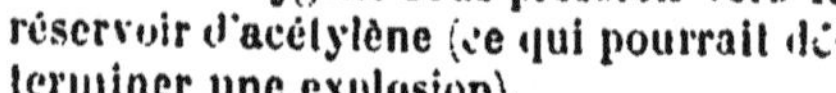

Fig. 52.

La soupape de sûreté (*fig.* 52) se compose d'un tube central T, terminé à sa partie inférieure par un renflement percé de trous permettant l'écoulement du gaz dans le corps de la soupape; un second tube B plus court que le premier est en communication avec l'extérieur par une cuvette C. A la partie supérieure du corps de la soupape est placée une tubulure D réunie au chalumeau par un tube de caoutchouc: à la partie inférieure est fixé un robinet de jauge E.

En fonctionnement normal, l'acétylène arrivant par le tuyau T se répand dans le corps de la soupape et évacue par la tubulure D vers le chalumeau. Se produit-il un retour de l'oxygène, la pression fait monter l'eau de la soupape dans le tube T jusqu'à ce que le niveau baissant dans le corps, l'orifice du tube B se trouve découvert, permettant à l'oxygène d'évacuer à l'air libre. L'eau projetée par l'évacuation brutale se dépose dans la cuvette pour redescendre dans l'appareil quand l'équilibre est rétabli;

4° Une source d'oxygène composée d'un tube renfermant le gaz sous une pression de 150 atmosphères.

L'oxygène doit arriver au chalumeau à une pression variant entre 1 et 2 atmosphères; il est nécessaire de ramener la pression du gaz dans le tube à une pression utilisable. Ce résultat est obtenu à l'aide du mano-détendeur. En principe, le mano-détendeur est composé de deux chambres, l'une directement réunie avec la bouteille et donnant, à l'aide d'un manomètre, la pression du gaz, la seconde dans laquelle le gaz se détend et comportant également un indicateur de pression.

On règle à l'aide d'une vis à pointeau agissant sur une membrane élastique l'admission du gaz dans le détendeur;

5° Une table en briques réfractaires pour les opérations de soudure.

Un poste de soudure à haute pression ne se différencie du précédent que par la source du gaz combustible. Dans ce cas, l'acétylène dissous dans l'acétone est comprimé dans des tubes semblables à ceux employés pour l'oxygène; toutefois l'acétylène n'est emmagasiné qu'à une pression de 10 atmosphères. Il est néanmoins nécessaire de placer sur les tubes des mano-détendeurs.

Dans les postes à haute pression, il n'est pas absolument indispensable de placer sur la canalisation du gaz combustible une soupape de sûreté, le dispositif des mano-détendeurs s'opposant au retour de l'oxygène jusqu'au tube d'acétylène.

Les chalumeaux employés, dits à haute pression, ne sont que des mélangeurs, la pression des gaz étant suffisante pour donner à la flamme du chalumeau la rigidité qui convient.

En résumé, la soudure autogène, et plus particulièrement la soudure oxyacétylénique, semble devoir s'étendre à toutes les branches de la métallurgie et modifiera nombre de méthodes de travail : c'est un chemin sinon nouvellement frayé, du moins encore fort peu battu, ouvert à l'activité des ouvriers sérieux.

R. Blanchi (chef d'atelier).

VII. — CHARBONS. — CARBONE : $C = 12^{gr}$

33. Caractères communs des charbons. — On désigne sous le nom général de charbons tous les corps qui renferment l'élément simple appelé carbone $C = 12^{gr}$ avec plus ou moins d'impuretés. 1° Tous les charbons brûlent dans l'oxygène O ou dans l'air en produisant de l'anhydride carbonique qui vire au rouge vineux la teinture bleue du tournesol et trouble l'eau de chaux :

$$(1) \quad \underset{12^{gr}}{C^{(1)}} + \underset{(16^{gr} \times 2)}{2O\nearrow} = \underset{44^{gr}}{CO^2\nearrow} + \underset{\text{chaleur très grande}}{97 \text{ calories}}$$

Si la quantité d'oxygène est insuffisante, ou si la température est supérieure à 900°, il y a production d'un oxyde neutre de carbone CO, qui est combustible; c'est aussi un réducteur.

$$(2) \quad \underset{1^{gr}}{C} + \underset{16^{gr}}{O\nearrow} = \underset{28^{gr}}{CO\nearrow} + \underset{\text{chaleur moins grande}}{29,7 \text{ calories}}$$

2° Le charbon incandescent se combine au soufre S pour former un corps liquide incolore appelé sulfure de carbone

---

(1) Le carbone se présente sous différents états : à l'état de diamant, c'est-à-dire pur cristallisé ; sa combustion complète dégage $96^{cal},96$ pour 12^{gr} de carbone, soit 8.080 calories par kilogramme de carbone ; lorsqu'il se présente sous un autre état, il peut ne dégager que $91^{cal},3$ pour 12^{gr} de C ou 7.850 calories par kilogramme de charbon.

CS^2, doué d'une *odeur fétide* très pénétrante, très combustible, et doué d'un grand pouvoir dissolvant pour un certain nombre de corps tels que : caoutchouc, corps gras, essences végétales...

84. Classification. — *État naturel du carbone.* —

1° Diamant. — C'est du carbone pur cristallisé, très limpide, très réfringent (¹), de densité 3,5 environ et doué d'une grande dureté : c'est le corps le plus dur de la nature, il raye tous les autres, n'est rayé par aucun et ne peut être usé que par sa propre poudre ou *égrisée*. Sa limpidité et son pouvoir réfringent le font employer en bijouterie ; c'est le corps dont le prix est le plus élevé. Sa dureté fait utiliser ses très petits fragments pour faire des pivots d'horlogerie ; le diamant noir sert à faire des pointes d'outils utilisés pour entailler les roches granitiques très dures : c'est ainsi qu'on peut creuser des trous de mines dans le percement des tunnels.

2° Graphite. — C'est encore du carbone cristallisé à peu près pur, mais de densité 2,2 et très mou. Il est conducteur de l'électricité, très stable (ne change pas aux températures très élevées), et doué de propriétés lubrifiantes (²).

Il est employé pour faire des crayons, des crayons de lampes à arc électrique, des creusets réfractaires, de la plombagine (poudre de graphite) pour noircir les objets en fonte ou en tôle ; pour lubrifier les essieux et pour rendre conducteurs les moules en gutta-percha.

3° Charbons fossiles : anthracite, houille, lignite, tourbe (voir combustibles solides, chap. ix).

Carbone artificiel. — 1° **Charbon de sucre.** — Carbone pur très poreux et très léger, obtenu en chauffant du sucre dans un ballon ou un tube à essai. Il se dégage de la vapeur d'eau.

2° Noir de fumée. — On l'obtient à 96 0/0 de carbone par la combustion incomplète (quantité d'air limitée) des matières

(¹) Qui réfracte la lumière.
(²) Diminue les frottements.

organiques : huiles, graisses, résines, benzine, essence de térébenthine, camphre, etc. Il est employé pour fabriquer l'encre de Chine, l'encre d'imprimerie, des cirages et des vernis noirs.

3° **Noir animal.** — On l'obtient à 12 0/0 de carbone mélangé à du phosphate et à du carbonate de chaux $(PO^4)^2$ Ca^3 et CO^3Ca, par la calcination des os en vase clos (à l'abri de l'air). Il possède à un haut degré des propriétés absorbantes et décolorantes (n° 35).

4° **Charbon de bois** (voir combustibles solides, chap. IX).

5° **Coke** (voir combustibles solides, chap. IX).

6° **Charbon de cornue.** — C'est un charbon lourd, dur, compact, bon conducteur de la chaleur et de l'électricité, qui se dépose sur la paroi interne supérieure des cornues où se fabrique le gaz d'éclairage. On en fait des creusets réfractaires, des crayons de lampes à arc, des électrodes de piles Bunsen et Leclanché.

35. Propriétés essentielles. — *Pouvoir absorbant du charbon de bois et du noir animal : épuration des eaux.* — Le charbon de bois, ainsi que le noir animal absorbent facilement les gaz liquéfiables ou solubles dans l'eau, notamment aux basses températures.

GAZ	FORMULES	TEMPÉRATURE de LIQUÉFACTION	NOMBRE DE VOLUMES solubles dans 1 vol. d'eau	NOMBRE DE VOLUMES ABSORBÉS PAR 1 VOL. DE CHARBON		
				à 12°	à 0°	à — 185°
Ammoniaque	AzH^3	— 31°	780	90		
Acide chlorhydrique	HCl	— 80°	470	85		
— sulfhydrique .	H^2S	— 61°	3,6	55		
Oxygène...........	O	— 181°	0,038	0,25	18	230
Azote	Az	— 103°	0,010	8	15	155
Hydrogène.........	H	— 232°	0,018	1,75	4	135

On utilise cette propriété pour épurer les eaux en leur faisant traverser dans un filtre une ou plusieurs couches de charbon de bois qui retient un grand nombre de gaz délétères. Le charbon, chauffé au rouge après la filtration, laisse dégager ces gaz et peut resservir à nouveau. On projette aussi du charbon en poudre dans les fosses d'aisances.

Pouvoir décolorant : raffinage du sucre. — Si l'on agite dans un flacon de l'eau faiblement colorée par du vin, de la fuschine ou de la teinture de tournesol avec du noir animal, on obtient assez rapidement un liquide incolore. La matière colorante a été absorbée ; on pourrait l'obtenir, au moins la fuschine, en traitant le noir animal par l'alcool. Dans les sucreries, on enlève sa couleur jaunâtre au sirop de sucre par le noir animal, qui peut être revivifié plusieurs fois par la calcination. Le pouvoir décolorant du charbon de bois est beaucoup moindre.

Pouvoir réducteur : Préparation du fer. — Le carbone, comme l'hydrogène, a la propriété d'enlever l'oxygène aux corps qui en contiennent.

1° Réduction de l'anhydride carbonique CO^2. — Dans le chauffage, si l'on charge du combustible sur une grande épaisseur, il se forme à l'arrivée de l'air sur la grille du CO^2 ; mais, en traversant les couches supérieures de charbon incandescent, ce charbon absorbe une partie de l'oxygène du gaz pour former de l'oxyde de carbone CO suivant la relation :

$$(3) \qquad \underset{44^{gr}}{CO^2} \; + \; \underset{12^{gr}}{C} \; = \; \underset{56^{gr}}{2CO} \; + \; (\underset{-37^c,6}{- 07^c + 29,7 \times 2})$$

sur laquelle est fondée la préparation du gaz à l'air.

2· Réduction de la vapeur d'eau (voir numéro 31, 4°) :

$$(4) \qquad \underset{18^{gr}}{H^2O} \; + \; \underset{12^{gr}}{C} \; = \; \underset{28^{gr}}{CO} \; + \; \underset{2^{gr}}{H^2O} \; + \; (\underset{-38^c,5}{29^c,7 - 58^c,2})$$

réaction qui donne naissance au gaz à l'eau.

3° Réduction des oxydes métalliques. — Si l'on chauffe dans un ballon un mélange de charbon de bois et d'oxyde de zinc, de cuivre ou de fer pulvérisé (*fig.* 53), il se dégage un mélange gazeux, d'anhydride carbonique CO_2 et d'oxyde de carbone CO, que l'on recueille sur la cuve à eau, et le métal pulvérulent reste au fond du ballon.

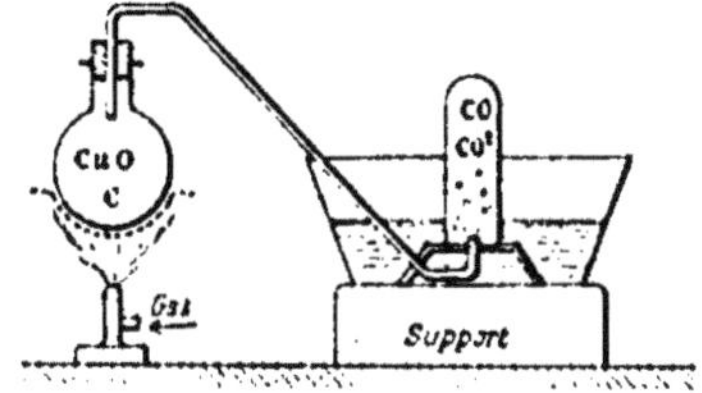

Fig. 53.

On peut faire l'expérience avec de l'oxyde de cuivre CuO :

$$(5) \qquad CuO + C = Cu + CO \uparrow$$

Avec le sesquioxyde de fer Fe^2O^3 ou minerai en présence de l'air et d'un excès de charbon, on a la relation :

$$(6) \qquad Fe^2O^3 + 4C + O^2 = 2Fe + CO^2 \uparrow , \ 3CO \uparrow ,$$

formule caractéristique qui explique la production du fer et des gaz combustibles dans les hauts fourneaux.

Combinaisons avec l'hydrogène. — Le carbone forme avec l'hydrogène de nombreux composés appelés carbures d'hydrogène et pouvant être représentés par la formule C^mH^p. Ces corps peuvent être solides, liquides ou gazeux : ils sont éminemment combustibles ; nous en étudierons quelques-uns au cours de cet ouvrage et nous citerons les plus connus :

Gaz : formène ou méthane CH^4 contenu dans le grisou et le gaz d'éclairage ;

Gaz : acétylène C^2H^2 employé pour l'éclairage et la soudure ;

Liquide : benzine C^6H^6 employé comme dissolvant et comme carburant de l'alcool dans les moteurs ;

Liquide : essence de térébenthine $C^{10}H^{16}$ dissolvant, préparation des vernis ;

Solide : naphtaline $C^{10}H^8$ antiseptique, préparation des matières colorantes ;

Solide : caoutchouc C^4H^7, objets imperméables, élastiques ; ébonite.

Les houilles, les goudrons et le gaz d'éclairage renferment de nombreux carbures d'hydrogène.

QUESTIONNAIRE

Quels sont les caractères communs des charbons? — Quand donnent-ils en brûlant du CO_2? du CO? — Que donne le carbone avec le soufre? — Quelles sont les propriétés du corps formé? -- Citez les trois formes naturelles du charbon. — Citez six charbons artificiels. — Donnez les propriétés et usages du graphite, du noir animal et du charbon de bois, du charbon de cornue. — Définissez les pouvoirs : absorbant, décolorant et réducteur du charbon, donnez des applications. — Ecrivez les trois relations caractéristiques de réduction par le charbon : dites ce que représente chacune d'elles.

EXERCICES

I. — Calculez d'après la relation (1) le nombre de calories dégagées par la combustion complète de 1ᵏ de carbone.

II. — Même question d'après la relation (2) pour la combustion incomplète. Déterminer la perte qui en résulte.

III. — Calculer d'après la relation (1) : 1° le poids d'oxygène ; 2° le volume d'oxygène ; 3° le volume d'air nécessaires à la combustion complète de 1ᵏ de carbone pur.

VIII. — PRODUITS DE LA COMBUSTION DU CHARBON

86. Anhydride carbonique : $CO_2 = 12^{gr} + 16^{gr} \times 2 = 44^{gr} = 22^l,26$. — **Préparation.** — 1° **Gaz naturel qui s'échappe du sol.** — Des sources importantes existant sur de nombreux points du globe sont captées ; le gaz recueilli est comprimé ou liquéfié et transporté dans des bouteilles en acier. Certaines sources naturelles d'Autriche sont tellement abondantes que la force du gaz est suffisante pour actionner les pompes de compression.

2° **Gaz provenant de la fermentation alcoolique des moûts de fruits ou des jus sucrés.** — Il suffit, pour recueillir CO_2, de fixer un couvercle à la cuve où se produit la fermentation et de relier celle-ci à un gazomètre par un tube approprié.

3° Gaz CO^2 provenant de la combustion du coke C et de la dissociation du calcaire CO^3Ca dans les fours à chaux :

$$C + O^2 = CO^2 \nearrow + 0{,}7^{cal} \tag{1}$$

$$CO^3Ca + 282^{cal},6 = CO^2 \nearrow + 97^{cal} + CaO + 145^{cal} \tag{2}$$

$$\underset{[12+(16\times3)+40]}{CO^3Ca} = \underset{[12+(16\times2)]}{CO^2} \nearrow + \underset{(40+16)}{CaO} - 40^{cal} \tag{2}$$

La réaction (2) absorbe de la chaleur; c'est la raison pour laquelle on est obligé de chauffer les fours à chaux en brûlant du coke suivant la réaction (1).

Le gaz ainsi obtenu n'est pas pur, il contient environ :

30 0/0 d'anhydride carbonique CO^2 ;
1 0/0 d'oxyde de carbone CO ;
1 0/0 d'oxygène O ;
68 0/0 d'azote Az ;
Traces d'anhydride sulfureux SO^2 et d'acide sulfhydrique H^2S.

On l'emploie tel quel pour la carbonatation dans les sucreries et pour la fabrication des *cristaux de soude du commerce* CO^3Na^2. Pour le purifier, on le lave, ce qui fait disparaître par dissolution SO^2 et H^2S, puis on le liquéfie en le refroidissant à 0° et en le soumettant à une pression de 35 kilogrammes par centimètre carré.
Dans ces conditions, CO, O et Az restent gazeux.

4° **Décomposition du calcaire par un acide.** — Dans les laboratoires, on verse de l'acide chlorhydrique ou esprit de sel HCl sur de la craie ou du marbre CO^3Ca. On emploie à cet effet un appareil (*fig.* 54) identique à celui de la préparation

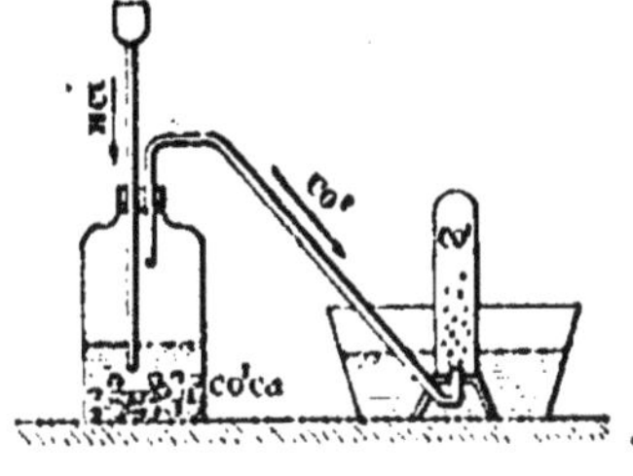

Fig. 54.

de l'hydrogène par l'action du zinc sur l'eau acidulée. La réaction peut s'écrire :

$$CO^3Ca + 2HCl = CaCl^2 + H^2O + CO^2,$$ (3)

Les fabricants d'eaux gazeuses ont pendant longtemps utilisé la réaction de l'acide sulfurique SO^4H^2 sur CO^3Ca :

$$CO^3Ca + SO^4H^2 = SO^4Ca + H^2O + CO^2;$$

mais ce procédé présente un inconvénient grave. Le sulfate de calcium (plâtre) SO^4Ca obtenu, étant peu soluble dans l'eau, se dépose sur la craie CO^3Ca en contrariant son attaque par l'acide sulfurique SO^4H^2, ce qui nécessite l'emploi de malaxeurs. Mais des entraînements d'acide sulfurique SO^4H^2 ne sont pas à craindre, ce qui pourrait avoir lieu avec l'acide chlorhydrique qui est volatile ; SO^4H^2 au contraire est fixe.

Propriétés et usages. — 1° L'anhydride carbonique est liquéfiable :

       A 15° sous la pression de 50^{kg} par cm²
         A 0°   —   33^{kg} —
       A — 50°   —   6^{kg} —
       A — 79°   —   1^{kg} —

Cette propriété permet de l'épurer, de le transporter et de le conserver dans des bouteilles en acier.

On utilise la pression nécessaire pour le liquéfier et qu'il restitue en reprenant l'état gazeux pour faire monter la bière de la cave à la salle de consommation; pour la rendre mousseuse et pour rendre gazeux l'eau ou le vin (vin de Champagne, eau de Seltz). On utilise le froid produit par la gazéification de CO^2 liquide, et la détente de ce gaz, pour obtenir de basses températures dans la fabrication de la glace au moyen des machines frigorifiques.

Machine frigorifique à compression Dyle et Bacalan (fig. 35). — « Le gaz comprimé par le piston du compresseur est refoulé dans le condenseur. Une circulation d'eau autour du serpentin du condenseur lui enlève la chaleur dégagée par la compression et le ramène à une température à laquelle il peut prendre l'état liquide.

« L'acide carbonique liquide se rassemble à la partie inférieure du serpentin de condensation.

« En ouvrant le robinet de détente, on permet au liquide de se rendre dans le serpentin de l'évaporateur, où il reprend la forme gazeuse, absorbant en même temps par vaporisation et par détente une quantité considérable de chaleur.

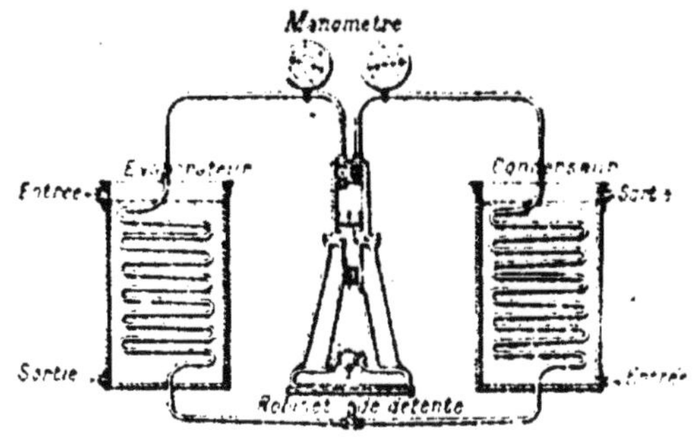

Fig. 55.

« Cette chaleur est empruntée au liquide incongelable qui entoure le serpentin, liquide qui, par suite, est amené à une très basse température et se trouve dès lors en état de produire tous les effets frigorifiques que l'on veut obtenir.

« La même quantité de gaz passe et repasse indéfiniment par les trois organes : compresseur, condenseur, évaporateur.

2° L'anhydride carbonique CO_2 est soluble dans l'eau. — 1 volume d'eau dissout 1 volume de CO_2 à 15° et à la pression atmosphérique ; il en dissout beaucoup plus si la température est plus basse ou si la pression augmente.

On utilise cette propriété pour la fabrication des eaux gazeuses et des vins mousseux. L'eau de Seltz renferme ainsi 7 à 8 fois son volume de CO_2.

3° L'anhydride carbonique CO_2 est asphyxiant. — Il n'entretient ni la respiration ni la combustion. On le montre en enfermant sous cloche une souris ou un oiseau. L'animal meurt lorsqu'il a, par sa respiration, transformé l'oxygène de l'air en CO_2. On montre en même temps la grande densité de CO_2 :

$$a : \frac{12 + 16 \times 2}{28,8} = 1,56,$$ en versant ce gaz dans une éprou-

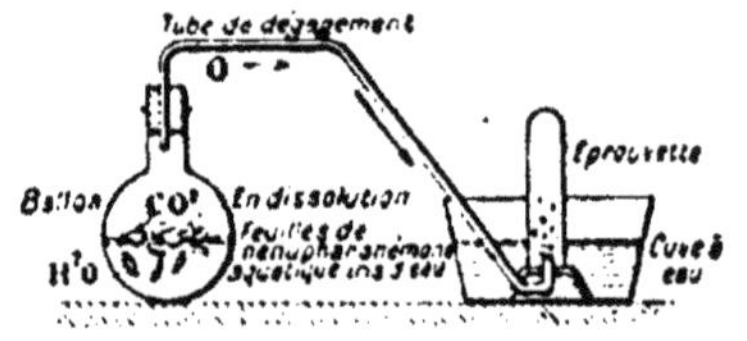

vette où brûle dans l'air une bougie (*fig.* 56), qui s'éteint quand le gaz *tombe* sur elle.

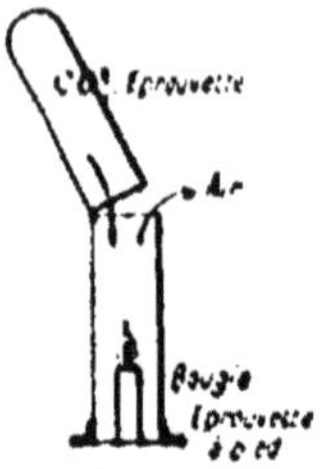

Il est donc très important de veiller au dégagement des produits de la combustion dans les foyers de nos appartements, d'aérer assez souvent ; de ne jamais se coucher aux environs d'un four à chaux ou de fissures du sol ; de ne pas pénétrer dans un puits, une cave ou une cuve de fermentation avant de s'être assuré qu'une bougie peut y rester enflammée.

Fig. 56.

37. Rôle de l'anhydride carbonique CO² dans la nature. — 1° Il sert à la nourriture des plantes (*fig.* 57). — Dans un ballon rempli d'eau, contenant CO² en dissolution, plaçons quelques feuilles de plantes aquatiques, puis mettons un bouchon muni d'un tube de dégagement se rendant sous une éprouvette. Celle-ci se remplit peu à peu d'un gaz qui rallume une allumette présentant encore un point en ignition ; c'est de l'oxygène. La chlorophylle, matière verte des feuilles, a provoqué la décomposition de CO³, retenu C et mis O en liberté :

Fig. 57.

$$\text{Chlorophylle} + CO^2 = [\text{chlorophylle} + C] + \overset{\nearrow}{O}.$$

Cette décomposition explique pourquoi : 1° les végétaux contiennent du carbone C et sont par suite des combustibles ; 2° l'air des forêts, des vergers, des champs est très sain.

L'anhydride carbonique CO² contenu dans l'eau augmente dans certains cas le pouvoir dissolvant de ce liquide par suite de réaction secondaire. — Il forme avec la craie ou *carbonate neutre de calcium* CO³Ca un autre sel, beaucoup plus soluble, le bicarbonate ou *carbonate acide de calcium* $(CO^3)^2 CaH^2$, suivant la réaction :

$$CO^3Ca \quad + \quad CO^2 \quad + \quad H^2O \quad = \quad (CO^3)^2\, CaH^2,$$

carbonate neutre   anhydride   eau   carbonate acide

Lorsque le gaz carbonique se dégage, le carbonate de chaux se dépose (fontaines pétrifiantes : source de Saint-Allyre). Ceci explique comment les eaux d'infiltration chargées de CO^2 peuvent traverser les roches calcaires et s'y créer une route qui va s'agrandissant avec les années (grottes naturelles). Le carbonate acide CO^3CaH^2 est très instable, c'est-à-dire qu'il se décompose facilement : 1° si on le chauffe entre 50 et 100° :

$$(CO^3)^2\, CaH^2 \quad + \quad \text{chaleur} \quad = \quad CO^3Ca \quad + \quad CO^2 \quad + \quad H^2O.$$

soluble   très peu soluble   acide

Ceci explique les incrustations qui se déposent dans les générateurs de vapeur et aussi l'attaque des tôles par l'acide; en même temps, ceci explique pourquoi on épure les eaux en élevant leur température ;

2° Si on fait agir de l'eau de chaux, c'est-à-dire de l'eau contenant une solution de la chaux hydratée Ca^2OH^2, sur le bicarbonate $(CO^3)^2\, CaH^2$, on a la réaction :

$$(CO^3)^2\, CaH^2 + CaO^2H^2 = 2CO^3Ca + 2H^2O.$$

soluble   peu soluble

Ceci explique pourquoi on précipite le calcaire à l'aide de la chaux avant d'employer les eaux dans l'industrie. La présence de CO^2 dans l'eau permet au liquide de dissoudre la silice ou sable SiO^2, qui sert à la nourriture des plantes, qui leur donne de la rigidité et qui se dépose parfois au moment où l'eau jaillit du sol (geysers d'Islande...).

88. Carbonates. — Ce sont les sels correspondant à l'acide carbonique (acide inconnu) $CO^3H^2 = CO^2 + H^2O$ ou dissolution de l'anhydride carbonique CO^2 dans l'eau H^2O. On peut dire, ainsi que nous l'avons vu pour les sels en général, que leurs formules résultent de la substitution de 1 atome de métal à 1 ou 2 atomes d'hydrogène de l'acide, selon que le métal est monovalent ou bivalent. Selon que les 2 atomes de H ou 1 seul sont remplacés, le carbonate est neutre ou acide.

Ceux qui présentent le plus d'intérêt sont les carbonates :

Hydrogène........	CO^3H^2;	Zinc	CO^3Zn;
Ammonium (1)...	$CO^3 \, AzH^{4\,2}$;	Cuivre	CO^3Cu;
Potassium	CO^3K^2;	Ferreux...........	CO^3Fe;
Sodium..........	CO^3Na^2;	Acide de potassium CO^3KH;	
Calcium	CO^3Ca;	Acide de sodium... CO^3NaH;	
Baryum	CO^3Ba;	Acide de calcium.. $(CO^3)^2 CaH^2$;	
Magnésium	CO^3Mg;	Acide de baryum .. $(CO^3)^2 BaH^2$;	
Plomb..........	CO^3Pb;	Acide de magnésium $(CO^3)^2 MgH^2$.	

Les carbonates basiques sont des sels spéciaux résultant de la combinaison d'une molécule de carbonate neutre avec une molécule d'oxyde basique hydraté. Exemple :

$$CO^3Cu + Cu(OH)^2 \text{ carbonate basique de Cu}$$
$$CO^3Pb + Pb(OH)^2 \text{ carbonate basique de Pb.}$$

Propriétés. — Les carbonates alcalins et acides sont solubles; les autres le sont peu. Les carbonates ainsi que CO^2 en dissolution donnent un précipité blanc avec la chaux $Ca(OH)^2$, la baryte $Ba(OH)^2$ et les sels de baryum solubles $BaCl^2 (AzO^3)^2 Ba$. Tous les carbonates font effervescence avec les acides minéraux : azotique AzO^3H, sulfurique SO^4H^2, chlorhydrique HCl et organiques.

Usages. — CO^3K^2 et CO^3Na^2 potasse et soude du commerce; le carbonate de soude constitue les cristaux employés dans l'économie domestique. On les utilise pour préparer les savons mous (oléate de K) ou durs (oléate de Na); pour fabriquer les

(1) Le groupement de lettres AzH^4 appelé ammonium et nommé radical, jouit des propriétés chimiques des métaux monovalents K, Na. On a été amené à cette conception par suite de considérations théoriques de la constitution des sels ammoniacaux comparée à celle des sels de K et de Na (sels alcalins).

verres (silicates multiples de Ka et de Na); pour blanchir les étoffes et le linge.

La cendre du bois et des plantes terrestres est riche en CO^3K^2, celle des végétaux marins, en CO^3Na^2, le carbonate de soude est un des corps les plus utilisés dans l'industrie, et il est peu d'industries qui n'en emploient plus ou moins. On a pu dire qu'on reconnaît la prospérité d'une nation à sa consommation en acide sulfurique et en carbonate de soude.

CO^3Ca, calcaire, craie, blanc de Meudon, marbre; pierre lithographique, joue avec $(CO^3)^2\, CaH^2$ un rôle important dans la nature. On emploie ces corps à l'état naturel : craie, marbre; la castine est du carbonate de chaux commun, du calcaire qui sert comme fondant dans les hauts fourneaux; le calcaire sert à fabriquer la chaux ainsi que les mortiers et ciments qui en dérivent.

CO^3Ba, withérite, est le minerai de baryum le plus commun.

$[CO^3Cu,Cu\,(OH)^2]$, vert-de-gris, vert malachite.

$[2CO^3Cu,Cu\,(OH^2)$, azurite, couleur bleue.

CO^3NaH, sel de Vichy, est contenu en quantité variable dans des eaux minérales carbonatées sodiques; de même $(CO^3)^2$, MgH^2.

$(CO^3)^2\, CaH^2$, dans les eaux calcaires, dures.

$CO^3Pb,Pb\,(OH)^2$, céruse, employé en peinture (dangereux).

CO^3Fe, fer spathique, excellent minerai qu'on trouve à Bilbao.

39. Oxyde de carbone; $CO = 12 + 16 = 28^{gr} = 22^l,26$. — *Production.* 1° Décomposition de l'acide oxalique (*fig.* 58). Dans les laboratoires, on obtient CO en provoquant à chaud la décomposition de l'*acide oxalique*,

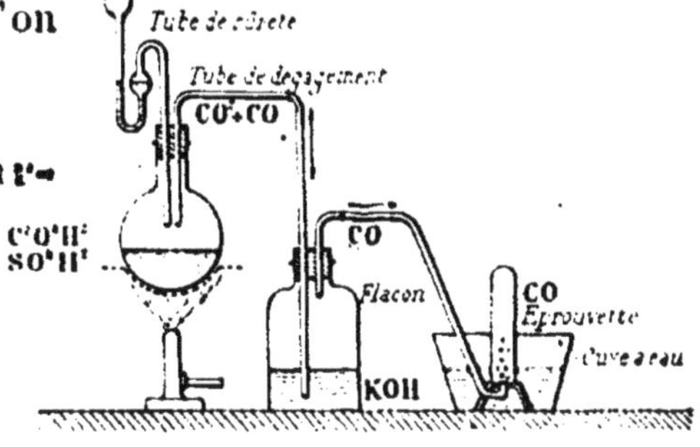

FIG. 58.

$C^2O^4H^2 = [H^2O, CO^2, CO]$ par l'acide sulfurique SO^4H^2, corps très avide d'eau :

$$C^2O^4H^2 + SO^4H^2 = [SO^4H^2 + H^2O] + CO^2\nearrow + CO\nearrow.$$

Il se dégage un mélange gazeux d'oxyde CO et d'anhydride CO^2, que l'on fait passer dans un flacon renfermant une dissolution de potasse KOH qui, se combinant à l'anhydride CO^2, l'absorbera pour former du carbonate de potassium CO^3K^2 :

L'oxyde de carbone se dégage pur.

2° Combustion incomplète du carbone :

$$(3)\qquad \underset{12^{gr}}{C} + \underset{16^{gr}}{O} = \underset{28^{gr}}{CO}\nearrow + 29^{cal},7$$

3° Réduction de l'anhydride par le charbon incandescent :

$$(4)\qquad \underset{44^{gr}}{CO^2} + \underset{12^{gr}}{C} = \underset{56^{gr}}{2CO}\nearrow - 37^{cal},6.$$

Ces deux dernières relations (3) et (4) sont caractéristiques de la production du gaz à l'air.

4° Réduction de la vapeur d'eau par le charbon au rouge :

$$(5)\qquad \underset{18^{gr}}{H^2O} + \underset{12^{gr}}{C} = \underset{2^{gr}}{H^2}\nearrow + \underset{28^{gr}}{CO}\nearrow - 28^{cal},5,$$

caractéristique de la production du gaz à l'eau :

5° Réduction des oxydes métalliques par le charbon au rouge :

$$(6)\qquad CuO + C = Cu + CO\nearrow,$$

$$(7)\qquad Fe^2O^3 + 3C = Fe + 3CO\nearrow,$$

réactions qui trouvent leurs applications dans la production des métaux par réduction des minerais oxydés (n° 35).

Propriétés essentielles. — 1° **L'oxyde de carbone CO est un corps combustible.** — Pour cette raison il entre dans la composition des combustibles gazeux : gaz d'éclairage, gaz à l'air, gaz à l'eau, gaz des hauts fourneaux et des fours à coke. Si on met l'oxyde de carbone en présence de l'oxygène, il brûle avec une flamme bleue, dégage beaucoup de chaleur et se transforme en anhydride CO_2 :

$$(8) \qquad CO + O = CO_2 + (97 - 29,7) = CO_2 + 67^{cal},3$$

2° **L'oxyde de carbone CO est un corps réducteur.** — Il enlève leur oxygène O aux oxydes métalliques pour former de l'anhydride CO_2 et le métal est mis en liberté :

$$(9) \qquad CuO + CO = CO_2 \nearrow + Cu ;$$

$$(10) \qquad ZnO + CO = CO_2 \nearrow + Zn ;$$

$$(11) \qquad Fe_2O_3 + 3CO = 3CO_2 \nearrow + 2Fe.$$

Grâce à cette propriété, l'oxyde de carbone opère dans le haut fourneau la réduction du minerai de fer concurremment avec le charbon incandescent.

3° **L'oxyde de carbone CO est toxique** (¹). — Lorsque l'oxyde de carbone est introduit dans les poumons, il passe dans le sang où il se combine avec l'*hémoglobine* des globules rouges. Dès lors, cette matière ne peut plus absorber l'oxygène comme c'est sa fonction normale; il y a empoisonnement. Or l'oxyde de carbone se produit par la combustion incomplète du charbon; il y a donc danger grave à employer les poêles mobiles, à obstruer le tirage à l'aide de clefs, à respirer des émanations de gaz combustible. CO est d'autant plus dangereux qu'il est *sans odeur*, comme le gaz carbonique d'ailleurs, mais il se dégage des foyers en combustion incom-

(¹) Poison.

plèto, en même temps que ces gaz, des vapeurs carbonées gazeuses, mal définies, qui, elles, trahissent leur présence par leur odeur spéciale : d'où l'expression (fautive): odeur du charbon, odeur de l'acide carbonique.

QUESTIONNAIRE

Quels sont : la formule, le poids moléculaire, le volume moléculaire, le poids du litre et la densité de l'anhydride carbonique ? — Citez cinq provenances de CO_2. — Pour quelles raisons y a-t-il CO_2 dans les fours à chaux ? — Écrivez deux réactions ayant lieu dans ces fours; deux formules de décomposition du calcaire CO_3Ca par un acide HCl ou SO_4H_2. — Quelles sont les trois propriétés essentielles de CO_2? — Citez des applications de chacune d'elles. — Démontrez par une petite expérience que CO_2 est plus lourd que l'air ; qu'il est asphyxiant. — Pourquoi (*fig.* 56) CO_2 tombe-t-il sur la bougie? Pourquoi l'éteint-il ? — Pourquoi se dégage-t-il de l'oxygène dans l'éprouvette (*fig.* 57)? — Quelle est la formule du calcaire?— En quoi se transforme-t-il en présence de CO_2 dissous dans H_2O? — Quelle est la formule du carbonate acide de calcium ? — Que devient-il si on chauffe? si on fait agir l'eau de chaux? — Quel est le corps commun dissous par H_2O chargée de CO_2 ? — A quoi sert-il? — Quels sont la formule, le poids moléculaire, le volume moléculaire, le poids du litre et la densité de l'oxyde de carbone? — Citez cinq provenances de CO. — Comment enlève-t-on CO_2 d'un mélange gazeux? — Formules de production du gaz à l'air ; du gaz à l'eau ; de réduction de CuO, de Fe_2O_3. — Citez les trois propriétés essentielles de CO. — Pourquoi la combustion de CO dégage-t-elle de la chaleur? — Pourquoi peut-on obtenir du cuivre pur Cu avec CuO et CO?

EXERCICES

I. — D'après la relation (2), calculer le poids de calcaire ou pierre à chaux à 84 0/0 de CO_3Ca pur qui est nécessaire pour préparer 100^k de chaux vive CaO.

II. — Quel est le poids de CO_3Ca contenu dans 648^{gr} de $(CO_3)_2 CaH_2$?

III. — Une eau employée à produire de la vapeur renferme par litre $0^{gr},03$ de CO_3Ca et $0^{gr},648$ de $(CO_3)_2 CaH_2$. — Quel sera le poids des incrustations lorsque l'on aura produit 80 tonnes de vapeur d'eau?

IX. — COMBUSTIBLES SOLIDES

40. Chauffage. — Le *chauffage* est la production de la chaleur par un procédé *physique*, par exemple : (résistance d'un conducteur au courant électrique, compression d'un gaz) ou *chimique* [combinaisons exothermiques [1]] dans le but d'élever la température de certains corps dans un but défini : forgeage, soudure, fonderie, vaporisation de l'eau, élévation de température de l'air dans les habitations...)

Parmi tous les moyens qui permettent de produire la chaleur, le plus commun est la *combustion vive* : c'est une réaction chimique particulière : celle de l'oxygène, sur divers corps contenant du carbone appelés *combustibles* : réaction qui est toujours accompagnée d'un grand dégagement de chaleur et de phénomènes lumineux.

Le chauffage s'opère dans des fourneaux dont la forme et les dimensions sont excessivement variables ; cependant on peut les ramener à trois types :

1° Fours à chauffage en vase clos. — Le *foyer* où a lieu la combustion ne communique aucunement avec l'intérieur de la capacité à chauffer, appelée *laboratoire*.

Ex. : Générateurs de vapeurs, fours d'usines à gaz, fours à coke, fours à distiller le bois et la tourbe, appareil à distiller l'eau, les alcools, les essences végétales, les goudrons, creusets à fondre les métaux.

2° Fours à chauffe indépendante. — Le foyer est encore séparé du laboratoire, mais les gaz provenant de la combustion peuvent aller du premier dans le second. Les fours à reverbère pour la fabrication des cristaux de soude CO^3Na^2 et les fours métallurgiques chauffés par les gaz de gazogène rentrent dans cette catégorie.

3° Fours sans chauffe indépendante. — Le combustible y est mélangé avec la matière à traiter. Ex. : 1° hauts fourneaux ; 2° fours à plâtre et 3° fours à chaux. Le charbon y est mélangé avec : 1° le minerai de fer ; 2° le gypse ou pierre à plâtre ; 3° le calcaire ou pierre à chaux.

41. Classification des combustibles. — *a) Naturels.* — 1° Origine végétale : anthracite, houille, lignite, tourbe, bois ; 2° Origine minérale : roches pétrolifères, pétrole liquide, gaz naturels.

b) Artificiels. — Ils proviennent :

1° De la carbonisation : c'est-à-dire de la réduction à l'état de charbon presque pur des substances en contenant mélangé

[1] Qui dégage de la chaleur.

à d'autres substances : coke métallurgique et d'usine à gaz; charbon de bois, de tourbe, de Paris ;

2° **De l'agglomération :** briquettes, boulets ovoïdes;

3° **De la gazéification :** goudrons et benzols liquides ; gaz d'éclairage, gaz à l'air et à l'eau, gaz des fours à coke et des hauts fourneaux ;

4° **D'un traitement chimique :** hydrogène, acétylène;

5° **De végétaux actuels :** huiles, alcool.

Le choix d'un combustible varie avec la nature de l'industrie et les ressources de la région. Il peut y avoir intérêt à utiliser :

Le bois et le charbon de bois dans les pays forestiers ;
La sciure de bois et les copeaux dans les scieries ;
La tourbe, le lignite, la houille et l'anthracite dans les pays d'extraction ;
Les poussiers de houille dans les mines ;
Les roches et les huiles minérales dans les contrées pétrolifères;
Le poussier de coke et le goudron dans les usines à gaz;
Le gaz de fours à coke et de hauts fourneaux dans les usines métallurgiques.

Mais, d'une manière générale en France, on emploie le bois pour l'allumage, puis le *charbon :* anthracite, houille ou lignite. Le charbon sert surtout au *chauffage des générateurs de vapeur des forges et des fours;* à la *fabrication des gaz combustibles et du coke métallurgique.*

Les *gaz* sont surtout employés pour le chauffage des fours, la soudure, l'éclairage et la production de la force motrice.

Le *coke métallurgique* est préféré lorsqu'il doit être mélangé au corps à décomposer, comme le minerai de fer dans le haut fourneau.

Le *pétrole* est en usage pour le chauffage et l'éclairage.

L'*essence de pétrole* et le *benzol* provenant de la distillation des goudrons de houille servent au fonctionnement des moteurs à air carburé, notamment pour la traction automobile. On cherche à employer l'*alcool* aux mêmes usages.

42. Propriétés des combustibles. — 1° Composition. — Les combustibles employés dans l'industrie renferment toujours du carbone C, de l'hydrogène H ou des carbures d'hydrogène C^mH^p. Ces corps se trouvent très rarement seuls; ils sont d'ailleurs mélangés avec d'autres matières combustibles ou non.

2° Pureté. — Elle est diminuée par la présence des matières terreuses, d'oxydes et d'eau. On caractérise ordinairement les impuretés d'un combustible par sa teneur en humidité et en cendres. On diminue la quantité d'impuretés par le lavage et la carbonisation : bois et tourbe.

3° Inflammabilité. — C'est la plus ou moins grande facilité avec laquelle un corps s'enflamme. La température d'inflammation d'un combustible est d'autant plus basse qu'il est plus pur, plus sec, moins dense et plus hydrogéné. C'est ce qui justifie l'emploi du bois à l'allumage.

4° Pouvoir calorifique. — *C'est la quantité de chaleur, ou nombre de calories, que dégage la combustion complète de 1ᵏ de combustible brûlant dans l'oxygène pur.*

$$(1) \quad H^2 + O = H^2O \text{ liq.} + 69^{cal},$$
$$ \quad 2^{gr} \quad 16^{gr} \quad 18^{gr}$$

$$(2) \quad C + O^2 = CO^2 + 97^{cal},$$
$$ \quad 12^{gr} \quad 32^{gr} \quad 44^{gr}$$

$$(3) \quad CO + O = CO^2 + 67^{cal},3,$$
$$ \quad 28^{gr} \quad 16^{gr} \quad 44^{gr}$$

$$(4) \quad C^2H^2 + O^5 = 2CO^2 + H^2O + 323^{cal}.$$
$$ \quad 26^{gr} \quad 80^{gr} \quad 88^{gr} \quad 18^{gr}$$

De ces relations on déduit que :

La combustion de 1ᵏ ou 1.000ᵍʳ d'hydrogène H dégage :

$$(1') \quad 69^{cal} \times \frac{1.000}{2} = 34.500^{cal},$$

la combustion de 1ᵏ ou 1.000ᵍʳ de carbone C dégage :

$$(2') \quad 97^{cal} \times \frac{1.000}{12} = 8.080^{cal},$$

la combustion de 1^{kg} ou 1.000^{gr} d'oxyde de carbone CO^2 dégage :

$$(3') \qquad 67^{cal},3 \times \frac{1.000}{28} = 2.403^{cal},$$

la combustion de 1^{kg} ou 1.000^{gr} d'acétylène C^2H^2 dégage :

$$(4') \qquad 323^{cal} \times \frac{1.000}{26} = 12.400^{cal}.$$

Pour l'industrie on détermine par une expérience de laboratoire, à l'aide de la bombe calorimétrique, le pouvoir calorifique des combustibles. La bombe est constituée par une enveloppe métallique très résistante, dans laquelle on peut faire brûler dans de l'oxygène pur qu'on y renferme le combustible à essayer introduit en même temps. Les parois solides de la bombe permettent de supporter sans rupture l'énorme pression qui se produit à l'intérieur.

5° **Quantité théorique d'air nécessaire à la combustion.** — Elle résulte des formules ci-dessus :

1^{kg} de H exige $\dfrac{16^{kg}}{2}$ $= 8^{kg}$ de O, soit 35^{kg} ou 27^{m3} d'air ;

1^{kg} de C exige $\dfrac{32^{kg}}{12}$ $= 2^{kg},7$ de O, soit 12^{kg} ou 9^{m3} d'air ;

1^{kg} de CO exige $\dfrac{16^{kg}}{28}$ $= 0^{kg},57$ de O, soit $2^{kg},48$ ou $1^{m3},9$ d'air ;

1^{kg} de C^2H^2 exige $\dfrac{16^{kg} \times 5}{26}$ $= 3^{kg},77$ de O, soit $16^{kg},4$ ou $12^{m3},6$ d'air.

43. Charbon. — On désigne sous ce nom tous les combustibles fossiles extraits des terrains carbonifères, c'est-à-dire : l'anthracite, les différentes variétés de houilles et de lignite. Le charbon est très répandu, facilement transportable, d'une conservation longue et aisée ; il permet à cause de son abondance et par suite de son bas prix une production économique de la chaleur et en particulier la vaporisation de l'eau pour la force motrice par les machines à vapeur. Ces qualités l'ont fait surnommer le *pain de l'industrie* ; le monde en consomme environ 800 millions de tonne chaque année.

Anthracite. — C'est le plus ancien des charbons ; on le trouve dans les couches les plus profondes des gisements ; il provient surtout de Swansea (pays de Galles).

Il renferme 90 à 95 0/0 de C, peu de matières volatiles ; il est très dur à enflammer et demande un fort tirage ; il brûle lentement sans fumée et en dégageant beaucoup de chaleur.

Houille maigre anthraciteuse. — Elle renferme 90 à 82 0/0 de C, brûle lentement sans flamme ni fumée, mais s'effrite et traverse les grilles, d'où perte importante. On l'emploie dans les gazogènes et pour la fabrication des agglomérés.

Houille demi-grasse à courte flamme. — Elle renferme 80 à 72 0/0 de C, est tendre, brûle lentement sans fumée abondante et convient très bien au chauffage des générateurs de vapeur.

Houille grasse maréchale ou charbon tendre bitumineux. — Il renferme 70 à 65 0/0 de C, brûle encore assez lentement, mais fond et s'agglutine en entravant le passage de l'air ; il est excellent pour les feux de forges et la fabrication du coke métallurgique.

Houille grasse à longue flamme ou charbon dur bitumineux. — Il renferme 65 à 60 0/0 de C, avec beaucoup d'hydrocarbures ; il s'enflamme rapidement, brûle avec une flamme fuligineuse et donne beaucoup de fumée. Il sert surtout à la fabrication du gaz d'éclairage.

Houille sèche à longue flamme. — Elle renferme 60 à 50 0/0 de C, beaucoup d'hydrocarbures, s'enflamme et brûle rapidement en donnant beaucoup de chaleur ; mais les produits de sa combustion renferment beaucoup de vapeur d'eau qui oxyde les tôles.

Lignite. — Il est *gras* et *tendre* ou *sec et dur*, toujours riche en carbures d'hydrogène. Il contient souvent des pyrites de fer, de cuivre ou de plomb, qui donnent naissance à du gaz sulfureux SO^2 attaquant les tôles.

Cette classification des charbons n'est pas absolue, et le passage d'une variété à une autre est insensible.

A un autre point de vue, le charbon, au sortir de la mine, est lavé, trié, criblé et rangé sous l'une des dénominations suivantes :

Gros, au-dessous de...............	250^{mm};
Grosse gailleterie, de............	250 à 120^{mm};
Petite gailleterie, de............	120 à 85^{mm};
Grosses braisettes, de............	85 à 55^{mm};
Braisettes, de....................	55 à 45^{mm};
Fines, au-dessus de...............	45^{mm}.

Le crible est formé de mailles, laissant entre elles des vides d'un certain diamètre mesuré en millimètres.

Les morceaux qui ne passent pas dans le crible de 250^{mm} constituent le gros. Ce qui a passé est criblé à son tour dans le crible à mailles plus fines, et ce qui ne passe pas constitue une sorte différente de charbon et ainsi de suite jusqu'à la séparation totale en grosseurs variées.

44. Agglomérés. — Le gros charbon vaut mieux que le menu et le poussier, qui exigent des foyers spéciaux. On peut cependant utiliser les poussières de houille et de coke, le fraisil des locomotives en les agglomérant sous forme de *briquettes* pour le chauffage industriel ou de *boulets ovoïdes* pour les usages domestiques. L'agglomération s'obtient en mélangeant les menus criblés de façon à ce qu'il ne reste aucun morceau de 2^{cm} avec 5 à 10 0/0 de brai formé de résines ou de goudrons. Le mélange est ensuite soumis dans des moules à une compression de 100 à 200^{kg}. Le **charbon de Paris** est un aggloméré obtenu au moyen de goudron et de combustibles carbonisés divers (sciure, écorce, tannée, tourbe, poussières de coke et de houille).

Les briquettes ainsi obtenues sont aussi avantageuses que la houille, et, à cause de leur placement facile, sont utilisées pour le chauffage des locomotives et des chaudières marines.

45. Coke. — Le coke est un combustible spongieux, très poreux et très riche en carbone, provenant de la distillation de la houille. Il en existe deux variétés : le coke d'usine à gaz, résidu de la fabrication du gaz d'éclairage, et le coke métallurgique, fabriqué spécialement pour la préparation de la fonte dans les hauts fourneaux.

Le coke s'enflamme difficilement, il brûle bien ensuite, mais la chaleur dégagée se localise sur la grille qui, portée à une très haute température, tend à se détériorer rapidement. On emploie le *coke d'usine à gaz* pour le chauffage domestique et celui des générateurs de vapeur. Il résulte des caractères précédents que le tirage doit être intense, le cendrier toujours muni d'une nappe d'eau et la surface de la chaudière placée au-dessus du foyer le plus développée possible (grande surface de chauffe directe et partant grande surface de grille. Une injection de vapeur sous la grille rafraîchit celle-ci en même temps qu'elle active le tirage et la combustion.

Le *coke métallurgique* employé dans les hauts fourneaux doit être très dense (lourd), très résistant pour ne pas être écrasé) renfermer peu de cendres (de 6 à 12 0/0) et peu de soufre (moins de 1,5 0/0). On le fabrique dans des fours spéciaux à parois chauffées par les gaz résultant de la distillation. L'excédent de ces gaz sert aussi parfois à la production de la force motrice dans des moteurs à gaz.

Les goudrons et les eaux ammoniacales sont aussi recueillis. La distillation d'une tonne de houille à 20 0/0 de matières volatiles produit environ :

80^{kg} de coke à 90 0/0 de carbone pur et 10 0/0 de cendres ; 25^{kg} de goudrons ; 5^{kg} de benzol ; 10^{kg} d'eaux ammoniacales ; 160^{kg} ou 240^{m3} de gaz pouvant donner 4.500^{cal} par mètre cube, dont 65 0/0 sont employés au chauffage des fours et à la production de la vapeur nécessaire aux colonnes de distillation des goudrons, 35 0/0 soit 84^{m3} par tonne de houille peuvent être utilisés dans les moteurs à gaz.

46 Bois. — Le bois ne sert qu'à l'allumage des foyers industriels et au chauffage domestique dans certaines régions. C'est un combustible de luxe, sauf dans les scieries mécaniques où l'on utilise les déchets : écorce, sciure et copeaux, soit dans les gazogènes, soit dans les foyers des générateurs de vapeur. Pour ces derniers, le bois exige un grand foyer, mais il peut être placé en couche épaisse sur la grille. Il brûle bien, mais n'est avantageux que s'il est employé sec.

Dans les régions forestières de l'Amérique, de la Russie, de l'Autriche, de la Suède, des Indes et de l'Australie, on le brûle sous forme de bûches ou on le distille pour recueillir d'une part le charbon de bois et d'autre part le pyroligneux.

La *tourbe*, la *tannée*, la *balle de riz*, les *cosses de café* et les *bagasses* ou déchets de canne à sucre ont mêmes usages que le bois.

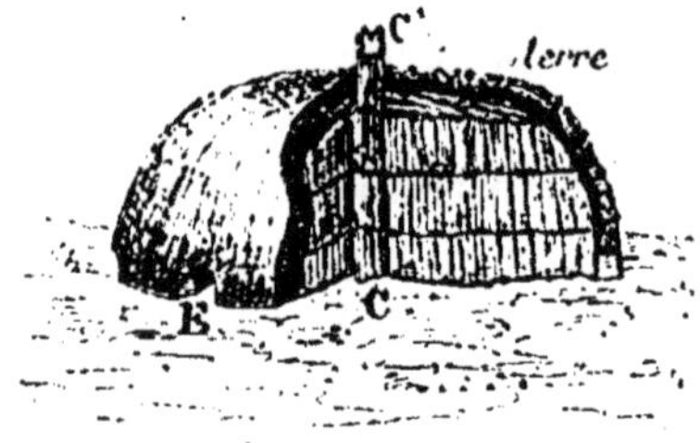

Fig. 59.

Charbon de bois. — Il s'obtient soit par la *calcination du bois en meules*, soit par la *distillation du bois dans les cornues* chauffées extérieurement.

Pour constituer une meule (*fig.* 59), on commence par faire avec de longs pieux une cheminée CC' centrale et verticale. On entasse tout autour des rondins de bois d'égale longueur disposés debout en plusieurs couches. On recouvre le tout de feuilles, mousse, gazon et terre, puis on met le feu à l'entrée d'un canal E allant à la cheminée. La carbonisation se fait de proche en proche; elle est réglée par

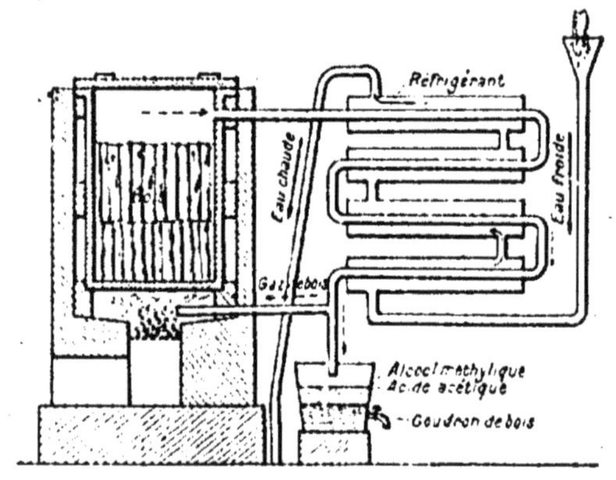

Fig. 60.

des ouvertures pratiquées alternativement dans la couverture et que l'on appelle évents.

VII. — *Produits de la distillation du bois* (100ᵏᵍ).

Gaz 50ᵐ³	combustibles { méthane CH^4 / oxyde de carbone CO } brûlés dans le foyer. inerte : anhydride carbonique CO^2.	

Gaz 50ᵐ³ : combustibles { méthane CH^4 ; oxyde de carbone CO } brûlés dans le foyer. — inerte : anhydride carbonique CO^2.

Alcool méthylique 5ᵏᵍ :
- fabrication de certains vernis.
- dénaturation des alcools à brûler.
- aldéhyde formique, désinfectant.
- méthylène pur, fabrication des couleurs d'aniline.

Acide acétique 6ᵏᵍ :
- traité par la chaux, fournit ensuite par des traitements appropriés : acétate de chaux. acide acétique pour usages industriels. acétone (dissolvant de l'acétylène).
- traité par la soude, fournit ensuite par des traitements appropriés : acétate de cuivre ou verdet pour le traitement des maladies de la vigne. acide acétique pour conserves.
- traité par les métaux : acétate de plomb. acétate de fer. acétate d'alumine.

Goudron de bois 8ᵏᵍ :
- créosote et gaïacol : traitement des maladies de poitrine (tuberculose).
- brai gras ou poix.

Résidu solide 33ᵏᵍ :
- charbons de bois : filtres, réchauds domestiques, fours métallurgiques. fabrication de la poudre (aune et saule).
- braisette.
- poussière : briquette, noir de fonderie pour recouvrir les moules.

Cette méthode ne permet pas de recueillir les produits volatils. Au contraire, ceux-ci sont recueillis si on distille le bois

VIII. — *Caractéristiques* [1] *de quelques combustibles solides industriels.*

COMBUSTIBLES	FIXE	MATIÈRES VOLATILES 0/0		IMPURETÉS 0/0		POUVOIR CALORIFIQUE	USAGES
		C^nH^p	Az$+$O	humidités	cendres		
Naturels — Anthracite pur du pays de Galles....................	92	3	0	2	3	7.800	Foyers spéciaux, navires de guerre.
Houille maigre anthraciteuse [2]....	81	5	4	2	8	7.400	Cuisson des briques et de la chaux (gazogènes).
flambante [2].......	78	7	5	2	8	7.600	Chaudières à vapeur.
Houille 1/2 grasse à courte flamme [2]..................	78	9	3	2	8	8.000	Foyers domestiques. générateurs.
Houille grasse maréchale..........	70	10	10	2	8	7.400	Coke métallurgique, forges maréchales.
à longue flamme [2].	68	10	12	2	8	7.400	Fours-mélange pour générateurs.
à gaz..............	63	20	8	2	7	8.200	Gaz d'éclairage.
Houille sèche à longue flamme [3].................	58	30	5	2	5	8.200	
Lignite.....................	48	7	25	12	8	4.000	
Tourbe séchée à l'étuve.....	36	8	24	24	8	3 000	
Bois séché à l'étuve.........	34	10	24	30	2	3.000	Allumage.
Artificiels — Coke métallurgique.........	90	0,5	0,5	3	6	7.200	Hauts fourneaux.
Coke d'usine à gaz..........	84	1	1	4	10	6.800	Foyers domestiques, générateurs, gazogènes.
Agglomérés : briquettes torpilleur [2].................	80	10	6	0	4	8.350	Générateurs, locomotives, marine.

(1) Les caractéristiques se rapportent aux combustib'es impurs ; ce ne sont que des moyennes destinées à la comparaison
(2) Se rapportent surtout aux productions des mines d'Anzin.
(3) Type fléou de Marles.

en vase clos (*fig.* 60); ce sont l'alcool ou esprit de bois; l'acide pyroligneux ou vinaigre de bois et le goudron de bois. On peut aussi distiller le bois pour en obtenir un combustible gazeux (chap. xi).

Le charbon de bois est du carbone presque pur, léger, sonore, cassant, mauvais conducteur de la chaleur; il jouit de propriétés absorbantes et décolorantes.

47. Qualités requises des combustibles destinés au chauffage des générateurs. — Ces combustibles doivent :

1° Être peu encombrants, c'est-à-dire présenter le maximum de chaleur à l'état latent, sous le plus petit volume possible. De là résulte l'avantage des charbons maigres, qui sont plus denses que les autres;

2° Posséder un pouvoir calorifique élevé. A ce point de vue, les houilles et le pétrole offrent le plus d'avantages;

3° Renfermer **peu d'humidité**, parce que le pouvoir calorifique est diminué d'autant; parce que la vaporisation de cette eau et son élévation de température absorbent de la chaleur en pure perte; parce que l'humidité favorise l'oxydation des tôles;

4° Renfermer **peu de cendres, matières inertes**;

5° Ne contenir aucune pyrite sulfureuse qui, en grillant, dégage de l'anhydride sulfureux SO^2 attaquant les tôles en présence de l'eau;

6° N'être **pas friables**, c'est-à-dire ne pas s'effriter en donnant des poussiers et des petits morceaux appelés menu, qui traversent les grilles sans brûler. A ce point de vue les houilles grasses qui s'agglutinent en retenant le menu offrent un grand avantage sur les houilles maigres et surtout l'anthracite;

7° Se **laisser facilement traverser par l'air**. Les houilles maigres et les morceaux de la grosseur du poing sont les plus convenables;

8° **Brûler facilement et complètement**. Les houilles grasses brûlent mieux que les maigres, l'anthracite ou le coke, qui nécessitent un tirage plus actif; mais elles demandent une chauffe très régulière pour que les hydrocarbures soient tous brûlés;

9° Se **conserver longtemps** sans altération et n'offrir **aucune cause d'inflammation** spontanée. L'anthracite et les houilles maigres répondent le mieux à cette condition. C'est la seule qui manque au pétrole.

48. Pouvoir vaporisateur d'un combustible. — C'est le poids d'eau que peut vaporiser 1ᵏ de ce combustible. Sa valeur dépend d'un grand nombre de facteurs. Si toute la chaleur que peut dégager le combustible, c'est-à-dire son pouvoir calorifique P, était employée à la transformation de la vapeur, il suffirait de diviser ce pouvoir calorifique P par la chaleur totale de vaporisation ([1]) :

$$Q^{cal} = 606,5 + 0.305t° - t°$$

([1]) Voir l'étude des vapeurs, *Mécanique ind.*, II, chap. xviii.

Mais cette valeur-ci est essentiellement variable et d'ailleurs la chaudière est loin d'utiliser toute la chaleur produite. *On appelle rendement thermique* [1] *de la chaudière k le rapport qui existe entre la chaleur totale de vaporisation de toute l'eau vaporisée et la chaleur qu'aurait produite le combustible en brûlant complètement dans l'oxygène.*

Il en résulte que le pouvoir vaporisateur en vapeur saturée :

$$P' = \frac{P}{Q} \times k = \frac{P \times k}{606,5 + 0,305t - t'}.$$

Si la pression au générateur est 8^{k}, la température $t = 175°$; si $t' = 10°$:

$$Q = 606,5 + 0,305 \times 175 - 10 = 650 \text{ calories.}$$

En admettant pour la chaudière un rendement $k = 0,60$, le pouvoir vaporisateur d'un charbon à 7.800 calories sera :

$$P' = \frac{P}{Q} \times k = \frac{7.800 \times 0,60}{650} = 7^{k},200.$$

49. Combustion. — Lorsque l'air arrive en contact avec la partie inférieure du charbon, il est chargé d'oxygène ; la combustion est complète :

$$C + O^2 = CO^2 + 97^{cal} \text{ (soit } 8.080^{cal} \text{ par kilogramme de C).}$$

Si la couche de charbon est peu épaisse, CO^2 est entraîné, avec O en excès et Az inerte, vers les carneaux et la cheminée. Si le charbon se trouve sur une plus grande épaisseur, les couches supérieures sont traversées

1° Par de l'air pauvre en O, donnant une combustion incomplète :

$$C + O = CO + 29^{cal},7 \text{ (soit } 5.607^{cal} \text{ par kilogramme de C).}$$

2° Par CO^2, qui est réduit par le carbone incandescent :

$$CO^2 + C = 2CO - 37^{cal},6 \text{ (soit } 5.607^{cal} \text{ par kilogramme de C).}$$

C'est donc une perte de 5.607^{cal} par kilogramme de C brûlé incomplètement ou 2.403^{cal} par kilogramme de CO dégagé.

D'autre part, lorsqu'on charge sur la grille du combustible frais, surtout des houilles grasses riches en hydrocarbures volatils, ces produits se dégagent et s'échappent avec les produits de la combustion avant d'avoir cédé leur chaleur. En se refroidissant, ils abandonnent sous forme de suie sur les parois du générateur, des carneaux et de la cheminée, le carbone pulvérulent [2] qu'ils contiennent. Ce sont ces hydrocarbures non brûlés qui donnent à la fumée sa coloration noire.

Pertes [*Différence entre les nombres de calories q contenues dans le charbon à l'état latent* [3] *ou potentiel et le nombre de calories utilisées par l'opération effectuée.*] — Elles sont dues : 1° au charbon qui tombe dans le cendrier sans être brûlé (escarbilles) ; 2° à la combustion incomplète des hydrocar-

---

[1] Voir les essais de vaporisation, *Mécanique ind.*, II, n° 214.
[2] En poussière.
[3] Au repos, qui ne se manifeste pas.

bures ; 3° à la température élevée des gaz qui s'échappent à la cheminée, cette température étant nécessaire pour assurer le tirage naturel ; 4° au rayonnement de la surface extérieure du générateur.

50. Fumivorité. — On appelle ainsi la propriété qu'ont certains foyers de **dévorer la fumée**, c'est-à-dire de débarrasser de la suie qu'ils tiennent en suspension les produits de la combustion.Ce résultat est atteint toutes les fois que la combustion est complète. Or, d'après ce que nous venons de voir dans le paragraphe précédent, il faut, pour assurer une combustion complète :

1° Charger souvent et peu à la fois ;

2° Admettre une proportion d'air largement suffisante ;

3° Assurer un mélange intime des hydrocarbures volatils avec de l'air encore chargé d'oxygène O, avant qu'ils ne soient tombés à une température inférieure à leur point d'inflammation.

Généralement on adopte pour la couche de houille une épaisseur de 10 à 12^{cm}. Une plus petite donnerait une vaporisation trop lente, occasionnerait une fatigue excessive des hommes en nécessitant des chargements trop fréquents ; entraînerait un refroidissement excessif et parfois l'extinction du combustible. Pour le coke, l'épaisseur peut atteindre 20 à 25^{cm}, parce qu'il est plus poreux.

Le volume d'air théoriquement nécessaire à la combustion est, nous l'avons vu, 9^{m3} par kilogramme de charbon ; comme le combustible n'est jamais réparti uniformément sur les grilles, il convient d'en admettre un excès de 30 à 50 0/0, soit 12 à 13^{m3} par kilogramme de C. Une plus grande quantité aurait l'inconvénient d'entraîner une grande proportion de gaz inertes Az, qui s'échauffent au détriment de la chaleur produite et passent dans l'atmosphère.

On reconnaît une insuffisance d'air à la présence des fumées et à celle, dans les gaz, de l'oxyde de carbone CO, qui brûle avec une flamme bleue. Un excès d'air, au contraire, provoque une incandescence très vive de toute la masse, même à sa partie supérieure.

QUESTIONNAIRE

Qu'est-ce que le chauffage? — Citez des opérations où le chauffage est nécessaire. — Comment obtient-on généralement le chauffage? — Qu'appelle-t-on combustion? combustible? comburant? — Où s'opère le chauffage? — Qu'est-ce qu'un four à chauffage en vase clos? exemple ; un four à chauffe indépendante? exemple ; un four sans chauffe indépendante; exemple. — Citez les combustibles naturels, artificiels. — A quoi sert le bois? le charbon? le coke ? les gaz? le pétrole ? l'essence?. — Quels corps entrent dans la composition d'un combustible? — Citez deux sortes d'impuretés. — Quelle impureté disparaît par le lavage? par la carbonisation? — Pourquoi le bois est-il employé à l'allumage? — Quelle est sa qualité ? — Qu'est-ce que le pouvoir calorifique? — Citez celui de C, de H. — Comment peut-on le trouver? — Donnez les qualités du charbon, les différentes sortes, les usages de chacune d'elles. — Citez les caractères et usages des agglomérés, du coke, du bois. — Que doivent être les combustibles destinés au chauffage des générateurs de vapeur?

EXERCICES

I. — Un charbon contient 50 0/0 de C et 10 0/0 de H; quel est son pouvoir calorifique? Quel est le poids d'O nécessaire à la combustion de C, de H Quel est le volume d'air théoriquement nécessaire pour produire une combustion complète?

II. — L'analyse des gaz produits par la combustion d'un charbon à 65 0/0 de C et à 8 0/0 de H montre que la proportion, en volumes de CO à CO^2, est 2/3. Quelle est la quantité de chaleur perdue lorsqu'on a brûlé 600^{k} de charbon? Quelle est la quantité de chaleur produite?

III. — Avec cette chaleur, quelle quantité de vapeur à 650 calories peut-on produire dans un générateur dont le rendement thermique est 52 0/0.

IV. — Une houille à 72 0/0 de C et 80/0 de H coûte 32 francs la tonne ; une autre à 58 0/0 de C et 6 0/0 de H coûte 24 francs ; à laquelle doit-on donner la préférence, sachant que les frais de main-d'œuvre, d'amortissement et d'entretien du générateur reviennent à 12 francs par tonne de charbon brûlé sur la grille? Le rendement du générateur est de 58 0/0 avec la première houille; 56 0/0 avec la seconde.

Nota. — Dans ces exercices, on a supposé que C et H existent à l'état libre ; c'est en partie inexact, mais l'erreur ainsi commise est négligeable.

X. — COMBUSTIBLES LIQUIDES

51. Pétroles. — Les pétroles ou huiles minérales sont des combustibles naturels, liquides à la température ordinaire et constitués par un mélange de carbures d'hydrogène $C^m H^p$ divers plus ou moins volatils. Ils peuvent contenir, en outre, des traces d'autres composés organiques.

Les pétroles bruts sont extraits du sol aux États-Unis, au Canada, en Roumanie et dans le Caucase. Les types les plus connus sont ceux de Pensylvanie et de Bakou. Ils sont généralement épurés puis soumis à la distillation dans de grandes chaudières en fer. On recueille ainsi successivement et séparément les carbures qui sont à l'état de vapeur entre 50° et 80°, puis entre 80° et 120°, puis entre 120° et 250°, enfin au-dessus de 250° par exemple (voir tableau IX).

IX. — *Produits principaux extraits du pétrole dans les usines de MM. Deutsch fils.*

SÉRIES	PRODUITS	DENSITÉS	USAGES
Essence	Rhigolène ou éther de pétrole.......	0,610	dissolvant, anesthésique.
	Gazoline..........	0,650	extraction de parfums-carburation.
	Moto-naphta......	0,680	automobiles.
	Essence moteurs..	0,690	moteurs fixes.
	Essence de pétrole.	0,7 à 0,705	dégraissage.
	Essence minérale..	0,7 à 0,710	éclairage.
	Ligroïne ou benzine de pétrole.......	0,71 à 0,75	dissolvant.
Éclairage	Luciline...........	0,785	luxe.
	Pétrole	0,800	phares, paquebots, wagons, omnibus.
	Moto-pétrole......	0,820	moteurs.
	Huile lourde déparraffinée........		éclairage et chauffage industriels : brûleurs.
Graissage	Huile minérale....	0,895 à 0,910	filatures, machines cylindres.
	Lubriffine.................		automobiles.
	Huile blanche...............		horlogerie, mécanique de précision.
	Graisse viscositas............		automobiles.
	Graisse blanche.............		wagons.
Paraffine	brute.....................		imperméabilisation : bois, tissus, papiers.
	raffinée ou à 1/2.............		isolants électriques, fleurs artificielles, jouets.
	pure.....................		bougies translucides.
Résidus	Vaseline.................		pharmacie.
	Brai..............		isolants électriques, enduits.
	Coke de pétrole..............		charbons électriques.
	Pétrocène...................		laboratoires.
Produits d'épuration	Goudrons acides		superphosphates, sulfates de Fe, Cu, Azll¹.
	Goudrons neutres............		fabrication du gaz riche.
	Brai de goudron..............		vernis et enduits.
	Huile de goudron.............		imprimerie.
	Cire minérale blanche.........		isolants.
	Brai minéral noir............		cirage.

Chauffage. — Le pétrole brut est le plus riche des combustibles naturels; son pouvoir calorifique au kilogramme est voisin de 11.000 calories. En outre, il brûle facilement et sans fumée si on a soin de lui fournir une quantité suffisante d'air; sa combustion est facile à régler, à augmenter ou à diminuer.

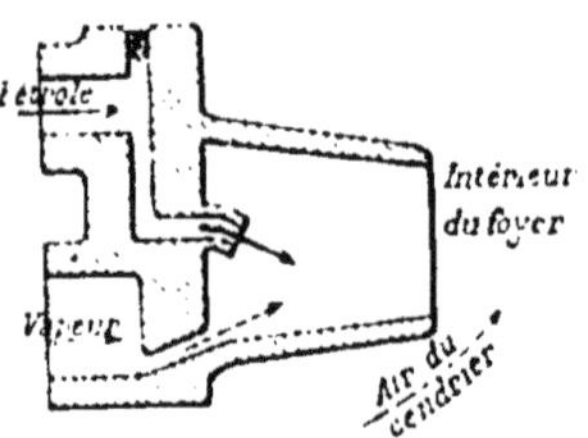

Fig. 61. — Brûleur à pétrole.

A cause de ces qualités, de nombreux essais ont été faits et se poursuivent encore pour son emploi dans le chauffage des générateurs de vapeur, surtout à bord des navires de guerre. A cet effet, l'entrée du foyer est munie d'un brûleur (*fig.* 61) où le pétrole amené d'un réservoir en charge (situé à un niveau plus élevé) est pulvérisé par un jet de vapeur pris à la chaudière (*fig.* 62).

Le combustible, en fines gouttelettes, en partie vaporisé, pénètre alors dans le foyer où il se trouve mélangé intimement à l'air admis par le cendrier, qui le brûle. Un seul chauffeur peut donc conduire toute une batterie de chaudières et, une fois le réglage opéré, son rôle se borne à surveiller.

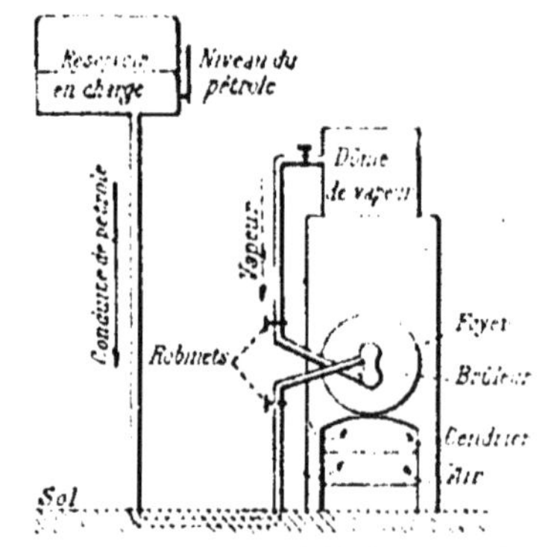

Fig. 62. — Dispositif de chauffage au pétrole.

On peut utiliser de même les huiles lourdes: le mazout, résidu visqueux de la distillation du pétrole, et les goudrons de houille ou de bois. Pourtant, en dehors des régions de production, l'usage du pétrole s'est peu répandu à cause de son prix élevé, et des dangers d'explosion qu'il présente par suite des vapeurs qu'il émet.

Force motrice. — Pour actionner les moteurs d'automobile, et les moteurs fixes à essence, on emploie l'air mélangé à certaines essences de pétrole ou aux benzols provenant de la distillation des goudrons de houille. L'opération se fait dans des carburateurs ([1]). Le pétrole lampant peut être aussi utilisé dans des carburateurs spéciaux ([1]), mais son emploi direct dans les moteurs Diesel ([1]) est surtout très avantageux.

Éclairage. — Il existe un nombre considérable de lampes utilisant le pétrole lampant ou l'essence. Généralement le liquide est amené par capillarité, à l'aide d'une mèche, au bec où se produit la flamme. L'emploi de manchons pour obtenir l'éclairage par incandescence permet au pétrole de soutenir la concurrence contre les autres modes d'éclairage.

52. Goudron de houille. — C'est un liquide noir, visqueux, un peu plus dense que l'eau (1,20), composé d'un grand nombre de matières organiques, parmi lesquelles dominent des carbures d'hydrogène. Il résulte de la distillation de la houille en vase clos que l'on opère dans les usines à gaz et dans les usines à coke métallurgique. Le goudron est lui-même chauffé dans des cornues en tôle de fer pour en séparer, d'abord l'ammoniaque, à 40°, puis par distillation :

a) Les *huiles légères*, de densité inférieure à 0,9, passant entre 50° et 150°, et parfois renvoyées aux cornues pour enrichir le gaz, surtout si les houilles employées sont maigres. Le reste est mélangé avec 5 0/0 d'acide sulfurique SO^4H^2, qui enlève les dernières traces d'ammoniaque et d'autres bases ; puis décanté, traité, par la soude qui enlève l'excès de SO^4H^2 ainsi que les acides organiques ; enfin lavé et redistillé.

Entre 60° et 120°, on obtient le *benzol* commercial, improprement appelé souvent *benzine*, mélange de benzine et de toluène et autres carbures homologues ([2]), qui sert : 1° à *dénaturer* et à *carburer l'alcool* employé dans le chauffage et l'éclairage ; 2° à *actionner les moteurs d'automobiles*.

La *benzine* C^6H^6, bouillant à 80°, est utilisée pour : dissoudre le caoutchouc et les résines, dégraisser les étoffes ; fabriquer

---

([1]) Voir *Cours de Mécanique industrielle* de la B. E. T., t. III.
([2]) De même famille, qui peuvent être dérivés les uns des autres.

la nitrobenzine (essence de mirbane) d'où l'on tire l'*aniline*, point de départ d'un grand nombre de matières colorantes, dites couleurs d'aniline ou couleurs au goudron de houille.

Le *toluène* C^7H^8, bouillant à 111°, est transformable en *indigo*, base d'un grand nombre de couleurs.

Entre 120° et 150° on obtient des xylènes.

b) Les **huiles lourdes**, de densité supérieure à 0,9, passant entre 150° et 250°, utilisées parfois pour le chauffage et l'éclairage. On en extrait : 1° le *phénol* antiseptique ; 2° la *créosote*, servant à la conservation du bois, notamment des traverses de chemin de fer ; 3° la *naphtaline*, servant à la préparation de l'*indigo* artificiel et du noir de fumée (peintures et vernis); à la dénaturation du sel.

c) Le **brai** est le résidu de la distillation ; on l'emploie à la fabrication des briquettes; de l'asphalte (que l'on mélange au gravier pour faire les trottoirs) : on en extrait aussi de l'*anthracène* servant à la production des *couleurs d'alizarine*.

Il y a le *brai gras* et le *brai maigre* suivant la température à laquelle a été faite la distillation du goudron. Leur nom indique leur consistance.

53. Alcools. — *Alcool éthylique* C^2H^6O (esprit-de-vin). — Il résulte de la fermentation de la *glucose*. L'alcool brûle complètement dans un excès d'oxygène :

$$C^2H^6O + 6O = 3H^2O\!\uparrow + 2CO^2\!\uparrow + 297^{cal}.$$
$$\text{\scriptsize 46^{gr}} \qquad \text{\scriptsize 96^{gr}} \qquad \text{\scriptsize 54^{gr}} \qquad \text{\scriptsize 88^{gr}} \qquad \text{\scriptsize chaleur}$$

Son pouvoir calorifique théorique est 6.450^{cal} par kilogramme et, comme sa densité est 0,80, la chaleur dégagée par la combustion de 1^l est de 5.160^{cal}.

L'alcool est un dissolvant énergique ; il n'encrasse pas les moteurs à explosion dans lesquels on l'utilise. Par contre, si la température n'est pas assez élevée ou s'il y a insuffisance d'oxygène, la réaction peut donner lieu à des corps corrosifs :

$$C^2H^6O + O = H^2O + C^2H^4O \text{ (aldéhyde)}$$
$$C^2H^4O + O = \qquad\quad C^2H^4O^2 \text{ (acide acétique)}$$

attaquant le fer de l'aluminium, d'où la nécessité d'employer des brûleurs et des carburateurs exclusivement en bronze de cuivre et de nickel.

L'alcool absolu n'est jamais employé, sauf dans les laboratoires; l'alcool commercial renferme toujours 5 à 10 0/0 d'eau. D'ailleurs les droits que supporte l'alcool industriel étant moins élevés, on doit le dénaturer en y ajoutant des produits odorants qui le rendent impropre à la consommation, soit 10 0/0 de *méthylènes* (n° 46) (le mélange dénaturant porte en France le nom de méthylène-régie), soit 25 0/0 ou 50 0/0 de *benzols* (n° 52). Dans ce dernier cas, le plus souvent employé pour les moteurs, l'alcool est dit *carburé*.

Alcool méthylique CH^4O (esprit de bois). — Il résulte de distillation du bois; il bout à 66° et brûle dans l'oxygène :

$$CH^4O + 3O = CO^2 + 2H^2O + 148^{cal}$$
$$\quad 32^{gr} \quad 48^{gr} \quad 44^{gr} \quad 36^{gr} \quad \text{chaleur}$$

Son pouvoir calorifique est faible $4,625^{cal}$ par kilogramme; à cause de son prix élevé, il augmente sensiblement le prix de revient de l'alcool combustible.

Usages de l'alcool combustible. — Ils sont sensiblement les mêmes que ceux du pétrole : fourneaux domestiques, éclairage ordinaire ou par incandescence, force motrice dans les moteurs à explosion.

54. Huiles végétales. — Les huiles, comme les graisses, sont des mélanges en proportions variables de trois corps : oléine, stéarine et palmitine résultant de la combinaison d'acides organiques dont le type est l'acide oléique, avec la glycérine avec élimination d'eau :

$$3C^{18}H^{34}O^2 + C^3H^5(OH)^3 = C^3H^5(C^{18}H^{33}O^2) + 3H^2O$$
$$\text{acide oléique} \qquad \text{glycérine} \qquad \text{oléate de glycérine} \qquad \text{eau}$$

Seules les huiles de *colza* et de *navette* sont utilisées comme combustible soit pour produire un *gaz d'huiles,* soit pour produire directement l'éclairage dans les lampes appropriées. Ce mode d'éclairage est à peu près complètement remplacé par d'autres plus brillants et moins coûteux. Cependant, à cause de la sécurité qu'il présente et de sa grande douceur, on l'emploie encore : 1° dans les lanternes à main ; 2° pour l'éclairage des wagons sur les petites lignes ; 3° comme éclairage de secours à bord des bateaux.

Le *suif de mouton* encore employé, bien que rarement, à la fabrication des chandelles, est un corps analogue à l'huile ; mais la proportion d'oléine liquide, qu'il contient, est moins grande ; celle de stéarine et de palmitine solides est plus grande. La *stéarine* sert à fabriquer des bougies.

Au sujet des matières grasses et des huiles, signalons leurs principaux **usages : 1° alimentation** (huiles d'olive, d'œillette, de faines ; beurre et graisses d'animaux ; margarine) ; **2° médecine** (huile de ricin) ; **3° peinture** (huile de lin, vernis) ; **4° savons :** Le savon est le résultat de la combinaison des acides du type acide oléique, avec un *hydrate basique*.

La substitution de cette base à la glycérine dans les corps gras naturels porte le nom de saponification proprement dite ; le résultat de la substitution se nomme savon, tous les savons sont insolubles, sauf ceux de potasse et de soude.

$$C^3H^5(C^{18}H^{33}O^2)^3 \quad + \quad 3NaOH \quad = \quad 3Na(C^{18}H^{33}O^2) \quad + \quad C^3H^5(OH)^3$$
oléate de glycérine (oléine)   soude   *oléate de soude*   glycérine

Avec la soude NaOH on obtient le *savon dur soluble,*

$$C^3H^5(C^{18}H^{33}O^2)^3 \quad + \quad 3KOH \quad = \quad 3K(C^{18}H^{33}O^2) \quad + \quad C^3H^5(OH^3).$$
oléate de glycérine (oléine)   potasse   *oléate de potasse*   glycérine

Avec la potasse KOH on obtient le *savon mou soluble.*

Avec la chaux Ca(OH)² on obtient un *savon insoluble ;* cette propriété explique : 1° pourquoi on peut utiliser une dissolution alcoolique de savon pour reconnaître les calcaires dans l'eau (essai hydrotimétrique), il y a substitution de la chaux à la soude dans le savon soluble pour donner le savon insoluble ; 2° pourquoi les huiles végétales contenues dans l'eau d'alimentation des générateurs de vapeur sont précipitées par la chaux (voir épuration des eaux) ; 3° pourquoi elles occasionnent des dépôts dans les chaudières alimentées avec de l'eau calcaire :

$$2C^3H^5(C^{18}H^{33}O^2)^3 \quad + \quad 3Ca(OH)^2 \quad = \quad 3Ca(C^{18}H^{33}O^2)^2 \quad + \quad 2C^3H^5(OH)^3$$
oléate de glycérine (oléine)   chaux   *oléate de chaux*   glycérine

Avec l'hydrate de plomb Pb(OH)² on obtient un savon insoluble auquel on a donné le nom d'*emplâtre :* c'est un produit pharmaceutique.

$$2C^3H^5(C^{18}H^{33}O^2)^3 \quad + \quad 3Pb(OH)^2 \quad = \quad 3Pb(C^{18}H^{33}O^2)^2 \quad + \quad 2C^3H^5(OH)^3.$$
oléate de glycérine (oléine)   hydrate de plomb   *oléate de plomb*   glycérine

XI. — COMBUSTIBLES GAZEUX

55. Gaz d'éclairage. — *a) Fabrication.* — Elle comporte les différentes phases suivantes : 1° distillation ; 2° condensation ; 3° extraction ; 4° épuration.

1° Distillation des houilles grasses. — Elle a lieu en vase clos dans des *cornues* en terre réfractaire, disposées en nombre variable (3 à 9 par batterie) dans un fourneau (*fig.* 63) où elles sont chauffées extérieurement vers 1.100° (du rouge blanc à l'orangé blanc) par la combustion du coke.

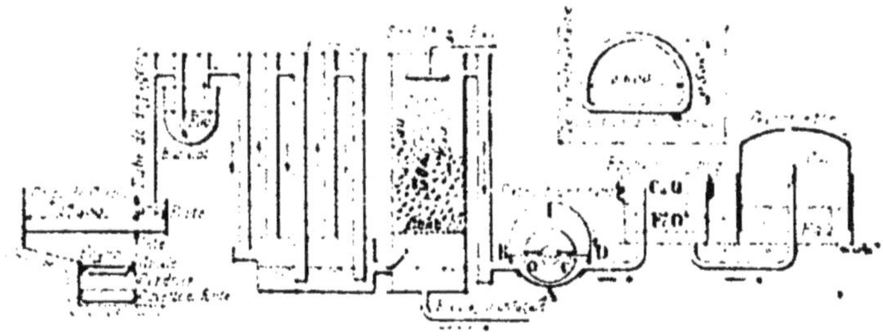

FIG. 63. — Schéma de la fabrication du gaz d'éclairage.

Chaque cornue comprend deux parties : le *corps*, long de 2ᵐ,500, situé complètement dans le four, et la *tête*, longue de 0ᵐ,300, située à l'extérieur. La tête est munie d'une porte par où se fait le chargement et d'un tube de dégagement situé à sa partie supérieure et par où se fait le départ des matières distillées. Celles-ci comprennent :

1° Les produits entrant dans la composition du gaz : hydrogène H, méthane CH^4, oxyde de carbone CO, carbures d'hydrogène gazeux C^mH^p ;

2° Des vapeurs de carbures, liquides ou même solides à la température ordinaire, dont on devra débarrasser le gaz, parce que ces corps obstrueraient les conduites en reprenant leur état liquide ou solide ;

3° Des gaz ou des vapeurs non combustibles ou nuisibles, CO^2, AzH^3, H^2S, CAz (cyanogène).

Il reste dans les cornues, comme résidu, du coke, charbon poreux ne contenant plus de produits volatils.

En outre, des parcelles de graphite se déposent sur la paroi supérieure et constituent le charbon de cornue. Ce produit est parfois détaché à la pince; mais comme il est de peu de valeur et que l'opération risque de détériorer la cornue, on préfère le brûler à l'aide d'un courant d'air sous pression.

2° Condensation ou épuration physique. — Elle a pour but de débarrasser le gaz des matières liquides ou solides qu'il renferme à l'état de vapeur, par le lavage, le refroidissement et un long parcours présentant de nombreux changements brusques de direction. La condensation a lieu : 1° dans le *barillet* où se dépose un goudron épais; 2° dans le *jeu d'orgues* constitué par une série de longs tuyaux verticaux ; 3° dans le *scrubber* ou colonne remplie de coke, à la partie supérieure de laquelle on injecte de l'eau en fines gouttelettes. Pour compléter cet ensemble, on dispose parfois, après l'extracteur, un appareil à cloisons perforées dans lequel les orifices sont disposés en chicane, de manière à arrêter les molécules liquides par des changements de direction (*fig.* 64).

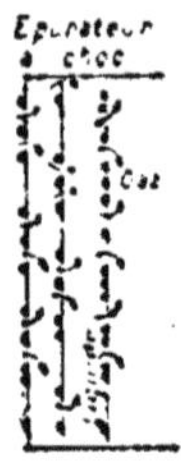

Fig. 64.

3° Extraction. — Elle est nécessaire pour assurer le dégagement du gaz, parce que celui-ci éprouve une résistance à traverser l'eau, les conduites et les différents appareils.

L'*extracteur rotatif* provoque l'aspiration par augmentation du volume BOA et le refoulement par diminution du volume BID lorsque la rotation a lieu dans le sens de la flèche (*fig.* 63).

4° Épuration chimique. — Elle a pour but de retenir l'anhydride carbonique CO^2 à l'aide de la chaux CaO^2H^3 et l'hydrogène sulfuré H^2S à l'aide de l'oxyde ferrique Fe^2O^3; les réactions qui se passent peuvent être formulées :

$$(1) \qquad CO^2 + CaO = CO^3Ca,$$
$$(2) \qquad 3H^2S + Fe^2O^3 = Fe^2S^3 + 3H^2O.$$

La chaux et l'oxyde de fer sont placés dans des cuves, et mélangés à de la sciure de bois, qui assure un plus grand contact du gaz et des réactifs.

Lorsque l'oxyde ferrique a servi, il passe du rouge brique (couleur de Fe^2O^3) au noir (couleur de Fe^2S^3). On peut à différentes reprises *le régénérer* soit en l'exposant à l'air, soit en le soumettant à l'aide d'un ventilateur à un violent courant d'air sous pression.

$$(3) \qquad Fe^2S^3 + O^3 = Fe^2O^3 + 3S.$$

Le mélange cesse d'être apte à être régénéré quand il est devenu complètement bleu ; cette couleur est due à la formation de *bleu de prusse* au contact du fer et des composés azotés que contient le gaz (cyanogène).

Au lieu de l'oxyde Fe^2O^3, on peut aussi employer le sulfate de fer SO^4Fe, qui avec la chaux de CaO donne du sulfate de calcium et de l'oxyde de fer FeO qui se transforme à l'air en sesquioxyde Fe^2O^3 suivant les relations :

$$(4) \qquad SO^4Fe + CaO = SO^4Ca + FeO,$$
$$(5) \qquad 2FeO + O = Fe^2O^3.$$

Ce mélange d'oxyde de fer, de chaux et de sciure porte le nom de *mélange de Laming*.

Une tonne de houille grasse produit environ : 300^{m3} de gaz, 700^{kg} de coke, 50^{kg} de goudron et 70^{kg} d'eaux ammoniacales.

b) Propriétés. — *1° Composition.* — Elle varie avec la nature de la houille, la température de l'opération et sa durée ; elle est voisine de la suivante :

Hydrogène H...................	50 0/0	en vol.
Oxyde de carbone CO...........	8	—
Formène ou méthane CH^4.......	33	—
Autres carbures C^mH^p..........	5	—
Gaz incombustibles Az, CO^2......	4	—

2° Pouvoir calorifique. — On l'évalue généralement au mètre cube pour les gaz. Elle est en moyenne de 5.300^{cal} pour 1^{m3} de gaz d'éclairage pesant $0^{kg},520$ et exigeant pour brûler

1^{m3} d'oxygène ou 5^{m3} d'air environ. C'est la propriété essentielle du gaz pour son emploi dans l'*éclairage par combustion simple*, dans l'éclairage à incandescence, dans le *chauffage*, dans la production de la *force motrice*.

56. Gaz à l'air. — *Principe.* — Le gaz à l'air, mélange des gaz produits par la combustion incomplète du charbon, est utilisé à cause de la combustibilité et du pouvoir calorifique de l'oxyde de carbone CO qu'il renferme :

$$(6) \quad CO + O = CO^2 + (97^{cal} - 29^{cal},7) = CO^2 + 67^{cal},3.$$
$$28^{gr} \quad 16^{gr} = 44^{gr} \qquad \text{[réaction exothermique]}$$

L'oxyde de carbone CO se forme non seulement par la combustion incomplète du carbone C :

$$(7) \qquad C + O = CO + 29^{cal},7,$$
$$12^{gr} \quad 16^{gr} \quad 28^{gr}$$

mais encore lorsque l'anhydride CO^2, traversant une couche épaisse de combustible, est réduit par le carbone C incandescent :

$$(8) \quad CO^2 + C = 2CO + (29^{cal},7 \times 2 - 97^{cal}) = 2CO - 37^{cal},6.$$
$$44^{gr} \quad 12^{gr} \quad 56^{gr} \qquad \text{(réaction endothermique)}$$

La chaleur que peut fournir 1^{kg} de carbone C est de 8.080^{cal}, or sa transformation en CO en dégage déjà 2.473; de sorte que la combustion de ce CO ne pourra produire que $8080 - 2473 = 5607^{cal}$ par kilogramme de charbon, ce qui constitue une perte. Cependant cette perte est compensée par de nombreux avantages : 1° la facilité avec laquelle on peut employer les gaz à chauffer uniformément de grandes enceintes; 2° la possibilité, en chauffant l'air comburant et le gaz combustible, d'obtenir de très hautes températures; 3° la facilité de la distribution; 4° leur utilisation directe dans les moteurs à gaz. Enfin, on peut, dans une certaine mesure *récupérer* (c'est-à-dire retrouver) la chaleur perdue en l'utilisant : 1° à chauffer l'air; 2° à décomposer de la vapeur d'eau.

Composition. — Pratiquement, il subsiste toujours dans le gaz produit par la combustion de C, une certaine proportion de CO_2 qui varie avec la température :

A $t° \leq 450°$, il y a en volumes : 100 0/0 de CO_2 et   0 0/0 de CO;
     550°,   —   90 CO_2 10   CO;
     650°,   —   60 CO_2 40   CO;
     750°,   —   20 CO_2 80   CO;
     850°,   —   5 CO_2 95   CO;
A $T° \geq 950°$,   —   0 CO_2 100   CO.

En outre, le gaz renferme l'azote Az provenant de l'air comburant et quelques carbures d'hydrogène, entre autres le méthane CH_4 contenu dans le charbon ou provenant de réactions diverses. Sa composition par mètre cube est voisine de la suivante :

$0^{m3},22$ de CO pesant $0^{kg},275$ et dégageant 670 calories
$0^{m3},05$ H   — $0^{kg},004$ —   130   —
$0^{m3},03$ CH_4 — $0^{kg},021$ —   200   —
$0^{m3},01$ O   — $0^{kg},011$
$0^{m3},03$ CO_2 — $0^{kg},059$ } gaz inertes.
$0^{m3},66$ Az   — $0^{kg},830$
____
$1^{m3},00$ de gaz pèse $1^{kg},200$ et dégage 1.000 calories

On obtient environ 5^{m3} de gaz par kilogramme de bonne houille à 8.000^{cal} (voir pouvoir calorifique).

Gazogène (générateur de gaz). — C'est un appareil destiné à fabriquer un combustible gazeux. Celui que nous représentons (*fig.* 65) est du type Siemens. Il ne diffère d'un foyer ordinaire que par l'épaisseur de la masse de charbon. La paroi avant *ab* est légèrement inclinée pour faciliter la descente du combustible chargé par la trémie *t*. La partie inférieure *bc* de cette paroi est munie d'une grille à gradins ou d'ouvertures permettant le décrassage de la grille *ch*. Le gaz obtenu est dirigé par le conduit *de* vers un four à réverbère destiné soit à fabriquer de l'acier par la fusion d'un mélange de fonte et de fer, soit à renfermer du verre fondu ... Au-dessus du gaz, parce qu'il est plus dense (lourd), arrive de l'air réchauffé par son passage dans des conduits voisinant avec

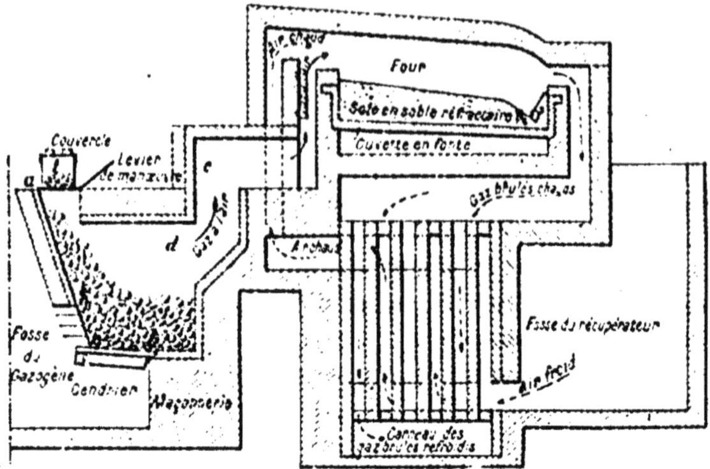

Fig. 65. — Gazogène (type Siemens)

ceux des gaz chauds brûlés. Le four est ainsi chauffé d'une façon très régulière.

57. Gaz à l'eau. — *Principe.* — Le gaz à l'eau, mélange des gaz produits lors de la décomposition de la vapeur d'eau par le charbon incandescent, est utilisé comme combustible à cause de l'hydrogène H et de l'oxyde de carbone qu'il renferme.

$$(9) \quad H^2O \ \text{liq.} + C = H^2 + C\acute{O} + (29^{cal},7 - 69^{cal},3)$$
$$ \quad 18^{gr} \qquad 12^{gr} \ \ 2^{gr} \ \ 28^{gr}$$
$$= H^2 + CO - 39^{cal},4 \ \text{(endothermique)}.$$

La vaporisation, puis la décomposition de l'eau absorbent de la chaleur ; ce ne serait donc pas du tout avantageux. Mais si l'on songe que, dans la production du gaz à l'air, la formation de l'oxyde de carbone :

$$(7) \qquad C + O = CO + 29^{cal},7,$$

dégage de la chaleur presque entièrement inutilisable, on constate qu'il peut y avoir intérêt à associer les deux productions. Une température minima de 900° est d'ailleurs nécessaire pour assurer la décomposition presque complète de H_2O et la suppression de CO_2 inerte.

58. Gaz mixte. — *Principe.* — C'est un mélange de *gaz à l'air* et de *gaz à l'eau* que l'on obtient pratiquement en introduisant dans la masse incandescente des gazogènes de la vapeur d'eau avec l'air. Il convient d'employer une quantité modérée de vapeur (800^{gr} pour 1^{kg} de carbone fixe), afin de marcher à une allure très chaude qui favorise :

1° *La formation de* CO ;

2° *La réduction de* CO_2 *en* CO ;

3° *La décomposition plus complète de* H_2O *en ses éléments.*

En même temps que les réactions (7), (8) et (9), il se produit une distillation des carbures d'hydrogène. Ceux qui sont volatils (*méthane* CH_4, *éthylène* C_2H_4) passent dans le gaz qu'ils enrichissent. Quant aux *goudrons* (carbures liquides ou solides), ils peuvent être gênants si l'on n'arrive pas à les décomposer ou à les arrêter avant l'arrivée des gaz aux moteurs qu'ils encrassent.

Les cendres peuvent aussi être nuisibles par suite de la formation de mâchefers qui obstruent les grilles.

On pallie ces inconvénients par divers procédés différant suivant les modèles des constructeurs de gazogènes.

Gazogène par aspiration (¹) Otto (*fig.* 66). — **Description.** — Le *générateur* proprement dit comprend de haut en bas :

1° La *trémie de chargement* T, munie de deux obturateurs pour empêcher toute rentrée d'air lors de l'introduction du charbon ;

2° Le *magasin de combustible* M qui assure une marche régulière de l'appareil malgré l'intermittence des chargements ;

3° Le *vaporisateur* V ;

(¹) Pour les gazogènes soufflés et le fonctionnement des moteurs à gaz, nous renvoyons le lecteur au *Cours de Mécanique industrielle* de la BIBLIOTHÈQUE DE L'ENSEIGNEMENT TECHNIQUE.

4° La *cuve du générateur*, constituée par un cylindrique métallique garni intérieurement de matériaux réfractaires, dont il est séparé par une couche d'amiante;

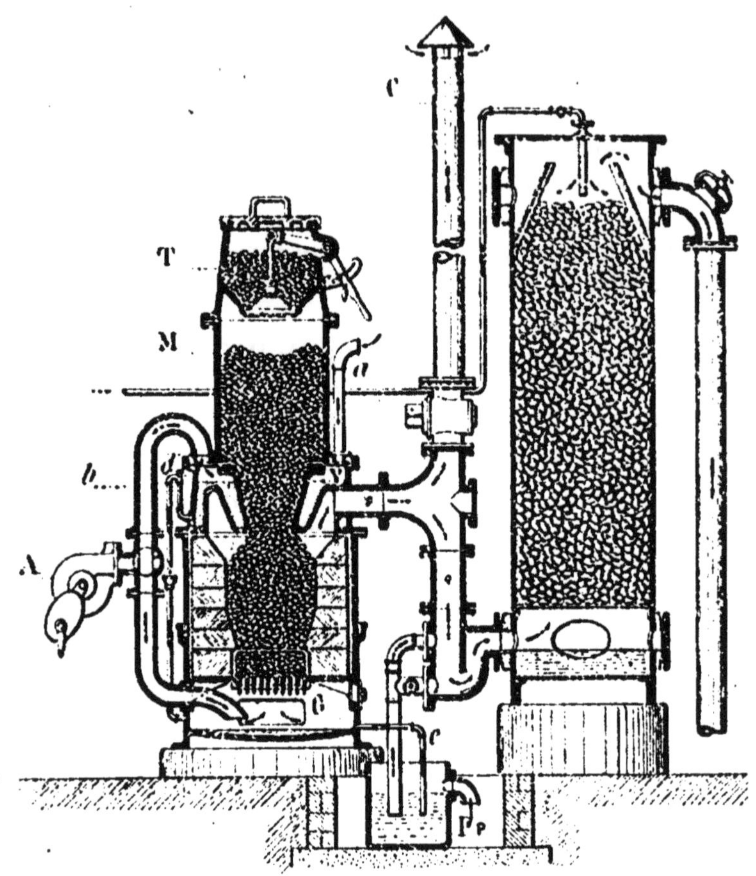

FIG. 66. — Gazogène par aspiration (type Otto).

5° La *grille* G, sur laquelle s'opère la combustion;

6° Le *cendrier*, dans lequel arrive l'air chargé de vapeur d'eau.

L'*épurateur* comprend :

1° Le *barillet* à moitié rempli d'eau où barbote le gaz et où se dépose un goudron épais;

2° Le *scrubbler à coke*, à la partie supérieure duquel l'eau, injectée en fines gouttelettes, s'écoule à l'encontre des gaz;

3° Certains constructeurs adjoignent à cet ensemble un véritable *filtre à sciure de bois* qui retient les dernières poussières et la vapeur d'eau. Dans l'épurateur *Thwaite*, pour gaz des hauts fourneaux (*fig.* 67),

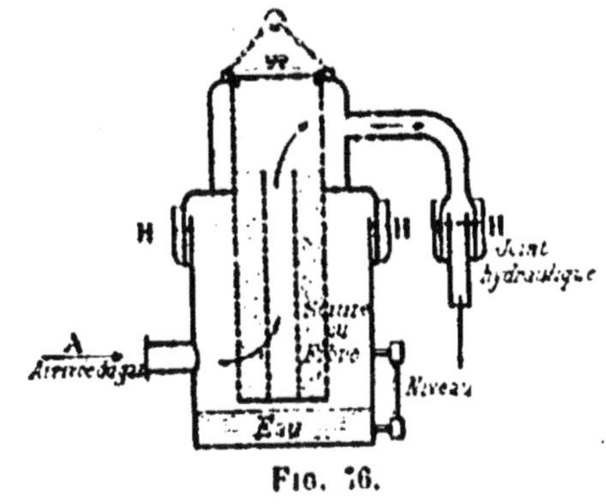

Fig. 76.

la sciure ou la fibre de bois est pressée entre deux cylindres concentriques à claire-voie.

Fonctionnement. — L'aspiration du moteur provoque en *a* une rentrée d'air qui traverse le vaporisateur où il se charge de vapeur avant de pénétrer sous la grille. Le charbon brûle en partie, l'autre est portée à l'incandescence et décompose la vapeur. Le gaz produit chauffe le vaporisateur V, puis traverse l'épurateur et de là se rend au moteur. A l'allumage, l'air est insufflé par le ventilateur A et le gaz impur est évacué par la cheminée C. Le trop plein d'eau du vaporisateur, alimenté d'une façon continue, se rend dans le cendrier, refroidit la grille et se mélange à l'air.

Les meilleurs combustibles à employer sont les plus maigres et les plus purs : anthracite, houille maigre, coke et charbon de bois. Les gazogènes soufflés permettent cependant l'emploi de combustibles très variés.

Propriétés. — La composition par mètre cube est environ de :

$0^{m3},27$ de CO pesant $0^{kg},34$ et dégageant 820^{cal}
$0^{m2},18$ H $0^{kg},015$ 880^{cal} (vapeur H^2O)
$0^{m3},07$ CO^2 $0^{kg},135$ } gaz inertes.
$0^{m3},18$ Az $0^{kg},60$

$1^{m3},00$ de gaz pèse $1^{kg},000$ et dégage 1.700^{cal} au mètre cube.

Ce gaz exige pour brûler complètement 0^{mc},400 d'oxygène ou 2^{mc} d'air. On l'utilise surtout pour produire la force motrice au moyen des moteurs à gaz.

59. Gaz de bois. — *Principe.* — La distillation en vase clos du bois, combustible riche en *carbures d'hydrogène* (60 0/0) et en *humidité* (10 à 20 0/0), produit comme celle de la houille un gaz riche en éléments combustibles, oxyde de carbone CO, hydrogène H, méthane CH⁴.

Il reste du charbon de bois dans les cornues du four, comme il reste du coke après distillation de la houille. La distillation se fait à une température plus élevée que celle que l'on emploie pour la distillation ordinaire, qui a pour but de recevoir les produits volatils (Voir distillation du bois).

Four à gaz de bois à distillation renversée Riché. — Description (*fig.* 68). — « Un four à gaz est constitué par le groupement dans un même massif de maçonnerie dans un certain nombre de cornues cylindriques AB, en fonte disposées verticalement, le foyer F destiné à les chauffer étant ménagé à l'intérieur du massif.

« Chaque cornue repose par son propre poids dans une gorge circulaire d'un récipient cylindrique C également en fonte et appelé pied de cornue.

« Les cornues et les pieds de cornues sont fermés hermétiquement au moyen de portes ou tampons de fermeture. Les gorges de pieds de cornue dans lesquelles s'emboîtent les extrémités inférieures de cornues sont garnies d'un mastic spécial constitué par des quantités égales de silicate de soude et de fibre d'amiante fortement triturées. Ce mastic durcit au feu et forme joint.

« La partie inférieure A des cornues est garnie, sur une hauteur de 90^{cm} à 1^m, du charbon de bois, résidu de la distillation précédente.

« La partie supérieure B est remplie du bois à distiller.

« Les produits de la combustion dans le foyer F d'un combustible quelconque : bois, copeaux de bois, sciures, coke ou charbon, sortent du foyer par les orifices E. Ils s'élèvent dans les gaines G autour des cornues et s'échappent à la partie supérieure H vers le carneau de fumée J. Le tirage dans chaque gaine est réglé par le registre I. Il résulte de ce mode de chauffage que les cornues prennent une température décroissante de bas en haut. Le charbon de bois qui remplit la partie inférieure est à la température du rouge cerise (900° environ). Un tube-regard H, fermé à son extrémité par une plaque de mica ou de verre, permet au chauffeur de surveiller la température de chaque cornue et d'en régler au besoin le chauffage au moyen du registre I.

« Les parois du foyer, des gaines et des carneaux dans lesquels circulent les produits de la combustion sont constituées par une épaisseur convenable de produits réfractaires. Les parois extérieures du four sont en briques ordinaires.

« L'ensemble, maintenu par des armatures en fer, est généralement recouvert par une toiture en tôle ondulée. Un ou plusieurs barillets K réunissent le gaz produit par les diverses cornues, ce gaz se rendant de là au gazomètre.

Fonctionnement. — « Le bois que l'on vient de charger en B, se trouvant

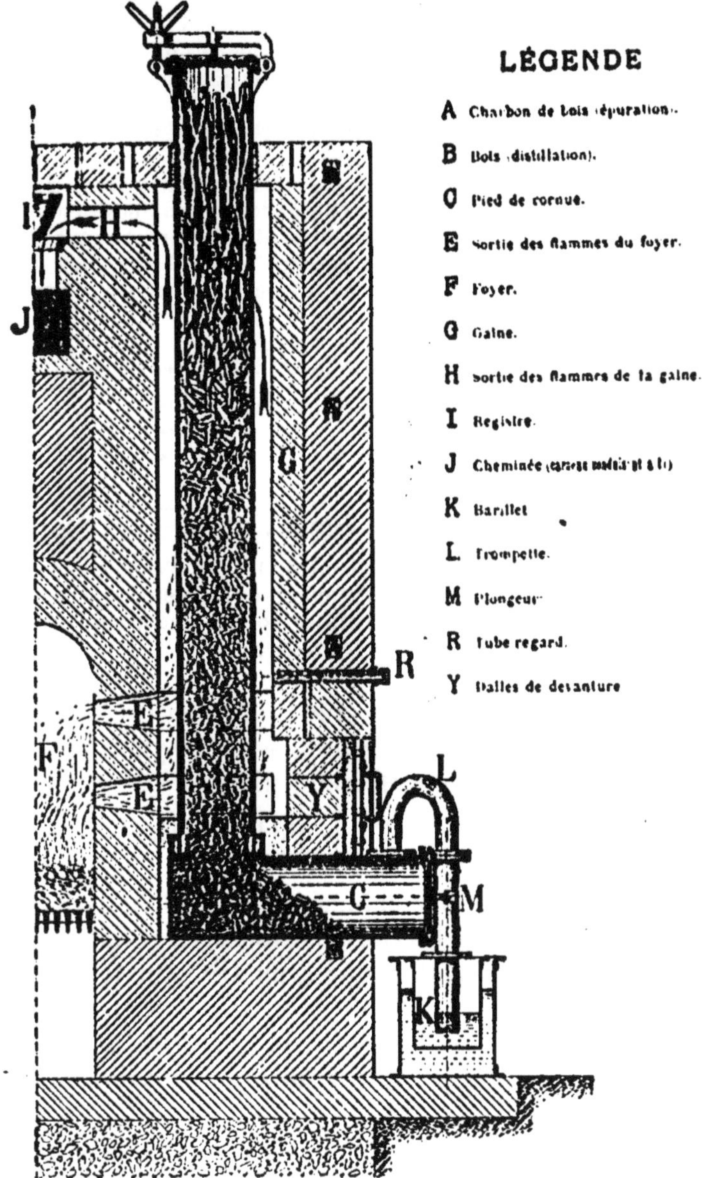

FIG. 68.

exposé au rayonnement des parois intérieures de la cornue, qui atteint au plus la température du rouge sombre, distille lentement et fournit de façon régulière des gaz et des vapeurs. Ces gaz et ces vapeurs n'ayant aucune issue vers le haut de la cornue, sont obligés de traverser l'épaisse couche de charbon incandescent qui occupe la zone A. Ils subissent là une transformation chimique, les produits condensables étant ramenés à l'état de gaz permanents et l'anhydride carbonique, en grande partie, à l'état d'oxyde de carbone.

« On recueille dans le barillet K après passage au travers des trompettes L et des plongeurs M, des gaz épurés dont la composition est tout à fait constante. Le joint hydraulique du barillet K empêche tout retour du gaz en arrière quand on ouvre les cornues pour effectuer une nouvelle charge de combustible à distiller, ou les pieds de cornues pour retirer le charbon de bois en excès. »

Propriétés. — La composition par mètre cube est environ de :

$0^{m3},22$ de CO pesant $0^{k},27$ et dégageant 650^{cal}
$0^{m3},45$ H $0^{k},01$ 2.170^{cal} ⎫
$0^{m3},15$ CH^4 $0^{k},17$ 280^{cal} ⎬ (H^2O = vapeur)
$0^{m3},18$ Az et CO^2 $0^{k},31$

$1^{m3},00$ de gaz pèse........ $0^{k},82$ et dégage... 3.100^{cal}.

Il demande pour brûler complètement $0^{m3},700$ d'oxygène ou $3^{m3},500$ d'air. Son pouvoir éclairant est faible; il convient cependant pour l'éclairage par incandescence. On l'utilise pour le chauffage industriel et surtout pour la production de la force motrice.

60. Acétylène. $C^2H^2 = (12^{gr} \times 2) + (1^{gr} \times 2) = 24^{gr} + 2^{gr} = 26^{gr} = 22^l,26$. — *Définition.* — L'acétylène est un carbure d'hydrogène gazeux et combustible :

$$(10) \qquad \underset{26^{gr}}{C^2H^2} + \underset{80^{gr}}{O^5} = \underset{88^{gr}}{2CO^2} + \underset{18^{gr}}{H^2O} \text{ liq.} + 323^{cal},$$

pouvant résulter de la combinaison directe du carbone C et de l'hydrogène H sous l'action de l'arc électrique, mais obtenu pratiquement en faisant réagir l'eau H^2O sur le carbure de calcium CaC^2 :

$$(11) \quad \underset{\substack{\text{carbure de calcium}\\64^{gr}}}{CaC^2} + \underset{\substack{\text{eau}\\36^{gr}}}{2H^2O} = \underset{\substack{\text{acétylène}\\26^{gr}}}{C^2H^2} + \underset{\substack{\text{hydrate de calcium}\\74^{gr}}}{CaO^2H^2}$$

Carbure de calcium CaC^2. — C'est un solide d'un blanc grisâtre obtenu au four électrique en soumettant un mélange intime de coke C et de chaux vive CaO à l'action de l'arc voltaïque produisant une température de 3.000 à 3.500°.

Four Bullier (*fig.* 69). — Il se compose d'un creuset en graphite à base carrée, entourée de terre réfractaire. Le fond mobile est constitué par une porte en tôle revêtue de graphite constituant l'électrode négative. Un charbon vertical constitue l'électrode positive autour de laquelle se trouve le mélange intime de chaux CaO et de coke C. Au début, on rapproche du fond l'électrode +, on fait passer le cou-

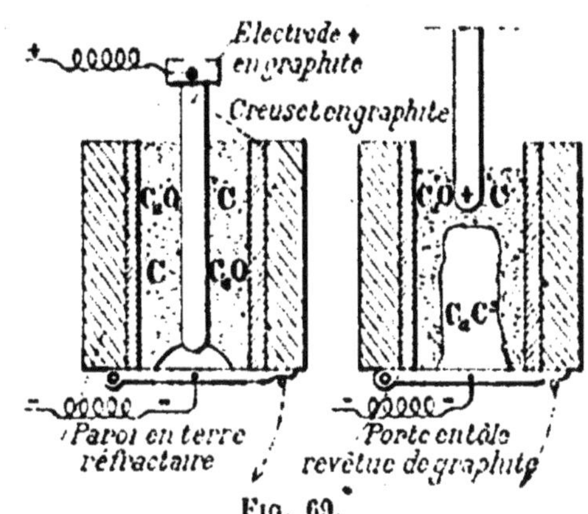

Fig. 69.

rant, le carbure CaC^2 se forme. Ensuite, on arrête le courant (on ouvre le circuit), on remonte le charbon +, on ferme à nouveau le circuit et la masse de carbure CaC^2 augmente de proche en proche.

Il y a un grand nombre de modèles de générateurs à acétylène qu'on peut ramener à deux types :

1° Générateur à chute d'eau sur le carbure ;

2° Générateur à chute de carbure dans l'eau.

Nous n'en décrirons qu'un seul pour donner idée de leur fonctionnement.

Générateur d'acétylène Éclair (*Société de l'acétylène dissous et des applications de l'acétylène*) (*fig.* 70). — Il se compose d'une *cuve* B à double paroi formant couronne N dans sa partie supérieure ; d'une cloche ou *gazomètre* A et d'un *distributeur* J. Ce dernier, chargé avant la mise en marche, se compose de deux rangées

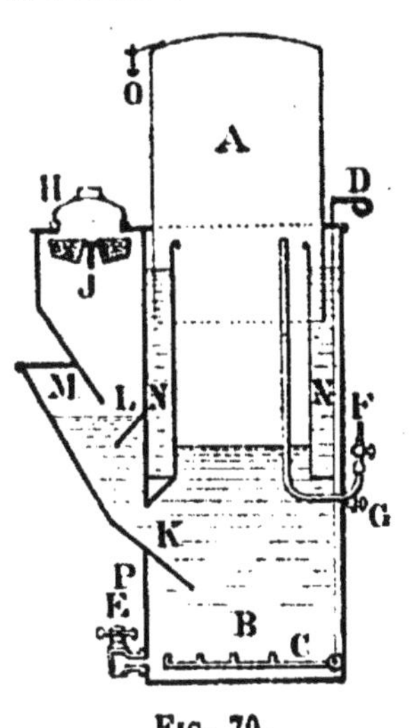

Fig. 70.

de palettes de différentes grandeurs qui contiennent le carbure. Elles peuvent basculer sous l'action d'un encliquetage à rochet, qui fonctionne toutes les fois que descend la cloche A. Lorsqu'une palette bascule, le carbure qu'elle contient tombe dans l'eau de la cuve B. Le gaz se produit, soulève la cloche A et se dégage par le tube F pour les besoins de la consommation. Dès que la réserve de gaz est insuffisante, la cloche redescend et provoque la chute d'une nouvelle quantité de carbure. A la mise en marche, on ferme le robinet F et on ouvre G pour évacuer le premier gaz pouvant contenir de l'air. La chaux Ca (OH)^2 formée pendant la réaction (11) est évacuée par le robinet E à large voie. Pour empêcher l'encroûtement du carbure par la chaux, on peut remuer le liquide à l'aide d'un malaxeur C que l'on manœuvre en D.

Il est utile de mettre du sable fortement huilé ou, mieux, de la ouate dans la rainure du couvercle H qui recouvre le carbure placé dans les casiers, afin de la préserver du contact et des attaques de l'air, toujours plus ou moins humide.

Épuration. — L'acétylène brut renferme des impuretés qui lui communiquent une odeur infecte; ce sont des composés binaires hydrogénés : azoture (ammoniaque) AzH^3, phosphure PH^3 et sulfure (acide sulfhydrique) H^{2}S d'hydrogène, avec des traces de poussières de chaux. On peut, par des laveurs et des épurateurs à choc, en éliminer une partie ; on emploie beaucoup l'*hératol* (mélange de kieselguhr, de bichromate de potasse et d'acide sulfurique), d'une belle couleur jaune avant emploi et devenant vert sous l'action des impuretés.

Usages. — L'acétylène est surtout employé pour l'*éclairage* (200 petites villes, 2.000 châteaux et 40.000 agriculteurs, industriels ou commerçants en France) et pour la *soudure autogène* ou le découpage des métaux. En ce qui concerne le *chauffage*, l'acétylène peut être employé pour la cuisine et le repassage. Des essais sont également faits pour produire la *force motrice* à l'aide de l'acétylène chargé ou non de vapeurs d'alcool ou d'essence. Pour le transport, C^{2}H^2 est dissous dans l'acétone.

61. Flamme. — La flamme est produite par la combustion vive d'un corps gazeux. Lorsqu'elle provient en apparence d'un corps solide ou liquide, ceux-ci sont en réalité transformés en gaz soit par décomposition (benzine), soit par volatilisation (magnésium). Lorsqu'un corps solide brûle sans se volatiliser, il peut devenir très lumineux, il y a *incandescence*, mais il n'y a pas de flamme; c'est le cas du fer brûlant dans l'oxygène. Pour qu'il y ait *flamme*, il faut qu'il y ait présence d'un corps volatil. Pour qu'une flamme soit brillante il faut qu'il y ait dans cette flamme présence d'un corps solide porté à l'incandescence par la température élevée du corps volatil qui donne la flamme.

Si l'on examine la flamme d'une bougie, on y distingue plusieurs régions assez distinctes l'une de l'autre. Tout à fait au centre, entourant la mèche *m*, se trouve une *partie sombre a*, constituée par les gaz et le carbone non brûlés provenant de la décomposition de la matière dont la bougie est formée (acide gras) et qui fondue, à la partie supérieure, monte dans la mèche par capillarité et se décompose sous l'action de la chaleur. Autour de la partie centrale *a* se trouve une *région très lumineuse b*, dans laquelle des parcelles de charbon pulvérulent ne brûlent pas, mais sont portées à l'incandescence par la chaleur que

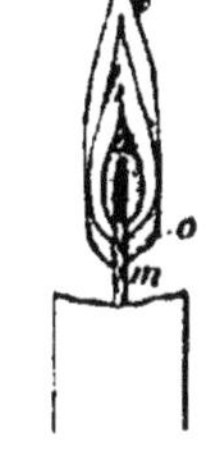

Fig. 71.

dégage la combustion de gaz plus inflammables. C'est à cette incandescence qu'est dû le pouvoir éclairant de la flamme.

La partie extérieure *e* est jaunâtre; elle est très chaude parce que la combustion y est complète, mais elle est peu éclairante parce qu'elle ne tient aucun solide en suspension. Quant à la partie inférieure O, elle est bleue, à cause de la combustion de l'oxyde de carbone.

Il résulte de notre observation que si l'on désire une flamme très chaude, il faut rendre la combustion plus complète, surtout à l'intérieur en y admettant de l'air ou de l'oxygène. C'est ce que l'on obtient pratiquement avec les brûleurs et les chalumeaux. Si au contraire on désire une flamme très éclairante, il faut porter à l'aide de sa chaleur un corps solide à l'incandescence ; c'est ce qu'on obtient avec la lampe de Drummond (*fig.* 34) et avec les becs Auer à incandescence. Il est à remarquer que dans ces cas, le pouvoir éclairant augmente avec la température.

EXERCICES

I. — Un gazogène donne 5^{m3} de gaz à l'air à 1.000^{cal} par kilogramme de charbon à 8.000^{cal}. Quel est son rendement thermique?

II. — Le prix du mètre cube de gaz à 5.300^{cal} est de 0 fr. 17 et le charbon à 7.900^{cal} coûte 28 francs la tonne. Sachant que le rendement thermique d'un gazogène est 78 0/0 et que la gazéification revient à 15 0/0 du prix du combustible, on demande s'il y a avantage à acheter un gazogène ou à employer le gaz d'éclairage. Le rendement du moteur est sensiblement le même dans les deux cas.

III*. — Un gazogène autoréducteur à double combustion Riché a consommé 908^{k} de copeaux de bois et 37^{k} de coke contenant :

	Copeaux de bois	Coke
Carbone fixe C.............	18,29 0/0	71,13 0/0 en poids
Matières volatiles CH^4.....	69,85	2,7
Cendres..................	0,36	13,7
Humidité H^2O.............	11,50	12,3
Pouvoir calorifique au kg..	3.910 calories	5.850 calories

Le gaz a donné à l'analyse la composition suivante en volumes :

CO	H	CH^4	CH^2	CO^2	O	Az	Puissance calorifique
17,95 0/0	11,81	2,81	0,1	13,15	0,05	54,13	1.097 calories au m^3

Calculer d'après ces analyses :

1° Le poids total de carbone pur C contenu dans le bois total, dans le coke total et dans 1^{m3} de gaz;

2° Le volume total des gaz produits (par déduction de 1°);

3° La quantité totale de chaleur contenue à l'état latent dans le bois, le coke, le gaz ;

4° Le rendement thermique du gazogène en marche normale.

IV*. — Un gazogène Pierson est alimenté avec du charbon à 7.520^{cal} dont la composition en poids est la suivante :

Carbone fixe C........	80,50 0/0	Humidité..............	1,93 0/0
Matières volatiles CH^4.	6,10	Cendres..............	11,47

Le gaz produit a une composition en volumes de :

Oxyde de carbone CO..	17,70 0/0	Gaz carbonique CO^2....	8,70 0/0
Hydrogène H..........	21,30	Oxygène O............	0,50
Méthane CH^4.........	2,40	Azote Az.............	49,40

et un pouvoir calorifique de 1.170^{cal}. Déterminer :

1° Le poids total de carbone pur C contenu dans 1ᵏˢ de charbon et dans 1ᵐ3 de gaz ;

2° Le volume de gaz produit par 1ᵏˢ de charbon ;

3° Le rendement thermique du gazogène.

V. — D'après la formule de combustion complète de l'acétylène (10) : calculer : 1° le pouvoir calorifique au kilogramme, puis au mètre cube de ce gaz ; 2° le volume d'air nécessaire à la combustion complète de 1ᵐ3 de ce gaz.

LECTURES

L'évolution de l'éclairage au gaz depuis un quart de siècle

Depuis la découverte de Philippe Lebon (fin du xviiiᵉ siècle) jusqu'en 1878, l'éclairage au gaz a fait peu de progrès. Confiants sans doute dans la supériorité relative que présentait le gaz sur les autres modes d'éclairage, les ingénieurs s'occupaient surtout d'améliorer-les procédés de fabrication du gaz, et laissaient de côté on utilisation. Et pourtant les becs alors en usage nous paraîtraient à l'heure actuelle bien insuffisants ?

Nous en citerons quelques-uns pour mémoire :

1° *Le bec Papillon (fig. 72)*. — C'est un petit cylindre creux en stéatite, qui se visse sur l'appareil d'éclairage. Sa partie supérieure, en forme de calotte sphérique, présente une fente de six à neuf dixièmes de millimètre par laquelle s'échappe le gaz. La flamme affecte la forme d'une aile de papillon, d'où le nom du bec. Le meilleur rendement de ce bec est obtenu en réduisant par la clef de l'appareil la pression de sortie de gaz à 3 millimètres (de hauteur d'eau) environ. Il donne dans ces conditions la carcel-heure (¹) pour une consommation de 127 litres de gaz. Quand la pression augmente, le bec siffle, les pointes de la flamme s'allongent, et le pouvoir éclairant diminue.

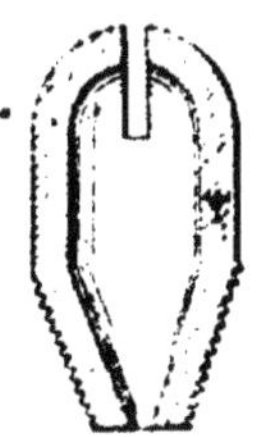

Fig. 72.

2° *Le bec Manchester (fig. 73)*. — Au lieu de s'échapper par une fente, le gaz sort par deux petits trous inclinés à 45°. Les conditions de fonctionnement de ce bec et son rendement sont les mêmes que ceux du bec papillon. Mais quand la pression devient plus forte, c'est la hauteur de la flamme qui augmente seule, la largeur restant à peu près constante, ce qui fait préférer ce bec pour l'emploi des globes : les risques de casse sont diminués.

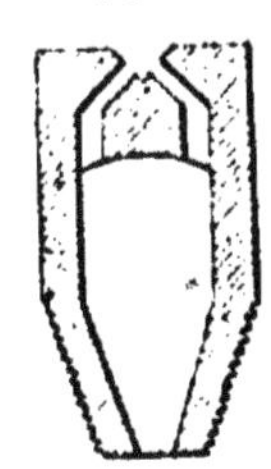

Fig. 73.

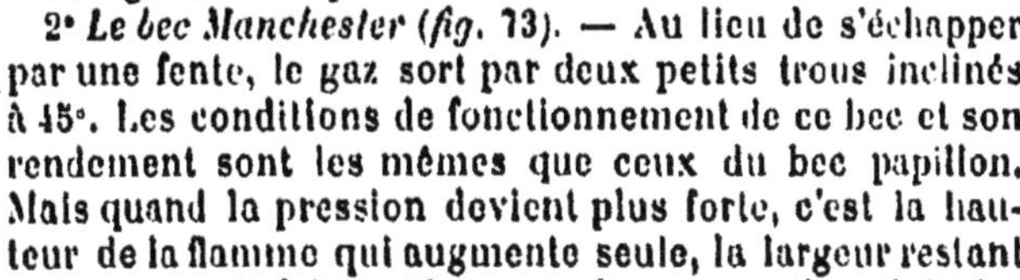

(¹) On mesure le pouvoir éclairant d'une flamme en la comparant à une lampe Carcel d'un modèle strictement déterminé et brûlant 42 grammes d'huile de colza à l'heure. On dit que la flamme à examiner a un pouvoir éclairant de tant de carcels ou de tant de bougies, la bougie décimale étant le dixième de la carcel.

3° *Le bec à double courant d'air* (*fig.* 74). — Les becs papillon et Manchester ne donnent leur maximum d'éclairement que dans le sens perpendiculaire

au plan de la flamme; en outre leur lumière n'est jamais bien fixe. On a obvié à ce double inconvénient par l'emploi d'un bec rond, à verre. Mais pour que la combustion du gaz fût complète, il fallait amener de l'air à l'intérieur de cette flamme circulaire ; d'où les becs dits à double courant d'air (bec Argand, bec Benzel, bec Américain, etc.). Ces becs se composent d'une couronne en stéatite percée d'une quarantaine de trous de 1^{mm} de diamètre sertie dans un double cylindre en cuivre où le gaz arrive par trois tuyaux recourbés. A cette cou-

Fig. 74.

ronne est fixée la galerie porte-verre, munie d'un cône en cuivre destiné à rabattre l'air le long de la flamme. L'air extérieur suit le trajet des flèches. Certains becs, comme celui dessiné ci-contre, sont munis d'une vis à pointeau, manœuvrée par une manette qui permet de faire varier la hauteur de la flamme en augmentant ou diminuant le débit du gaz.

La lumière de ces becs est fixe et régulière ; ils sont très sensibles aux variations de pression et donnent la carcel-heure pour 105^l de gaz.

4° *Lampes du 4 septembre.* — Pour l'éclairage des grands espaces, on réunissait dans une lanterne six ou huit becs papillons disposés en cercle; l'arrivée d'air était assurée par une double coupe inférieure. Il en résultait une petite amélioration du rendement : la carcel-heure était obtenue pour 105^l de gaz. Ces lampes avaient été d'abord placées dans la rue du 4 septembre, à Paris, d'où leur nom.

Ainsi, en 1878, les meilleurs becs de gaz employés n'avaient qu'un rendement médiocre. La carcel-heure n'était pas obtenue à moins de 100^l de gaz (à 30 centimes le mètre cube, cela faisait 3 centimes par carcel-heure), et les foyers les plus puissants ne dépassaient pas 8 ou 10 carcels.

C'est à ce moment que les bougies électriques Jablochkoff firent leur apparition, et, dès le début, le gaz paraissait en bien fâcheuse posture pour lutter contre son nouveau concurrent.

Cette infériorité ne fit que s'accentuer jusqu'en 1890. Alors que l'électricité marchait à pas de géant, grâce aux lampes à arc, aux lampes à incandescence à filament de charbon, le gaz restait pour ainsi dire stationnaire.

Il faut noter cependant, en 1882, l'application aux brûleurs à gaz des principes de la récupération. On sait que l'éclat d'une flamme augmente proportionnellement à la quatrième puissance de sa température. Wenham imagina de profiter de la chaleur de la flamme elle-même pour chauffer au préalable le gaz et surtout l'air nécessaire à la combustion. Il augmentait ainsi la température finale de cette combustion, et par suite l'éclat de la flamme.

Dans la lampe Wenham (*fig.* 75), le gaz arrive de haut en bas par un tube de fer vertical AB, terminé inférieurement par une pastille creuse, en stéatite B, percée de trous horizontaux et constituant le brûleur. Le récupérateur est formé d'un cylindre vertical C en fonte, que traverse le tube

de gaz. Ce cylindre est fermé à sa partie supérieure et porte inférieurement une toile métallique juste au-dessus de la
pastille du brûleur. Un second cylindre concentrique D reçoit au moyen de vis l'anneau porte-
globe G ; il est légèrement cintré à sa partie
inférieure et réuni au premier cylindre par des
tubes en fonte F, F. Le tout est surmonté d'une
cheminée d'évacuation M. L'air extérieur, appelé
par le tirage, pénètre suivant les flèches dans le
premier cylindre par les tubes de communication.
Les produits de la combustion s'échappent par
l'intervalle des deux cylindres (flèches pointillées)
et réchauffent le cylindre C ainsi que le tube
d'arrivée du gaz. La flamme, un peu flottante à
l'allumage, prend au bout de quelques minutes
un assez vif éclat, et conserve une grande fixité.
La carcel-heure est ainsi obtenue avec 80ᴵ de
gaz. Ces lampes, grâce à leur forme renversée,
donnaient un excellent rendement lumineux suivant la verticale et réalisaient à ce point de vue
un progrès sensible. Elles pouvaient en même
temps contribuer d'une façon fort appréciable
à l'aération des pièces éclairées; il suffisait pour
cela de réunir le tuyau d'évacuation à une cheminée extérieure.

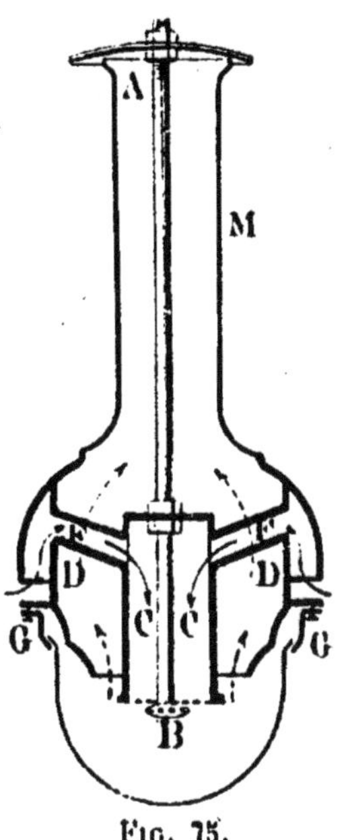

Fic. 75.

Cette amélioration n'était toutefois qu'un bien
faible appoint en faveur de l'éclairage au gaz, et ce n'est qu'en 1890, avec
la découverte du Dʳ Auer von Welsbach que cet éclairage put reprendre un
avantage inespéré.

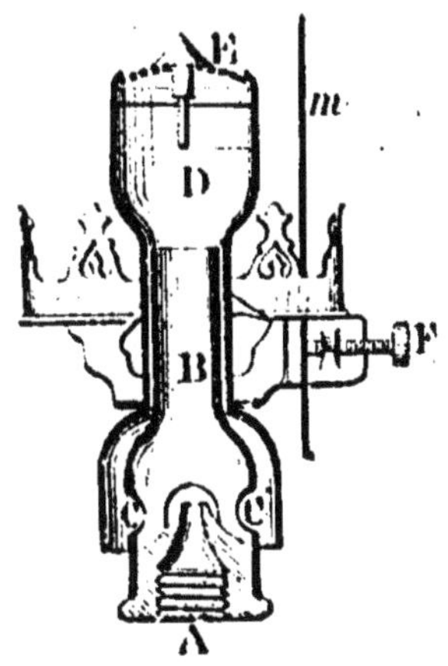

Fic. 76.

**Découverte du bec Auer. — Description
sommaire du brûleur. —** Le Dʳ Auer avait
remarqué que certains oxydes de terres rares,
tels que les oxydes de thorium et de cérium,
fortement chauffés, acquièrent un pouvoir
émissif lumineux considérable. Il fut amené
à exposer à la flamme d'un bec Bunsen un
manchon de coton imprégné d'un mélange
de 99 0/0 d'oxyde de thorium et de 1 0/0
d'oxyde de cérium, et constitua ainsi le
premier bec à incandescence qui fut dénommé
bec Auer (*fig.* 76).

Il se compose d'un éjecteur en bronze A
percé de cinq trous par où s'écoule le gaz.
Sur cet éjecteur se visse une chandelle en
cuivre B, percée de trous C servant à l'arrivée
de l'air aspiré par l'écoulement du gaz à la
manière d'un giffard. La galerie qui s'emboîte sur la chandelle comprend
une chambre de mélange D, terminée par une toile métallique E, au

dessus de laquelle vient brûler le mélange d'air et de gaz. Une couronne extérieure, reliée à la galerie, supporte le verre et maintient, par une vis de serrage F, la tige du manchon *m* qui vient s'emboîter sur la tête du bec.

Si l'on fait brûler un bec bien réglé après avoir retiré le manchon, on aperçoit très nettement deux zones distinctes dans la flamme (*fig.* 77) :

Une première A, d'un bleu verdâtre, de quelques millimètres de hauteur au-dessus de la grille métallique. La combustion du gaz y est incomplète et ne s'effectue que grâce à l'air directement entraîné ou air primaire.

Une seconde zone B, d'un bleu très pâle, qui contient encore des gaz combustibles, mais non éclairants par suite de l'action diluante de l'azote de l'air entraîné.

Fig. 77.   C'est la zone réductrice.

Enfin il y a une troisième zone C, incolore, où la combustion vient se terminer grâce à l'oxygène de l'air extérieur ou air secondaire, et qui est oxydante. *La partie la plus chaude de la flamme est celle comprise entre la zone réductrice B et la zone oxydante C.*

Fabrication du manchon. — On tisse d'abord avec du fil de coton à cinq ou six brins un cylindre indéfini de 5^{cm} à peu près de diamètre. On le coupe par bouts de 15^{cm} environ, et on replie légèrement une des extrémités en forme d'ourlet, que l'on renforce par une enveloppe de gaze ; on y coulisse deux fils d'amiante qui serviront de support. On plonge ces manchons dans un bain contenant 99 0/0 d'azotate de thorium et 1 0/0 d'azotate de cérium. Le manchon est ensuite essoré entre deux rouleaux, puis séché. On enduit la tête d'une dissolution d'azotate d'alumine et de magnésie nommée fixine, qui augmente la résistance de cette partie du manchon, et on le dispose sur un moule conique en bois pour lui donner sa forme. Ce manchon est ensuite incinéré à la flamme d'un puissant bunsen ou d'un chalumeau. Il se rétrécit considérablement ; le fil de coton est consumé, les azotates sont transformés en oxydes, et il reste un squelette d'oxyde de thorium et de cérium, très fragile, que l'on trempe alors généralement dans du collodion pour lui permettre de résister aux transports et manutentions qu'il aura à subir avant son emploi.

Ce manchon placé sur un brûleur donne une lumière éclatante qui, pour le bec ordinaire atteint 7 carcels ou 70 bougies pour 115^l de gaz environ [1].

____

[1] Le phénomène de l'incandescence n'est pas encore complètement expliqué. Il est sans doute admissible qu'un corps, porté à une haute température, acquiert un éclat considérable : le chalumeau oxhydrique et la lumière de Drummond en ont fourni des exemples. Dans le cas particulier du manchon, la question est plus complexe. En effet, un manchon imprégné d'oxyde de thorium pur et fortement chauffé ne donne pour ainsi dire aucune lumière (*une* bougie pour 100^l de gaz); un manchon imprégné d'oxyde de cérium pur ne donne également qu'un éclairement

La carcel-heure était donc obtenue avec moins de 20¹ de gaz, soit à 0,6 centime avec du gaz à 30 centimes le mètre cube. Les lampes électriques à filament de charbon dépensaient 3ʷ,5 par bougie, soit 35 watts par carcel (à 1 franc le kilowatt, cela faisait 3,5 centimes, soit 5 fois plus cher). De nouveau le gaz était en bonne posture ; mais les gaziers ne se sont pas arrêtés en si beau chemin. Tandis que les électriciens s'efforçaient d'augmenter le rendement de leurs lampes et utilisaient dans ce but ces oxydes de terre rare qui avaient révolutionné l'éclairage au gaz ou simplement des métaux rares non volatils (lampe Tantale, lampe Osram,

minime (7 bougies pour 100¹ de gaz) et si l'on mélange 99 0/0 de thorium et 1 0/0 de cérium, on obtient 60 bougies pour 100¹ de gaz !

Le Dʳ *Auer* essayait d'expliquer ce fait par l'hypothèse d'une série d'oxydations et de réductions successives de l'oxyde de cérium, l'oxyde de thorium restant inerte et ne servant que de diluant ; ces réactions, se poursuivant avec une extrême rapidité, augmenteraient la température du manchon et lui communiqueraient un pouvoir lumineux supérieur à celui que produirait seule la combustion du bunsen. Auer s'appuyait sur ce fait que l'éclat maximum du manchon est obtenu lorsque celui-ci se trouve placé exactement entre les zones oxydantes et réductrices de la flamme du bunsen ; mais cette limite des deux zones est en même temps la partie la plus chaude de la flamme. Pareille observation n'a donc rien de probant.

Le Dʳ *Bunte* attribue cette vive incandescence aux propriétés *catalytiques* de l'oxyde de cérium : en présence de la flamme du gaz, dit-il, le cérium exalte la combinaison de l'hydrogène et de l'oxygène, développant ainsi une très haute température, par laquelle il est porté à une très vive incandescence.

Enfin M. *Charles Féry* a émis une théorie nouvelle qui nous paraît fort vraisemblable :

Il observe d'abord qu'en présence d'une source de chaleur déterminée un même corps acquiert une température d'autant plus élevée qu'il est sous un plus petit volume (une boule de platine d'un millimètre de diamètre supportée par un fil de platine très fin — 2/100 de millimètre — étant présentée à une flamme de chalumeau ne fondra pas, alors que le fil se volatilise).

D'autre part, toujours d'après M. Féry, l'oxyde de cérium ou cérite a un pouvoir émissif calorifique considérable : un manchon imprégné de cet oxyde pur n'éclairera pas, parce qu'on n'arrive pas à le porter à une température suffisante : il rayonne trop de chaleur à mesure qu'on lui en fournit.

L'oxyde de thorium ou thorine n'est pas éclairant par lui-même, mais il rayonne fort peu de chaleur et est susceptible d'être très fortement chauffé. On conçoit donc que si l'on ajoute un peu de cérite très diluée sur la thorine, cette thorine qui rencontre la chaleur la fournira à tout instant à la cérite. Elle pourra ainsi la maintenir à une très haute température et par suite à une incandescence d'autant plus vive que les particules de la cérite sont plus ténues.

lampe Z, Sirius colloïd, Canello, etc.), les gaziers amélioraient eux aussi becs et manchons.

Nous passerons rapidement en revue quelques-uns de ces perfectionnements.

I. *Manchons.* — Les manchons primitifs, en coton, présentaient l'inconvénient assez grave de se rétrécir à l'usage. Nous avons vu que le meilleur éclairement se produit lorsque le manchon est dans la partie la plus chaude de la flamme (limite des zones oxydantes et réductrices) : si la forme du manchon se modifie, cette condition n'est plus remplie et le pouvoir éclairant diminue. On a imaginé de remplacer le coton par la ramie, qui conserve mieux sa forme primitive, et les résultats ont été satisfaisants.

Plaissetty perfectionna encore le manchon en employant la soie artificielle : les brins en sont beaucoup plus fins que ceux de la ramie et du coton : les fils du tissu de soie arrivent à renfermer 25 ou 30 de ces brins au lieu de 5 ou 6. Ils sont plus souples, plus résistants et mieux imprégnés d'oxydes. Au lieu d'incinérer le manchon trempé, il suffit d'un bain d'ammoniaque pour détruire la soie et transformer les azotates en oxydes ; on évite ainsi les boursouflures de la calcination. Enfin les brins étant plus ténus, l'incandescence est plus vive, et la durée du manchon bien supérieure à celle des manchons ramie ou coton.

II. *Perfectionnements des becs.* — La température de combustion maxima d'un mélange d'air et de gaz (c'est-à-dire le plus vif éclat du manchon) correspond à une proportion de 1 partie de gaz et de 5 parties d'air *intimement mélangés.* Or, dans le bec ordinaire, c'est à peine si le gaz arrive à entraîner deux fois son volume d'air. On a essayé d'augmenter ce volume d'air entraîné par la modification de la forme des becs, d'où les becs dits « intensifs ».

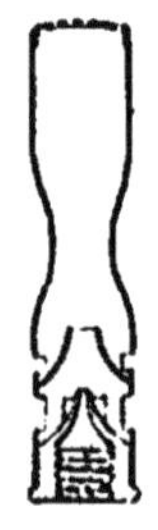

Le bec Bandsept en est un type (*fig.* 78) : le gaz s'y écoule par un seul orifice conique, au lieu de cinq petits trous, pour éviter les pertes de charge. Un double cône favorise, autant que possible, l'arrivée de l'air ; tous les angles sont soigneusement arrondis et la hauteur de la chambre de mélange augmentée précisément pour permettre le mélange intime du gaz et de l'air entraîné. Ces becs donnent 60 bougies pour 90ˡ de gaz, soit la carcel-heure pour 15ˡ.

Les innombrables becs intensifs actuellement en usage, Kern, Visseaux, Méker, la Couronne et tant d'autres sont

Fɪɢ. 78

basés sur le même principe : favoriser, d'une façon ou d'une autre, le mélange d'air et de gaz.

Dans le bec N.B.I. le second cône d'air est mobile ; il permet de faire varier la forme de la flamme et de placer toujours le manchon dans la zone limite du maximum de chaleur. Il donne la carcel-heure pour près de 10ˡ de gaz ; c'est-à-dire, avec du gaz à 20 centimes, dix heures d'éclairage à 5 carcels pour 10 centimes.

L'électricité, même avec ses meilleures lampes à 1 watt par bougie, ne pouvait lutter sur ce point. Mais elle conservait d'autres avantages que les gaziers essayèrent de réaliser.

1° *Elle se prête admirablement, grâce aux lampes à arc, à l'éclairage des grands espaces.* Avec les moyens ordinaires, on ne peut pas faire con-

sommer utilement à un bec de gaz, si perfectionné soit-il, plus de 300¹ de
gaz à l'heure, ce qui correspondrait à un maximum de 300 bougies.

Un inventeur eut l'idée de surélever la cheminée de tirage qui, dans les
lanternes publiques, surmonte le verre des becs incandescents. Cette cheminée surélevée fait joint avec le verre et crée
à la base du bec une dépression suffisante pour
augmenter notablement le volume d'air aspiré
et assurer son mélange intime avec le gaz dans
des becs notablement puissants. On juxtapose
jusqu'à trois cônes d'arrivée d'air successifs,
et on arrive ainsi à pousser la consommation
horaire jusqu'à 700¹ dans les brûleurs qui
donnent plus de 600 bougies (lampe Lucas,
lampe intensive Auer) (*fig.* 79).

Denayrouse, à l'Exposition de 1900, avait
placé à la base du bec de gros calibre un petit
ventilateur électrique qui assurait le brassage
et la surpression du mélange gaz et air. Il
obtenait ainsi des foyers assez intenses ; mais
il fallait faire intervenir une source extérieure
d'électricité, ce qui n'est pas très pratique.

Scott-Snell essaya d'utiliser les gaz chauds
de la combustion du gaz lui-même pour actionner une sorte de soufflet, véritable petit
moteur à air chaud, qui, placé en haut de la
lanterne, comprimait de l'air et l'envoyait
sous le bec : les cuirs du soufflet ne tardaient
pas à durcir, et le rendement lumineux du
bec, fort satisfaisant au début, diminuait
rapidement.

La Société Auer a remplacé le moteur à air
chaud par une pile thermoélectrique. Le cou-

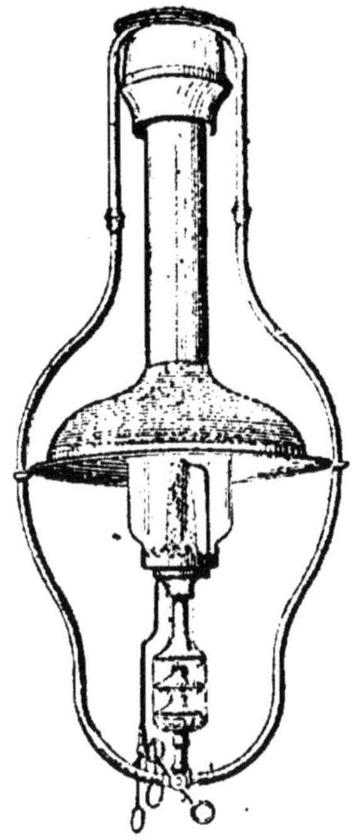

Fig. 79.

rant produit par l'échauffement du système est suffisant pour actionner
une minuscule dynamo à axe vertical placée à la base du bec et qui
porte un ventilateur. Le fonctionnement de ce petit chef-d'œuvre électro-
mécanique est peut-être un peu délicat pour être généralisé, et c'est grand
dommage, car on obtient ainsi des foyers de plus de 1.000 bougies d'une
lumière chaude et fort agréable.

Enfin on a essayé de comprimer l'air, le gaz, ou même les deux, dans
des compresseurs spéciaux, et d'alimenter les brûleurs par ce mélange à
haute pression. Il n'y a dès lors plus de limite à la dimension des becs. La
difficulté fut d'abord de trouver des manchons suffisamment résistants ; le
problème fut promptement résolu, et on put arriver ainsi à des consom-
mations de 6¹ par carcel-heure, et à des foyers de plus de 5.000 bougies,
capables d'éclipser les plus puissantes lampes à arc.

Naturellement ce genre de brûleurs, qui nécessite des canalisations spéciales, des appareils compresseurs, une force motrice, n'est guère employé
que pour l'éclairage des grandes voies publiques : la plupart des capitales
d'Europe l'ont maintenant adopté, et la ville de Paris fait des essais

très suivis de lampes à gaz ou air comprimé de différents constructeurs.

2° Les lampes à incandescence électrique permettent des dispositions bien autrement décoratives que le rigide et froid bec Auer.

Les gaziers créèrent alors le bec renversé. Les débuts en furent difficiles : il semblait paradoxal de forcer le gaz, sensiblement plus léger que l'air, à entraîner avec lui plusieurs fois son volume de cet air en se dirigeant de haut en bas. Et cependant Farkas, Liais, résolurent victorieusement ce problème ; leurs becs restaient peut-être trop sensibles aux variations de pression. Grâce à l'emploi d'un minuscule régulateur de débit en forme de robinet à pointeau, on est arrivé maintenant à assurer d'une façon parfaite le fonctionnement des becs renversés dont l'emploi se généralise de plus en plus : plus gracieux que les becs droits, ils permettent plus de fantaisie dans la forme des appareils, sans compter que leur rendement lumineux suivant la verticale est de beaucoup supérieur.

3° Il reste enfin, en faveur de l'électricité, sa facilité d'allumage.

Sur ce point aussi le gaz a essayé de lutter : soit par l'emploi de pastilles de mousse de platine qui, placées sur le bec, deviennent incandescentes lorsque le gaz est ouvert et provoquent son allumage ; soit par l'emploi d'allumeurs électriques dont quelques-uns, véritables merveilles de mécanique, utilisent le seul courant d'une pile de sonnerie et sont d'une régularité parfaite

Mais les pastilles de mousse de platine finissent par perdre leur porosité, et il faut les remplacer assez fréquemment. Quant aux allumeurs électriques, ils coûtent un peu cher, et parmi les consommateurs, ceux qui veulent réaliser des économies hésitent à les employer ; les autres préfèrent souvent conserver l'éclairage électrique.

Quoi qu'il en soit, on peut se rendre compte par ce rapide exposé des efforts incessants fournis depuis un quart de siècle par les ingénieurs de ces deux branches de l'éclairage : grâce à cette lutte féconde des progrès étonnants ont été réalisés. En dépit de l'augmentation générale des salaires, des charbons, des matières premières, des denrées, cette heureuse concurrence a permis à l'éclairage de suivre la loi inverse et, par ses prix dix fois moindres que par le passé, de se mettre à la portée de tous.

L. Chos,
Ingénieur des Arts et Manufactures,
Directeur de la Compagnie européenne du gaz
de Boulogne-sur-Mer.

L'évolution de l'éclairage électrique [1]

Les moyens d'éclairage ont largement bénéficié des progrès considérables faits dans toutes les industries dans ces dernières années, et la concurrence acharnée entre le gaz et l'électricité a eu ce résultat, intéressant pour le consommateur, que, tout à la fois, les prix ont baissé et la qualité a été améliorée.

On se souvient du succès éclatant de l'exposition d'électricité de 1881, qui fut pour le public la révélation de la puissance industrielle que devait prendre cette branche de nos connaissances. et l'on se souvient aussi des

[1] Extrait de la *Revue scientifique* (25 mars 1911).

espoirs et des inquiétudes des industries qui pouvaient se voir menacées par la nouvelle venue. Les gaziers mis en échec par les lampes électriques, relevèrent le gant, et une lutte acharnée commença, dans laquelle les adversaires remportèrent successivement des victoires importantes, que le public, spectateur très intéressé, suivait et enregistrait.

En 1881, c'était l'apparition de la lampe à incandescence, qui permettait l'emploi de l'éclairage électrique dans les appartements et prenait le pas sur les médiocres brûleurs à gaz de l'époque. Quelques années plus tard, la découverte du manchon incandescent d'Auer apportait un secours inattendu aux gaziers et faisait douter, pendant quelque temps, du développement futur de l'éclairage électrique.

Ensuite, Auer, passant du gaz à l'électricité, apportait de nouvelles armes à cette dernière en ouvrant la voie qui a conduit aux lampes à filaments métalliques.

Enfin, aujourd'hui, tandis que les brûleurs à gaz perfectionnés luttent avantageusement contre les meilleures lampes à arc et à incandescence, des modes d'éclairage électrique nouveaux viennent se mettre en ligne.

Qui sortira vainqueur de la lutte? La question ne se pose même pas ; il paraît évident que tous les modes d'éclairage continueront à se développer, car le besoin de la lumière augmente avec les facilités de s'en procurer, et il ne semble pas douteux que les éclairages que nous considérons actuellement comme luxueux seront largement dépassés dans l'avenir.

Bornons-nous, pour l'instant, à examiner les progrès très considérables effectués dans les différents moyens de produire l'éclairage électrique, et ensuite nous pourrons signaler ceux que l'on peut encore désirer.

Lampes à arc. — L'arc voltaïque est, comme on le sait, le premier moyen employé pour l'éclairage électrique. Pendant longtemps, malgré des recherches intéressantes, on en était resté à l'emploi de charbons aussi purs que possible, ceux-ci ayant l'avantage de donner plus de fixité à la lumière émise et plus de facilité pour le réglage. Pour le public, le principal inconvénient des lampes à arc ainsi montées résidait dans la couleur trop blafarde de la lumière, ce qui avait conduit à réserver ces lampes à l'éclairage extérieur ou à celui de très grands espaces.

Depuis quelques années, une modification importante a été apportée de ce côté, et tout le monde a remarqué le changement de coloration de la plupart des nouvelles lampes à arc, changement causé principalement par l'emploi des charbons minéralisés et des arcs à flamme, perfectionnement dû en grande partie aux travaux de notre compatriote, M. Blondel.

Dans l'arc entre charbons purs, la lumière est fournie presque entièrement par l'incandescence des charbons eux-mêmes et principalement du charbon positif, tandis que l'arc, c'est-à-dire l'atmosphère gazeuse à haute température qui se trouve entre les deux charbons, ne donne qu'une lumière relativement peu importante.

Il y a déjà longtemps que l'on a substitué, aux charbons homogènes des premiers arcs, des charbons dits à mèche, mais cette substitution n'avait pas pour but d'augmenter, ou très peu, le rendement lumineux des lampes, mais seulement de donner plus de fixité à l'arc, qui a toujours tendance à tourner autour des charbons homogènes. Les charbons à mèche sont formés par des charbons purs percés au centre d'un petit canal cylindrique rempli d'un mélange de charbon et de certains oxydes métalliques plus volatils. La présence des oxydes métalliques a une action très marquée sur la couleur de la lumière émise, et on a tenté d'étendre cette action en mélangeant à toute la masse du charbon des oxydes convenables, ou, comme dans les charbons dizones de Blondel, très employés aujourd'hui, en donnant à la mèche un diamètre très grand, 2/3 environ du diamètre total, cette mèche ou âme étant constituée par un mélange convenable de charbon et de sels minéraux enveloppé dans une gaine en charbon pur.

En choisissant les sels employés, on peut arriver à donner à la lumière la teinte désirée, et on fabrique couramment des charbons minéralisés qui donnent soit de la lumière blanche, soit de la lumière jaune Tous ces charbons sont à base de fluorure de calcium mélangé à des borates et silicates, la formule variant selon le fabricant.

A l'inverse de ce qui se passe pour les arcs à charbon pur, l'incandescence du charbon ne joue pas le rôle principal, et c'est à l'incandescence des vapeurs métalliques, à la flamme, que l'on doit à la fois l'augmentation du rendement lumineux et la coloration.

D'autres inventeurs, dans le but principal d'obtenir une usure moins rapide des crayons de charbons, remplacent ceux-ci par des crayons composés presque uniquement d'oxydes. En Amérique, pays où la main-d'œuvre est chère et doit être évitée, on utilise fréquemment la lampe à magnétite, dans laquelle l'arc éclate entre un bloc de cuivre et une électrode formée par un tube de fer rempli d'un mélange de magnétite et d'oxyde de titane.

Ces changements dans la composition des électrodes de l'arc ont obligé à modifier notablement la forme des lampes. Les charbons minéralisés dégagent en abondance des vapeurs acides qui détruisent le mécanisme, et il fallut prendre des précautions pour mettre les organes de réglage à l'abri ; de là, un grand nombre de dispositions d'ordre mécanique, qui constituent les principales différences des lampes qui existent sur le marché.

Les fumées acides sont en même temps très nocives ; cela oblige à éliminer les lampes à flamme de l'intérieur des maisons, bien que des essais nombreux aient été faits pour obtenir l'arc complètement enfermé dans un globe. Ces essais n'ont pas donné les résultats attendus ; les vapeurs en se condensant dans l'intérieur du globe, absorbent une partie importante de la lumière émise et font baisser le rendement lumineux dans de telles proportions que le principal avantage des lampes à arc, l'économie, disparaît, tandis qu'il ne reste plus que les inconvénients.

Il est difficile d'évaluer le rendement lumineux des lampes à arc ; celui-ci varie beaucoup avec les circonstances, mais on peut dire, comme première approximation, que les lampes à arc donnent une intensité lumineuse moyenne (intensité sphérique moyenne) de 1,5 à 5 bougies par watt dépensé, les nombres les plus favorables étant donnés par les arcs à flamme.

Les lampes à arc permettent de réaliser facilement des foyers de 500 à 3.000 ou 4.000 bougies, ce qui est important pour l'éclairage des grands espaces ; au contraire les foyers plus faibles, une centaine de bougies, ne peuvent être réalisés avec l'arc qu'au prix d'une dépense d'environ 1 watt par bougie, ce qui représente à peu près le rendement des lampes à incandescence à filaments métalliques dont nous parlons plus loin.

Une autre phase de l'évolution de la lampe à arc a consisté dans le retour à une forme essayée, puis abandonnée il y a déjà longtemps: l'arc renversé.

Dans les lampes à arc renversé, les deux charbons descendent parallèlement ou font entre eux un petit angle ; au sortir de la boîte qui renferme le mécanisme, l'arc s'allume, entre les deux pointes, et les charbons descendent au fur et à mesure que se produit l'usure. Les avantages de cette disposition consistent dans la grande simplicité du mécanisme de réglage et dans un emplacement plus favorable du foyer lumineux, grâce auquel on obtient un meilleur éclairage au-dessous de la lampe, ce qui peut être intéressant pour certaines applications. Il faut remarquer que toutes les sources lumineuses dont nous disposons n'émettent pas leur lumière uniformément dans toutes les directions, il s'en faut de beaucoup, et, selon l'application que l'on a en vue, il convient d'adopter certains dispositifs de préférence à d'autres. On sait aujourd'hui tirer le meilleur parti de ces propriétés particulières des lampes, et on cherche naturellement à faire émettre la lumière dans la direction où elle doit être le plus utile ; lorsqu'il est nécessaire d'obtenir une répartition différente de celle que donne la lampe, on fait usage de globes en verre taillés optiquement ou obtenus par moulage et qui agissent à la manière des lentilles d'un phare, mais pour étaler la lumière et non pour la concentrer.

Lampes à incandescence. — La lampe à incandescence est, par excellence, le foyer lumineux des intérieurs, et son histoire est intimement liée à celle du développement de l'éclairage particulier. Cependant de nombreuses applications en sont faites à l'éclairage public, dans les petites villes principalement, et l'augmentation de puissance des lampes à filaments métalliques permet d'envisager son extension à des emplois de plus en plus nombreux.

Pendant une quinzaine d'années, la lampe à filament de charbon seule a été exploitée ; sous des formes et des noms différents, elle a occupé le marché, bien que ses inconvénients aient été reconnus depuis longtemps.

Le plus grand reproche que l'on fait, et à juste titre, à la lampe à filament de charbon, c'est son faible rendement lumineux, autrement dit, le nombre élevé de watts qu'il faut dépenser pour donner une intensité lumineuse égale à une bougie. Quand ces lampes sont en régime normal, c'est-à-dire soumises à une tension assez faible pour leur assurer une durée de quelques centaines d'heures, elles consomment de 3 à 4 watts par bougie, soit de 10 à 20 fois plus que les lampes à arc. De plus, au bout d'un certain temps de service, ces lampes noircissent par suite du dépôt, sur l'ampoule, du charbon du filament, de sorte que la lumière fournie est notablement diminuée par l'absorption, et on est obligé de changer la lampe bien avant le moment où elle se trouverait hors d'usage par rupture ou usure. La durée moyenne des lampes à charbon est ainsi réduite, en pratique, à 200 ou 300 heures ; au delà on a intérêt à les remplacer, car la dépense d'énergie reste à peu près la même, bien que leur intensité ait diminué ; on arrive à payer le même prix pour un éclairage notablement inférieur. Etant donné le bas prix actuel de ces lampes, ce remplacement constitue une véritable économie.

En présence des progrès importants accomplis par l'éclairage au gaz, l'éclairage électrique par incandescence était menacée de disparaître dans toutes les applications où le côté économique doit être envisagé d'abord ; aussi l'apparition de la lampe Nernst fit-elle une vive sensation, qui n'a plus aujourd'hui qu'un intérêt historique, car cette lampe a totalement disparu de l'éclairage ordinaire.

Rappelons, pour n'y plus revenir, que la lampe Nernst reposait sur la propriété que possèdent les oxydes des terres rares de devenir conducteurs à une certaine température. Dans la lampe Nernst, un petit filament ou crayon, formé d'un mélange de zircone ou de thorine avec des oxydes d'yttrium, d'erbium, etc., était chauffé préalablement, soit par une flamme extérieure, soit par un fil de platine ; devenu conducteur, ce filament se trouvait porté par le courant à une vive incandescence. Malgré l'ingéniosité des dispositifs d'allumage et de réglage, la lampe Nernst n'a eu qu'une existence éphémère.

Les lampes à incandescence à filaments métalliques sont relativement récentes, si l'on fait abstraction de celles de la première heure, comme la lampe *de Changy*, qui semble être antérieure à celle d'Edison. L'application rationnelle des métaux à point de fusion élevé date des premiers essais d'Auer (1898) qui faisait usage d'un filament d'osmium. Bien que l'osmium soit aujourd'hui abandonné pour cet usage, beaucoup de lampes en ont conservé le souvenir, dans leur nom : Osram, Osmine, etc.

Peu après apparut la lampe à filament de tantale (Bolton, 1903), qui fut en réalité la première lampe à filament métallique pratique et qui, grâce à sa robustesse, résiste encore aujourd'hui devant les filaments de tungstène, qui permettent cependant une grande économie d'énergie.

En 1904, fut utilisé le premier procédé industriel de fabrication de filaments de tungstène (Just et Hanaman). Depuis cette époque, des progrès considérables ont été réalisés ; cependant les lampes à filaments métalliques actuelles sont toujours au tungstène, sauf les lampes au tantale qui sont désignées ordinairement sous ce nom.

La lampe au tantale consomme environ 2 watts par bougie, et la lampe au tungstène 1,3 à 1,4 watt par bougie ; comme les prix de ces lampes sont à peu près les mêmes, 2 francs à 2 fr. 50 pièce, pour les lampes de 16 bougies, on voit qu'il ne devrait pas y avoir d'hésitation sur le choix, s'il n'intervenait pas ici la question de fragilité. Les lampes au tungstène sont plus fragiles et résistent moins bien aux chocs et trépidations que celles au tantale, de sorte que, dans quelques cas, le prix du remplacement des lampes brisées compense, et au delà, l'économie faite sur le prix de l'énergie. Ceci n'est d'ailleurs pas une règle absolue, et il faut toujours tenir compte du prix de l'énergie elle-même. D'ailleurs les progrès si régulièrement continus des lampes au tungstène permettent d'espérer que cet inconvénient disparaîtra bientôt.

Une des principales raisons pour lesquelles le rendement des lampes métalliques est plus élevé que celui des lampes à charbon réside dans la température plus élevée du filament métallique, et ceci peut sembler paradoxal, car tout le monde sait que la fusion du charbon se produit à une température bien supérieure à celle des plus réfractaires des métaux. La cause de cette anomalie se trouve dans un phénomène qu'on ne connaissait pas au début : l'électro-vaporisation. Quand un corps incandescent est

placé dans le vide et relié à une source d'électricité de tension convenable,
il se produit, même à température relativement basse, une vaporisation de
ce corps, dont les vapeurs vont se condenser sur les parois froides de l'ampoule. C'est la cause du noircissement qu'on observe sur les ampoules des
lampes à charbon.

Tous les corps ne se vaporisent pas avec la même facilité, et le charbon
se trouve être un de ceux qui présentent cette propriété au plus haut degré;
par suite, il est impossible de porter le filament de charbon à une température aussi élevée que le fil métallique ; car il importe d'éviter le noircissement instantané de l'ampoule.

La température n'est pas le seul élément de l'augmentation du rendement lumineux ; les filaments métalliques commencent à émettre, à plus
basse température que le charbon, les radiations lumineuses ; malgré cela,
la température élevée du filament métallique reste encore la principale
cause du rendement.

Parmi les nombreuses déterminations de températures qu'on a faites sur
les filaments de lampes, on pourrait être embarrassé de choisir. D'après
M. Blondel, on aurait, en moyenne :

Charbon..............................	1.650 à 1.700° C.
Tantale..............................	1.850 à 2.000 —
Tungstène	2.000 à 2.200 —

Sur la forme des lampes à filaments métalliques il n'y a pas lieu d'insister ; tout le monde connaît leur aspect et il est facile de les distinguer
des lampes à charbon : tandis que le filament de charbon relativement
gros et court, forme une simple boucle, le filament métallique, beaucoup
plus fin et long, se présente, en général, en zigzag, affectant à peu près la
forme des cordes de tension d'un tambour, et son extrême finesse oblige
à le soutenir à tous les sommets ; de là le support assez compliqué qui
nécessite un montage dispendieux.

Les filaments de charbon ont des diamètres compris entre 0^{mm},07 et 0^{mm},25 ;
celui du tungstène, beaucoup plus conducteur, est d'environ 0^{mm},02
à 0^{mm},05. Cette différence de diamètre pourrait suffire à expliquer la fragilité plus grande des filaments métalliques, mais la raison véritable tient au
manque d'homogénéité du filament de tungstène et s'explique par le mode
de fabrication actuel. Pour des lampes équivalentes, la longueur du filament de tungstène est 4 ou 5 fois plus grande que celle du filament de
charbon, et, comme le fil de tungstène n'est pas malléable, on est obligé
de réunir les brins par soudure, au lieu de simplement plier le fil ; c'est
cette manipulation délicate qui contribue à maintenir les prix élevés de
ces lampes.

Le tungstène est un métal très cristallin ; la plupart des essais faits jusqu'ici pour obtenir les fils fins par étirage direct ont échoué par suite du
manque de ductilité du métal, de sorte qu'on doit employer des moyens
indirects, que nous allons énoncer sommairement.

Dans un des procédés Auer, on prend du tungstène métallique en poudre,
que l'on mélange avec un agglomérant pour former une pâte qui est filée
sous forte pression ; le filament obtenu est ensuite traité dans une atmos-

phère réductrice d'hydrogène et de vapeur d'eau pour faire disparaître l'agglomérant. Dans cette opération, le diamètre du filament se réduit, et le résidu pulvérulent porté à l'incandescence par le courant s'agglomère par fusion. Il résulte de cette opération un filament assez peu homogène et dont la ténacité est loin d'être celle du métal.

Un autre procédé consiste à déposer du tungstène sur un filament de charbon, par la décomposition de l'oxychlorure de tungstène ; il se forme à chaud une combinaison de carbone et de tungstène, que l'on réduit ensuite dans une atmosphère convenable.

Dans le procédé colloïdal, on obtient du tungstène très divisé, en faisant éclater un arc entre des électrodes de tungstène plongées dans un liquide, ou en réduisant l'oxyde tungstique par le cyanure de potassium. Comme précédemment, le produit, amené à consistance convenable avec un agglomérant, est filé à la presse ; réduit au rouge, il laisse un filament de tungstène cristallisé.

Enfin l'un des derniers procédés entré dans la pratique consiste, paraît-il, à faire un alliage de tungstène et de zinc, qui peut être étiré en fil aussi fin qu'il est nécessaire ; il suffit ensuite de chasser le zinc.

On conçoit que ces procédés de fabrication exigent des soins particuliers, et on comprend facilement la fragilité des filaments fabriqués dans les premiers temps, fragilité qui a laissé à ces lampes une réputation de délicatesse qui n'est plus justifiée aujourd'hui.

L'abaissement de consommation des lampes au tungstène a permis d'établir des lampes ayant des puissances lumineuses que l'on n'aurait réalisées que très difficilement autrefois avec le charbon. Par exemple, une lampe de 100 bougies en tungstène consomme de 120 à 130 watts (et même moins, la consommation spécifique pouvant être diminuée de beaucoup à cause de la grosseur du filament), c'est-à-dire autant qu'une lampe à charbon de 32 bougies ; il n'y a pas plus de difficulté à fabriquer la lampe de 100 bougies actuelle que celle de 32 ancienne, et on réalise couramment, pour les éclairages publics ou ceux des magasins, des lampes de 200 et 300 bougies ; la lampe à incandescence vient ici concurrencer directement la lampe à arc de faible puissance, dont elle possède les avantages sans en avoir les inconvénients ; son entretien est nul, sa couleur agréable et elle n'émet pas de vapeurs nuisibles

A l'opposé, pour les lampes de 5 bougies par exemple, il faut reconnaître que le filament métallique doit encore faire des progrès pour se prêter à leur réalisation. Il est difficile de faire des filaments absorbant moins de 0,15 à 0,20 ampère, ce qui, pour des lampes de 110 volts, correspond au plus bas à la lampe de 10 bougies.

Sur courant alternatif, on peut pallier à ce défaut en munissant chaque lampe d'un petit transformateur qui abaisse la tension du réseau et permet, à puissance égale, d'employer des filaments plus gros (économiseur Weissmann). Cette solution, fort pratique pour les lampes de faible consommation, perdra probablement son intérêt quand les progrès de la fabrication auront permis la construction de lampes à filament beaucoup plus fins que ceux qui existent aujourd'hui.

Lampes à luminescence. — On sait que les gaz placés dans un champ électrique de grandeur suffisante émettent de la lumière à des températures très basses, et on peut dire à juste titre, de la lumière froide, en parlant de cello qu'émettent les tubes de Geissler.

Si la température est basse, la perte d'énergie par rayonnement et convection calorifiques est évitée, et il semble qu'on doive obtenir de cette manière un rendement lumineux élevé. L'expérience n'a pas encore justifié cette théorie, et, si l'on commence aujourd'hui à faire de l'éclairage avec de la lumière froide, il faut reconnaitre que le rendement se trouve encore inférieur à celui des sources de lumière à haute température, comme les lampes à arc, où l'ébullition du charbon se produit vers 3.000°, à la pression ordinaire.

Sans parler des tentatives qui ont été faites dans les mines au moyen des tubes de Geissler, les premières applications pratiques de la luminescence semblent remonter aux expériences réalisées en 1894, par l'Américain Mac Farlane Moore, qui reprenait le même procédé élémentaire en alimentant un tube de Geissler avec le courant à haute tension fourni par une bobine de Ruhmkorff. Deux ans plus tard, il remplaçait les tubes Geissler par des tubes plus grands, et, en 1901, il alimentait ceux-ci avec le courant alternatif fourni par un réseau de distribution au moyen d'un transformateur qui élevait la tension. En 1905, Moore adaptait à ses tubes la soupape d'admission de gaz qui constitue, à l'heure actuelle, le point capital du système, et, après des applications assez nombreuses à l'étranger, nous avons vu, l'année dernière, installer à Paris plusieurs dispositifs de ce système.

Dans l'intervalle, et bien avant l'usage pratique des tubes Moore, une autre lampe à luminescence, la lampe à vapeur de mercure, avait fait son apparition. Cette lampe s'était répandue d'abord assez rapidement; aujourd'hui, elle semble plutôt reculer que faire des progrès.

La lampe à mercure ne peut pas passer inaperçue; partout où elle éclaire, l'œil est frappé par la couleur verdâtre de la lumière émise et par la dénaturation des couleurs des objets éclairés.

Les premières lampes à mercure employées à l'éclairage, d'un modèle très répandu encore, étaient formées d'un long tube de verre terminé à un bout par une ampoule remplie de mercure. Deux électrodes en fer pénètrent dans le tube : l'une, la cathode, plonge dans le mercure de l'ampoule ; l'autre, l'anode, est placée dans un renflement situé à l'autre extrémité du tube. Ce tube est scellé et on y fait le vide.

Pour allumer la lampe, on incline le tube de façon à faire couler le mercure jusqu'à ce qu'il vienne toucher l'anode ; un court-circuit se produit alors entre les électrodes. Si on laisse le tube revenir à sa position ordinaire, le circuit se rompt et la surtension causée par la rupture allume un arc entre le mercure et l'anode ; le mercure se volatilise en partie, et le tube se remplit de vapeur de mercure qui devient luminescente sous l'action de la différence de potentiel existant entre l'anode et la cathode.

D'autres formes plus compactes ont été réalisées depuis, permettant de loger les tubes dans un globe analogue à ceux des lampes à arc, de même que, pour éviter la rupture du verre du tube sous l'action de la chaleur, on a été conduit à le remplacer par des récipients en quartz ou en silice fondue, mais ces perfectionnements, importants en pratique, ne changent rien au principe précédent.

La lampe à mercure était séduisante, et comme, au moment où elle a paru, les lampes à incandescence au tungstène n'étaient pas encore connues, elle a semblé devoir donner une solution assez économique, pour l'éclairage des ateliers principalement, car la couleur de sa lumière ne peut que la faire éliminer des usages domestiques, et même pour l'éclairage des magasins.

La lumière émise par la lampe à vapeur de mercure est composée des radiations que l'on trouve dans le spectre du mercure : des raies nombreuses dans la région verte et violette, pour la partie visible du spectre, dans l'ultra-violet pour la partie invisible. L'absence de rayons jaunes et rouges rend cette lumière très désagréable pour le visage humain, et tout le monde connaît l'aspect cadavérique des personnes éclairées de cette façon. La présence des rayons ultra-violets n'est pas très gênante avec les tubes en verre qui en arrêtent la plus grande partie ; cependant, il n'est pas bon de rester longtemps à proximité de ces lampes, et on connaît un certain nombre de cas de maladies graves dues à des éclairages intensifs avec la lumière du mercure, même à travers des enveloppes de verre. Les lampes à tube de quartz ou de silice doivent être enveloppées de verre si on veut éviter les mêmes accidents ; elles donnent, malgré cela, naissance à une grande quantité d'ozone, ce qui en limite l'emploi dans les intérieurs.

Quand on touche un tube à mercure, on constate qu'il n'est pas froid, bien que la lumière soit principalement due à la luminescence de la vapeur ; cela tient au grand dégagement de chaleur qui se produit aux électrodes et qui est d'ailleurs nécessaire pour renouveler constamment la vapeur qui se condense sur les parois du tube.

Les lampes à mercure consomment en moyenne 0,5 watt par bougie ; mais, comme la lumière n'est pas celle à laquelle nous sommes habitués, le rendement utile ne correspond pas exactement à cette valeur.

Les *tubes Moore* sont des tubes en verre de 45 millimètres de diamètre environ et d'une longueur variable selon les besoins : généralement, leur longueur est comprise entre 30 et 60 mètres. Ces tubes sont, le plus souvent, suspendus entre 40 et 50 centimètres du plafond et font le tour de la pièce à éclairer ; les deux extrémités sont ramenées dans le voisinage l'une de l'autre et terminées par des renflements dans lesquels sont placées les électrodes qui amènent le courant d'un transformateur approprié.

Les tubes sont remplis d'un gaz raréfié à une pression voisine de 1/10 de millimètre de mercure. Lorsque le gaz est l'azote, on obtient une lumière orangée qui tranche vivement avec celle des lampes à incandescence et encore plus avec celle des lampes à arc fournissant la lumière blanche, mais ceci n'est pas désagréable à l'œil. Avec le gaz carbonique, la lumière est plus blanche ; mais, comme le rendement lumineux est moins bon, on réserve ce gaz pour les applications où il est absolument nécessaire d'avoir de la lumière blanche ; des applications intéressantes ont, paraît-il, été faites dans des teintureries pour l'assortiment des couleurs.

Les tubes sont apportés à pied d'œuvre par tronçons de 2 à 3 mètres et soudés sur place ; on fait ensuite le vide dans le tube au moyen d'une pompe commandée électriquement ; cette dernière opération est très rapide. Le tube étant prêt à fonctionner, il suffit de fermer le circuit primaire du transformateur pour voir l'illumination se produire.

Quand le tube est en action, on constate que le gaz se raréfie constamment, il semble absorbé par les électrodes ; si le tube était invariablement fermé, il y aurait un déréglage continu.

Les essais effectués par Moore ont montré que le meilleur rendement était obtenu avec un vide voisin du 1/10 de millimètre de mercure, et que l'intensité du courant traversant le tube, sous tension constante, augmente avec la raréfaction, passe par un maximum lorsque la pression est voisine de $0^{mm},08$ de mercure et descend ensuite. Donc, dans les conditions de fonctionnement favorable, le courant tend à augmenter quand le gaz se raréfie : cette propriété a été utilisée par l'inventeur pour régler le vide au moyen d'une soupape à commande électromagnétique, qui laisse passer de très petites quantités de gaz chaque fois que l'intensité augmente au delà d'une certaine valeur.

La fermeture des tubes est assurée par un petit bouchon en charbon entouré de mercure. Un faisceau de fils de fer est fixé dans un tube de verre dont l'extrémité inférieure plonge elle-même dans le mercure. Quand l'intensité normale est atteinte, un solénoïde. tient le faisceau suspendu de telle sorte que le tube de verre ne sort pas assez du mercure pour découvrir le bout de charbon. Dès que l'intensité augmente, par suite de raréfaction du gaz. l'attraction augmente également, et, le tube de verre sortant un peu plus du mercure, celui-ci descend et découvre la pointe du charbon dont la porosité est suffisante pour laisser passer une petite quantité de gaz et ramener la pression à sa valeur normale; l'intensité du courant redescend alors, et la soupape se ferme jusqu'à une nouvelle opération. La soupape est complétée par un dispositif producteur de gaz qui, pour l'acide carbonique, repose sur l'action de l'acide chlorhydrique sur le carbonate de calcium et, pour l'azote, consiste à faire passer l'air atmosphérique sur des bâtons de phosphore.

Le solénoïde est alimenté par le courant primaire du transformateur, c'est-à-dire par la basse tension.

Les tubes Moore exigent l'emploi de courants à tension élevée ; il faut compter 300 à 350 volts de chute de tension par mètre de longueur de tube, avec un courant secondaire de 0,25 à 0,30 ampère. Malgré l'emploi de cette tension élevée, on peut toucher le tube sans ressentir aucune secousse, le verre formant un isolant suffisant ; mais il faut éviter d'entrer en contact avec les extrémités du tube où il existe une tension de 9 à 12.000 volts. Il est facile de protéger les deux extrémités du tube, ainsi que le transformateur et la soupape, en les enfermant dans une cage métallique peu encombrante qui met à l'abri de tout contact accidentel.

La lumière des tubes Moore est réellement froide ; on n'observe pas de différence de température nettement appréciable entre le tube et les corps environnants et on peut se demander où passe l'énergie, puisque le rendement n'est pas meilleur que celui des sources à haute température. Il est facile de se rendre compte que la grande surface du tube permet le rayonnement et la convection même avec de faibles différences de température ; la seule chose que l'on puisse dire, c'est que le gaz raréfié et luminescent se trouve à une température relativement basse, sans que cela implique l'idée que le phénomène n'est pas accompagné d'effets calorifiques.

Sans chercher à prévoir l'avenir de ce mode d'éclairage, nous devons nous borner à constater aujourd'hui le grand intérêt qu'il excite par sa nouveauté même et à dire les avantages et les inconvénients qu'on peut lui reconnaître dès à présent.

Bien que les mesures photométriques soient assez difficiles, puisque nous avons affaire ici à un foyer de très large surface, il résulte, des mesures effectuées à Berlin par le professeur Wedding, qu'à éclairement égal d'une salle, la lampe Moore à azote est équivalente, comme rendement, aux lampes tantale ; elle dépenserait environ 1,75 watt par bougie.

La lampe à acide carbonique, qui donne une lumière beaucoup plus blanche, consomme notablement plus ; la dépense semble atteindre environ 3 watts par bougie, soit à peu près l'équivalent des lampes à incandescence à filament de charbon.

Tout récemment, M. Claude a essayé d'utiliser le néon dans les tubes Moore, et il est arrivé déjà à un rendement élevé, environ 0,6 watt par bougie. Avec le néon, la chute de tension est moindre qu'avec l'azote, environ 100 volts par mètre pour des tubes semblables ; la chute de tension aux électrodes est aussi beaucoup moindre : environ 175 volts par électrode tandis que la chute est double pour l'azote.

Le tube au néon donne une lumière franchement orangée, mais qui apparaît rouge vif quand on la voit de loin.

Une grosse difficulté d'emploi des tubes de Moore réside dans la nécessité où l'on se trouve de les installer sur de grandes longueurs, ce qui les immobilise complètement et rend la pose et la réparation délicates. Les grandes longueurs sont nécessaires pour rendre négligeable la chute de potentiel aux électrodes devant la chute totale. En effet, prenons un tube ordinaire donnant, par exemple, 1.000 volts de chute aux électrodes et 300 volts par mètre. Si ce tube a 5 mètres, nous aurons une dépense d'énergie proportionnelle à $1.000 + (5 \times 300) = 2.500$ pour une lumière proportionnelle à 5. Si, au contraire, le tube avait 50 mètres, la dépense serait proportionnelle à 16.000 et la lumière à 50 ; ainsi, avec une dépense 6,4 fois plus grande, on pourrait produire 10 fois plus de lumière.

Le problème de l'éclairage. — Nous n'avons pu qu'effleurer ici les nombreux perfectionnements apportés dans les procédés d'éclairage électrique. Devant les coefficients assez vagues définissant la dépense spécifique des divers systèmes (watts par bougie), on peut se demander jusqu'à quel point des progrès ont été réalisés.

Il n'y a aucun doute quant aux progrès accomplis et il suffit de se promener dans les rues de n'importe quelle grande ville, du moins dans celles où l'économie n'est pas trop parcimonieuse, pour voir combien les éclairements sont meilleurs que ceux d'il y a seulement vingt ou vingt-cinq ans. Il est certain que si nous payons plus cher notre éclairage, cela tient à ce que nous sommes plus exigeants, bien que nous ayons, pour le même prix, beaucoup plus de lumière et de bien meilleure qualité.

C'est sur ce dernier point qu'il convient d'insister pour faire comprendre combien il est difficile de préciser la dépense spécifique des moyens d'éclairage : ceux-ci diffèrent trop comme qualité, et il ne suffit pas d'avoir un certain nombre de bougies pour obtenir un éclairage convenable, il faut encore préciser la qualité de la lumière à fournir.

Tant qu'il s'agit seulement d'éclairage utilitaire destiné à favoriser la circulation, comme dans les rues, à faciliter un travail manuel, comme dans les ateliers, il n'y a pas beaucoup à se préoccuper de la couleur plus ou moins agréable de la lumière fournie, pourvu toutefois qu'elle ne renferme aucune radiation susceptible de nuire à l'organisme humain : d'autre part, si la ventilation est suffisamment assurée pour éliminer les produits délétères engendrés par le fonctionnement des lampes, on n'a plus alors à se préoccuper que des conditions économiques et de la bonne répartition des foyers lumineux.

Il n'est pas contestable que les lampes les plus économiques sont alors les lampes à arc de grande puissance ; dans tous les grands espaces, où on peut placer les lampes assez haut pour obtenir une bonne répartition de la lumière, l'emploi de l'arc est tout indiqué.

La répartition aussi uniforme que possible de la lumière sur le sol est la grande préoccupation de l'ingénieur chargé d'un éclairage ; à égalité de puissance lumineuse installée, l'effet sera d'autant meilleur que la répartition sera plus uniforme. Quant à la quantité de lumière à employer dans les éclairages publics, les avis sont très partagés ; certains admettent que, pour des rues peu fréquentées, il faut de 0,5 à 1 lux (un lux est l'éclairement produit sur une surface normale à la direction des rayons par une source lumineuse d'intensité égale à une bougie, placée à la distance de 1 mètre), et de 3 à 6 lux pour les rues très fréquentées. En réalité, ces nombres sont très largement dépassés en pratique, et nous pourrions citer telles grandes villes où on produit des éclairements moyens de plus de 18 lux ; tout ceci est donc purement arbitraire, et il faut tenir compte de la nature des milieux éclairés ; là où il y a des magasins brillamment illuminés, le contraste avec la rue serait trop choquant si l'on se contentait de la lumière réellement nécessaire ; comme, d'autre part, nos exigences augmentent constamment, il est probable que nous verrons encore augmenter l'éclairage des rues.

S'il s'agit de magasins ou d'intérieurs, les conditions changent ; il faut, en général, des éclairements plus intenses, possédant certaines qualités spéciales tout en étant à l'abri des dangers qui résultent des radiations elles-mêmes ou des produits plus ou moins toxiques engendrés par la lampe.

Une des premières conditions imposées est que la couleur des radiations soit à la fois agréable et avantageuse pour les objets éclairés. On se souvient à ce sujet de l'échec retentissant infligé aux arcs à vapeur de mercure dès qu'on a tenté de les introduire dans l'éclairage des magasins et des intérieurs.

Pour bien comprendre la complexité de la question, il est nécessaire de rappeler quelques notions élémentaires sur les couleurs. Tous les objets colorés possèdent la propriété d'absorber certaines radiations et de diffuser les autres. La couleur de l'objet résulte uniquement de l'ensemble des radiations que celui-ci renvoie ; elle dépend donc à la fois de l'objet lui-même et de la qualité de la lumière qui l'éclaire. Par exemple, une feuille d'arbre qui paraît verte à la lumière solaire, paraît noire si elle est éclairée uniquement par des rayons rouges, comme c'est le cas avec les tubes au néon, et plus ou moins foncée selon la proportion de rayons verts renfermés dans la lumière employée.

D'autre part, la lumière que nous appelons lumière blanche peut être obtenue par différentes combinaisons de radiations. La lumière blanche véritable est celle que fournit le soleil. Si nous la décomposons au moyen du prisme, nous constatons qu'elle renferme toutes les radiations, visibles pour l'œil et comprises entre le rouge et le violet. Mais nous pouvons également obtenir l'impression de la lumière blanche en mélangeant en proportions convenables des radiations dites complémentaires, rouge et vert par exemple ; la lumière ainsi obtenue n'a pas, même pour notre œil, les propriétés de la lumière du soleil ; si nous l'envoyons sur un corps rouge ou vert, nous obtiendrons bien sensiblement le même effet qu'avec le soleil ; mais, si l'objet éclairé est bleu ou jaune, notre pseudo-lumière blanche le fera paraître noir.

Ces considérations sont à rappeler en présence des qualités très différentes des sources de lumière qui sont employées aujourd'hui.

Seuls les corps incandescents donnent un spectre se rapprochant de celui du soleil, et cela d'autant plus que leur température est plus élevée. Il semble donc que la lumière la plus exacte, si on peut employer ce terme, doit être celle des lampes à arc à charbon pur, et cependant tout le monde connaît la lumière blafarde que donnent ces lampes et qui diffère assez nettement de celle du soleil ; cela tient à la prédominance des radiations bleues et violettes due, en grande partie, à l'arc lui-même, c'est-à-dire aux vapeurs incandescentes formées principalement d'hydrocarbures.

Avec les arcs à flamme, la lumière due au charbon incandescent est relativement moins importante, et celle de l'arc augmente ; mais, comme celui-ci renferme des vapeurs métalliques, le spectre est celui des métaux utilisés, et on se trouve en présence de deux spectres superposés : un continu, dû aux charbons incandescents, l'autre, à raies plus ou moins nombreuses, dû aux vapeurs. On cherche, bien entendu, à réaliser un mélange en proportions telles que l'effet résultant sur les objets colorés soit aussi satisfaisant que possible, mais on conçoit qu'il ne peut l'être d'une façon absolue. En pratique, les arcs à flamme donnent une lumière jaune orangée assez agréable pour la couleur de la peau humaine, et c'est pour cette raison que leur emploi a pu se répandre aussi facilement pour l'éclairage des rues ; au contraire, pour les magasins et intérieurs, où il faut mettre en valeur les couleurs les plus variées des objets et des toilettes, on est amené à choisir de préférence les arcs à flamme blanche.

Les lampes à incandescence à charbon donnent toujours un spectre continu, mais avec prédominance des radiations du côté du rouge, à cause de leur température relativement basse. Les lampes à filament métallique donnent une lumière plus blanche, parce qu'elles sont portées à une température plus élevée, et aussi parce que les métaux ont une émission différente de celle du charbon et des corps noirs.

Dès que l'on arrive aux lampes à luminescence, l'émission est nettement sélective, et chaque lampe émet seulement les quelques radiations qui correspondent à son spectre, de sorte qu'on peut avoir des lumières dont l'aspect est plus ou moins blanc, mais qui produisent des effets de coloration très différents selon la nature des objets éclairés. C'est ce qui arrive très nettement pour les tubes à vapeur de mercure : quand la lumière tombe sur un objet blanc, la prédominance des radiations vertes s'atténue beaucoup, tandis que tout le monde connaît l'aspect cadavérique des visages éclairés directement par ces lampes. Comme, en résumé, l'éclairage n'est jamais qu'une solution approchée d'une question pratique, on a proposé, à plusieurs reprises, de pallier au défaut des lampes à mercure en ajoutant à côté des lampes à incandescence avec écrans rouges, ou des lampes à gaz avec manchons au cérium ; de cette façon les teintes rouges reparaîtraient, et l'aspect cadavérique serait évité ; mais, là encore, il resterait beaucoup d'objets colorés que cet éclairage dénaturerait.

Les tubes Moore donnent des effets analogues, mais moins désagréables, car les spectres de l'azote et de l'acide carbonique renferment des raies dans presque toute la région visible, de sorte qu'il faudrait qu'un corps ait une couleur rigoureusement monochromatique pour ne pas rencontrer dans la lumière reçue une radiation de longueur d'onde convenable. Au point de vue exactitude, il paraît que les tubes à acide carbonique sont réellement satisfaisants, et si leur emploi n'est pas fréquent, cela est dû, comme nous l'avons déjà dit, à leur faible rendement lumineux.

Les tubes à azote, dont le spectre est riche en raies rouges et jaunes, donnent une lumière avantageuse pour la couleur de la peau. Avec le néon, nous nous trouvons à l'opposé des lampes à mercure. Le spectre contient principalement des raies rouges et orangées, et rien dans le bleu ; si la lumière n'est pas désagréable de près, il faut reconnaître qu'elle donne à distance une coloration rouge vif qui se prête mal à l'éclairage ordinaire.

Y a-t-il lieu de se préoccuper outre mesure de ces qualités si diverses et ne vaudrait-il pas mieux essayer d'en tirer parti ? C'est l'opinion de certaines écoles d'architectes, qui voudraient voir utiliser ces couleurs si variées pour obtenir des effets décoratifs spéciaux. On a pu voir au Salon de l'Automobile de Paris, en décembre 1910, le péristyle du Grand Palais éclairé en haut par des lampes à mercure habituelles, pendant qu'en bas la lueur rouge des tubes à néon de M. Claude donnait une teinte chaude à la colonnade. L'effet n'était peut-être pas des plus réussis, mais cela tenait, en grande partie, à l'inégalité des deux sources, le mercure étant trop faible devant le néon ; il semble qu'avec d'autres proportions le résultat aurait été tout autre.

H. ARMAGNAT. *

MÉTALLOÏDES

XII

PRINCIPES GÉNÉRAUX DE LA CHIMIE NOMENCLATURE ET NOTATION

62. Lois des combinaisons chimiques. — *Lois des combinaisons en poids.* — 1° Le poids d'un composé est égal à la somme des poids des composants (*Lavoisier*). — Ce savant a vérifié à l'aide des balances, cette loi qui nous paraît évidente et que nous avons admise dès le début du cours, mais qui parfois a été contestée. Avec des balances très sensibles, ou en opérant sur des masses assez importantes pour rendre les erreurs négligeables, nous pourrions renouveler quelques-unes des démonstrations expérimentales de Lavoisier, qui énonça ainsi sa constatation : *Dans la nature, rien ne se perd, rien ne se crée.*

$$142^g \text{ gaz phosphorique } P^2O^5 = 31^g \times 2 \text{ phosphore . } P + 16^g \times 5 \text{ oxygène } O ;$$
$$18^g \text{ eau} \dots H^2O = 1^g \times 2 \text{ hydrogène. } H + 16^g \times 1 \text{ oxygène } O ;$$
$$64^g \text{ gaz sulfureux} \dots SO^2 = 32^g \times 1 \text{ soufre} \dots S + 16^g \times 2 \text{ oxygène } O ;$$
$$40^g \text{ magnésie} \dots MgO = 24^g \times 1 \text{ magnésium } Mg + 16^g \times 1 \text{ oxygène } O ;$$
$$28^g \text{ oxyde de carbone } CO = 12^g \times 1 \text{ carbone} \dots C + 16^g \times 1 \text{ oxygène } O ;$$
$$44^g \text{ gaz carbonique} \dots CO^2 = 12^g \times 1 \text{ carbone} \dots C + 16^g \times 2 \text{ oxygène } O ;$$
$$44^g \text{ gaz carbonique} \dots CO^2 = 28^g \times 1 \text{ oxyde de c.. } CO + 16^g \times 1 \text{ oxygène } O ;$$
$$100^g \text{ calcaire} \dots CO^3Ca = 44^g \times 1 \dots CO^3 + 56^g \text{ chaux } CaO.$$

2° Les poids de deux ou plusieurs corps simples qui s'unissent pour former un même composé sont toujours entre eux dans le même rapport (*Proust*). — Les poids de l'oxygène O et de l'hydrogène H, qui se combinent pour former de l'eau H^2O sont dans le rapport de 8 à 1; $8^g \times 2$ de O à $1^g \times 2$ de H; $8^g \times 3$ de O à $1^g \times 3$ de H; $8^g : 10$ de O à $1^g : 10$ de H. Si l'on mélange 80^g de O à 20^g de H, et si l'on provoque la combinaison, les 80^g de O se combineront à $80 : 8 = 10^g$ de H et les

10 autres grammes de H resteront à côté de l'eau formée. De même, si l'on mélange 100ᵍ de O à 10ᵍ de H et si l'on provoque la combinaison, il y aura union de 80ᵍ de O avec les 80 : 8 = 10ᵍ de H et les 20 autres grammes de O resteront sans entrer en combinaison.

3° Lorsque deux corps A et B peuvent former plusieurs composés distincts, les poids du premier A qui s'unissent à un même poids du second B varient dans des rapports simples (*Dalton*).

$$
\begin{array}{lllll}
a\ \left\{ \begin{array}{l} 16^g\ \text{oxygène..}\ O\ +\ 2^g\ \text{hydrogène H} = \text{eau}\ldots\ldots\ldots\ H^2O\,; \\ 32^g\ \phantom{\text{oxygène..}}\ O\ +\ 2^g\ \phantom{\text{hydrogène}}\ H = \text{eau oygénée}\ldots\ H^2O^2\,; \end{array} \right. \\
b\ \left\{ \begin{array}{l} 16^g\ \phantom{\text{oxygène..}}\ O\ +\ 12^g\ \text{carbone}\ldots\ C = \text{oxyde de carbone}\ CO \\ 32^g\ \phantom{\text{oxygène..}}\ O\ +\ 12^g\ \phantom{\text{carbone}}\ C = \text{gaz carbonique..}\ CO^2\,; \end{array} \right. \\
c\ \left\{ \begin{array}{l} 1^g\ \text{hydrogène H}\ +\ 12^g\ \ C = \text{acétylène}\ldots\ldots\ C^2H^2\,; \\ 2^g\ \phantom{\text{hydrogène}}\ H\ +\ 12^g\ \ C = \text{éthylène}\ldots\ldots\ C^2H^4\,; \\ 4^g\ \phantom{\text{hydrogène}}\ H\ +\ 12^g\ \ C = \text{méthane}\ldots\ldots\ CH^4. \end{array} \right.
\end{array}
$$

Les poids sont entre eux en *a* comme 1 et 2; en *b*, comme 1 et 2; en *c*, comme 1, 2 et 4.

Lois des combinaisons gazeuses. — 4° Quand deux gaz A et B se combinent pour former un composé gazeux : *a*) les volumes des gaz qui se combinent sont entre eux dans un rapport simple; *b*) le volume gazeux du composé est dans un rapport simple avec le volume des gaz composants; il est égal au double du volume de celui des composants le moins volumineux A (*Gay-Lussac*). — Les volumes de ces gaz doivent être mesurés dans les mêmes conditions de température et de pression, et dans ces mêmes conditions le composé doit être gazeux. Il y a donc contraction si les volumes des composants sont inégaux. Si le composant dont le volume est le plus petit A était un gaz composé, le volume résultant de la combinaison serait égal à celui de ce composant A et il y aurait encore contraction.

$$
\begin{array}{llll}
1^l\ \text{chlore..}\ Cl\ +\ 1^l\ \text{hydrogène}\ldots\ H\ =\ 2^l\ \text{acide chlorhydrique}\ HCl\,; \\
1^l\ \text{fluor}\ldots\ F\ +\ 1^l\ \phantom{\text{hydrogène}}\ H\ =\ 2^l\ \text{acide fluorhydrique.}\ HF\,; \\
1^l\ \text{oxygène}\ O\ +\ 2^l\ \phantom{\text{hydrogène}}\ H\ =\ 2^l\ \text{vapeur d'eau}\ldots\ H^2O\,; \\
1^l\ \text{azote}\ldots\ Az\ +\ 3^l\ \phantom{\text{hydro}}\ H\ =\ 2^l\ \text{ammoniaque}\ldots\ AzH^3 \\
1^l\ \text{oxygène}\ O\ +\ 2^l\ \text{oxyde carbone}\ CO\ =\ 2^l\ \text{gaz carbonique}\ldots\ CO^2.
\end{array}
$$

Si l'on combine l'oxygène et l'hydrogène, il faudra, pour mesurer ces deux gaz, se placer dans des conditions de température et de pression telles que l'eau formée soit entièrement à l'état de vapeur, afin que les deux parties de la loi, *a* et *b*, soient applicables.

68. Nomenclature et notation chimiques. — C'est l'ensemble des règles auxquelles on se conforme pour nommer et représenter par des lettres et des chiffres conventionnels les corps simples ou composés. Nous avons déjà dit ce que sont le *symbole* et la *formule*. Nous verrons en mentionnant les formules correspondant au nom scientifique et rationnel, que beaucoup de corps conservent dans la pratique le nom qu'ils avaient avant l'établissement de cette nomenclature.

1° *Corps simples.* — Leur nom est souvent quelconque ; nom consacré par l'usage : soufre, fer, cuivre ; parfois il indique une propriété du corps : **hydrogène** signifie qui engendre de l'eau. Les noms nouveaux se terminent en um (*prononcer omme*) et rappellent souvent une propriété du corps : **radium** (qui émet des rayons), baryum (du mot grec *barus*, lourd) ou son composé principal dont on l'a tiré.

Potassium	K	tiré de potasse	K^2O ;
Sodium	Na	soude	Na^2O ;
Magnésium	Mg	magnésie	MgO ;
Calcium	Ca	chaux	CaO ;
Aluminium	Al	alumine	Al^2O^3 ;
Silicium	Si	silice	SiO_2 ;
[Ammonium] (¹)	AzH^4	ammoniaque	AzH^3.

2° *Composés binaires oxygénés.* — **Anhydrides.** — Ils résultent de la combinaison d'un corps simple (métalloïde) avec l'oxygène ; ils peuvent former avec l'eau un *acide* rougissant la teinture bleue de tournesol et renfermant de l'hydrogène remplaçable par un métal pour former un sel. On énonce

(¹) C'est un composé, mais il se comporte comme un corps simple, son nom est conforme à la règle énoncée.

le mot anhydride, suivi du radical du corps simple terminé
par :

ique si le corps simple ne donne qu'un anhydride ; ex. : anhydride carbonique CO_2 ; anhydride silicique SiO_2.

eux pour le moins
oxygéné. } si le corps simple donne deux anhydrides ; ex. : anhy-
ique pour le plus { dride azoteux Az_2O_3 ; anhydride azotique Az_2O_5.
oxygéné.

Si le corps simple donne plus de deux anhydrides, on fait
en outre précéder le radical du corps simple des préfixes
hypo (moins oxygéné) ou *per* (plus oxygéné).

Oxydes. — Leur fonction est anhydride, basique, indifférente
ou neutre. Si le même corps forme plusieurs oxydes, on les
désigne de deux façons : soit par la terminaison *eux* ou *ique*
comme les anhydrides ; soit en ajoutant au mot oxyde suivi du
nom du corps simple les préfixes *proto* pour l'oxyde normal ;
sous, sesqui, bi, tri, tétra, pour ceux qui sont 0, 5 ; 1, 5 ; 2 ; 3 ;
4 fois aussi oxygénés que le protoxyde ; *per*, pour le plus
oxygéné ; ex. :

Oxyde de carbone..........	CO	; oxyde de zinc ZnO	
— ferreux.............	FeO	= protoxyde de fer............	1
— ferrique.............	Fe_2O_3	= sesquioxyde de fer.........	1,5
— manganeux........	MnO	= protoxyde de manganèse...	1
— manganique	Mn_2O_3	= sesquioxyde de manganèse.	1,5
Anhydride manganeux....	MnO_2	= bioxyde de manganèse.....	2
— manganique....	MnO_3	= peroxyde de manganèse....	3
Oxyde cuivreux..........	Cu_2O	= sous-oxyde de cuivre......	0,5
— cuivrique..........	CuO	= protoxyde de cuivre........	1
— mercureux	Hg_2O	= sous-oxyde de mercure.....	0,5
— mercurique	HgO	= protoxyde de mercure......	1
— plombeux..........	Pb_2O	= sous-oxyde de plomb......	0,5
— plombique.........	PbO	= protoxyde de plomb.......	1
Anhydride plombique.....	PbO_2	= bioxyde de plomb.........	2
Oxyde stanneux..........	SnO	= protoxyde d'étain..........	1
— stannique.........	SnO_2	= bioxyde d'étain............	2

Composés binaires non oxygénés. — Ils résultent de la
combinaison de deux corps simples, dont le premier jouant le
rôle de comburant ou de métalloïde, s'énonce avec le suffixe
ure et les préfixes déjà signalés s'il y a lieu.

Le second jouant le rôle de combustible ou de métal s'énonce précédé de la préposition *de* ou avec les suffixes *eux* et *ique* s'il y a lieu. Inversement, la terminaison *ure* indique que l'on a affaire à un composé contenant *deux* éléments dont l'oxygène est absent.

Hydracides. — Ces corps possèdent la fonction acide et résultent de la combinaison d'un métalloïde avec l'hydrogène ; ils peuvent suivre la règle énoncée, mais on préfère les désigner par le mot acide suivi du radical du métalloïde muni du suffixe *hydrique*.

Fluorure d'hydrogène......	HF	= acide fluorhydrique ;
Chlorure —	HCl	= acide chlorhydrique ;
Bromure —	HBr	= acide bromhydrique ;
Iodure —	HI	= acide iodhydrique ;
Sulfure —	H^2S	= acide sulfhydrique.

Sels binaires. — Ils s'obtiennent par l'action d'un hydracide sur une base avec élimination d'eau. Ils contiennent un métalloïde et un métal, et leur formule peut être considérée comme provenant du remplacement de l'hydrogène d'un hydracide par le métal considéré. Le nom du métal remplace celui de l'hydrogène dans la première série ci-dessus, conformément à la règle énoncée ; ex. :

Fluorure de calcium....	CaF	; bromure de potassium......	KBr ;
Chlorure de sodium.....	$NaCl$	; iodure de potassium.......	KI ;
Sulfure ferreux.........	FeS	= protosulfure de fer.........	FeS ;
Sulfure ferrique........	Fe^2S^3	= sesquisulfure de fer........	Fe^2S^3 ;
		bisulfure de fer............	FeS^2.

Les autres composés binaires non oxygénés suivent la règle, mais quelques-uns sont plus connus sous leur nom spécifique ; ex. :

Chlorure de phosphore......	PCl^3	; sulfure de carbone.....	CS^2 ;
Phosphure d'hydrogène.....	PH^3	; sulfure d'antimoine....	Sb^2S^3 ;
Carbure de silicium........	SiC	= carborundum ;	
Protocarbure d'hydrogène...	CH^4	= méthane ou formène ;	
Bicarbure d'hydrogène......	C^2H^4	= éthylène ;	
Tétracarbure d'hydrogène...	C^2H^2	= acétylène ;	
Azoture d'hydrogène.......	AzH^3	= ammoniaque ou gaz ammoniac.	

Composés ternaires oxygénés. — **Oxacides.** — Ils résultent de la combinaison d'un anhydride avec l'eau ; ils conservent le même nom, dans lequel on substitue le mot acide au mot anhydride ; ex. :

Anhydride sulfureux	SO^2 + eau H^2O = acide sulfureux	SO^3H^2 :
— sulfurique	SO^3 + eau H^2O = acide sulfurique	SO^4H^2 ;
— azotique	Az^2O^5 + eau H^2O = acide sulfurique	$2AzO^3H$;
— phosphorique	P^2O^5 + eau $3H^2O$ = acide phosphorique	$2PO^4H^3$.

Hydrates basiques. — Ils résultent de la combinaison d'un oxyde basique avec l'eau ; ils conservent le même nom dans lequel on substitue le mot hydrate au mot anhydride ; ex. :

Oxyde ferreux	FeO + eau H^2O = hydrate ferreux	$Fe(OH)^2$;
— ferrique	Fe^2O^3 + eau $3H^2O$ = hydrate ferrique	$Fe^2(OH)^6$;
— de calcium	CaO + eau H^2O = hydrate de calcium	$Ca(OH)^2$;
— de magnésium	MgO + eau H^2O = hydrate de magnésium	$Mg(OH)^2$;
— de baryum	BaO + eau H^2O = hydrate de baryum	$Ba(OH)^2$.

Sels ternaires. — Ils sont formés par la combinaison d'un acide et d'un oxyde basique hydraté (base). Leur formule peut être considérée comme résultant de la substitution d'un métal à l'hydrogène dans la formule de l'acide, ce dernier étant un sel ternaire d'hydrogène. L'anhydride caractérise le *genre* du sel qui s'énonce par le radical du métalloïde avec le suffixe *ite* ou *ate* selon que l'anhydride se termine par *eux* ou *ique*. Le nom du métal s'énonce ensuite comme dans l'oxyde ou l'hydrate correspondant ; ex. :

Anhydride		Oxyde		Genre de sel.	Métal
hypo-chlor-eux	Cl^2O	+ de calcium	CaO =	hypo-chlor-ite de calcium	$(ClO)^2Ca$;
sulfur-eux	SO^2	+ de sodium	Na^2O =	sulf-ite de sodium	SO^3Na^2 ;
azot-eux	Az^2O^3	+ de potassium	K^2O =	azot-ite de potassium	$2AzO^2K$;
carbon-ique	CO^2	+ de calcium	CaO =	carbon-ate de calcium	CO^3Ca ;
sulfur-ique	SO^3	+ ferreux	FeO =	sulf-ate ferreux	SO^4Fe ;
sulfur-ique	$3SO^3$	+ ferrique	Fe^2O^3 =	sulf-ate ferrique	$(SO^4)^3Fe^2$;
azot-ique	Az^2O^5	+ de cuivre	CuO =	azot-ate de cuivre	$(AzO^3)^2Cu$;
carbon-ique $2CO^2$ en excès + eau H^2O		+ de calcium	CaO =	carbon-ate acide de calcium	$(CO^3)^2CaH^2$;
carbon-ique CO^2	+	de plomb PbO = en excès + H^2O =		hydro carbon-ate de plomb	$CO^2, H^2O(PbO^2)$:
sulfur-ique	SO^3	+ d'hydrogène	H^2O =	sulf-ate d'hydrogène	SO^4H^2

64. Classification des métalloïdes. — Elle est basée sur l'analogie des propriétés et en particulier sur l'analogie des composés gazeux hydrogénés; on peut les ranger dans cinq familles. Ceci permet en même temps de les ranger par valence.

1° Métalloïdes halogènes monovalents. — Ils se combinent à l'*hydrogène* H atome par atome pour donner un *hydracide* et à la plupart des *métaux* M pour donner des *sels binaires*. Ils n'ont aucune affinité pour l'oxygène; ce sont :

Fluor F $= 19$; avec H $=$ acide fluorhydrique HF ; avec M $=$ fluorure ;
Chlore Cl $= 35,5$; avec H $=$ acide chlorhydrique HCl; avec M $=$ chlorure;
Brome Br $= 80$; avec H $=$ acide bromhydrique HBr; avec M $=$ bromure;
Iode I $= 127$; avec H $=$ acide iodhydrique HI ; avec M $=$ iodure.

2° Métalloïdes divalents ou bivalents. — Un atome de ces corps se combine à 2 atomes d'hydrogène; ils s'unissent directement aux métaux en donnant des composés analogues :

Oxygène O $= 16$; avec $H^2 =$ eau H^2O ; avec M $=$ oxyde métallique;
Soufre   S $= 32$; avec $H^2 =$ acide sulfhydrique H^2S ;
$\qquad\qquad\qquad\qquad\qquad$ avec M $=$ sulfure métallique.

3° Métalloïdes trivalents dans leurs composés hydrogénés, et **pentavalents** dans leurs composés oxygénés acides :

Azote   Az $= 14$; avec H $=$ ammoniaque AzH^3;
$\qquad\qquad\qquad\qquad$ avec O $=$ anhydride azotique Az^2O^5 ;
Phosphore P $= 31$; avec H $=$ phosphure d'hydrogène PH^3;
$\qquad\qquad\qquad\qquad$ avec O $=$ anhydride phosphorique P^2O^5.

4° Bore. — Il est trivalent, mais non pentavalent.

5° Métalloïdes tétravalents. — Ils sont solides, difficilement fusibles, très réducteurs, et forment avec l'oxygène des anhydrides :

Carbone C $= 12$; avec O $=$ anhydride carbonique CO^2;
$\qquad\qquad\qquad\qquad$ avec H $=$ CH^4 formène ;
Silicium Si $= 28$; avec O $=$ anhydride silicique SiO^2;
$\qquad\qquad\qquad\qquad$ avec H $=$ SiH^4 hydrogène silicié.

XIII. — CHLORE : $Cl = 35^{gr},5 = 11^{l},13$.

65. État naturel. — Le chlore existe dans la nature, non à l'état libre, mais combiné avec les métaux alcalins : potassium K, sodium Na, et alcalino-terreux : magnésium Mg.

Le chlorure de sodium NaCl constitue le sel marin et le sel gemme. Le chlorure de potassium KCl constitue le sel de Stassfurt. Le premier existe dans les végétaux marins, le second dans les végétaux terrestres. Il existe également des chlorures de potassium KCl et de magnésium $MgCl^2$ dans l'eau de mer. Le suc gastrique qui provoque la digestion des aliments dans l'estomac renferme de l'acide chlorhydrique HCl.

66. Préparation. — 1° *Décomposition de l'acide chlorhydrique HCl par le bioxyde de manganèse MnO^2.* — Procédé Scheele des laboratoires (*fig.* 80). — Le bioxyde de

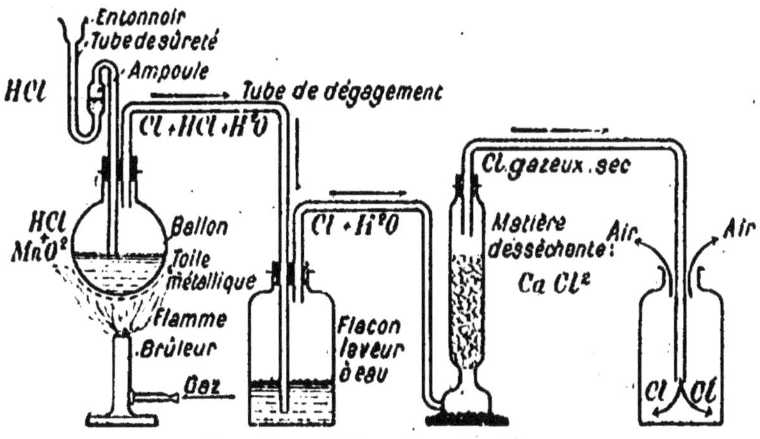

Fio. 80. — Préparation du chlore.

manganèse MnO^2 est un *oxydant* énergique, c'est-à-dire qu'il abandonne facilement une partie de son oxygène O, lorsqu'il est en présence d'un corps qui peut se combiner facilement à O ; l'hydrogène de l'acide chlorhydrique HCl est dans ce cas ; le manganèse, de son côté, se combine avec une partie de chlore mis en liberté :

$$MnO^2 \ + \ 4HCl. \ = \ MnCl^2 \ + \ 2H^2O \ + \ 2Cl.$$

bioxyde de manganèse — acide chlorhydrique — chlorure de manganèse — eau — chlore

Le mélange de MnO^2 et de HCl, placé dans un ballon, est échauffé progressivement. Le chlore qui se dégage n'est pas seul ; il renferme des vapeurs de HCl qui se *dissolvent* dans l'eau du *flacon laveur* et de la vapeur de H^2O qui est arrêtée par une *matière desséchante*, généralement le chlorure de calcium $CaCl^2$ qui est contenu dans une *éprouvette à pied*.

Le chlore Cl pur et sec étant plus lourd que l'air (sa densité = 35,5 : 14,4) se recueille par simple déplacement dans un flacon disposé l'ouverture en haut.

Procédé industriel Weldon. — Il ne diffère du précédent que par la disposition de l'appareil constitué soit par une *bonbonne* chauffée dans un bain de sable, soit par une *chambre* chauffée à l'aide d'un courant de vapeur d'eau ; l'une et l'autre en grès siliceux. En outre, le bioxyde de manganèse ayant une grande valeur, on le régénère en traitant le chlorure de manganèse MnCl obtenu par la chaux $Ca(OH)^2$, puis par l'oxygène O d'un courant d'air :

$$MnCl^2 \ + \ Ca(OH)^2 \ = \ CaCl^2 \ + \ Mn(OH)^2$$

chlorure de manganèse — hydrate de calcium — chlorure de calcium — hydrate de manganèse

$$Mn(OH)^2 \ + \ O \ = \ MnO^2 \ + \ H^2O.$$

hydrate de manganèse — oxygène — bioxyde de manganèse — eau

Le chlore obtenu est envoyé soit dans des récipients contenant de l'eau où il se dissout pour former de l'*eau de chlore*, soit dans des chambres contenant de la chaux CaO pour former du *chlorure* (¹) *de chaux* CaO^2Cl^2, soit dans des récipients

(¹) Ce nom de *chlorure de chaux*, qu'il ne faut pas confondre avec celui de *chlorure de calcium* $CaCl^2$, ne correspond à rien dans la nomenclature, ainsi que nous avons vu ; le vrai nom chimique de ce corps est hypochlorite de calcium.

contenant une dissolution de potasse KOH ou plutôt de soude NaOH pour former de l'*eau de Javelle* :

$$4Cl + 2CaO = Cl^2O^2Ca + CaCl^2.$$
$$2NaOH + 2Cl = ClONa + NaCl + H^2O.$$

2° **Décomposition de l'acide chlorhydrique HCl par l'oxygène O de l'air. — Procédé industriel Deacon de Salindres.** — L'acide chlorhydrique HCl gazeux provenant de la décomposition du chlorure de sodium NaCl ou sel marin par l'acide sulfurique SO^4H^2 :

$$2NaCl + SO^4H^2 = SO^4Na^2 + 2HCl,$$

chlorure de sodium — acide sulfurique — sulfate de sodium — acide chlorhydrique

est mélangé à l'air, et le tout est porté à une haute température dans des *réchauffeurs* en briques réfractaires analogues aux récupérateurs (*fig.* 64) et chauffés à l'aide de combustibles gazeux produits dans un gazogène. Ensuite, le mélange chauffé traverse un *épurateur à magnésie,* qui le débarrasse des vapeurs d'acides sulfureux et sulfurique ; puis un *décomposeur à cuivre* (chlorure de cuivre), qui provoque l'action de l'oxygène sur HCl :

$$2HCl + O = H^2O + 2Cl.$$

Le chlorure de cuivre joue ici simplement un rôle facilitant la réaction (on nomme un tel corps un *catalyseur*), car il se retrouve inaltéré à la fin de la réaction.

3° *Electrolyse du chlorure de sodium ou sel marin NaCl.* — **Principe.** — Si l'on fait traverser par le courant électrique un bain de NaCl en fusion (peu pratique) ou une *solution concentrée* de ce sel, il se produit une décomposition de NaCl : Le *métal* Na suit le courant et se dépose sur l'électrode de sortie ou *cathode* (en communication avec le pôle négatif du générateur); le *chlore* Cl, au contraire, remonte le courant pour se dégager sur l'électrode d'entrée ou *anode* (en communication avec le pôle positif du générateur). C'est un moyen pratique d'obtenir ces deux corps qui se répand pour la préparation industrielle de ces corps. Par malheur, dès qu'ils sont mis en liberté, ils tendent à se recombiner si aucun obstacle ne les sépare. Dans l'industrie, on emploie surtout deux procédés pour éviter cet inconvénient.

Appareil Hargreaves-Bird à diaphragmes poreux (*fig.* 81). — L'électrolyseur est constitué par une cuve renfermant deux diaphragmes *d*, *d*, entre lesquels on fait arriver par le bas la solution concentrée de NaCl. Dans cette solution, plongent les anodes + *a*, en charbon de cornue, et les cathodes — *c* sont formées par une toile métallique en cuivre, recouvrant les diaphragmes. Le chlore Cl se dégage sur l'anode, dans la capacité intérieure *dd* ; le sodium Na se rend sur la cathode d'où on l'enlève dans les chambres à cathode, par un courant de vapeur d'eau H^2O chargée ou non de gaz carbonique CO^2 qui transforme le métal en soude $NaOH$ ou en carbonate de sodium CO^3Na^2 :

$$Na^2 + CO^2 + H^2O = CO^3Na^2 + 2H.$$

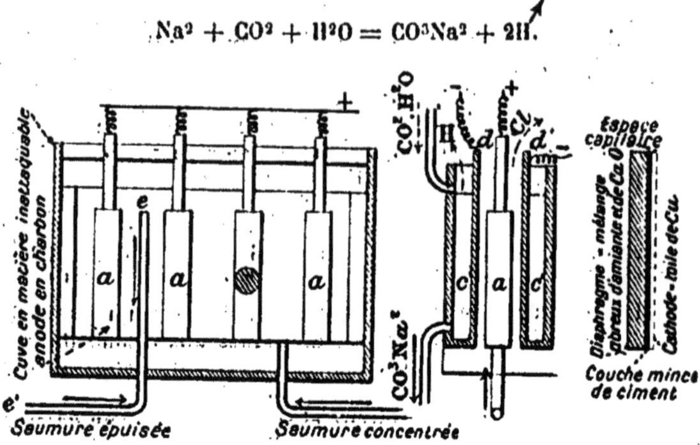

Fig. 81. — Appareil Hargreaves.

La saumure épuisée, pauvre en NaCl, monte à la partie supérieure parce que moins dense. On l'en extrait par la conduite d'évacuation ee'. Le chlore obtenu est soit liquéfié, soit transformé en chlorure de chaux CaO^2Cl^2 utilisé dans le blanchiment.

Pour obtenir le diaphragme, cathode perméa   au courant et imperméable au liquide, on tend sur un châssi-   ile de cuivre que l'on recouvre d'une feuille de papier destinée à disp   itre. Sur le papier, on étale une très mince couche de ciment que l'on recouvre d'une matière poreuse formée d'un mélange de chaux et d'amiante.

Le CO^2 nécessaire provient de la décomposition du calcaire CO^3Ca dans des fours dont la chaux sert à la fabrication du chlorure de chaux.

Electrolyseur Solvay à cathode en mercure Hg (*fig. 82*). — Le sodium Na ayant la propriété de s'allier facilement au mercure Hg, si on emploie comme cathode un bain de ce dernier métal liquide, il y aura formation d'un *amalgame* (²) surnageant au-dessus du bain de mercure, pendant que le chlore se dégagera à la partie supérieure de la cuve et sera évacué par la conduite cc'.

L'amalgame formé nuisant à la décomposition se déverse dans un bac b, d'où il se rend dans un séparateur. Le mercure régénéré fait retour à la

(¹) Qui se laisse traverser.
(²) On donne le nom d'*amalgame* aux *alliages* de mercure avec un autre métal.

cuve en *m*. La saumure concentrée arrive entre les anodes de charbon et le bain de mercure; celle qui est épuisée s'élève par différe...e de densité. Elle est extraite par une pompe centrifuge qui la renvoie da... le bac à sel marin NaCl où elle se concentre à nouveau.

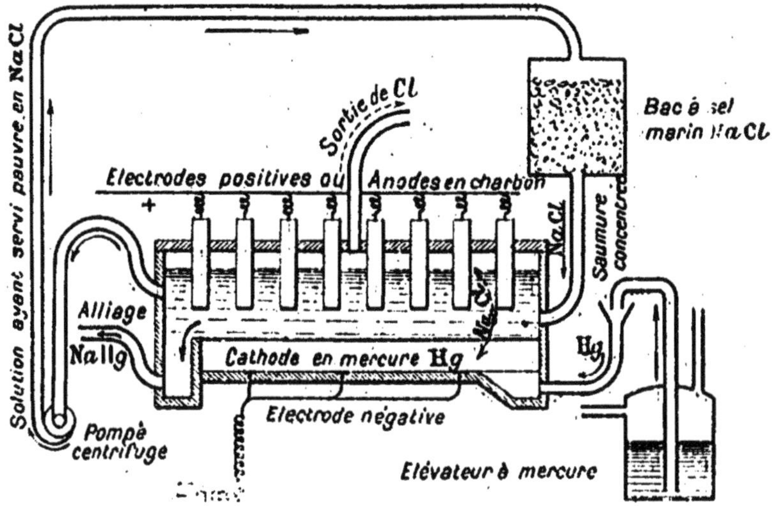

Fig. 82. — Electrolyseur Solvay.

Pour séparer les deux métaux, on traite l'amalgame pulvérisé par l'air sec ou humide qui est sans action sur le mercure Hg, mais attaque le sodium pour le transformer en soude anhydre NaO ou hydratée NaOH. Si la vapeur d'eau est employée seule, il y a dégagement d'hydrogène.

67. Propriétés essentielles. — *Affinité du chlore Cl pour l'hydrogène H: désinfection.* — Le chlore Cl se combine très facilement à l'hydrogène H pour former de l'acide chlorhydrique HCl, en enlevant au besoin l'hydrogène aux composés qui en contiennent :

$$Cl + H = HCl + 22^{cal}.$$

Combinaison directe (*fig.* 83). — Au-dessus d'un flacon à large col rempli de Cl, placer un ballon de même contenance rempli de H et abandonner le tout à la lumière diffuse. Au bout de quelques heures la couleur jaune verdâtre du chlore a disparu, il y a eu formation d'acide chlorhydrique HCl. En effet, si à ce moment on verse dans le flacon un peu de teinture bleue de tournesol, celle-ci vire au rouge.

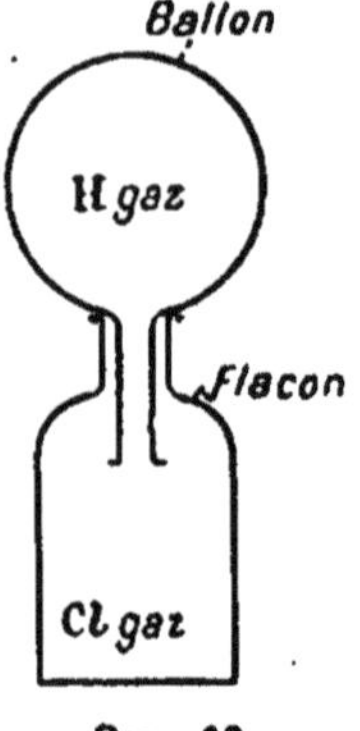

Fig. 83.

Sous l'action de la lumière solaire directe, la combinaison est instantanée et la quantité de chaleur dégagée est telle que le gaz acide chlorhydrique atteint une forte tension qui brise le vase. Pour opérer sans danger, il faut se placer dans l'obscurité, mélanger dans une éprouvette de 200^{cm3} 100^{cm3} de H et 100^{cm3} de Cl; recouvrir d'un carton, s'éloigner et éclairer par une lumière vive, soit en dirigeant au moyen d'un miroir les rayons du soleil sur le flacon, soit en enflammant du magnésium ; en face du récipient, la réaction se produit et le carton est projeté avec violence.

C'est à cause de son affinité pour l'hydrogène que le chlore provoque la toux en attaquant la muqueuse des bronches pour lui enlever son hydrogène H.

Décomposition de l'acide sulfhydrique H^2S. — Ce gaz à odeur d'œufs pourris qui se dégage des fosses d'aisances est détruit par le chlore ; il y a dépôt de soufre S :

$$H^2S \quad + \quad 2Cl \quad = \quad 2HCl \quad + \quad S.$$

acid sulfhydrique   chlore   acide chlorhydrique   soufre

Décomposition de l'ammoniaque AzH^3, gaz à odeur piquante qui se produit en abondance lors de la décomposition des matières organiques. La décomposition est suivie de la combinaison de HCl formé avec AzH^3 restant pour donner du chlorure d'ammonium. Il peut également se former du chlorure d'azote, corps extrêmement dangereux qui détone sans cause apparente :

$$AzH^3 \quad + \quad 3Cl \quad = \quad 3HCl \quad + \quad Az.$$

ammoniaque   chlore   acide chlorhydrique   azote

$$AzH^3 \quad + \quad HCl \quad = \quad AzH^4Cl.$$

ammoniaque restant   acide chlorhydrique formé   chlorure d'ammonium

Les deux dernières réactions expliquent le pouvoir désinfectant du chlore.

Le chlorure d'ammonium est un solide; mais comme il résulte de la combinaison de deux gaz, il prend naissance sous forme de vapeurs blanches ressemblant à de la poussière.

Pouvoir oxydant du chlore : blanchiment. — Le chlore est soluble dans l'eau; mais, en présence de la lumière, i se produit la réaction :

$$H^2O \text{ liq.} + 2Cl \text{ dissous} = 2HCl \text{ dissous} + O + 9^{cal},6.$$

L'oxygène mis en liberté peut se combiner aux autres corps mis en sa présence ; c'est grâce à cette réaction que l'on dit que le chlore est oxydant; il peut alors en particulier détruire les matières colorantes en les oxydant. C'est ainsi que sont *décolorés* l'indigo, la teinture de tournesol et l'encre ordinaire, et *blanchies* les fibres végétales ou la pâte à papier.

En pratique, l'on n'emploie pas le chlore Cl gazeux, mais l'eau chlorée ou un composé cédant facilement son chlore, tel que le chlorure de chaux (CaO^2Cl^2) et *l'eau de javelle* du commerce qui est un mélange de chlorure alcalin et d'hypochlorite alcalin, de même que le corps appelé *chlorure de chaux* du commerce est un mélange d'hypochlorite de calcium et de chlorure de calcium.

Les hypochlorites sont des corps très instables qui abandonnent, en se décomposant, leur chlore sous l'action des acides les plus faibles, l'acide acétique (vinaigre) ou l'acide carbonique de l'air.

68. Chlorates. — Ce sont des sels relativement stables dérivés de l'anhydride chlorique $2ClO^3H = (Cl^2O^5 + H^2O)$. Ils cèdent facilement leur oxygène sous l'influence de la chaleur, détonent très fortement et pour cette raison sont employés en pyrotechnie. Le plus important est le chlorate de potasse ClO^3K. On l'obtient à l'ébullition par action du chlore Cl sur la potasse KOH en solution, généralement produits pendant l'électrolyse du chlorure de potassium KCl ; il y a dégagement d'hydrogène, et la réaction se produit en deux phases :

$$KOH + Cl = KOCl + H \text{ (à froid)} ;$$
$$3KOCl = 2KCl + ClO^3K \text{ (à chaud)}.$$

En dehors de ces applications, le chlore sert encore à la fabrication des produits organiques chlorés : le *chloral* et le *chloroforme* employés comme *anesthésiques.*

Lorsque la fabrication de la soude du commerce se fait par l'électrolyse, l'excès de chlore est combiné avec l'hydrogène qui se dégage pour former HCl. Ce procédé électrique de production de HCl se répand de plus en plus.

EXERCICES

I. — Quels sont le poids du litre et la densité du chlore gazeux ?

II. — Calculer les poids de MnO^2 et de HCl nécessaires à la production de 1^{m3} de Cl gazeux.

III. — Quel poids d'air et de HCl faut-il pour produire 1^{m3} de Cl gazeux par le procédé Deacon ?

IV. — Quel poids et quel volume de Cl peut-on obtenir théoriquement par l'électrolyse d'une tonne de sel marin NaCl ?

V *. — Quel poids de soude du commerce CO^3Na^2 et de chlorure de chaux $CaOCl^2$ peut-on préparer par l'électrolyse d'une tonne de NaCl ?

VI *. — Quel poids de calcaire CO^3Ca faudra-t-il traiter dans le four à chaux CaO pour obtenir la chaux nécessaire à la fabrication de $CaOCl^2$? Y aura-t-il dans ce four assez de CO^2 formé pour la production de CO^3Na^2 qui aura lieu en même temps ?

XIV. — ACIDE CHLORHYDRIQUE
OU ESPRIT DE SEL : $HCl = (1^{gr} + 35^{gr},5) = 36^{gr},5 = 22^l,21.$

69. Préparation. — *1° Action de l'acide sulfurique SO^4H^2 sur le chlorure de sodium NaCl.* — Lorsque ces deux corps sont en présence, si l'on chauffe modérément, la réaction suivante se produit :

$$(1) \quad NaCl + SO^4H^2 = SO^4NaH + HCl.$$

(1) NaCl	+	SO^4H^2	=	SO^4NaH	+	HCl.
chlorure de sodium		acide sulfurique		sulfate acide de sodium		acide chlorhydrique.

C'est ce qu'on obtient dans les laboratoires en plaçant le mélange de NaCl et de SO^4H^2 dans un ballon légèrement chauffé au-dessus d'une toile métallique. L'acide chlorhy-drique HCl gazeux se dégage. Il reste un résidu de sulfate acide sodium SO^4NaH, qui à haute température peut agir encore sur une nouvelle quantité de sel marin NaCl.

$$(2) \quad NaCl \quad + \quad SO^4NaH \quad = \quad SO^4Na^2 \quad + \quad HCl.$$

chlorure de sodium   sulfate acide de sodium   sulfate neutre de sodium   acide chlorhydrique

C'est une seconde réaction qui est mise en œuvre dans l'industrie, à cause de la haute température qu'on peut réaliser.

Fours industriels. —. Ils peuvent affecter différentes formes : nous en décrirons un (*fig.* 81) dont le *laboratoire* (partie où s'effectue la réaction) comprend deux parties : la *cuvette* C en fonte inattaquable par SO^4H^2 et le *moufle* M en briques réfractaires, chauffées par les gaz du *foyer* F.

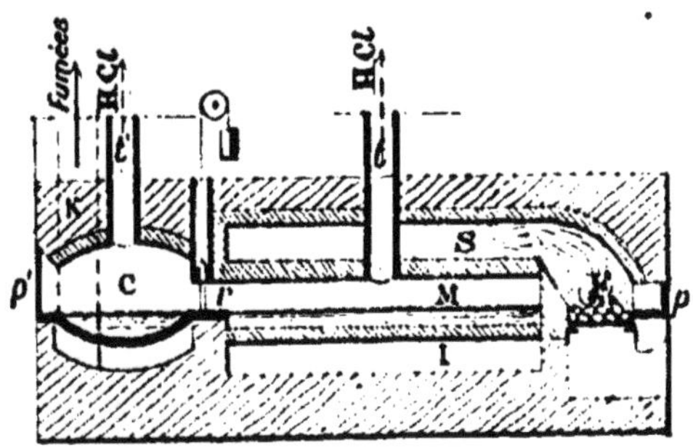

Fig. 81. — Four à acide chlorhydrique.

Ceux-ci lèchent d'abord la paroi supérieure S du moufle M, puis sa paroi inférieure I, enfin le dessous D de la cuvette C avant de s'échapper à la cheminée K.

La cuvette c est fermée par une porte p' par où se fait le chargement de l'acide et du sel. La réaction (1) se produit, le gaz acide chlorhydrique HCl se dégage par la conduite t'. Il reste dans le fond de la cuvette un mélange de sel NaCl et de sulfate acide SO^4NaH que l'on fait passer dans le moufle après avoir levé le registre r de communication. Dans le moufle plus fortement chauffé a lieu la réaction (2); HCl se dégage par la conduite t, et le résidu SO^4Na^2 est extrait pour servir soit à la fabrication de la soude du commerce CO^3Na^2 par le procédé Leblanc (action sur SO^4Na^2 d'un mélange de craie CO³Ca et de charbon) :

$$SO^4Na^2 \quad + \quad 2C \quad = \quad Na^2S \quad + \quad 2CO^2,$$

sulfate de sodium   charbon   sulfure de sodium   gaz carbonique

$$Na^2S \quad + \quad CO^3Ca \quad = \quad CaS \quad + \quad CO^3Na^2,$$

sulfure de sodium   craie   sulfure de calcium   *soude du commerce*

soit à la *fabrication du verre*.

Le gaz acide chlorhydrique HCl qui se dégage par les conduits *t* et *t'* chemine dans une série de bonbonnes en grès reliées entre elles. Un courant d'eau cheminant en sens contraire dissout HCl dont les dernières traces sont absorbées par une pluie d'eau tombant sur un scrubber à coke que le gaz parcourt de bas en haut.

2° **Procédé Hargreaves.** — Au lieu de SO⁴H², on emploie les éléments qui constituent cet acide : l'anhydride sulfureux SO² provenant de la combustion du soufre ou du grillage des pyrites (sulfures); l'oxygène O de l'air et la vapeur d'eau : le tout porté à 400° agit sur NaCl :

$$2NaCl + SO^2 + O + H^2O = SO^4Na^2 + 2HCl.$$

3° **Décomposition du chlorure de magnésium MgCl² par la vapeur d'eau H²O :**

$$MgCl^2 + 2H^2O = Mg(OH)^2 + 2HCl.$$

4° **Combinaison directe dans un brûleur de H et de Cl** provenant d'un électrolyseur à sel marin NaCl (procédé de la Société Outhenin, Chalandre et Cᵉ).

70. **Propriétés essentielles.** — 1° *Solubilité.* — L'eau

dissout plus de 500 fois son volume de HCl. Pour montrer sa solubilité (*fig.* 85), on remplit du gaz HCl un flacon fermé par un bouchon que traverse un tube de verre dont la pointe effilée *t* est fermée.

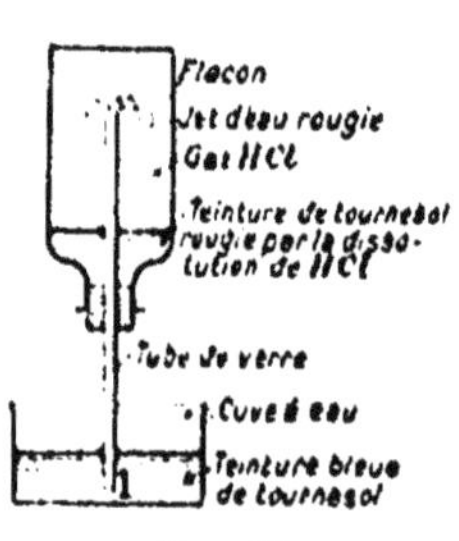

Fig. 85.

On porte l'ensemble sur une cuve à eau contenant une solution de teinture bleue de tournesol ; si l'on casse alors la pointe t, HCl se dissout, sa pression dans le flacon diminue, la pression atmosphérique précipite par le tube l'eau teintée de teinture de tournesol qui, virée par l'acide, forme un jet d'eau rougie dans le flacon. La dissolution de HCl est accompagnée d'un grand dégagement de chaleur.

La grande solubilité de HCl explique pourquoi, dans le commerce, on le vend dissous : il est ainsi plus maniable et plus transportable.

Propriétés chimiques. — 2° *Décomposition de HCl par l'oxygène O ou par le bioxyde de manganèse.* — *Préparation du chlore Cl* :

$$2HCl + O = H^2O + 2Cl;$$

$$4HCl + MnO^2 = MnCl^2 + 2H^2O + 2Cl.$$

3° *Action de HCl sur le bioxyde de baryum BaO²*. — Préparation de l'eau oxygénée H²O² :

$$BaO^2 + 2HCl = BaCl^2 + \underline{H^2O^2}.$$

4° *Action de HCl sur les métaux.* — Préparation de l'hydrogène H. — On emploie généralement le zinc Zn ou le fer Fe :

$$Zn + 2HCl = ZnCl^2 + 2H;$$

$$Fe + 2HCl = FeCl^2 + 2H.$$

5° *Action de HCl sur les sels.* — **Extraction de la gélatine des os.** — En dehors de la gélatine, les os sont formés d'une matière minérale constituée par du phosphate tricalcique $(PO^4)^2 Ca^3$ insoluble que HCl transforme en phosphate monocalcique $(PO^4)^2 CaH^4$ soluble, et du carbonate de calcium CO^3Ca qu'attaque HCl en le transformant en $CaCl^2$. La gélatine reste seule inattaquée et du gaz carbonique se dégage :

$$[gélatine + (PO^4)^2 Ca^3 + CO^3Ca] + HCl$$

$$= (PO^4)^2 CaH^4 + CO^2 + 3CaCl^2 + H^2O + gélatine.$$

Préparation du gaz carbonique CO^2 et de l'hydrogène sulfuré H^2S. — On traite par HCl de la craie CO^3Ca ou du sulfure de fer FeS selon les cas :

$$CO^3Ca + 2HCl = CaCl^2 + H^2O + CO^2;$$

$$FeS + 2HCl = FeCl^2 + H^2S.$$

6° *Dissolution des oxydes et des bases.* — **Décapage des métaux.** — HCl transforme les oxydes et les bases en chlorures avec production d'eau ; on emploie cette propriété pour débarrasser les métaux des oxydes qui en recouvrent la surface :

$$CuO + 2HCl = CuCl^2 + H^2O;$$
$$Fe^2(OH)^6 + 6HCl = Fe^2Cl^6 + 6H^2O.$$

7° *Dissolution de l'or et du platine.* — **Eau régale.** — L'or Au et le platine Pt ne sont attaquables directement par aucun acide, mais, si on mélange 3 parties d'acide chlorhydrique et 1 partie d'acide azotique AzO^3H, ces métaux se dissolvent pour former des chlorures $AuCl^3$ et $PtCl^4$. Ce mélange des deux acides se nomme *eau régale*.

8° *Destruction des matières végétales.* — **Épaillage de la laine.** — HCl détruit très rapidement les matières d'origine végétales ; il est au contraire sans action sur les matières d'origine animale. On peut donc extraire de la laine les brins de paille qu'elle contient et aussi reconnaître si le coton (d'origine végétale) est mélangé à la laine ou à la soie.

71. Chlorures. — Ce sont les sels correspondant à l'acide chlorhydrique qui peut être considéré comme un chlorure d'hydrogène. Ils résultent de l'action du chlore Cl ou de l'acide chlorhydrique HCl sur les métaux, les oxydes, les bases et les sels métalliques. Quant à leurs formules, elles s'obtiennent en substituant 1 atome de métal à 1, 2, 3, 4 atomes d'hydrogène de l'acide selon que le métal est mono, bi, tri ou tétravalent. Ceux qui présentent le plus d'intérêt sont les chlorures :

Hydrogène	HCl	Mercureux	HgCl
Ammonium	(AzH⁴) Cl	Mercurique	HgCl²
Potassium	KCl	Cuivreux	CuCl
Sodium	NaCl	Cuivrique	CuCl²
Argent	AgCl	Ferreux	FeCl²
Calcium	CaCl²	Ferrique	Fe²Cl⁶
Baryum	BaCl²	Aluminium	Al²Cl⁶
Magnésium	MgCl²	Stanneux	SnCl²
Plomb	PbCl²	Stannique	SnCl⁴
Zinc	ZnCl²	Or	AuCl³
Manganèse	MnCl²	Platine	PtCl⁴

Propriétés. — Les chlorures sont solides, sauf $SnCl^4$ qui est liquide; ils sont plus ou moins solubles dans l'eau. $PbCl^2$ l'est peu; Cu^2Cl^2, Hg^2Cl^2 et $AgCl$ ne le sont pas. On utilise la propriété que possède $AgCl$ d'être insoluble dans l'eau pour reconnaître si une eau renferme HCl ou un chlorure soluble en la traitant par l'azotate d'argent AzO^3Ag soluble :

$$HCl + AzO^3Ag = AzO^3H + \underline{AgCl} \text{ (précipité)}.$$
$$MgCl^2 + 2AzO^3Ag = 2AzO^3H + \underline{2AgCl} \text{ (précipité)}.$$

Le précipité de $AgCl$ est soluble dans l'ammoniaque (dissolution dans l'eau du gaz ammoniac AzH^3) et dans l'hyposulfite de sodium. Il noircit à la lumière.

Les chlorures sont **fusibles** (peuvent être fondus) et dans cet état, ils sont décomposés par le courant électrique : le chlore se porte à l'anode, le métal se porte à la cathode.

Usages des chlorures. — 1° Le chlorure d'ammonium AzH^4Cl est employé dans les piles Leclanché; dans la soudure de cuivre dont il réduit l'oxyde CuO, il sert à la préparation du gaz *ammoniac* AzH^3 :

$$2AzH^4Cl + CaO = CaCl^2 + H^2O + 2AzH^3.$$

2° Le chlorure de potassium KCl (*sel de Stassfurt*). — Il est très répandu et sert à la préparation du chlore Cl, du potassium K et de leurs composés, soit par électrolyse, soit par décomposition à la chaleur. On l'emploie comme engrais surtout pour les céréales : blé, les racines : betteraves, et les tubercules : pommes de terre.

3° NaCl (*sel marin* et *sel gemme*). — C'est le plus répandu et le plus important des chlorures ; il est employé dans l'alimentation et sert de base à l'industrie chimique par la production de Cl, HCl, $NaOH$ et CO^3Na^2.

4° AgCl. — Il noircit à la lumière ; est employé en photographie. Le bromure d'argent $AgBr$, obtenu par réaction des dissolutions d'azotate d'argent AzO^3Ag, et de bromure de potassium KBr, a mêmes propriétés et mêmes usages.

5° CaCl². — C'est un corps très soluble dans l'eau ; anhydre, il sert à dessécher les gaz.

6° BaCl². — Le seul sel de baryum avec l'azotate qui soit soluble. — Il est employé pour reconnaître l'acide sulfurique SO^4H^2 et les sulfates dissous dans l'eau avec lesquels il forme du sulfate de baryum SO^4Ba insoluble.

7° MgCl² sert à la fabrication de HCl.

ZnCl², désinfectant, employé pour la conservation des bois.

Hg²Cl² (calomel), purgatif.

HgCl (**sublimé corrosif**), poison violent. En solution très étendue, il est employé pour laver les plaies (antiseptique).

Fe²Cl⁶ (perchlorure de fer). — Il arrête les hémorragies et les saignements de nez par coagulation du sang.

SnCl². — Il est employé en teinture comme *rongeant* pour enlever la couleur là où elle est en excès.

SnCl⁴. — Il est employé en teinture comme *mordant* pour fixer la couleur sur l'étoffe.

AuCl³ et PtCl⁴ sont employés en photographie.

EXERCICES

I. — Calculer la densité et le poids du litre de HCl.

II. — Calculer le poids de HCl obtenu lors de la fabrication de 100ᵏ de SO⁴Na².

III. — Quels sont les poids de sel marin NaCl et d'acide sulfurique SO⁴H² nécessaires à la préparation de 500ˡ d'HCl.

IV. — Une eau contenant du chlorure de magnésium $MgCl^2$ donne avec l'azotate d'argent AzO^3H $0^{gr},265$ de $AgCl$ précipité par litre ; quelle est sa teneur en chlorure ?

V. — La même eau traitée par le chlorure de baryum $BaCl^2$ donne par litre $0^{gr},428$ de SO^4Ba précipité ; quelle est sa teneur en sulfate de calcium SO^4Ca ou gypse (eau séléniteuse) ?

XV. — SOUFRE : $S = 32^{gr}$

72. État naturel. — Le soufre est un corps solide d'une belle couleur jaune, cassant et friable. Dans la nature on le trouve : 1° à l'état *natif* (non combiné), mélangé d'une gangue terreuse dans le voisinage des volcans (Naples, Sicile, Islande); 2° à l'état de *sulfures* et de *sulfates* métalliques.

73. Préparations. — Le soufre fond à la température de 140° ; il est donc possible de le séparer de sa gangue en provoquant sa fusion par la chaleur. Cette chaleur est obtenue suivant les cas par la combustion d'une partie du soufre lui-même ou bien par la combustion du charbon dans un foyer extérieur.

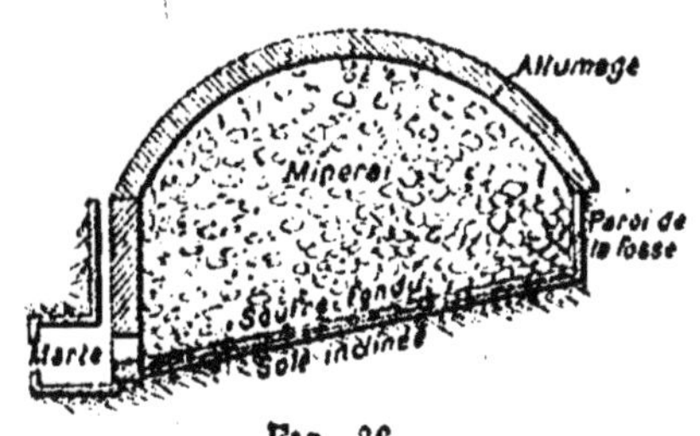

Fig. 36

Calcarone (*fig.* 36). — C'est un tas de minerai dont la partie inférieure, placée dans une fosse, repose sur une sole inclinée. Le minerai est recouvert en partie de terre. Des branches disposées dans la masse permettent l'allumage. Une partie du soufre brûle, le reste fond, se rassemble sur la sole et de là s'écoule par un orifice appelé *morte* dans une rigole à l'abri de l'air. De là le soufre se rend dans des vucelles où il se solidifie.

Four Gil Ruiz (*fig.* 87). — Il est basé sur le même principe que le calcarone et comprend plusieurs chambres cylindriques de 140^{m3} de volume, situées sur une même ligne. Le minerai arrive, par une voie ferrée longitudinale, sur des wagonnets qu'une plaque tournante, située en face des *portes de chargement* P, permet de diriger vers ces portes. Les premières charges sont versées

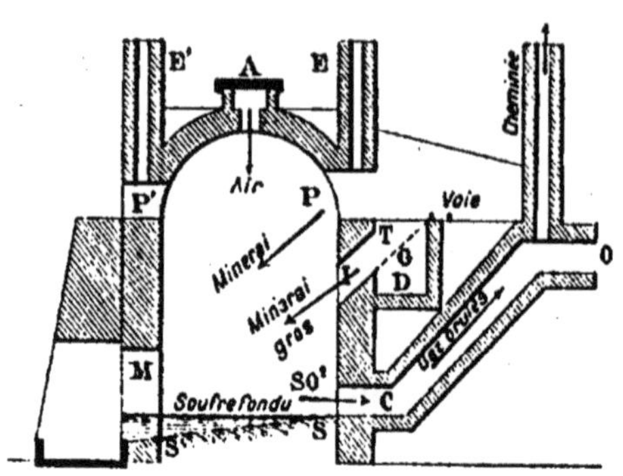

Fig. 87. — Four Gil Ruiz.

dans une *trémie* T dont le fond constitué par la *grille* G laisse tomber le menu dans la *caisse* D. Les gros blocs qui tombent seuls sur la *sole* SS' se laissent beaucoup plus facilement traverser par le soufre fondu tombant sur la sole pour s'écouler vers la *morte* M, et par les gaz de la combustion se rendant par le *carneau* C vers la *cheminée*. La seconde partie du chargement s'effectue en faisant basculer les wagonnets : à l'entrée des portes P, et lorsque le minerai est arrivé à cette hauteur on achève à la main en P et P'. Au début, on a soin de ménager avec de gros blocs un conduit de 40^{cm} de côté entre la morte et le carneau.

L'allumage se fait en P et P' à l'aide de fagots soufrés et, lorsque le feu est pris, on clôture tous les orifices P, P', M, O, I avec de la maçonnerie. L'air arrive en A par une conduite reliée à un ventilateur placé à une extrémité. Les tuyaux d'évacuation E, E' sont destinés au dégagement des gaz lorsqu'on ouvre les portes P et P'. La fusion dure dix à douze jours et le défournement deux à trois jours.

Appareils à vapeur. — Lorsque le minerai est très riche, on peut avoir avantage à faire agir sur lui de la vapeur d'eau à 150° qui cède sa chaleur au soufre et se condense en partie.

Au bout de quelques heures tout le soufre est fondu ; on ouvre la cornue où s'est produite la fusion et le liquide s'écoule dans des rigoles inclinées.

En Amérique, en Californie, on a découvert du soufre natif, mais à une certaine profondeur dans la terre. On va le chercher avec des trous de sonde dans lesquels on injecte de la vapeur surchauffée ; il monte fondu à la surface de la terre où on le recueille.

On obtient ainsi un soufre d'excellente qualité, presque chimiquement pur, n'ayant pas besoin d'être raffiné et qui, à cause de son bas prix, vient concurrencer jusqu'en Sicile même le soufre indigène.

L'industrie soufrière italienne a perdu, depuis l'apparition de ce soufre, plus de 80 0/0 de son marché.

74. Raffinage du soufre (*fig.* 88). — Le soufre brut obtenu par les moyens précédents nécessite pour certains

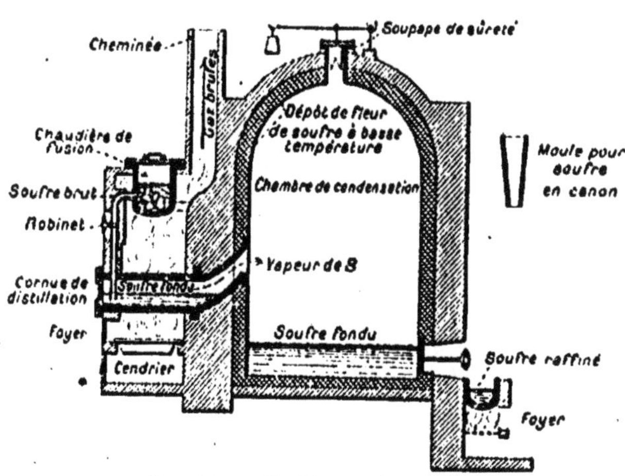

Fig. 88. — Raffinage du soufre.

usages une épuration pour le débarrasser des impuretés (0,5 à 20/0), qu'il contient. Pour cela, on le place dans une *chaudière de fusion* placée sur le passage des gaz chauds d'un foyer. Le soufre fond et le liquide s'écoule dans une *cornue de distilla-*

tion placée immédiatement au-dessus des flammes dont elle est séparée par une voûte en briques réfractaires. Là, le liquide est porté à une température supérieure à 444° (point d'ébullition du soufre liquide). La vapeur se rend soit dans des bassins où elle se liquéfie, soit dans de très grandes chambres dont les parois toujours froides provoquent la *sublimation* du soufre, c'est-à-dire son passage brusque de l'état gazeux à l'état solide, sous forme d'une poussière cristalline excessivement fine appelée *fleur de soufre*. D'ailleurs si la température, par suite de la condensation, vient à s'élever à 114°, cette fleur de soufre passe à l'état liquide et tombe au fond de la chambre.

75. Propriétés. — *Physiques*. — Le soufre fond vers 114° et le liquide bout à 444°; sa densité est 2 environ. Le soufre solide est amorphe ou cristallisé; il est insoluble dans l'eau, mais se dissout dans la benzine C^6H^6 et dans le sulfure de carbone CS^2. Il est mauvais conducteur de la chaleur et de l'électricité.

Chimiques. — Le soufre brûle dans l'air avec une flamme bleue. Ils se combine à un grand nombre de métalloïdes et de métaux; nous ne citerons que les combinaisons les plus intéressantes.

Avec l'**oxygène** O, il donne l'anhydride sulfureux SO^2, utilisé dans le blanchiment, la désinfection des tonneaux; la préparation des sulfites et de l'acide sulfurique.

Avec l'**hydrogène** H, il donne l'hydrogène sulfuré ou acide sulfhydrique H^2S.

Avec le **carbone** C, il donne le sulfure de carbone.

Avec les **métaux**, il donne des sulfures métalliques.

76. Usages. — Le soufre entre dans la fabrication de la poudre noire, des allumettes soufrées et des allumettes chimiques, de l'anhydride sulfureux SO^2, du sulfure de carbone CS^2 et de l'ébonite. L'**ébonite** est une matière isolante employée en électricité; elle est dure, cassante et s'obtient en incorporant 25 0/0 de soufre au caoutchouc. On l'emploie également à la fabrication de certains objets.

Le caoutchouc vulcanisé, obtenu en incorporant au caoutchouc 2 0/0 de soufre, ne se soude plus à lui-même, mais reste élastique dans une large échelle de températures.

Le soufre est employé pour sceller le fer dans la pierre, pour mouler des objets divers et conserver des empreintes de médailles.

Le soufre en poudre est projeté à l'aide d'un soufflet sur la vigne pour la préserver de l'oïdium ou pour détruire ce champignon qui attaque le raisin, les feuilles et le bois de la vigne qu'il fait périr.

Incorporé à la vaseline, le soufre est employé dans les maladies de la peau.

77. Anhydride sulfureux :

$$SO^2 = 32 + (16 \times 2) = 64^{gr} = 22^l,26.$$

Ce gaz, qui existe à l'état naturel dans le voisinage de certains volcans, s'obtient dans l'industrie, soit par la combustion du soufre, soit par le grillage de certains sulfures naturels : pyrite martiale FeS^2 et blende ZnS. Il est incolore, possède une odeur forte caractéristique qui provoque la toux.

Solubilité. — L'eau dissout 80 fois son volume de SO^2 à 0° et 5 fois à 15° (n° 70, *fig.* 88). La dissolution de SO^2 dans l'eau donne naissance à l'*acide sulfureux* $SO^2 + H^2O = SO^3H^2$, très instable (se décomposant facilement), mais pouvant se combiner aux bases alcalines pour constituer des sulfites.

Liquéfaction. — Elle peut s'obtenir très facilement par simple refroidissement en faisant traverser au gaz un mélange réfrigérant de glace et de sel marin $NaCl$ dont la température peut atteindre — 23° (23° au-dessous de zéro). En effet, SO^2 se liquéfie à — 10° sous la pression atmosphérique ou à + 18° sous la pression de 3^{kg} par centimètre carré. Il s'évapore rapidement à la température ordinaire en produisant un grand froid. Cette propriété le fait utiliser à la fabrication de la glace artificielle (*fig.* 89).

Pratiquement, une pompe comprime le gaz SO^2 que cette compression échauffe ; mais, grâce au refroidissement par une circulation d'eau, la liquéfaction peut se produire. Le gaz liqué-

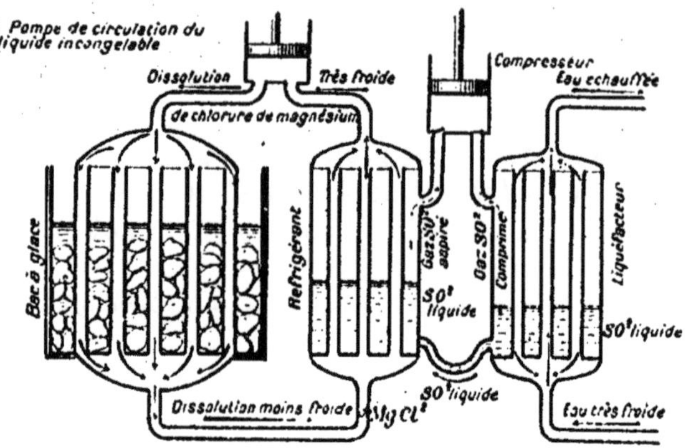

Fig. 89. — Fabrication de la glace artificielle.

fié est alors envoyé dans un récipient où l'on fait le vide. Là il reprend l'état gazeux (il se détend, comme on dit) en produisant un froid intense qui se communique à un liquide incongelable circulant dans des tubes baignés par SO^2. Ce liquide, généralement une dissolution de $MgCl^2$ ou de $CaCl^2$, est ensuite conduit soit dans des cuves remplies de l'eau à congeler, soit dans les locaux que l'on se propose de refroidir ; caves de brasseries, chambres ou armoires réfrigérantes.

Pouvoir réducteur. — SO^2 se combine directement à chaud à l'oxygène O en présence des matières poreuses (mousse de platine chauffée au rouge) pour former de l'anhydride sulfurique SO^3 qui se transforme en acide SO^4H^2 en présence de l'eau. L'affinité de SO^2 pour l'oxygène O lui fait décomposer certains corps : 1° l'acide azotique AzO^3H par exemple auquel, il emprunte son oxygène (réaction utilisée pour la **fabrication de l'acide sulfurique**) ; 2° le permanganate de potassium MnO^4K rouge violet, qui est décoloré.

Pouvoir décolorant. — SO^2 possède, à cause de son pouvoir oxydant, un pouvoir décolorant considérable ; c'est ainsi

qu'il décolore un bouquet de violettes, une dissolution de teinture bleue de tournesol (après avoir rougi cette dernière); la
matière jaunâtre des tissus écrus; il est par suite utilisé dans
les opérations du blanchiment industriel. On utilise la décoloration de MnO^4K pour reconnaître SO^2 ou ses dérivés les
sulfites, dont il est le plus sûr réactif.

On emploie également SO^2 dans le **blanchiment de la colle
de poisson, de la laine, de la soie, des plumes** et en général
des matières animales. La laine préalablement traitée à
la soude CO^3Na^2, au savon et à l'eau pure, pour être dégrais-
sée, est ensuite passée au *soufroir*. C'est une vaste chambre
où l'on étend la substance à blanchir; on y brûle ensuite du
soufre et, lorsque l'air est transformé en gaz sulfureux, on
ferme tous les orifices et on laisse en contact la substance et
le gaz pendant douze heures, à deux reprises différentes. Le
traitement à l'eau oxygénée tend à remplacer ce procédé, qui
présente l'inconvénient de rendre difficile la teinture. Il permet cependant d'obtenir des grands blancs tout à fait purs qui
le font utiliser dans certains cas particuliers, ainsi lorsque la
laine ou la soie ne doivent subir postérieurement aucune modification dans leur coloration.

Pouvoir désinfectant. — SO^2 n'entretient ni la vie, ni la
combustion; c'est un asphyxiant dont les propriétés sont utilisées: 1° pour la destruction des rats à bord des navires; 2° pour
la **désinfection des tonneaux** par les mèches soufrées qu'on
enflamme, ce qui nécessite ensuite un excellent rinçage; 3° la
désinfection complète des **salles de malades**, quand elles ont
été évacuées.

SO^2 n'entretenant pas la combustion, on peut le produire
pour l'**extinction des feux de cheminée** en jetant du soufre dans
la cheminée et en bouchant les orifices. L'air est rapidement
transformé en SO^2 et le feu cesse faute de comburant.

Sulfites. — Ce sont des sels réducteurs correspondant à
l'acide sulfureux SO^3H^2.

Les **sulfites de calcium** sont employés dans le blanchiment
de la pâte à papier et la décoloration des jus sucrés.

Le sulfite de sodium est employé en photographie. On le rencontre dans le commerce soit cristallisé, soit anhydre; dans ce cas, pour un même poids de substance il contient le double de matière active; on l'obtient ainsi en pulvérisant et desséchant le sulfite cristallisé, qui, sous cette forme, contient 2 molécules d'eau inactives pour l'usage qu'on en fait.

Le sulfite de zinc est injecté dans les cadavres pour empêcher leur putréfaction.

Certains corps peuvent être rattachés aux sulfites :

L'hyposulfite de sodium $S^2O^3Na^2$, obtenu en faisant bouillir SO^3Na^2 avec S, est employé en photographie, pour dissoudre le bromure et le chlorure d'argent $AgCl$.

Les hydrosulfites de sodium et de zinc sont utilisés comme agents réducteurs dans la teinture à l'indigo.

78. Sulfure de carbone CS^2. — C'est un liquide incolore, d'une odeur éthérée quand il est pur, mais infecte généralement à cause des impuretés qu'il renferme. On le prépare en faisant passer de la vapeur de soufre sur du charbon incandescent. Les vapeurs de CS^2 ainsi obtenues se condensent dans un réfrigérant. Le liquide CS^2 est très volatil et très inflammable. Il bout à 48°; il émet à la température ordinaire des vapeurs formant avec l'air un mélange détonant; il doit donc être manipulé avec beaucoup de précautions, loin d'une flamme en plein air. Ces vapeurs sont d'ailleurs asphyxiantes ; elles sont employées pour détruire les rats, les teignes, le phylloxera, les charançons ; mais on les remplace souvent par des composés alcalins appelés sulfocarbonates.

Propriétés dissolvantes. — CS^2 dissout le caoutchouc, d'où son emploi dans la vulcanisation; il dissout les matières grasses, d'où son emploi dans l'extraction des huiles, dans le nettoyage des étoffes et des vêtements, dans le traitement industriel des cambouis et des résidus de la saponification, dans l'enlèvement du suint qui encrasse la laine brute; il dissout le soufre, d'où son emploi pour l'extraction de ce métalloïde des roches où il est disséminé; il dissout le phosphore ordinaire, d'où son emploi pour séparer ce corps du phosphore rouge insoluble.

EXERCICES

I. — Calculer la densité par rapport à l'air et le poids du litre de l'anhydride sulfureux SO^2.

II. — Un soufroir pour le blanchiment de la laine a pour dimensions : $8^m \times 6^m \times 4^m$. Quel sera le poids de soufre S nécessaire pour transformer en gaz sulfureux SO^2 l'oxygène O.contenu dans l'air de cette pièce ?

III. — Quels sont les poids de vapeur de soufre S et de coke à 8 0/0 d'impuretés qui sont nécessaires pour fabriquer 1^k de sulfure de carbone ?

XVI. — ACIDE SULFURIQUE OU HUILE DE VITRIOL : $SO^4H^2 = 32^{gr} + (16^{gr} \times 4) + (1^{gr} \times 2) = 98^{gr}$

79. Production. — *Procédé des chambres de plomb* (*fig.* 90). — La fabrication de SO^4H^2 comprend :

1° La production de l'anhydride sulfureux SO^2 par la combustion du *soufre* ou le grillage des sulfures naturels : *pyrite martiale* FeS^2 en France :

$$2FeS^2 + 11O = Fe^2O^3 + 4SO^2;$$

2° L'oxydation de l'anhydride sulfureux SO^2 et sa transformation en acide sulfurique SO^4H^2 à l'aide de l'*acide azotique* AzO^3H qui passe à l'état de vapeurs nitreuses AzO^2 :

$$SO^2 + 2AzO^3H = 2AzO^2 + SO^4H^2.$$

3° La régénération de l'acide azotique AzO^3H en traitant les vapeurs nitreuses ou peroxyde d'azote AzO^2 par l'*oxygène* O de l'air en présence de la *vapeur d'eau* H^2O :

$$2AzO^2 + O + H^2O = 2AzO^3H.$$

L'appareil où s'effectuent ces réactions comprend :

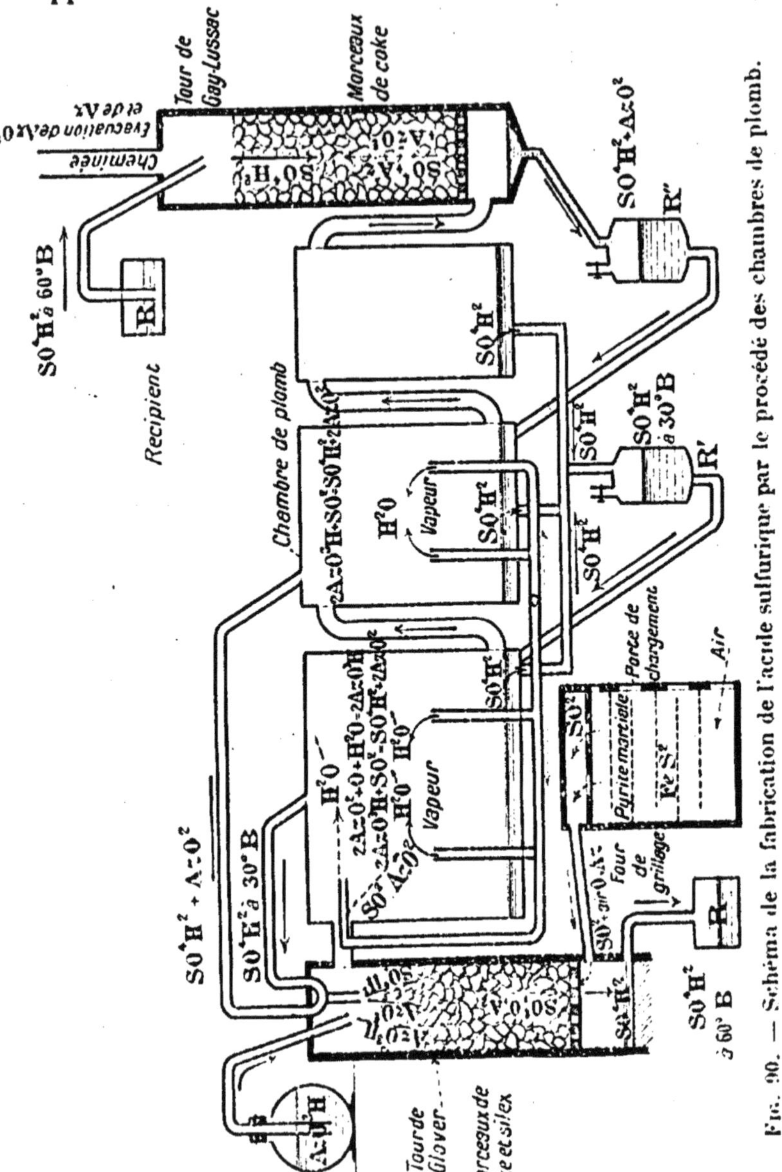

Fig. 90. — Schéma de la fabrication de l'acide sulfurique par le procédé des chambres de plomb.

1° Le four à pyrite où se produit SO² qui se dégage avec

l'azote et l'oxygène de l'air en excès à la partie supérieure. Au début, on chauffe le four au bois; ensuite, la chaleur dégagée par la réaction est suffisante pour assurer la bonne marche de l'opération.

2° La **tour de Glover** en briques siliceuses, tapissée intérieurement de feuilles de plomb inattaquable par SO^4H^2.

Dans cette tour remplie de morceaux de silex et de coke arrivent : à la partie inférieure, le gaz sulfureux SO^2, l'oxygène O et l'azote Az provenant du four à pyrite; à la partie supérieure, un mélange d'acide sulfurique SO^4H^2 chargé de vapeurs nitreuses AzO^2, et d'acide azotique AzO^3H destiné à compenser les pertes.

L'acide sulfurique qui se déverse à la partie supérieure, et celui qui résulte de la présence simultanée de SO^2 à haute température et de AzO^3H, s'écoule après *concentration* dans le récipient R.

Les gaz restants ou produits : SO^2, AzO^2, O et Az, sont entraînés en même temps que des jets de vapeur d'eau provenant d'une conduite extérieure, vers :

3° **Les chambres de plomb** où s'effectuent les réactions :

$$2AzO^2 + O + H^2O = \underline{2AzO^3H};$$
$$2AzO^3H + SO^2 \quad = 2AzO^2 + \underline{SO^4H^2}.$$

L'acide produit se rassemble à la partie inférieure, d'où il s'écoule dans un récipient R'.

4° La **tour de Gay-Lussac**, analogue à celle de Glover, mais plus haute et garnie de coke seulement, est traversée de bas en haut par les gaz qui se rendent à la cheminée.

Un courant inverse de SO^4H^2 concentré à 60° Baumé absorbe presque toutes les vapeurs nitreuses pour former une sorte de composé appelé sulfate de nitrosyle qu'une tuyauterie conduit du récipient R″ à la partie supérieure de la tour de Glover. Là, le même cycle recommence, mais il n'y a qu'une faible partie de l'acide à 60° Baumé de R, qui soit employée pour la tour de Gay-Lussac. Le reste peut être directement utilisé dans le commerce ou être envoyé aux raffineries.

Procédé par contact (*fig.* 91). — La formation de l'anhydride sulfurique SO^3 par combinaison de SO^2 avec l'oxygène O dégage de la chaleur :

$$SO^2 + O = SO^3$$
$$(+ 32^{cal},6).$$

Cependant cette réaction ne se produit pas par simple mélange à la température ordinaire : les gaz SO^2 et O, pour se combiner dans de bonnes conditions, doivent passer simultanément sur une matière poreuse, à une température convenable, 300° environ. Au delà de cette température, c'est la réaction inverse de celle cherchée qui se produit :

$$SO^3 = SO^2 + O$$
$$(- 32^{cal},6).$$

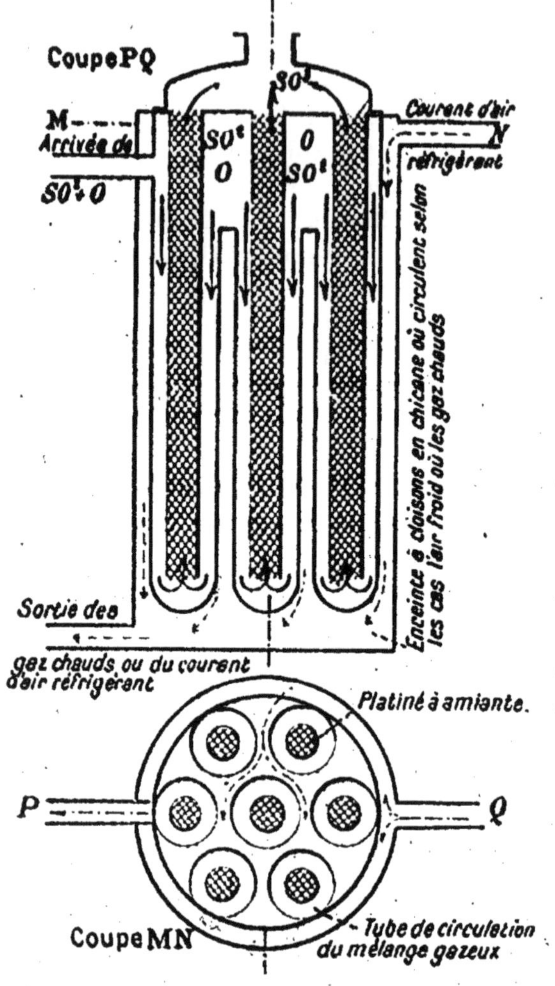

Fig. 91. — Procédé de contact (préparation de SO^3).

La matière poreuse, dite *matière de contact*, généralement employée, est l'*amiante platiné* obtenu en imprégnant l'amiante bien effiloché de chlorure de platine $PtCl^4$ que l'on traite par le carbonate et le formiate de sodium. Il est réduit; après un lavage pour enlever le chlorure de sodium NaCl qui s'est formé, il reste un dépôt très spongieux de platine sur l'amiante.

Les appareils dans lesquels se produit SO^3 comprennent généralement : un tube renfermant la matière de contact A, faisant suite à un tube B où circule le mélange d'oxygène O et de SO^2 préalablement épuré par la vapeur d'eau surchauffée et le bisulfite de soude SO^3NaH, puis desséché.

Le tout est placé dans une enceinte C que l'on peut facilement chauffer à la mise en marche, puis refroidir par un courant d'air lorsque la température tend à augmenter par suite du dégagement de chaleur que provoque la formation de SO^3.

En faisant le tube de mélange concentrique au tube contenant la matière de contact, on a l'avantage de refroidir celle-ci en échauffant les gaz à traiter.

L'anhydride sulfurique SO^3 obtenu en D est employé soit à enrichir l'acide ordinaire dilué, soit à fabriquer de l'acide sulfurique par combinaison avec l'eau dont il est très avide.

Ce procédé par contact est destiné, après quelques perfectionnements de détail, à remplacer complètement le procédé des chambres de plomb.

80. Propriétés et usages. — 1° *SO^4H^2 concentré est très avide d'eau* avec laquelle il produit une sorte de combinaison dégageant beaucoup de chaleur; il enlève même cette eau aux matières organiques et provoque par déshydratation la carbonisation du sucre, du bois, du papier, des tissus végétaux. Les brûlures faites avec SO^4H^2 doivent être immédiatement lavées avec une base : eau de chaux, de baryte ou de magnésium, ammoniaque, etc., puis rincées à grande eau. Cette avidité pour l'eau est utilisée pour dessécher les gaz humides ou épurés par l'eau et la vapeur; absorber la vapeur d'eau d'une atmosphère quelconque; rectifier les pétroles, les goudrons, les huiles, les corps gras en les débarrassant de certaines matières organiques qu'il carbonise (et aussi des matières à fonction basique); parcheminer le papier, etc.

2° *SO^4H^2 attaque les sels pour former des sulfates et met en liberté les acides* (c'est un mode de préparation de ces acides) :

Carbonique CO^2 par décomposition du calcaire CO^3Ca :

$$CO^3Ca + SO^4H^2 = SO^4Ca + H^2O + \underline{CO^2} \nearrow;$$

Chlorhydrique HCl par décomposition du sel marin $NaCl$:

$$2NaCl + SO^4H^2 = SO^4Na^2 + \underline{2HCl} \nearrow;$$

Sulfhydrique H^2S par décomposition du sulfure de fer FeS :

$$FeS + SO^4H^2 = SO^4Fe + \underline{H^2S} \nearrow;$$

Azotique AzO^3H par décomposition du salpêtre AzO^3K :

$$AzO^3K + SO^4H^2 = SO^4KH + \underline{AzO^3H};$$

Phosphorique PO^4H^3 par décomposition du phosphate tricalcique $(PO^4)^2 Ca^3$:

$$(PO^4)^2Ca^3 + 3SO^4H^2 = 3SO^4Ca + \underline{2PO^4H^3};$$

Oléique, palmitique et stéarique, soit par action directe à chaud de SO^4H^2 et de l'eau sur les corps gras :

$$\text{graisse} + SO^4H^2 + nH^2O = \text{glycérine} + SO^4H^2$$
$$+ \text{acide stéarique (et analogues)};$$

soit par décomposition du savon de chaux insoluble obtenu en traitant le suif par la chaux :

$$\text{graisse} + \text{chaux} = \text{glycérine} + \text{stéarate de chaux (et analogues)},$$
$$\text{stéarate de chaux} + SO^4H^2 = SO^4Ca + \text{acide stéarique (et analogues)}.$$

Les acides stéarique et palmitique fondant à 71 et 62° sont débarrassés par pression hydraulique de l'acide oléique liquide à la température ordinaire. Leur mélange est employé pour fabriquer les bougies dites stéariques.

3° SO⁴H² attaque presque tous les métaux, les oxydes et les bases pour former des sulfates. — Cette propriété est utilisée avec la précédente pour **fabriquer les sulfates ;** on l'emploie également pour **décaper les métaux** en les débarrassant des oxydes qui les recouvrent; pour **préparer l'hydrogène** par action sur le zinc ou le fer; pour **produire le courant électrique des piles Daniell et Bunsen** par action sur le zinc; pour **affiner les métaux précieux.**

4° SO^4H^2 est aussi employé pour **transformer l'amidon en glucose, dissoudre l'indigo,** matière colorante employée en teinture, et transformer le phosphate tricalcique $(PO^4)^2 Ca^3$ insoluble en phosphate monocalcique $(PO^4)^2 CaH^4$ soluble dans l'eau et le sulfate de calcium. Ce mélange solide est utilisé comme engrais sous le nom de **superphosphates :**

$$(PO^4)^2 Ca^3 + 2SO^4H^2 = 2SO^4Ca + (PO^4)^2 CaH^4.$$

81. Sulfates. — Ce sont les sels correspondant à l'acide sulfurique SO^4H^2 qui peut être considéré comme un sulfate d'hydrogène. Il existe des sulfates neutres, ne renfermant plus d'hydrogène; des bisulfates ou sulfates acides, combinaisons des précédents avec SO^4H^2; et des sulfates doubles ou **aluns,** combison de deux sulfates. Ceux qui présentent le plus d'intérêt sont les sulfates :

Hydrogène	SO^4H^2	Plomb	SO^4Pb
Ammonium	$SO^4 (AzH^4)^2$	Cuivre	SO^4Cu
Potassium	SO^4K^2	Zinc	SO^4Zn
Sodium	O^4Na^2	Potassium	SO^4KH
Argent	SO^4Ag^2	Sodium	SO^4NaH
Calcium	SO^4Ca	Ferreux	SO^4Fe
Baryum	SO^4Ba	Ferrique	$(SO^4)^3 Fe^2$
Magnésium	SO^4Mg	Aluminium	$(SO^4)^3 Al^2$

l'alun ordinaire......... $(SO^4)^3 Al^2, SO^4K^2, 24H^2O$

l'alun de chrome .... $(SO^4)^3 Cr^2, SO^4K^2, 24H^2O$

Propriétés. — Les sulfates sont solubles dans l'eau, sauf ceux de plomb, d'argent et de calcium qui le sont peu; celui de baryum qui ne l'est pas du tout. On utilise l'insolubilité de SO^4Ba pour reconnaître si une eau renferme de l'acide sulfurique ou un sulfate dissous. Une telle eau donne, en effet, avec une dissolution de chlorure de baryum $BaCl^2$ un précipité blanc de SO^4Ba :

$$SO^4Mg(dissous) + BaCl^2(dissous) = MgCl^2(dissous) + SO^4Ba(précipité).$$

Les sulfates dissous cristallisent par évaporation en incorporant un certain nombre de molécules d'*eau de cristallisation*.

Usages des sulfates. — $SO^4(AzH^4)^2$. — C'est un *engrais* employé surtout dans la culture des céréales. On l'obtient en faisant réagir l'acide sulfurique SO^4H^2 sur les eaux ammoniacales des usines à coke, à gaz ou à raffinage de pétrole.

SO^4K^2. — Il s'obtient par l'action de SO^4H^2 sur le chlorure de potassium naturel KCl ; il sert à fabriquer l'alun et la potasse du commerce ou carbonate de potassium CO^3K^2.

SO^4Na^2. — C'est le plus important des sulfates ; il s'obtient en même temps que l'acide chlorhydrique HCl par l'action de SO^4H^2 sur le sel marin $NaCl$. On l'emploie : 1° pour la *fabrication du verre et de la soude* ; 2° comme purgatif sous le nom de sel de Glauber.

$SO^4Ca + 2H^2O$, **gypse ou pierre à plâtre.** — On le trouve à l'état naturel ; il forme des bancs épais dans certains terrains (sol de Paris, par exemple) ; parfois en dissolution dans l'eau séléniteuse. Il perd son eau de cristallisation lorsqu'on le calcine et, après écrasement, se présente sous forme d'une poudre blanche qui fait prise avec l'eau, c'est le *plâtre*. Cette prise est due à ce qu'en présence de l'eau, il reprend la forme cristalline en donnant des petits cristaux microscopiques enchevêtrés les uns dans les autres.

On utilise cette propriété dans la *construction* et le *moulage* des objets. Le plâtre stimule la croissance des plantes légumineuses : trèfle, luzerne, sainfoin, pois, etc.

SO^4Ba, **spath pesant.** — C'est un sel naturel utilisé dans la fabrication des sels de baryum.

SO^4Mg, **sel d'Epsom.** — Il existe dans certaines eaux minérales ; on l'emploie comme purgatif.

$SO^4Cu + 5H^2O$, vitriol bleu ou couperose bleue. — Il s'obtient soit par oxydation des pyrites cuivreuses, soit par action de SO^4H^2 sur le cuivre. On emploie sa dissolution en agriculture pour la sulfatation du blé dont il détruit la carie et de la vigne dont il détruit le mildew. En électricité, il sert dans la pile Daniell, dans la galvanoplastie, dans la production électrolytique du cuivre pur. En teinture, il donne de beaux noirs, violets et lilas.

$SO^4Zn + 7H^2O$, vitriol blanc. — Il s'obtient soit par oxydation de la blende, soit par action de SO^4H^2 sur le zinc. On l'emploie dans l'impression des indiennes.

$SO^4Fe + 7H^2O$, vitriol vert ou couperose verte. — Il s'obtient soit par oxydation des pyrites, soit par action de SO^4H^2 sur le fer. On l'emploie pour la fabrication de l'encre, du bleu de Prusse, de certains noirs et violets en teinture, et pour la préparation du colcothar ou rouge d'Angleterre.

Les vitriols sont employés comme désinfectants à cause de leur action sur le sulfure d'ammonium $(AzH^4)^2 S$ qu'ils décomposent :

$$SO^4Cu + (AzH^4)^2 S = SO^4 (AzH^4)^2 + CuS;$$
$$SO^4Zn + (AzH^4)^2 S = SO^4 (AzH^4)^2 + ZnS;$$
$$SO^4Fe + (AzH^4)^2 S = SO^4 (AzH^4)^2 + FeS.$$

$(SO^4)^3Al^2$. — Il s'obtient en traitant par SO^4H^2 soit le kaolin ou argile pure (silicate d'aluminium), soit la bauxite (mélange de sesquioxyde de fer et d'alumine). On l'emploie pour la filtration des eaux et la fabrication de l'alun ordinaire obtenu par mélange des dissolutions de $(SO^4)^3 Al^2$ et SO^4K^2. L'alun sert pour l'encollage du papier ; le tannage des peaux (fabrication des fourrures ou du cuir) ; la clarification des eaux, des vins, du suif ; la fixation des couleurs sur l'étoffe (mordant).

XVII. — HYDROGÈNE SULFURÉ OU ACIDE SULFHYDRIQUE :

$$H^2S = 2^g + 32^{gr} = 34^{gr} = 22^l,26.$$

82. Préparation. — L'acide sulfhydrique H^2S est un gaz à odeur fétide qui se dégage de toutes les matières organiques en décomposition, notamment du poisson, des choux et des œufs pourris. Il s'exhale des eaux vaseuses, des égouts et des fosses d'aisances. Il existe en dissolution dans les eaux sulfureuses.

Pour l'obtenir dans les laboratoires, on traite à froid le protosulfure de fer FeS par les acides chlorhydrique HCl ou sulfurique SO^4H^2. Il se forme du chlorure $FeCl^2$ ou du sulfate ferreux SO^4Fe et H^2S se dégage :

$$FeS + 2HCl = FeCl^2 + \underline{H^2S}\,\nearrow;$$

$$FeS + SO^4H^2 = SO^4Fe + \underline{H^2S}.\,\nearrow$$

Les préparations précédentes sont identiques à celle de l'hydrogène par action sur le zinc Zn de HCl ou SO^4H^2.

On emploie aussi l'action sur le sulfure d'antimoine Sb^2S^3 de HCl chaud et concentré :

$$Sb^2S^3 + 6HCl = 2SbCl^3 + 3H^2S.\,\nearrow$$

On opère exactement comme pour la préparation du chlore (*fig.* 80). Le gaz est débarrassé des vapeurs de HCl dans un flacon laveur, puis de l'humidité dans une éprouvette remplie d'une matière desséchante : pierre ponce sulfurique ou chlorure de calcium $CaCl^2$; mais H^2S est recueilli sur la cuve à mercure. Pour l'obtenir très pur, on le refroidit au-dessous de son point de liquéfaction (— 61°) : l'hydrogène qu'il pouvait renfermer restant gazeux se sépare.

83. Propriétés et usages. — 1° Les *eaux sulfureuses* ont des propriétés thérapeutiques qui les font employer dans lo **traitement des maladies** de la peau et les affections des voies respiratoires.

2° H^2S est un corps réducteur. — Il cède facilement de l'hydrogène et, au contraire, enlève l'oxygène de certains corps comme les sels ferriques et chromiques qu'il transforme en sels ferreux et chromeux moins oxygénés.

3° H^2S précipite un grand nombre de **sels** à l'état de sulfures colorés, ce qui permet de les différencier, d'où son emploi dans les **analyses**. Il donne, par exemple, un précipité : rouge orangé ou jaune orangé avec les sels d'antimoine, noir avec les sels d'argent, de cuivre et de plomb; jaune avec les sels d'arsenic et d'étain; blanc bleuâtre, puis jaune avec les sels ferriques, etc. Un objet d'argent légèrement noirci par H^2S est dit un vieil argent.

4° H^2S est un poison. — 5 0/00 de ce gaz dans l'air le rendent mortel; c'est à lui qu'est dû en partie l'empoisonnement connu sous le nom de *plomb* auquel sont exposés les plombiers, égouttiers et vidangeurs. (Mettre l'asphyxié au grand air et lui faire respirer très faiblement du chlorure de chaux enfermé dans un linge et acidulé par quelques gouttes de vinaigre. Le chlore qui se dégage dans ces conditions détruit H^2S.) Cette propriété asphyxiante est utilisée pour détruire les souris, les rats et les mulots.

84. Sulfures. — Ce sont les sels correspondant à l'acide sulfhydrique H^2S, qui peut être considéré comme un sulfure d'hydrogène H^2S.

Ceux qui présentent le plus d'intérêt sont les sulfures :

Hydrogène	H^2S;	Antimoine	Sb^2S^3;
Ammonium	$(AzH^4)^2S$;	Cuivre	CuS;
Potassium	K^2S;	Zinc	ZnS;
Sodium	Na^2S;	Mercure	HgS;
Argent	Ag^2S;	Fer	FeS;
Plomb	PbS;	Étain	SnS^2;

et le bisulfure de fer.................. FeS^2.

H^2S, K^2S, Na^2S se trouvent dans les eaux sulfureuses.

$(AzH^4)^2S$ est employé dans les analyses.

L'argyrose Ag^2S, la **galène** PbS, la **chalcosine** Cu^2S, la **blende** ZnS, le **cinabre** HgS, la **pyrite martiale** FeS^2 sont des minerais d'argent, de plomb, de cuivre, de zinc, de mercure et de fer.

FeS, Sb^2S^3 servent à préparer H^2S.

Le **vermillon** HgS et l'**or mussif** SnS^2 ont de très belles teintes rouge et jaune. L'or mussif sert à dorer le bois et à rendre onctueux les coussins des machines électriques.

XVIII. — AMMONIAQUE (¹) OU ALCALI VOLATIL :

$$AzH^3 = 14^g + (1^g \times 3) = 17^g = 22^l,26.$$

85. État naturel. — L'ammoniaque AzH^3 est un gaz à odeur pénétrante et désagréable qui se forme lors de la décomposition, par fermentation ou calcination, des matières organiques azotées d'origine animale (urine, chair, ongles, cheveux, laine, plume, fromage, sabot corné du cheval, etc.) ou végétale (gluten, céréales, plantes légumineuses). Il en existe des traces dans l'atmosphère, soit à l'état libre, soit à l'état de sels.

La fermentation de l'urée $CO(AzH^2)^2$, principe azoté de l'urine, c'est-à-dire son hydratation, sous l'action d'une bactérie, dégage du carbonate d'ammonium $CO^3(AzH^4)^2$:

$$CO(AzH^2)^2 + 2H^2O = \underline{CO^3(AzH^4)^2}.$$

Dans les fosses d'aisances, la présence de l'acide sulfhydrique H^2S, moins volatil que CO^2, transforme le carbonate

---

(¹) *Ammoniaque* est un nom féminin qui désigne un gaz composé AzH^3 à fonction basique ; *ammoniac* est un adjectif qualificatif masculin s'appliquant aux noms : gaz ou sel. L'adjectif féminin s'écrirait comme le nom. Dans le langage courant, le mot *ammoniaque*, seul, désigne ordinairement la dissolution du gaz ammoniac dans l'eau.

en sulfure d'ammonium $(Az^4)^2S$:

$$CO^3(AzH^4)^2 + H^2S = CO^2 + H^2O + \underline{(AzH^4)^2 S}.$$

86. Préparation industrielle (*fig.* 92-93). — On traite quelquefois : 1° les eaux résultant de la décantation et de la fermentation des vidanges (eaux vannes) ; 2° les produits de la distillation des débris de matières d'origine animale : corne provenant des maréchaleries, déchets de laines, de peaux, de cuirs, de feutres et de fourrures, os ayant servi à fabriquer le ncir animal. On retire surtout l'ammoniaque des eaux d'épuration des combustibles gazeux provenant des *cornues à gaz*, des *fours à coke métallurgique* et des hauts fourneaux.

Principe. — Les eaux ammoniacales renferment : 1° de l'ammoniaque AzH^3 à l'état libre, diluée dans un grand volume d'eau, qu'il faut concentrer; 2° des sels ammoniacaux, carbonate $CO^3(AzH^4)^2$ et chlorure AzH^4Cl, que l'on traite par une base fixe : généralement la chaux $Ca(OH^2)$, quelquefois la soude caustique $NaOH$, pour mettre en liberté le gaz AzH^3 :

$$CO^3(AzH^4)^2 + Ca(OH)^2 = CO^3Ca + 2H^2O + \underline{2AzH^3};$$

$$CO^3(AzH^4)^2 + 2NaOH = CO^3Na^2 + 2H^2O + \underline{2AzH^3};$$

$$2AzH^4Cl + Ca(OH)^2 = CaCl^2 + 2H^2O + \underline{2AzH^3};$$

$$AzH^4Cl + NaOH = NaCl + H^2O + \underline{AzH^3}.$$

3° Des impuretés, généralement de l'acide sulfhydrique H^2S ou des sulfures, dont on se débarrasse en traitant les eaux brutes par le peroxyde de fer Fe^2O^3, ou en faisant traverser par le gaz AzH^3, une colonne à Fe^2O^3 provenant du grillage des pyrites martiales FeS^2 :

$$3H^2S + Fe^2O^3 = Fe^2S^3 + 3H^2O.$$

Appareils ([1]). — Ils affectent les formes les plus diverses et comprennent un nombre d'organes également variables.

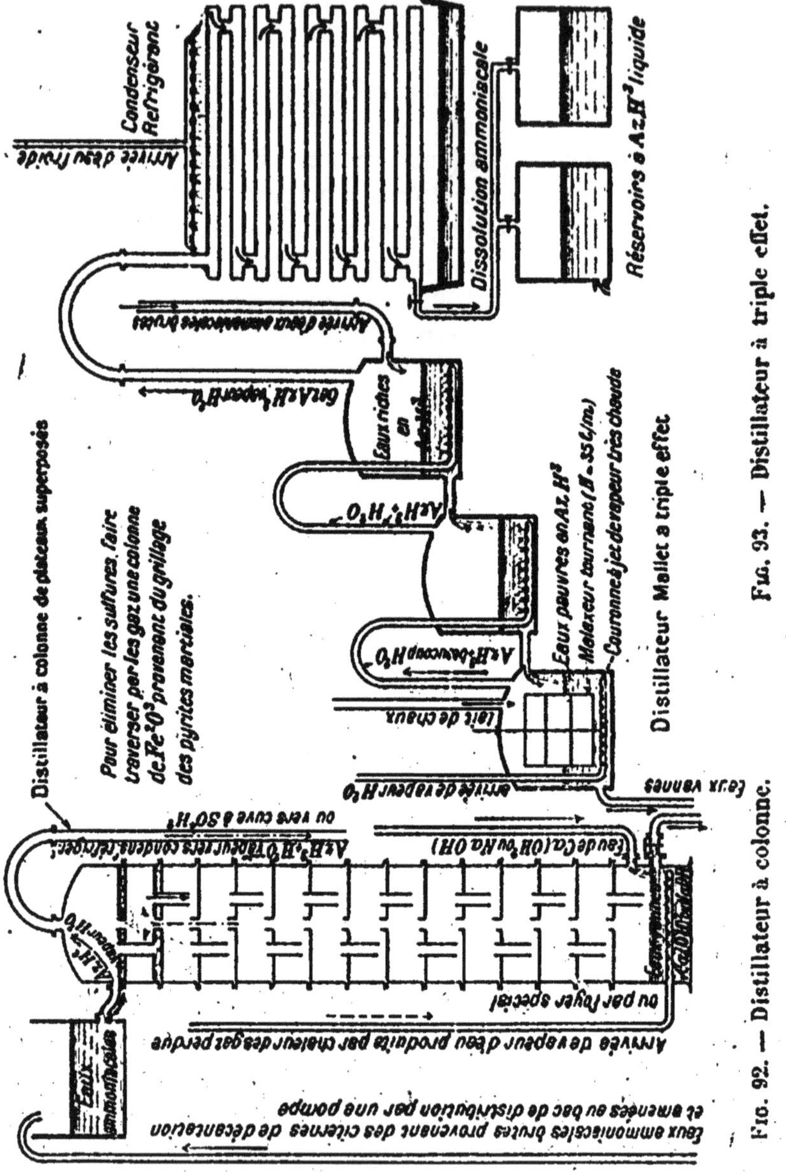

([1]) D'après M. Rançon (*Bulletin technologique de la Société des Anciens Élèves des Écoles d'Arts et Métiers*).

Distillateur à colonne de plateaux superposés. — Les eaux ammoniacales à traiter, élevées dans un réservoir par une pompe, sont amenées sur le plateau supérieur où elles se trouvent en contact avec le mélange de gaz AzH^3 et de vapeur H^2O encore chaud, venant des plateaux inférieurs. Ces eaux ammoniacales brutes abandonnent une partie de leur gaz AzH^3 qui enrichit le mélange précipité et se dégage avec lui par la conduite adaptée à la paroi supérieure. Appauvries, les eaux tombent sur le plateau inférieur où elles rencontrent un mélange plus pauvre en AzH^3, mais plus chaud, qu'elles enrichissent avant de tomber sur le troisième plateau et ainsi de suite. Lorsqu'elles arrivent à la partie inférieure, les eaux ne renferment généralement plus de AzH^3 libre. L'action d'un lait de chaux $Ca(OH)^2$, ou d'une solution de soude caustique $NaOH$ décompose les sels ammoniacaux et met en liberté AzH^3 qui était combiné. La vapeur très chaude, qui débouche en cet endroit par une couronne perforée, entraîne cette ammoniaque vers les plateaux supérieurs où le mélange se refroidit de plus en plus en échauffant les eaux qui marchent en sens contraire.

Distillateur Malet à triple effet. — Là encore le mouvement des eaux de moins en moins riches est descendant et inverse du mouvement ascendant du mélange de vapeur d'eau et de AzH^3. Ce mélange étant de moins en moins chaud, mais de plus en plus riche en AzH^3, à mesure qu'il s'élève. Dans cet appareil, c'est encore le bac le plus chauffé et le plus pauvre en AzH^3 qui reçoit le lait de chaux dont le mélange intime avec l'eau à traiter est assuré par un malaxeur à arbre vertical. Le gaz concentré, après avoir traversé, s'il y a lieu, une *colonne de désulfuration* à Fe^2O^3, se rend au réfrigérant.

Condenseur réfrigérant. — Il peut affecter la forme d'un serpentin noyé dans l'eau réfrigérante qui circule de bas en haut, alors que le mélange AzH^3 et de vapeur H^2O circule de haut en bas dans le serpentin. Celui de la figure 93 est plus facilement réparable en cas de fuites. Il est constitué par une série de tubes horizontaux reliés deux à deux, alternativement à l'une et à l'autre de leurs extrémités. L'eau tombe en pluie à la partie supérieure ; elle est recueillie au bas du condenseur, dans une cuve plate dont le trop-plein s'écoule par une conduite appropriée.

L'eau dissolvant à 15° 780 fois son volume de gaz AzH^3, il y a généralement une quantité de vapeur d'eau condensée suffisante pour dissoudre AzH^3. Si le commerce demande des solutions moins concentrées, on ajoute au mélange gazeux une quantité convenable d'eau pure.

D'ailleurs, si le condenseur laisse encore des traces de AzH^3 gazeux, on peut faire aller ce gaz dans une sorte de scrubber à coke, qui reçoit à sa partie supérieure une pluie d'eau froide allant à l'encontre de AzH^3 qu'elle dissout.

87. Propriétés et usages. — 1° *Le gaz AzH^3 est facilement liquéfiable :* à — 40° sous la pression atmosphérique, à 0° sous la pression de 4^{k} et à 10° sous la pression de 6^{k}. On utilise le froid produit par la vaporisation de AzH^3 liquide et par sa détente dans la fabrication de la glace artificielle. L'appareil employé est basé sur le même principe que ceux décrits (n° 36, *fig.* 55, et n° 77, *fig.* 89).

2° *Le gaz AzH^3 est très soluble dans l'eau.* — On le montre par la même expérience qui a été faite avec l'acide chlorhydrique (n° 70, *fig.* 85), mais AzH^3 jouant le rôle de base ramène au bleu la teinture de tournesol rougie par un acide. C'est donc ce liquide rougi que l'on place dans la cuvette inférieure et le jet d'eau est bleu.

3° *La solution de AzH^3 est un dissolvant.* — Dans le lavage des lainages blancs et des flanelles, elle dissout les taches de graisse. En teinturerie elle dissout le carmin et ravive les teintes détruites par un acide. On fabrique des fausses perles avec les écailles d'ablettes qu'elle dissout. Elle dissout le cuivre en présence de l'oxygène de l'air pour former la liqueur de Schweizer, qui est le seul dissolvant connu de la cellulose (papier, bois). Dans la soudure, elle sert au décapage des métaux en dissolvant les oxydes pour former des mélanges basiques. On emploie pour cet objet le chlorure d'ammonium (sel ammoniac) qui, par la chaleur, se décompose et donne du gaz AzH^3 et de l'acide HCl.

4° AzH^3 est un antiseptique, base de l'eau sédative employée pour maux de tête ; elle cautérise les piqûres d'insectes, guêpes, abeilles, cousins, moustiques et les morsures de vipère.

5° AzH^3 est un composé à fonction basique. — Il forme avec les acides des sels ammoniacaux dans lesque. le *radical* AzH^4 appelé *ammonium*, quelquefois indiqué par le symbole Am, joue le rôle d'un atome de métal *alcalin* monovalent ; d'où le nom *d'alcali volatil* donné à la solution ammoniacale :

Carbonate d'ammonium......		$CO^3 (AzH^4)^2$; CO^3Am^2 ;
Bicarbonate	—	CO^3H, AzH^4 ; CO^3AmH ;
Sulfate	—	$SO^4 (AzH^4)^2$; SO^4Am^2 ;
Azotate	—	AzO^3AzH^4 ; AzO^3Am ;
Chlorure	—	AzH^4Cl ; $AmCl$:
Sulfure	—	$(AzH^4)^2 S$; Am^2S ;

Sels analogues à CO^3K^2, CO^3KH, AzO^3K, K^2S, etc...

$CO^3 (AzH^4)^2$ se forme par fermentation de l'urée ; et, lorsque l'on *combat la météorisation* (gonflement des ruminants par suite du dégagement de CO^2, lorsqu'ils mangent trop de fourrage vert), on fait absorber AzH^3 aux animaux, cherchant à produire du carbonate d'ammonium :

$$CO^2 + H^2O + 2AzH^3 = CO^3(AzH^4)^2 ;$$

il se dissocie par la chaleur.

CO^3H, AzH^4 cristallise assez souvent à basse température dans les conduites d'ammoniaque. On le détruit en laissant s'échauffer la conduite au-dessus de 75°.

$SO^4 (AzH^4)^2$ s'obtient par barbotage dans des cuves garnies intérieurement de plomb et contenant l'acide sulfurique SO^4H^2 étendu, soit des eaux ammoniacales brutes (petites installations), soit de l'ammoniaque gazeuse provenant des distillateurs. On pêche à l'aide de pelles à trous le sulfate obtenu, on le sèche par évaporation ou turbinage et on le met en sacs pour servir comme *engrais azoté en agriculture*. C'est, avec la *fabrication de la soude du commerce* CO^3Na^2 par le procédé Solvay, l'application la plus importante de AzH^3.

AzH^4Cl se forme lors de la fabrication de CO^3Na^2. C'est un sel blanc appelé *sel ammoniac* qui, chauffé avec de la chaux vive CaO, donne le gaz AzH^3 dans les laboratoires :

$$2AzH^4Cl + CaO = CaCl^2 + H^2O + AzH^3.$$

AzH^4Cl est employé dans la soudure du cuivre dont il réduit l'oxyde (décapage), et dans les piles Leclanché à l'état de solution comme liquide excitateur atteignant le zinc.

$(AzH^4)^2 S$ existe dans les lieux d'aisances. Dans les laboratoires, on obtient en faisant traverser par un courant de gaz acide sulfhydrique H^2S une dissolution ammoniacale :

$$2AzH^3 + H^2S = (AzH^4)^2 S.$$

Ce sel est un réactif très employé dans les analyses, formant avec certains sulfures métalliques des sulfures doubles solubles.

LECTURE

Fabrication de la soude du commerce CO^3Na^2 ou carbonate neutre de sodium.

Procédé Solvay. — Nous rappelons pour mémoire que CO^3Na^2 est obtenu par le procédé Leblanc (n° 69, p. 156) en même temps que la production de l'acide chlorhydrique HCl ; et par l'électrolyse du sel dans la fabrication du chlore par certains procédés. Signalons encore que CO^3Na^2 se trouve en grande quantité, à l'état naturel, dans la cendre des végétaux marins, qui en a été la seule source pendant longtemps (soude d'Espagne, soude brute, soude végétale).

Le procédé Solvay, actuellement le plus généralement employé (1.500.000 tonnes sur 1.800.000 chaque année), comprend les phases suivantes :

1° MATIÈRES MISES EN ŒUVRE. — *Chlorure de sodium NaCl.* — On utilise le sel marin ou l'eau de mer ou les saumures que l'on trouve dans le sol de certaines régions.

Ammoniaque AzH^3. — Elle provient de la régénération de celle qui a servi et, pour la mise en route ou la compensation des pertes, du traitement des eaux d'épuration des gaz combustibles.

Chaux CaO et gaz carbonique CO². — On les obtient simultanément dans les fours à chaux (*fig.* 94) en décomposant le calcaire CO^3Ca par la chaleur obtenue en brûlant le coke ou la houille mélangés à CO^3Ca.

CO^2 provient également des calcinateurs où pendant la fabrication, le bicarbonate de sodium est dissocié par la chaleur:

$$2CO^3NaH = CO^3Na^2 + H^2O + CO^2.$$

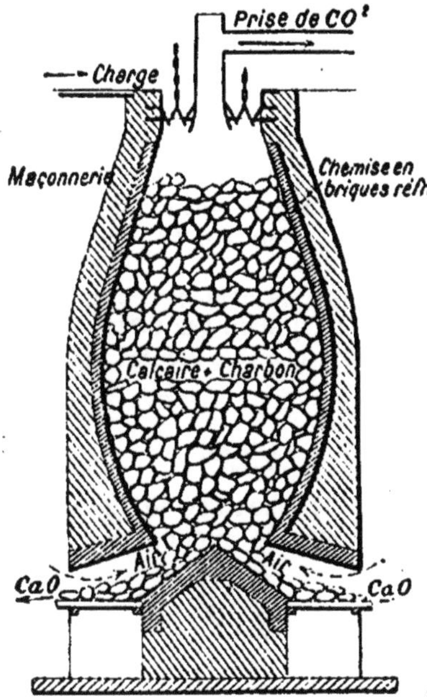

FIG. 94.

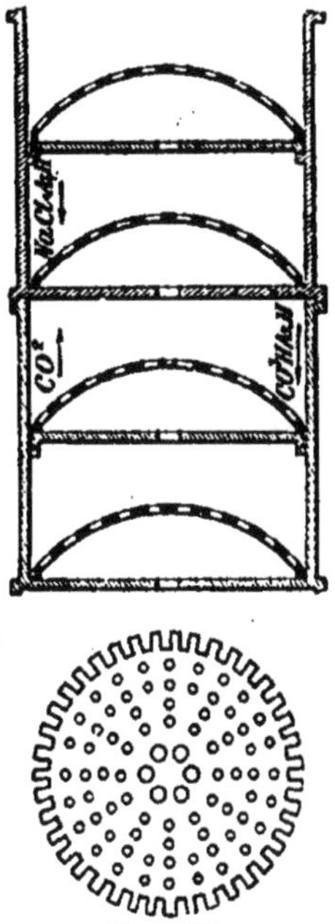

FIG. 95.

Fabrication de la soude du commerce (procédé Solvay).

2° SAUMURE AMMONIACALE. — C'est un mélange d'*ammoniaque* AzH^3 et de *chlorure de sodium* NaCl en dissolution dans l'eau. On l'obtient en faisant passer dans une saumure (dissolution de sel) naturelle ou artificielle l'ammoniaque AzH^3 gazeuse provenant des colonnes ou autres appareils de distillation. Parfois aussi, on dissout le sel dans l'ammoniaque liquide ($AzH^3 + nH^2O$). La saumure ammoniacale est convenablement dosée, puis filtrée.

3° CARBONATATION. — Cette opération a pour but de transformer AzH^3 en carbonate acide ou bicarbonate d'ammonium CO^3H,AzH^4 en lui faisant *absorber* le CO^2 des fours à chaux. Elle a lieu dans les *absorbeurs*. Un absorbeur est constitué par une colonne de 10 à 15ᵐ de hauteur, à tronçons identiques (*fig.* 95). La saumure ammoniacale traverse la colonne verticalement de haut en bas, en sens inverse du gaz CO^2 sous pression, qui chemine de bas en haut. L'intimité du mélange est assurée par la série des cloisons en tôle perforée :

$$CO^2 + AzH^3 + H^2O = \underline{CO^3H, AzH^4},$$

Le bicarbonate d'ammonium CO^3HAzH^4 réagit sur le chlorure de sodium $NaCl$ pour produire du chlorure d'ammonium AzH^4Cl et du bicarbonate de sodium $CO^3H, Na = CO^3NaH$; tous deux en dissolution :

$$NaCl + CO^3H, AzH^4 = AzH^4Cl + \underline{CO^3NaH}.$$

Nota. — On améliore le rendement en introduisant dans l'absorbeur du sel solide raffiné qui se dissout en présence de CO^2 dans la saumure précédemment saturée.

4° Séparation du bicarbonate de sodium CO^3NaH par filtration dans le vide. — CO^3NaH étant moins soluble que AzH^4Cl surtout à basse pression, on le précipite sur un filtre dans lequel on fait le vide et les eaux mères chargées de AzH^4Cl sont envoyées dans les *colonnes pour la régénération de AzH^3*.

5° Calcination. — CO^3NaH se dissocie par la chaleur en donnant du carbonate neutre CO^3Na^2 (soude du commerce) et du gaz CO^2 très pur que l'on utilise de préférence à celui des fours à chaux pour les produits de choix.

$$2CO^3NaH = H^2O + CO^2\!\uparrow + \underline{CO^3Na^2}.$$

6° Régénération de AzH^3. — On traite par la chaux CaO le chlorure d'ammonium AzH^4Cl ; AzH^3 se dégage et on recueille le chlorure de calcium $CaCl^2$ formé :

$$2AzH^4Cl + CaO = CaCl^2 + \underline{2AzH^3}\!\uparrow.$$

$CaCl^2$, dont nous avons signalé l'avidité pour l'eau, est employé comme matière desséchante dans la préparation des gaz ; on en asperge en été les routes poudreuses, à la surface desquelles il entretient un peu d'humidité. Sa dissolution est pratiquement incongelable et sert dans les machines à glace. Le chlorure de calcium n'a pas grande valeur (0 fr. 75 le kilogramme au détail), il en acquerra certainement quand on en retirera le chlore qu'il contient.

Le sel Solvay préparé par ce procédé se présente sous forme d'une poudre blanche. Le carbonate de soude préparé par le procédé Leblanc se présente sous forme de gros cristaux. Cela tient à ce que le premier ne contient pas d'eau de cristallisation, tandis que le second en contient un certain nombre de molécules, 10. A l'air, la surface de ces cristaux de soude se recouvre d'une poudre blanche : c'est du sel Solvay en poudre. Cela tient à ce que dans l'atmosphère à la température ordinaire, une certaine quantité d'eau de cristallisation s'échappe. On donne le nom *d'efflorescence* à ce phénomène de transformation de la surface des cristaux à l'air libre.

EXERCICES

I. — Calculer : 1° le poids du mètre cube ; 2° la densité par rapport à l'air du gaz AzH^3.

II*. — Le poids d'un même volume de gaz diminue quand la température augmente et que la pression reste la même. Si P_0 est le poids de 1^{m3} de gaz AzH^3 à 0°, son poids P à $t°$ est donné par la formule :

$$P = P_0 \times \frac{273}{273 + t}.$$

D'autre part, l'eau à 15° dissout 780 fois son volume de gaz AzH^3. D'après cela, calculer : 1° le poids du mètre cube de gaz AzH^3 à 15° ; 2° le poids du même gaz dissous dans 1^{m3} d'eau saturée.

III*. — Des eaux ayant servi à la préparation de la soude contiennent 30^k de AzH^4Cl par mètre cube. Combien faut-il leur ajouter d'eau de chaux renfermant $1^{gr},28$ de $Ca(OH)^2$ par litre, pour mettre en liberté le gaz AzH^3 ? Quel poids et quel volume de ce gaz obtiendra-t-on si la température de l'opération est de 47° ?

IV. — Quelle est la teneur 0/0 en azote Az d'un engrais contenant 93 0/0 de sulfate d'ammonium $SO^4 (AzH^4)^2$?

XIX. — ACIDE AZOTIQUE OU ACIDE NITRIQUE OU ESPRIT DE NITRE OU EAU-FORTE : $AzO^3H = 14^{gr} + (16^{gr} \times 3) + 1^{gr} = 63^{gr}.$

88. Etat naturel. — L'acide azotique, ou acide nitrique ou eau-forte, se trouve dans la nature, rarement à l'état libre, mais à l'état d'azotates de potassium (nitre ou salpêtre) AzO^3K ; de sodium AzO^3Na et de calcium $(AzO^3)^2 Ca$. La formation de ces azotates est connue sous le nom de *nitrification*. Elle se produit :

1° Par **oxydation** de *l'azote atmosphérique*, soit sous l'action des décharges électriques en temps d'orage, soit sous l'action de microbes vivant à l'état de parasites sur les racines des **plantes légumineuses** : pois, haricots, lentilles, trèfle, luzerne, sainfoin, auxquelles ils fournissent directement l'azote nécessaire à leur croissance :

$$2Az + 5O + H^2O = \underline{2AzO^3H},$$

2° Par **oxydation de l'ammoniaque** au contact d'une sur-face poreuse, surtout dans les lieux humides : caves, écuries, étables. L'ammoniaque dégagée par la fermentation des matières organiques animales se combine avec l'oxygène de l'air pour former de l'acide azotique qui attaque les calcaires et les sels de potassium contenus dans la terre ou dans tous les végétaux terrestres (lessives de potasse CO^3K^2 faites avec cendres de bois) pour former du salpêtre. AzO^3K. Ce sont des cristaux de ce sel, qui constituent les *efflorescences brillantes* que l'on constate sur les murailles des lieux bas et humides.

$$AzH^3 + 4O \qquad = H^2O + \underline{AzO^3H} \qquad \text{(1}^{re}\text{ phase)};$$

$$CO^3Ca + 2AzO^3H = H^2O + CO^2 + (AzO^3)^2 Ca \quad \text{(2}^e\text{ phase)};$$

$$CO^3K^2 + 2AzO^3H = H^2O + CO^2 + \underline{2AzO^3K} \quad \text{(3}^e\text{ phase)}.$$

Dans les régions situées au voisinage de la mer, où les sels de sodium dominent, c'est de l'azotate de sodium AzO^3Na qui se forme. Il en existe dans l'Amérique du Sud de nombreux gisements exploités sous le nom de *salpêtre du Chili ou du Pérou* AzO^3Na. Pour séparer l'azotate du sel marin $NaCl$ auquel il se trouve mélangé, on le dissout dans l'eau bouillante sous pression qui peut contenir beaucoup plus de AzO^3Na que de $NaCl$ [1]. *Le salpêtre du Chilli* AzO^3Na *est actuellement la matière première de la fabrication de l'acide azotique* AzO^3H *et de l'azotate de potassium* employé en pyrotechnie. Il est également employé à l'état naturel comme *engrais azoté.*

89. Préparation de AzO^3H. — *Principe.* — On décompose un azotate, généralement celui de sodium AzO^3Na ou salpêtre du Chili par l'acide sulfurique SO^4H^2. On obtient

---

[1] Le sel marin possède la curieuse propriété de ne pas être plus soluble à chaud qu'à froid.

comme résidu du sulfate de sodium SO^4Na^2 :

$$2AzO^3Na + SO^4H^2 = SO^4Na^2 + 2AzO^3H.$$

Appareil. — Dans l'industrie, on opère dans des *cornues* (*fig.* 96) ou dans des chaudières en fonte, matière presque

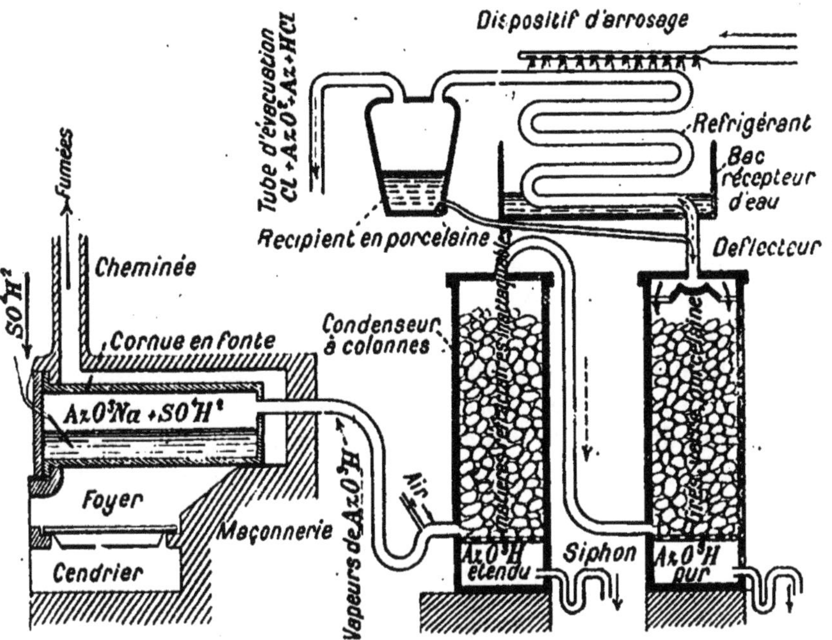

Fig. 96. — Fabrication de l'acide azotique.

inattaquable par les acides. Ces cornues reçoivent le sel AzO^3Na, puis sont fermées à l'avant par un disque soigneusement luté. On y verse ensuite l'acide SO^4H^2 et l'on chauffe. AzO^3H se dégage à l'état de vapeur que l'on condense dans des appareils divers. L'un d'eux (*fig.* 96) est constitué par *deux colonnes* munies chacune d'une tôle perforée sur laquelle reposent des morceaux de matières réfractaires (ne fondant pas) et inattaquables par les acides : grès, verre, porcelaine ou quartz. Au-dessus de ces colonnes se trouve un *réfrigérant* à serpentin arrosé par une pluie d'eau froide.

Les vapeurs de AzO³H chargées d'impuretés provenant des matières employées (eau, acide chlorhydrique et chlore) ou de la décomposition de l'acide azotique (vapeurs nitreuses de peroxyde d'azote AzO²) arrivent à la partie inférieure de la première tour. Elles s'y condensent en partie avec beaucoup de vapeur d'eau, et l'acide faible ainsi formé tombe au-dessous de la grille d'où on peut l'extraire par un tube à siphon pour éviter le passage des vapeurs. Celles-ci quittent la première colonne à la partie supérieure et se rendent au bas de la seconde où leur condensation est facilitée par un courant descendant de AzO³H froid provenant du réfrigérant. Cet acide, réparti sur toute la masse par le *déflecteur*, dissout les vapeurs nitreuses jusqu'à concentration, de sorte que c'est de l'acide industriellement pur que l'on extrait au bas de la deuxième tour. Le réfrigérant a pour but de condenser, et le récipient en porcelaine de rassembler les dernières vapeurs des AzO³H qui, condensées, font retour à la deuxième tour pendant que le chlore et les oxydes d'azote non transformés en acide sont évacués au dehors. Un tube d'admission d'air permet d'admettre ce gaz pour transformer AzO² en acide en présence de la vapeur d'eau :

$$2AzO^2 + O + H^2O = 2AzO^3H.$$

Dans les *laboratoires*, on fait agir SO⁴H² sur l'azotate de potassium, qui coûte plus cher, mais donne un produit plus pur :

$$AzO^3K + SO^4H^2 = SO^4KH + AzO^3H.$$

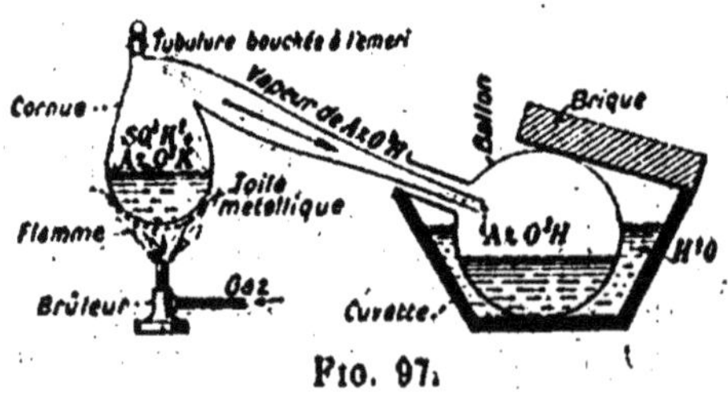

Fig. 97.

La réaction s'effectue dans une cornue en verre (*fig.* 97), légèrement chauffée, et les vapeurs de AzO³H vont se condenser dans un ballon entouré par l'eau d'une cuvette. Au début de l'opération, on aperçoit des vapeurs rouges de peroxyde d'azote AzO^2, appelées vapeurs rutilantes; puis c'est AzO^3H qui se dégage.

La réapparition des mêmes vapeurs à la fin de l'opération indique que celle-ci est terminée et que l'on doit cesser de chauffer.

Actuellement (voir lecture) on cherche à remplacer ce procédé chimique de préparation de l'acide azotique par un procédé électrique. Les mines du Pérou ne sont pas inépuisables, et en tous cas les composés azotés tenant tous leur origine des azotates, en cas de guerre, le continent pourrait être privé de la matière indispensable à la fabrication des munitions fabriquées avec ces composés azotés.

Le principe de cette fabrication consiste à combiner directement l'oxygène et l'azote de l'air atmosphérique en le forçant à circuler rapidement dans la flamme d'un arc électrique extrêmement puissant et étalé par un procédé convenable. La combinaison a lieu sous la haute température de l'arc, mais le courant violent qui l'entraîne soustrait le composé fourni à l'action décomposante de la chaleur. On fait barboter le gaz dans de l'eau de chaux et on peut recueillir de l'azotate de chaux. Ce sel sera utilisé comme engrais ou traité de façon à en extraire de l'acide azotique.

Des usines utilisant ce procédé (Birkeland et Eyde) se montent dans tous les pays de houille blanche (où l'on a l'énergie électrique à bon compte). En Norvège, à Nottoden, fonctionne une usine pouvant disposer d'une énergie de 100.000 chevaux.

90. Propriétés. — 1° L'acide azotique pur, c'est-à-dire correspondant à la formule AzO^3H, est un liquide de densité 1,52, plus ou moins coloré en jaune à cause des vapeurs de peroxyde d'azote AzO^2 (vapeurs rutilantes) qu'il contient en dissolution. Il se solidifie à $-47°$ et bout à $86°$; il émet à la température ordinaire des vapeurs qui, au contact de l'air, donnent des fumées blanches, d'où son nom d'*acide fumant*. Il est dit *monohydraté* parce qu'il résulte de la combinaison de l'anhydride Az^2O^5 avec 1 molécule d'eau H^2O :

$$Az^2O^5 + H^2O = Az^2O^6H^2 = 2AzO^3H \quad \text{ou simplement} \quad AzO^3H.$$

L'acide ordinaire pur est incolore ; il est en outre *tétra-hydraté* ou *quadrihydraté* :

$$Az^2O^5, 4H^2O \quad ou \quad (2AzO^3H + 3H^2O, \quad ou \quad AzO^3H + 1,5H^2O).$$

Cet acide peut d'ailleurs être lui-même dilué dans l'eau. Il est souvent jaune clair, parce qu'il est impur et contient des sels de fer qui le colorent.

2° AzO^3H est un oxydant. — Il se décompose en peroxyde d'azote AzO^2, en eau H^2O et en oxygène sous l'action de la chaleur, de la lumière :

$$AzO^3H = 2AzO^2 + H^2O + O.$$

Il oxyde les combustibles : soufre S, phosphore P, carbone C, hydrogène H ; il transforme les premiers en acides, l'hydrogène en eau ou en ammoniaque :

$$6AzO^3H + S = 6AzO^2 + 2H^2O + SO^4H^2 ;$$

$$5AzO^3H + P = 5AzO^2 + H^2O + PO^4H^3 ;$$

$$4AzO^3H + C = 4AzO^2 + 2H^2O + CO^2 ;$$

$$AzO^3H + H = AzO^2 \qquad\qquad + H^2O ;$$

$$AzO^3H + 8H = \qquad 3H^2O + AzH^3.$$

Le pouvoir oxydant de AzO^3H le fait employer dans la **fabrication de l'acide sulfurique** SO^4H^2 pour oxyder SO^2 (n° 79) : et dans la **dépolarisation des piles** Bunsen où il est réduit en transformant en eau l'hydrogène qui recouvre l'électrode positive ; il se dégage en même temps des vapeurs niteuses.

3° AzO^3H ordinaire attaque tous les métaux, sauf l'or Au et le platine Pt. Il y a formation de l'azotate correspondant ; mais, l'hydrogène ne pouvant se former (comme avec les autres acides) en présence de AzO^3H qui serait réduit, il y a, selon les cas, production d'azote Az, ou de divers oxydes d'azote

Az^2O, AzO, AzO^2; ainsi par exemple avec le cuivre. On a :

$$8AzO^3H + 3Cu = 3(AzO^3)^2 Cu + 4H^2O + 2AzO.$$

Cette réaction sert à reconnaître AzO^3H, car AzO qui se dégage se transforme immédiatement en vapeurs rutilantes rouges de peroxyde d'azote AzO^2. L'attaque du cuivre par l'acide azotique est utilisée dans la **gravure sur cuivre à l'eau-forte** : on recouvre la plaque à graver d'une fine couche de cire fondue dont on forme une cuvette plate avec rebords; on reproduit le dessin à graver et l'on enlève la cire avec une fine pointe partout où il y a un trait, de façon à mettre à nu le cuivre en cet endroit. En versant l'acide sur la plaque, le cuivre est attaqué et le dessin reproduit en creux; il suffit alors de nettoyer la plaque pour pouvoir l'utiliser directement dans les procédés d'impression.

L'acide concentré ou étendu attaque un grand nombre de métaux, le potassium, le sodium, le zinc, le cuivre, l'étain, etc. L'acide concentré n'attaque pas le fer; bien plus, il rend le fer *passif*, c'est-à-dire inattaquable par l'acide ordinaire étendu à cause de AzO formé qui protège le métal à la surface duquel il se dépose. Il suffit de frotter le fer ainsi passif avec un corps dur pour déterminer une attaque violente. Si on touche le fer passif avec une tige de cuivre, la passivité cesse aussi : il se formerait, dans ce cas, un couple électrique qui déterminerait l'attaque ultérieure.

4° ***AzO³H réagit sur les matières organiques :*** 1° En les détruisant (destruction de l'indigo). Il *oxyde* les hydrates de carbone : sucre, glucose, cellulose, amidon, fécule, qu'il transforme en acide oxalique; et certains carbures d'hydrogène.

2° En s'y combinant : c'est ainsi qu'il transforme un grand nombre de corps en produits *nitrés* généralement très inflammables, employés dans la *fabrication des explosifs : dynamite et poudre sans fumée* (nitro-glycérine, nitro-cellulose, coton-poudre ou fulmi-coton). La nitrobenzine possède une odeur analogue à celle de l'essence d'amandes amères (essence de mirbane); c'est le point de départ des couleurs d'aniline

employées en teintures. L'acide picrique ou phénol trinitré sert
à teindre en jaune la laine et la soie ; les picrates sont des explosifs. Le collodion est employé en photographie et en chirurgie ;
le celluloïd (mélange de camphre et de coton-poudre) a les
usages les plus divers.

5° AzO³H forme avec 3 fois son volume d'acide chlorhydrique
l'eau régale qui dissout l'or et le platine (n° 70).

6° Il est encore employé dans le **dérochage** du cuivre, du
bronze et du laiton pour les débarrasser des matières étrangères qui en couvrent la surface.

91. Azotates. — Ce sont les sels correspondant à
AzO³H. Ceux qui présentent le plus d'intérêt sont les azotates :

Hydrogène.......	AzO³ H ;	Magnésium.......	(AzO³)² Mg ;
Ammonium......	AzO³ (AzH⁴) ;	Calcium..........	(AzO³)² Ca ;
Potassium	AzO³ K ;	Baryum..........	(AzO³)² Ba ;
Sodium..........	AzO³ Na ;	Plomb..........	(AzO³)² Pb ;
Argent..........	AzO³ Ag ;	Cuivre..........	(AzO³)² Cu.

AzO³K existe dans les lieux humides et dans certains pays
chauds et secs : Égypte, Inde. On le prépare à l'aide de
AzO³Na et du chlorure de potassium KCl :

$$AzO^3Na + KCl = NaCl + \underline{AzO^3K}.$$

On l'utilise surtout dans la fabrication de la poudre de
chasse, mélange de salpêtre (72 parties) de soufre et de charbon (14 parties de chacun), dont la formule de combustion est
voisine de la suivante :

$$\underset{\text{poudre}}{\underline{2AzO^3K + 3C + S}} = \underset{\text{crasse}}{\underline{K^2S}} + \underset{\text{gaz donnant la pression}}{\underline{2Az + 3CO^2}}.$$

AzO³Na sert comme *engrais* et dans la préparation de
AzO³H.

AzO³Ag est employé dans les analyses comme réactif des
sulfures.

(AzO³)² Ba est employé dans les analyses comme réactif des
sulfates.

LECTURE

Production électrique de l'acide azotique.

A mesure que la civilisation s'étend sur le globe terrestre, la consommation du pain et par suite du blé augmente dans une proportion considérable. Bien qu'en certaines régions, la République Argentine par exemple, les terrains encore vierges nous promettent pour l'avenir d'abondantes moissons, la nécessité se fait sentir chaque jour davantage d'augmenter le rendement des terrains en culture en les améliorant par des engrais chimiques. Or il existe trois corps que l'on doit fournir au sol par ce procédé ; ce sont la *potasse*, l'*acide phosphorique* et l'*azote*. Les deux premiers existent dans la nature en quantités suffisantes pour ne pas donner d'inquiétudes. Il n'en est pas de même du dernier, qui provient du *sulfate d'ammonium* $SO^4(AzH^4)^2$ et surtout de l'*azotate de sodium* AzO^3Na. Il existe de ce dernier des gisements considérables, mais sa consommation croît avec une telle rapidité (nulle en 1820 ; 25 tonnes en 1850 ; 300 en 1880 et 1.500 en 1903 pour l'Europe) que l'on entrevoit sa disparition prochaine.

On a donc songé à tirer des éléments de l'air l'acide azotique servant à la production des couleurs et parfums artificiels et les azotates nécessaires à la production intensive du blé. Nous signalerons (voir plus haut) entre autres procédés industriels celui de *Birkeland-Eyde*, dans lequel on obtient soit de l'acide nitrique, soit de l'azotate de calcium AzO^3Ca employé comme engrais.

EXERCICES

I. — Quel poids d'acide azotique pur AzO^3H peut-on obtenir avec une tonne de salpêtre du Chili ramené à 96 0/0 de AzO^3Na ? sachant que l'acide sulfurique SO^4H^2 employé renferme 1,5 0/0 d'eau ; quel poids en faudra-t-il ?

II. — Calculer les volumes de AzO^3H produit et de SO^4H^2 employé, sachant que la densité du premier est 1,52, celle du second 1,84 ?

III. — Le sulfate d'ammonium $SO^4(AzH^4)^2$ est vendu 32 francs les 100ᵏ et l'azotate de sodium AzO^3Na, 34 francs les 100ᵏ. Sachant que l'un et l'autre sont à 95 0/0 de pureté, on demande : 1° à combien revient le kilogramme d'azote dans chaque sel ; 2° auquel l'agriculteur doit donner la préférence.

XX. — PHOSPHORE : $P = 31^{gr}$.

92. État naturel. — A cause de la grande facilité avec laquelle il s'oxyde, le phosphore P n'existe pas à l'état libre dans la nature, où il est néanmoins très répandu à l'état de composés variés chez les animaux, notamment dans les *os*, les

200   MÉTALLOIDES

dents, l'urine, la matière nerveuse et cérébrale, et chez les végétaux, surtout dans les *fruits*. Lors de la décomposition de ces matières, il y a souvent production de phosphures d'hydrogène, dont le plus important, PH^3, est un gaz pouvant s'enflammer spontanément et produire les lueurs connues

TENEUR 0/0 DE QUELQUES CORPS NATURELS PHOSPHATÉS.

	$(PO^4)^2Ca^3$	$(PO^4)^2Mg^3$	CO^3Ca	CaF^2	$Fe^2O^3 + Al^2O^3$	SiO^2
Os frais	60	1	6	»	»	»
Cendres de blé	22	28	»	»	»	»
riz	24	24	»	»	»	»
haricots	8,4	11,3	»	»	»	»
noix	30,4	17,6	»	»	»	»
châtaigne	9	11,4	»	»	»	»
raisin frais	25	»	»	»	»	»
pépins de raisin rouge	50	»	»	»	»	»
Apatites de Cacérès (Espagne)	83	»	»	5	»	»
Langerund (Norwège)	90	»	»	6	»	»
Ottawa (Canada)	90	»	»	6	»	»
Sables phosphatés de Beauval (Somme)	83	0,7	5,4	6,7	1,1	1,6
Nodules de la craie grise	73,7	0,3	9,1	6,2	1,3	3,4
Phosphates de la Floride (E.-U.)	80,5	»	4,7	»	2,2	4,2
de la Caroline (E.-U.)	53	»	8	5	8	17
de Gafsa (Tunisie)	61,9	»	15,5	»	2,5	3,9
Minerais ordin. (hématite grise)	0.07				82	
phosphoré de Lorraine	3	0,2			85	

sous le nom de « feux follets ». De nombreuses roches minérales renferment du phosphore à l'état de sel, surtout de *phosphate tricalcique*, combinaison de l'anhydride phosphorique P^2O^5 avec 3 molécules de chaux vive CaO :

$$P^2O^5 + 3CaO = P^2O^5Ca^3 = (PO^4)^2 Ca^3.$$

Dans l'*apatite*, roche cristallisée, $(PO^4)^2 Ca^3$ se trouve combinée au fluorure de calcium $Ca F^2$; dans les *nodules* amorphes, il se trouve mélangé au calcaire et à des oxydes de fer Fe^2O^3 et d'alumine Al^2O^3. Dans les *minerais de fer*, il en existe souvent des traces, parfois même une proportion sensible, nécessitant la déphosphoration de la fonte. Cette opération consiste à brûler le phosphore en présence d'une base ; celle-ci fixe l'acide obtenu et le transforme en phosphate qui, fondu, est évacué avec le *laitier* ou *scories* (résidu). De là, l'emploi de ces scories comme engrais.

Fabrication des superphosphates [1] $(PO^4)^2 CaH^4$ (*fig.* 98). — Le phosphore qui existe chez les animaux est généralement

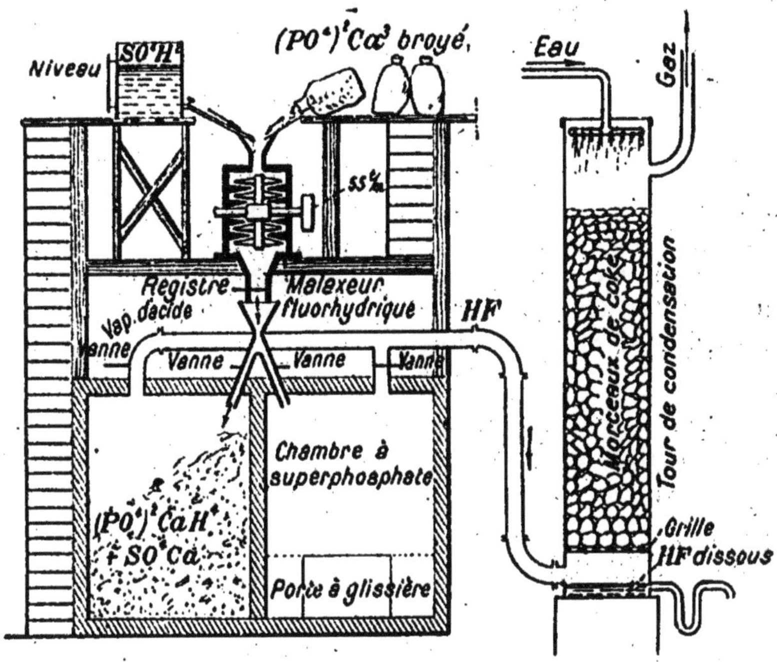

FIG. 98. — Fabrication des superphosphates.

puisé dans les plantes; celles-ci doivent donc le trouver dans le sol, et, si l'on veut obtenir des terrains cultivés le maximum de rendement, il est nécessaire de leur fournir sous une forme assimilable l'acide phosphorique dont les plantes ont besoin. Or le phosphate tricalcique $(PO^4)^2 Ca^3$ est insoluble dans l'eau, et, bien que les réactions qui se produisent dans le sol ne soient pas toujours très connues, Liebig a montré la supériorité comme engrais du phosphate monocalcique

[1] D'après M. Rançon.

$(PO^4)^2 CaH^4$ obtenu en traitant par l'acide sulfurique SO^4H^2, le phosphate tricalcique $(PO^4)^2 Ca^3$:

$$(PO^4)^2 Ca^3 + 2SO^4H^2 = 2SO^4Ca + (PO^4)^2 CaH^4.$$

On ne sépare pas généralement le sulfate de chaux ou plâtre SO^4Ca, et *c'est le mélange que l'on désigne sous le nom de superphosphate.* La roche traitée renfermant presque toujours du calcaire CO^3Ca et du fluorure de calcium CaF^2, il y a dégagement de gaz carbonique CO^2 et de vapeur d'acide fluorhydrique HF. Le second, qui est liquide au-dessous de 19° et en outre très soluble, se condense dans une tour réfrigérante et l'on recueille sa solution aqueuse. Le CO^2 non dissous est évacué par une cheminée.

L'acide fluorhydrique HF, qui présente de grandes analogies avec l'acide chlorhydrique HCl, est employé pour le dépolissage des glaces et la gravure sur verre.

93. Acide orthophosphorique PO^4H^3. — C'est le plus important des composés du phosphore; il résulte de la combinaison de l'anhydride phosphorique P^2O^5 avec 3 molécules d'eau :

$$P^2O^5 + 3H^2O = P^2O^8H^6 = 2(PO^4H^3).$$

Cet acide s'obtient en faisant subir aux os, composés de phosphate tricalcique $(PO^4)^2 Ca^3$, de carbonate de calcium CO^3Ca et d'une matière organique appelée osséine, les opérations suivantes :

1° Action de l'acide chlorhydrique HCl. — Il transforme la matière minérale en sels solubles : phosphate monocalcique $(PO^4)^2 CaH^4$ et chlorure de calcium $CaCl^2$; le gaz carbonique CO^2 se dégage et l'osséine insoluble se sépare facilement :

$$Os + HCl \begin{cases} (PO^4)^2 Ca^3 + 4HCl = 2CaCl^2 + (PO^4)^2 CaH^4 \\ CO^3Ca + 2HCl = CaCl^2 + CO^2 + H^2O \end{cases} + \text{gélatine.}$$

$$= \text{Gélatine} +$$

L'osséine est soumise dans des autoclaves à une température de 120' et une pression de 2^{kg} par centimètre carré. Elle se transforme en gélatine employée pour enduire les plaques photographiques, faire les pâtes à polycopier, la colle forte, la gelée employée dans l'alimentation.

2° Action de la chaux $Ca(OH)^2$. — Elle a pour but de séparer le $CaCl^2$ et le phosphate monocalcique qui sont tous les deux solubles.

La dissolution de sels minéraux étant additionnée de chaux, le phosphate monocalcique $(PO^4)^2\,CaH^4$ se transforme en phosphate bicalcique $(PO^4)^2\,Ca^2H^2$ insoluble dans l'eau qui se précipite et que l'on peut alors aisément séparer du chlorure soluble :

$$(PO^4)^2\,CaH^4 + Ca(OH)^2 = (PO^4)^2\,Ca^2H^2 + 2H^2O.$$

3° Action de l'acide sulfurique SO^4H^2. — Il transforme le phosphate bicalcique $(PO^4)^2\,Ca^2H^2$ en acide phosphorique PO^4H^3 :

$$(PO^4)^2\,Ca^2H^2 + 2SO^4H^2 = 2SO^4Ca + 2PO^4H^3.$$

On pourrait traiter directement le phosphate tricalcique $(PO^4)^2\,Ca^3$ par un excès de SO^4H^2 pour obtenir PO^4H^3 :

$$(PO^4)^2\,Ca^3 + 3SO^4H^2 = 3SO^4Ca + \underline{2PO^4H^3}.$$

C'est ce que l'on fait avec les phosphates naturels lavés et avec les os calcinés à l'air libre; mais avec les os frais, on obtiendrait des produits moins purs, et la gélatine serait perdue.

94. Préparation du phosphore ordinaire P. — *1° Décomposition de PO^4H^3 par le charbon de bois pulvérisé.* — Le mélange des deux corps est desséché, puis chauffé au rouge dans des cornues en terre réfractaire. Il se dégage des vapeurs de phosphore qui se condensent dans l'eau.

$$PO^4H^3 + 4C = 4CO + 3H + \underline{P}.$$

2° *Décomposition des phosphates au four électrique.* —
On mélange $(PO^4)^2 Ca^3$ avec du charbon et un anhydride capable de fixer la chaux : silice (sable) SiO^2 ou alumine Al^2O^3,
pour former du silicate de calcium $SiO^3 Ca$ ou de l'aluminate
de calcium Al^2O^3, CaO :

$$(PO^4)^2 Ca^3 + 3SiO^2 \; + 5C = 3SiO^3Ca \quad + 5CO + \underline{2P} ;$$
$$(PO^4)^2 Ca^3 + 3Al^2O^3 + 5C = 3Al^2O^3,CaO + 5CO + \underline{2P}.$$

Ce procédé, déjà répandu en Allemagne, est celui de l'avenir.

Purification. — Le phosphore, fondu à 50° sous l'eau, est
filtré par pression à travers du noir animal et une peau de
chamois, puis coulé en bâtons prismatiques ou cylindriques
que l'on conserve sous l'eau.

95. Propriétés. — Le phosphore ordinaire est **blanc,
mou, flexible, de densité 1,84, soluble dans le sulfure de carbone et phosphorescent** (s'oxyde en émettant des lueurs dans
l'obscurité), dans une atmosphère d'oxygène à basse pression,
dans l'air, par exemple, pas dans l'oxygène pur. Il fond sous
l'eau à 44° et bout à 290° dans une atmosphère d'hydrogène
ou d'azote privée d'oxygène; ses vapeurs produisent des brûlures graves et déterminent la nécrose des os.

Il est transformé en **phosphore rouge** : 1° par l'action de la
lumière ou du radium à la température ordinaire, mais très
lentement; 2° rapidement par le chauffage en vase clos sous
pression entre 200 et 260°. Au-dessus de cette température,
c'est la transformation inverse qui se produit.

Le phosphore rouge est plus dense ($d = 2$ à $2,3$) que le
blanc; il est insoluble dans le sulfure de carbone, moins inflammable et pas vénéneux ni phosphorescent. On l'obtient
pratiquement en chauffant à 240° au bain de sable 200 à 250°
le phosphore ordinaire contenu dans une chaudière cylindrique en fonte.

Le phosphore blanc s'enflamme spontanément dans l'oxygène pur à la température ordinaire et à 60° dans l'air. Il
brûle également dans le chlore Cl avec lequel il forme du

chlorure PCl³ ou du chlorure PCl⁵ phosphore employés perde en chimie organique. Il se combine avec le soufre à 100° et se transforme en sulfure de phosphore P⁴S³ employé dans la fabrication des allumettes.

96. Allumettes. — Elles sont constituées par un **support** en bois ou en paraffine imprégnant une mèche de coton (allumettes bougies), enduit de **soufre** à une extrémité sur une longueur de 7 à 8^{mm}, lequel est recouvert d'une **pâte** de composition variable. Cette pâte peut être à base de **phosphore blanc**, de **phosphore rouge** ou de **sulfure de phosphore** P⁴S³. . Elle contient en outre : 1° un **oxydant** (chlorate de potassium) destiné à faciliter la combustion par cession d'oxygène ; 2° une **poudre rugueuse** (sable fin ou verre pilé) destiné à augmenter la chaleur de frottement qui détermine l'inflammation, et 3° un **agglutinant** (colle ou gomme) pour bien maintenir la masse. La pâte au phosphore blanc est colorée par de l'ocre rouge ou du vermillon. Dans les allumettes au phosphore rouge, ce combustible se trouve sur le frottoir et non sur le support : le frottement en détache une parcelle qui est suffisante pour produire l'inflammation. Les allumettes au phosphore blanc étant vénéneuses tendent à disparaître ; celles au sulfure de phosphore sont les plus fabriquées en France.

EXERCICES

I. — Calculer les poids d'acide sulfurique pur SO⁴H² nécessaires pour transformer 310ᵍʳ de phosphate tricalcique pur : 1° en phosphate monocalcique (PO⁴)² CaH⁴ ; 2° en acide phosphorique PO⁴H³. Ecrire les formules et calculer les poids des produits obtenus.

II. — Quel poids de charbon de bois pulvérisé C faut-il ajouter à 50ᵏ d'acide phosphorique PO⁴H³ pour le transformer en phosphore P ? Ecrire la réaction et calculer le poids du phosphore obtenu.

III. — Quel poids de charbon C et de silice SiO² faut-il ajouter à 100ᵏ de (PO⁴)² Ca³ pour le transformer en phosphore P au four électrique ?

Problèmes généraux des engrais chimiques

IV*. — Un sable phosphaté de Beauval (Somme) renferme 0/0 :

81,6 de (PO⁴) Ca³,	0,2 de (PO⁴)² Mg³,
3,8 de CO³Ca,	0,22 de Al²O³,
6,9 de CaF²,	0,47 de Fe²O³,

le reste est constitué par de l'eau et des matières inattaquables. On traite 500ᵏ᷿ ce phosphate par SO^4H^2 à 10 0/0 d'eau. Écrire les formules de toutes les réactions qui se produiront ; les poids : 1° de SO^4H^2 nécessaire ; 2° du superphosphate obtenu en tenant compte de CO^2 et HF qui se dégagent ; 3° la teneur de ce superphosphate en acide phosphorique anhydre P^2O^5.

V*. — L'analyse chimique a permis d'évaluer aux nombres contenus dans le tableau ci-dessous les quantités de divers principes que renferme pour chaque catégorie de plante une bonne récolte obtenue sur un hectare de terrain :

NOM DES PLANTES	RENDEMENT à L'HECTARE	AZOTE Az	ACIDE PHOSPHORIQUE P²O⁵	POTASSE K²O
Blé................	40 hectol.	102 kg.	92 kg.	54 kg.
Seigle.............	21 —	42 —	22 —	38 —
Orge	24 —	38 —	16 —	33 —
Avoine............	25 —	42 —	12,5 —	25 —
Colza.............	16 —	64 —	48 —	58 —
Betterave fourragère	40 tonnes	102 —	48 —	260 —
— sucrière ..	32 —	86,6 —	45 —	168 —
Pomme de terre	20 —	88 —	40 —	120 —
Trèfle (sec).........	8 —	160 —	44 —	156 —
Luzerne (sec).......	10 —	200 —	58 —	160 —
Lin................	»	120 —	22 —	40 —
Houblon...........	»	64 —	13 —	24 —

En admettant que pour le blé ces principes soient uniquement fournis par des engrais chimiques, calculer quelles en sont les quantités lorsqu'on utilise :

1° Un nitrate de soude contenant 93,5 0/0 de sel pur AzO^3Na et coûtant 23 fr. 10 les 100ᵏ᷿ ; 2° un superphosphate contenant 15 0/0 d'acide soluble P^2O^5 et coûtant 7 fr. 50 les 100ᵏ᷿ ; 3° un chlorure de potassium à 89,4 de sel pur KCl se transformant en oxyde dans le sol et coûtant 22 fr. 16 les 100ᵏ᷿.

VI*. — Même problème lorsqu'on utilise : 1° un sulfate d'ammoniaque à 99 0/0 de sel pur $SO^4(AzH^4)^2$ et coûtant 33 fr. 60 les 100ᵏ᷿ ; 2° des scories de déphosphoration à 18 0/0 d'acide phosphorique P^2O^5 et coûtant 5 fr. 40 les 100ᵏ᷿ ; 3° un sulfate de potasse à 87 0/0 de sel pur $SO^4K^2 = SO^3K^2O$ et coûtant 23 fr. 50 les 100ᵏ᷿.

VII*. — Même problème pour un cultivateur pouvant disposer, par hectare, de 18.000ᵏ᷿ de fumier contenant en moyenne 0,6 0/0 d'azote, 0,3 0/0 d'acide phosphorique et 0,5 0/0 de potasse. Ce cultivateur emploie le nitrate de soude, les scories de déphosphoration et le chlorure de potassium dont les qualités sont indiquées dans les exercices V et VI.

VIII*. — La récolte étant proportionnelle à la quantité du principe fertilisant qui manque le plus, calculer les récoltes de blé et de betterave

suerière que ce cultivateur obtiendra par hectare en n'employant que le
fumier seul comme engrais.

IX*. — Sachant que le blé vaut 22 francs l'hectolitre, calculer le bénéfice
que retire ce cultivateur sur 36ᵃ de terrain ensemencé en blé s'il emploie
les engrais chimiques dont le transport et la manutention s'élèvent à
20 0/0 du prix d'achat.

XXI. — SILICIUM : Si = 28.

97. État naturel. — Le silicium est très répandu dans la
nature à l'état de silice SiO^2 et de silicates. La **silice pure** se
présente sous la forme de cristaux à six pans ; elle constitue le
quartz ou cristal de roche incolore employé en optique. Différents oxydes métalliques peuvent le colorer ; il est alors connu
sous les noms de **quartz enfumé**, noir ; d'**améthyste**, violet ; de
topaze, jaune ; de **cornaline** et d'**agate**, diversement colorées. Ces
pierreries entrent dans la fabrication des bijoux ; leur nom
peut aussi s'appliquer à des corps de même aspect ayant pour
base l'**alumine** ou **corindon** Al^2O^3. Dans le **sable**, le **silex** ou
pierre à fusil, le **grès**, la **pierre meulière**, la silice est souvent
mélangée à des matières étrangères : calcaire et oxydes
métalliques. La silice hydratée ou **acide silicique** $SiO^2 + H^2O$
$= SiO^3H^2$ existe en dissolution dans l'eau chargée de CO^2 ;
c'est dans cet état qu'elle est absorbée par les plantes qui lui
doivent leur rigidité. Les céréales, les prêles et les fougères
en contiennent particulièrement. Solide, SiO^3H^2 constitue
les différentes variétés d'**opale** utilisées en joaillerie.

Le silicate le plus répandu dans la nature est celui d'aluminium hydraté Al^2O^3, $H^2O (SiO^2)^2$, qui constitue l'**argile
pure ou kaolin**, matière première de la fabrication de la porcelaine. Les argiles ordinaires sont plus ou moins impures ;
elles servent à la confection des briques, des tuiles et des
poteries. La **terre à foulon** est utilisée dans le dégraissage des
draps ; la **marne** est un mélange d'argile et de calcaire
employé dans l'amendement des terrains.

Les **ocres** employés en peinture sont des argiles très riches, en oxydes de fer. Les roches granitiques, gneiss, feldspaths et mica, sont des silicates complexes d'aluminium, de fer, de magnésium, SiO^3Mg et de potassium SiO^3K^2; ce dernier étant soluble est entraîné par les eaux courantes qui le tiennent en dissolution. Comme la silice dissoute dans l'eau chargée de CO^2, il peut servir à la nutrition des végétaux; mais, comme elle, il peut provoquer des dépôts cristallins dans les générateurs de vapeur.

L'amiante, très employée comme laine minérale pour faire des revêtements ignifuges (incombustibles) et calorifuges (qui empêche les fuites de chaleur), ainsi que la **pierre ponce,** très poreuse, sont des corps siliceux. Le kieselguhr mélangé à la nitrobenzine la fixe et constitue la dynamite.

Le talc, poudre onctueuse, employée comme adoucissant et pour diminuer les frottements, est un silicate de magnésie.

98. Rôle du silicium dans la métallurgie. — Le silicium étant un des minéraux les plus répandus dans la nature, on conçoit qu'il se rencontre dans la plupart des minerais métalliques, en particulier dans ceux du fer où il se trouve à l'état de silice SiO^2 ou de silicate d'alumine $Al^2O^3H^2O(SiO^2)^2$. L'incorporation du silicium aux métaux a une importance très grande.

1° Il diminue la solubilité du carbone C dans le fer en fusion. — Lorsque sa teneur s'élève à plus de 1 0/0, on obtient de la fonte grise ou fonte de moulage avec laquelle on fait des organes de machines : bâtis, poulies, volants, engrenages, et des objets domestiques : fourneaux, réchauds. Si le minerai était trop pauvre en silicium, on obtiendrait de la fonte blanche plus riche en carbone, dure et cassante, employée seulement dans des cas spéciaux. Pour obtenir de la fonte grise, les fondeurs doivent ajouter du ferro-silicium au bain en fusion.

2° Il augmente la résistance à la traction et le durcissement à la trempe des aciers doux, mais diminue leur résistance au choc et à la flexion ainsi que les facilités d'al-

longement (ductilité). — On devra donc éliminer, à l'état de silicate fusible, le silicium en excès dans les fers et aciers destinés à être transformés en fils ou à être pliés.

3° *Il facilite la transformation de la fonte en acier Bessemer acide.*

4° *Il forme avec l'aluminium Al un alliage à 8 0/0 de Si* possédant une résistance beaucoup plus grande que l'aluminium pur.

Enfin nous signalerons ici les propriétés réfractaires de la silice, inattaquable par la chaleur aux températures ordinaires. Ces propriétés, que nous reverrons, sont utilisées pour faire la paroi intérieure des fours employés dans la métallurgie.

98 *bis*. Produits réfractaires. — Ce sont des matériaux pouvant résister à de très hautes températures et à des changements brusques sans se détériorer : ils ne doivent ni fondre, ni se ramollir, ni se crevasser ; ils doivent, en outre, conserver les mêmes dimensions, être imperméables et résister à l'action corrosive des corps que l'on travaille. Théoriquement, aucun corps naturel ou artificiel ne remplit ces conditions ; mais, en pratique, il en est qui possèdent toutes les qualités requises pour des cas bien déterminés. Ils entrent dans la confection des creusets et le revêtement intérieur des fours et fourneaux employés dans l'industrie, en particulier dans la métallurgie. Trois groupes de substances peuvent supporter les températures élevées :

1° Le carbone graphitique sert à faire les bougies de lampes à arc, les électrodes de piles et d'électrolyseurs, le revêtement intérieur des fours et certains creusets. On le mélange à une légère quantité d'argile pour le travailler dans ces derniers cas. Les bases, les acides et les sels sauf les oxydants sont sans action sur le carbone. Mais l'oxygène, l'air et les oxydants déterminent sa transformation partielle en CO ou CO^2.

2° Les substances basiques : alumine Al^2O^3, chaux CaO, magnésie MgO, sesquioxyde de fer Fe^2O^3, ont l'inconvénient de manquer de consistance et d'être facilement attaquées par les acides et par beaucoup de sels. Dans cette catégorie doivent figurer les oxydes de terres rares, de **thorium** et de **cérium** servant à la fabrication des manchons pour l'éclairage par incandescence, au gaz, au pétrole ou à l'alcool et des filaments de certaines lampes électriques.

3° Les substances acides : **silice** SiO^2 et **argile pure** ne sont attaquées que par les bases et les sels alcalins, qui les transforment en silicates fusibles ou verres.

Pour les cas ordinaires, l'argile assez pure, ne renfermant pas de soude ni de potasse et mélangée à du quartz qui en diminue le retrait au feu, donne une bonne brique réfractaire. Les briques de chaux et de magnésie à 2 0/0 et 5 0/0 d'argile sont utilisées dans les cornues Bessemer et pour la base des fours en contact avec les scories. Les briques à plus de 90 0/0 de silice sont employées pour les voûtes soumises à l'action directe du feu.

On est arrivé ces derniers temps à fondre la silice pure, ce qui a permis de constituer avec cette substance des appareils de chimie d'assez grande taille, tubes, creusets, capsules. Ils sont employés à toutes sortes d'usages où le verre serait attaqué. La silice a la propriété précieuse d'avoir un coefficient de dilatation sensiblement nul, ce qui permet de refroidir brusquement ces appareils, même chauffés au rouge, sans crainte de les voir se rompre.

99. Carborundum. — C'est un *carbure de silicium* SiC obtenu en soumettant au four électrique un mélange de coke C et de sable SiO^2 additionnés d'une faible quantité de sciure de bois dont le charbon poreux facilite le dégagement de l'oxyde de carbone CO :

$$SiO^2 + 3C = SiC + 2CO.$$

Le carborundum est un corps cristallisé de densité 3,12. Il est **excessivement dur** et **réfractaire** ; il est inattaquable par l'oxygène, qualité qui manque au carbone réfractaire, et par l'acide fluorhydrique ou les bases, qualité qui manque à la silice. Par contre, il est décomposé par le chlore à très haute température (1.200°).

A cause de sa dureté, il a les mêmes usages que l'émeri (corindon ou alumine pure Al^2O^3) pour le polissage à l'aide de meules, de toiles et de papiers spéciaux. Les propriétés réfractaires permettent de l'employer pour faire les parois intérieures des creusets ou des fours.

XXII. — APPLICATIONS DE LA SILICE ET DES SILICATES

100. Céramique. — L'art de modeler la terre pour en faire les objets destinés aux usages divers: vaisselle, poterie, tuyaux, tuiles et briques, repose sur la propriété que possède l'argile d'être *plastique*, c'est-à-dire de pouvoir acquérir la consistance d'une pâte et par suite de pouvoir se pétrir, se modeler et se façonner sous les formes les plus variées. L'argile est onctueuse au toucher; elle est très avide d'eau qu'elle absorbe: pour cette raison, elle happe à la langue; mais, lorsqu'elle est saturée, elle devient imperméable; elle est d'ailleurs insoluble dans l'eau. L'argile humide, lorsqu'on la sèche, perd une partie de son eau en éprouvant un retrait; chauffée et devenue anhydre, au rouge elle subit un nouveau retrait qui varie avec la température et peut aller jusqu'à 20 0/0. C'est sur cette propriété qu'est basé le pyromètre de Wegdwood pour l'évaluation des hautes températures. Cuite, l'argile devient poreuse et perméable à l'eau, mais pas aux impuretés ni aux microbes, d'où l'emploi de la porcelaine non vernissée pour le filtrage des eaux domestiques et des tuyaux en poterie pour le drainage des terrains marécageux. L'argile provenant de la désagrégation des feldspaths n'est pas un composé chimique bien défini. On peut cependant dire que l'élément dominant, l'hydro-silicate d'aluminium, est constitué par une molécule d'alumine anhydre trivalente Al^2O^3 jouant un rôle basique et saturée par deux molécules de silice anhydre $(SiO^2)^2$ et une molécule d'eau H^2O.

Ce corps pur aurait pour formule $(SiO^2)^2\,H^2O,Al^2O^3$; il renfermerait 50 0/0 de SiO^2, 42,5 0/0 de Al^2O^3 et 7,5 0/0 de H^2O. Le kaolin de Saint-Yrieix, près Limoges, contient 48 0/0 de SiO^2, 37 0/0 de Al^2O^3, 12,5 de H^2O et 2,5 de K^2O (potasse); c'est une terre blanche, très plastique, infusible au four, y devenant dure, fragile et translucide. Elle sert à la fabrication de la porcelaine.

En dehors de la matière plastique, la pâte destinée à la poterie renferme une **matière dégraissante** qui facilite le travail de l'argile : quartz, sable, silex, feldspaths, sulfates de calcium ou de baryum; carbonate ou phosphate de calcium.

Enfin, pour rendre la poterie imperméable, on la recouvre d'une **glaçure** susceptible de se vitrifier à la température des fours.

La fabrication des poteries est variable; elle peut comprendre les opérations suivantes :

. 1° **Préparation de la pâte.** — L'argile et la matière dégraissante (kaolin avec quartz ou feldspath pour la porcelaine) sont séchées, dosées, broyées dans un moulin, réduites en bouillie, puis mélangées intimement. La pâte humide est parfois abandonnée à l'action des férments qui agissent sur les matières organiques qu'elle renferme; elle devient alors très homogène et après séchage et malaxage peut être travaillée (c'est le *pourrissage*).

2° **Façonnage.** — Il se fait par tournage, par moulage ou par coulage. Dans le **tournage**, l'ouvrier, après avoir bien battu sa pâte, la projette sur un plateau-volant animé d'un mouvement de rotation par l'ouvrier lui-même qui ébauche à la main, avec un excès de matière, l'objet à produire. Pour ce travail, l'ouvrier a les mains enduites de *barbotine*, bouillie claire obtenue en délayant un peu de pâte dans l'eau. Le tournage final se fait après raffermissement de la pâte, à l'aide d'outils spéciaux très tranchants; on le vérifie à l'aide de gabarits.

Le moulage se fait dans des moules en plâtre qui présentent en creux le relief de l'objet. Le plâtre absorbe rapidement l'humidité de la pâte qui devient plus consistante et peut être démoulée. Lorsque l'objet est moulé en plusieurs parties ; on raccorde celles-ci à l'aide de barbotine.

Le coulage est un moulage de pâte plus liquide employé pour les objets minces.

3° **Dégourdissage.** — C'est une première cuisson à température peu élevée, qui s'opère dans la partie la moins chauffée du four qui est généralement à deux étages.

4° **Glaçure ou couverte.** — On fait généralement une bouillie très claire des matières employées, dans laquelle on *immerge* l'objet ayant subi le dégourdi. Dans la fabrication des grès cérames, la glaçure s'obtient par volatilisation du sel marin projeté dans le four pendant la cuisson.

5° **Cuisson.** — Elle s'opère dans des fours à deux ou trois étages chauffés à leur partie inférieure par plusieurs foyers. Ces fours sont munis de regards permettant de suivre les progrès de la cuisson.

6° **Décoration.** — On peut colorer la poterie en faisant entrer la couleur dans la pâte ou dans la glaçure, et en recouvrant au pinceau la poterie cuite. C'est ce dernier procédé qu'on emploie pour orner de dessins de fleurs, d'animaux ou de personnages, la porcelaine et la faïence fine. Les dessins recouvrant les poteries à bon marché sont obtenus par report de feuilles chromolithographiques sur lesquelles sont imprimés en couleurs céramiques les décors à reproduire.

Les colorants employés en céramique sont des oxydes métalliques : ceux de cuivre donnent des tons verts et des bleus ; ceux de manganèse, des bleus et violets ; celui de cobalt, un bleu très stable ; ceux de fer, seuls ou avec d'autres oxydes, peuvent donner des séries de tons verts, jaune d'ocre, rouge carminé, orangés, bruns, etc. On emploie aussi l'or en poudre obtenu en précipitant son chlorure $AuCl^3$ par le sulfate ferreux SO^4Fe.

Les produits céramiques sont généralement classés en *porcelaine* translucide; en grès cérames, opaques, pour carrelages, ustensiles hygiéniques, vases pour usines de produits chimiques; en faïence, blanche, mais opaque; en poterie commune et en matériaux de construction : tuyaux, tuiles et briques.

101. Matériaux de construction. — En dehors des briques en argile, ordinaires, colorées ou émaillées, des tuiles ou des tuyaux, ainsi que des matériaux réfractaires, la silice ou sable entre à l'état de mélange ou de combinaison dans la composition des mortiers et ciments.

Le *mortier ordinaire* est un mélange de chaux éteinte $Ca(OH)^2$ et de sable SiO^2 formant une pâte avec l'eau. La chaux employée pour lier entre elles les pierres ou les briques se dessèche à l'air et durcit rapidement en absorbant le gaz carbonique CO^2 qui la transforme en calcaire CO^3Ca. C'est l'élément agissant du mortier; mais si on l'emploie seule, elle se fendille et se crevasse à cause du retrait (diminution de volume) qu'elle éprouve en se transformant. Le sable ne joue aucun rôle chimique; il sert uniquement à empêcher d'être sensible le retrait de la chaux.

Les **mortiers hydrauliques** sont fabriqués comme les précédents, mais avec de la chaux renfermant une certaine quantité d'argile ou de silice bien disséminée dans la masse (ciment). Ils font prise avec l'eau et sont employés pour les piles de ponts et autres constructions hydrauliques.

Le **ciment** est obtenu à l'aide de sable, de calcaire et d'argile siliceuse, mélangés, broyés et cuits à feu vif (rouge blanc). Ils renferment encore de la chaux, mais une grande partie de cette matière y est combinée avec de la silice (silicate de calcium SiO^3Ca) ou avec de l'alumine (aluminate de calcium Al^2O^3,CaO) et des traces avec l'acide sulfurique (plâtre SO^4Ca). On y rencontre en outre de la silice à l'état libre ou sable siliceux et des oxydes métalliques. Les ciments à prise rapide renferment moins de chaux et davantage de silice que les ciments à prise lente, plus employés. Leur composition est voisine de la suivante :

	CHAUX	SILICE	ALUMINE	SABLE SILICEUX
Ciment à prise rapide.............	48 0/0	23 0/0	8 0/0	0,8 0/0
— lente.............	60	24	7,5	1,3

Les **usages** du ciment sont très variés : on en fait du mortier, du béton, des pierres artificielles creuses, des moellons, des carreaux de dallage, des tuyaux, des réservoirs à huiles minérales ou végétales et des cuves à vin. Injecté dans les terrains aquifères, il consolide les cuvelages des mines et arrête les fuites. En plaçant des barres ou fils de fer à l'intérieur de la masse de ciment, avant sa prise, on obtient le **ciment armé** dont on fait des piliers et des poutres très solides. Le ciment a même coefficient de dilatation que le fer; réunis ensemble, ils forment un tout compact qui ne se disloque pas par suite des variations de températures.

De nombreuses **pierres naturelles** employées dans la construction des monuments et des édifices luxueux sont formés de silicates plus ou moins mélangés d'autres cristaux complexes : granit, porphyre. Les basaltes et les laves d'origine volcanique sont aussi utilisées. L'ardoise est un schiste argileux qui se sépare facilement en plaques.

De l'ardoise se rapproche un schiste siliceux qui, réduit en poudre, sert au polissage des métaux sous le nom de **tripoli**.

102. Verre. — *Propriétés*.

Le verre est une substance transparente, dure, cassante et fusible; il est mauvais conducteur de la chaleur et de l'électricité, il se casse lorsqu'on le refroidit brusquement (le même phénomène ne se présente pas avec la silice fondue, comme nous avons vu). Il est peu altérable par l'air, l'eau et les acides, sauf l'acide fluorhydrique HF qui l'attaque rapidement. Avant de fondre, le verre devient pâteux; il peut dans cet état être étiré et travaillé comme de l'argile ; de là le grand nombre de ses applications.

Composition. — Au point de vue chimique, c'est un mélange de silice non combinée et de plusieurs silicates. Ceux de potassium ou de sodium qu'il renferme toujours le rendent fusible; celui de plomb le rend sonore, facile à polir et très réfringent. On peut distinguer .

le *verre à vitres*, formé de silicates de sodium et de calcium ;
le *verre à bouteilles*, formé de silicates de sodium, de calcium, d'aluminium et de fer ;
le *verre soluble*, formé de silicates de sodium et de potassium ;
le *verre de Bohême*, formé de silicates de potassium et de calcium ;
le *cristal*, formé de silicates de potassium et de plomb ;
l'*émail*, formé de silicates de potassium ou sodium et de plomb rendu opaque par des sels d'étain et de baryum.

Fabrication. — Les matières premières employées sont le sable blanc, le minium ou oxyde de plomb, les carbonates de potassium, de sodium, de calcium ou le sulfate de sodium pour fournir les bases correspondantes. On ajoute parfois à la masse un peu de bioxyde de manganèse MnO^2 pour détruire la teinte verdâtre que communiquent les sels de soude, ainsi qu'une petite quantité de poussier de coke ou de charbon de bois en poudre plus pur, selon que l'on désire du verre à vitres ou à glace.

Ces différents corps sont concassés, mélangés dans des machines automatiques, puis placés dans des fours à bassins en terre réfractaire, chauffés par le gaz Siemens. Là s'effectuent les réactions de la silice SiO^2 sur le carbonate de calcium CO^3Ca et sur le sulfate de sodium SO^4Na^2.

$$SiO^2 + CO^3Ca \qquad = CO^2\nearrow \qquad + \underline{SiO^3Ca} \left. \right\} \text{ verre à vitres.}$$

$$SiO^2 + C + SO^4Na^2 = CO\nearrow + SO^2\nearrow + \underline{SiO^3Na^2}$$

Les silicates entrent en fusion, les gaz qui se dégagent, CO^2, CO et SO^2, brassent la masse; les matières les moins fusibles se dissolvent dans SiO^3Na^2 fondu, alors que les impuretés connues sous le nom de fiel de verre montent à la partie supérieure d'où on les écume facilement. Le verre affiné et refroidi devient pâteux; c'est alors qu'on le travaille, sauf pour les objets coulés qui demandent un verre bien fluide.

Usages. — En dehors des vitres, des glaces, des flacons, des bouteilles, des ustensiles de ménage et de laboratoires, le verre sert à fabriquer les instruments d'optique pour lesquels on emploie des produits très purs : le **crown-glass** et le **flint-glass**, qui est un cristal renfermant peu de silice non combinée et davantage de silicate de plomb. Ils se distinguent par leurs indices de réfractions notablement différents. Le **strass**, autre cristal encore plus riche en plomb, sert en joaillerie pour imiter le diamant et les pierres précieuses : on les colore à l'aide d'oxydes métalliques. Le **verre soluble**, qui est du silicate de soude, sert à **silicatiser**, c'est-à-dire rendre imperméables et plus résistants, le plâtre, le mortier de chaux grasse, le calcaire poreux. L'**émail** sert à recouvrir les métaux et certains produits céramiques. On fabrique également des **pierres de verre dévitrifié** utilisées pour les dallages et la construction;

elles présentent un très grand intérêt à cause de leur résistance, de leurs propriétés isolantes (mauvaises conductrices) et de leur entretien facile (verre armé).

EXERCICES

I. — Quelle sera la composition approximative d'un verre à vitres fabriqué avec 100^{ks} de sable SiO^3, 40^{ks} de sulfate de sodium SO^4Na^2 et 30^{ks} de calcaire CO^3Ca supposés purs?

II. — Quel poids de charbon de bois en poudre C est-il bon d'ajouter aux produits précédents?

III. — Quelle sera la composition du cristal obtenu avec 300^{ks} de sable, SiO^3, 200^{ks} de minium Pb^3O^4 et 100^{ks} de carbonate de potasse CO^3K^2?

IV. — Même question pour le strass obtenu avec 300^{ks} de SiO^3, 470^{ks} de Pb^3O^4, 163^{ks} de CO^3K^2.

MÉTAUX ([1])

XXIII. — CARACTÈRES GÉNÉRAUX

103. Propriétés physiques. — *Aspect et texture.* — A la température ordinaire, tous les métaux sont solides, sauf le mercure qui est liquide et l'hydrogène qui est gazeux. Ils sont obtenus à l'état brut, dans l'industrie, sous forme de *lingots* coulés, généralement prismatiques ou hémi-cylindriques, on appelle *gueuses* ou *saumons* les lingots de fonte ou de plomb. Pour un grand nombre d'usages, les métaux usuels sont vendus en *plaques* : ainsi le fer donne les plaques de *tôle* de très grande étendue et de faible épaisseur ; en *barres* à section circulaire, carrée ou polygonale ; en *fils* ronds d'une très grande longueur ; l'or se trouve aussi en *feuilles* excessivement minces. Sous cette forme, l'or est translucide ; comme les autres métaux, si on arrive à les transformer en feuilles suffisamment minces, mais les métaux sont en général opaques. A l'état brut, ou lorsqu'ils sont précipités en poudre dans une réaction, ils ont un aspect terne, dû à une couche d'oxyde, d'hydrate ou de carbonate qui les recouvre et qui provient de l'action des agents atmosphériques. Lorsqu'ils sont polis, ils présentent l'éclat métallique et leur couleur est variable suivant le métal ; l'or est jaune orangé, le cuivre est rouge, l'argent blanc, le zinc gris bleuté, etc., leur structure ou texture est généralement cristalline ou granuleuse, celle du plomb est lamelleuse. Le fer étiré en barres est fibreux, c'est-à-dire formé par l'agglomération de grains très fins dont la cassure présente de petits arrachements visibles à la loupe.

([1])Les exercices sur les métaux sont reportés après les alliages chap. xxxiv.

Densité. — Les métaux usuels sont généralement lourds, sauf l'aluminium dont 1^{dm3} pèse 2^{kg},6 ; les métaux alcalins sont plus légers que l'eau.

Fusion. — Tous les métaux ont pu être fondus et quelques-uns volatilisés, mais à des températures variables pour chacun d'eux : l'étain à 228° et le platine à 2.000°. Cette propriété des métaux de pouvoir être fondus est utilisée pour extraire certains d'entre eux, pour fabriquer les alliages métalliques, les soudures et les brasures, pour les travailler par moulage. Le fer, avant de fondre, devient pâteux et, en cet état, il peut être martelé, façonné et soudé à lui-même.

Conductibilité calorifique et électrique. — En général, tous les métaux en masse conduisent bien la chaleur et l'électricité ; en poussière et en limaille, leur cohésion étant moindre, leur conductibilité diminue également.

L'argent est le meilleur conducteur électrique et calorifique, on désigne sa conductibilité par (1.000), et c'est à elle que l'on rapporte celle de tous les autres corps. A cause de son prix élevé, on lui préfère le cuivre (835) pour les *fils* et les *appareils électriques*, les *alambics* et autres appareils de *distillation*. Pendant longtemps, on employa aussi ce métal pour les *générateurs de vapeur*, mais il est actuellement abandonné à cause de la résistance plus grande et du prix moins élevé des tôles de fer et d'acier (120).

Les toiles métalliques, à cause de la bonne conductibilité des métaux qui les forment, refroidissent les flammes ; cette propriété est utilisée dans les laboratoires pour chauffer les ballons ou cornues d'une façon moins brutale que la flamme seule et aussi dans la lampe des mineurs, pour refroidir la température du mélange gazeux détonant qui pourrait se former à l'intérieur, et empêcher cette explosion de se communiquer au dehors.

104. Propriétés mécaniques. — *Dureté.* — On dit que le verre est plus dur que la pierre à chaux ou calcaire, parce qu'il peut rayer ce corps. Pratiquement un métal peut être classé :

Très dur (t. d.), s'il raye le verre; ex : chrome, manganèse cristallisé, acier trempé ;

Dur (d.), s'il raye le calcaire, non le verre; ex. : fer, nickel;

Assez dur (a. d.), s'il est rayé par le calcaire, non par l'ongle; ex. : or, cuivre;

Mou (m.), s'il est rayé par l'ongle ex. ; plomb ;

Très mou (t. m.), s'il a la consistance de l'argile; ex. : sodium, potassium.

	MÉTAUX	SYMBOLE	POIDS ATOMIQUE	VALENCES	DURETÉ	DENSITÉ	TEMPÉRATURE DE FUSION	CONDUCTIBILITÉ CALORIFIQUE	CONDUCTIBILITÉ ÉLECTRIQUE	TÉNACITÉ	ORDRE DE MALLÉABILITÉ	ORDRE DE DUCTILITÉ
Alcalins	potassium.	K	39	1	t. m.	0,8	62°					
	sodium	Na	23	1	t. m.	0,9	95					
Terreux	baryum	Ba	137	2								
	calcium	Ca	40	2		1,57						
	magnésium	Mg	24	2		1,74						
Métaux industriels usuels	manganèse.	Mn	55	2	t. d.	7,4						
	fer	Fe	56	2 et 3	d.	7,8	1.500	119	130	70	9	5
	chrome	Cr	52	2 et 3	t. d.	6,7						
	cobalt	Co	59	2	d.	8,8	1.500			118		
	aluminium	Al	27	3	a. d.	2,6	779	450	480		3	4
	nickel	Ni	58	2	d.	8,8	1.600			87	10	6
	zinc	Zn	65	2	a. d.	6,8	410	190	240	15	8	8
	cuivre	Cu	63	2	a. d.	8,9	1.100	733	835	37	4	7
	plomb	Pb	206	2	m.	11,3	335	85	107	3	7	10
	étain	Sn	119	2 et 4	a. d.	7,3	228	145	226	5	5	9
Liquide	mercure	Hg	200	2	liq.	13,6	— 39					
Précieux	argent	Ag	108	1	a. d.	10,4	1.000	1.000	1.000	24	2	2
	or	Au	196	3	a. d.	19	1.250	532	585	18	1er	1er
	platine	Pt	194	4	a. d	21	2.000	184	103	34	6	3

La dureté de certains métaux permet de les employer comme **outils** pour travailler les autres corps : limes, burins, marteaux, forets, ciseaux, noix de moulins broyeurs ou concasseurs.

Les corps durs **résistent à l'usure par pénétration** : enclumes, grains de crapaudines et pivots d'arbres verticaux; ou par **frottement** : bandages de roues sur les rails ou sur les chaussées; tourillons sur les coussinets, arbres verticaux dans les colliers ou boîtards. Par contre, ils sont difficiles à usiner et

nécessitent souvent l'intervention des corps naturels : meule
en grès (silicates) ; meule émeri (alumine), ou artificiels :
meule au carborundum. De plus, la **fragilité** (chance de rupture au choc brusque), augmente souvent en même temps que
la dureté.

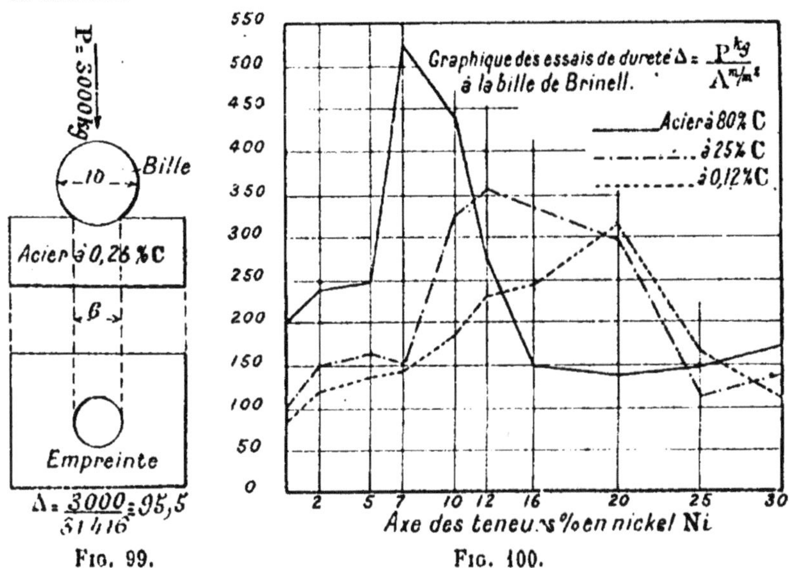

Fig. 99.   Fig. 100.

Dans les grands ateliers, la comparaison entre la dureté de différents
échantillons s'obtient en exerçant sur le métal à essayer, et par l'intermédiaire d'une bille de 10ᵐᵐ de diamètre en acier extra-dur, une pression P
déterminée et invariable. La bille s'enfonce d'autant plus dans le métal que
celui-ci est moins dur. Elle y creuse une calotte sphérique dont on évalue
la surface a en millimètres carrés. En divisant la pression P par cette surface a, on obtient un chiffre Δ [1] $= $ P : a qui augmente avec la dureté; on
l'appelle chiffre de Brinell, du nom de l'inventeur de cette méthode
[*fig.* 99-100 [2]].

Ténacité. — C'est la résistance qu'offre un métal aux déformations que tendent à lui faire subir les efforts qu'il sup-

(1) Lire les lettres grecques Δ = grand delta; Σ = grand sigma; ρ =
petit rô.

(2) Les graphiques 100, 103, 107 sont extraits d'un mémoire de M. Guillet
(*Bulletin de la Société des Ingénieurs civils*, juillet 1903).

porte. Ces déformations varient suivant la direction, l'intensité,
et le mode d'application des efforts. Dans la pratique, on fait
subir aux métaux des essais qui varient avec l'emploi qu'on
veut en faire.

1° **Essai à la traction.** — On prélève dans la masse du métal une portion
appelée **éprouvette**, généralement cylindrique (*fig.* 101-102) de section S et
de longueur entre **repères AB = *l*** parfaitement déterminées. Les points A
et B provenant d'un coup de pointeau. Après avoir fixé les extrémités
A et B dans les mâchoires d'une machine, on exerce à l'aide d'une
presse à huile (*machine Delaloe*) ou de toute autre, un effort F de traction
longitudinal qui va toujours en augmentant.

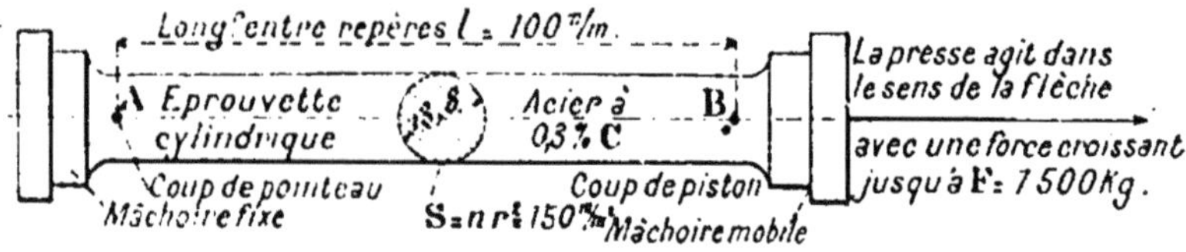

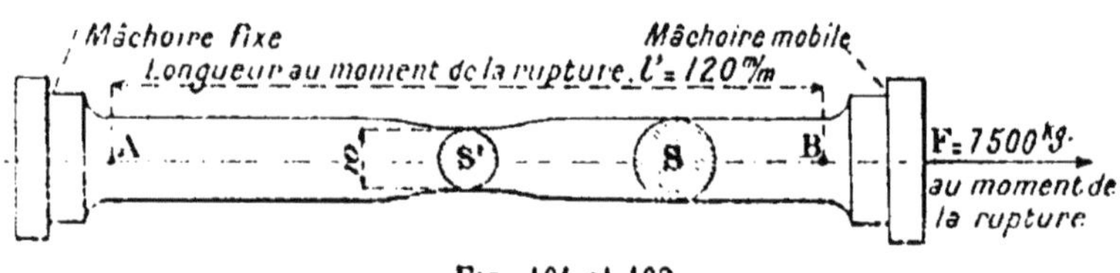

Fig. 101 et 102.

Pendant une certaine période au début, l'éprouvette s'allonge proportionnellement à F et la section ne change pas; de plus, si l'effort F vient à
cesser, l'éprouvette reprend sa longueur primitive à cause de son élasticité;
c'est la période d'élasticité qui n'existe que jusqu'à une charge E déterminée pour chaque métal et appelée limite d'élasticité.

Lorsque la charge dépasse E, l'allongement augmente plus vite que la
charge; la section diminue dans la région médiane qui présente un étranglement ou striction Σ, puis la rupture se produit dans la section S' la plus
diminuée.

On a vérifié que, pour une même matière, les efforts produisant un même
allongement sont sensiblement proportionnels à la section S de l'éprouvette. Ex. : Si un allongement de 2ᵐᵐ est produit par une force de 100ᵏ
et la rupture par une autre de 5.000ᵏ pour une section de 100ᵐᵐ², les
mêmes effets seront produits sur une éprouvette de 50ᵐᵐ² par des forces
de 50ᵏ et 2.500ᵏ. On rend donc les comparaisons plus faciles en expri-
mant la **charge limite d'élasticité** E, et celle de **rupture** R qui correspondent

à une section de 1^{mm2} :

$$R = F^{kg} : S^{mm2} = 7.500 : 150 = 50^{kg} \text{ par mm}^2.$$

Pour la détermination de E, il faut des machines enregistrant les allongements en même temps que les efforts. E est la dernière charge pour laquelle il y ait proportionnalité ; on l'exprime aussi en kilogrammes par millimètre carré.

L'allongement A de l'éprouvette au moment de la rupture étant sensiblement proportionnel à la longueur primitive l de cette éprouvette, on le rapporte à une longueur de 100^{mm}.

$$A\ 0/0 = (l' - l) \times \frac{100}{l} = (120 - 100) \times \frac{100}{100} = 20\ 0/0\ (\textit{fig. } 102).$$

La striction Σ ou diminution de la section d'étranglement étant proportionnelle à la section primitive, S, on la rapporte à 100^{mm2} :

$$\Sigma\ 0/0 = (S - S') \times \frac{100}{S} = (150 - 78) \times \frac{100}{150} = 48\ 0/0\ (\textit{fig. } 102).$$

Nous donnons (*fig.* 103) les résultats de quelques essais à la traction sur aciers au nickel.

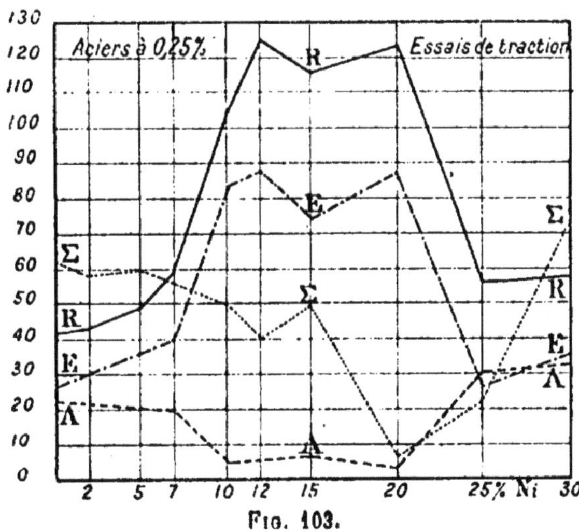

Fig. 103.

Expérience — On peut facilement se rendre compte des différences de ténacité de divers métaux : acier, cuivre, zinc et plomb par exemple, à l'aide d'un levier (*fig.* 104) articulé en O ou reposant sur un support. A l'extrémité M, tel que OM = 5 ou 10 OM, on attache le fil à essayer tenu au sol, d'autre part, en marquant à la craie les repères A et B. Si tous les fils à essayer ont le même diamètre, 2^{mm}, par exemple, on constatera, en chargeant le plateau progressivement, que la résistance à la rupture diminue de l'acier au cuivre et du cuivre au plomb. Ce dispositif a l'avantage de produire des effets plus sensibles parce que les efforts se trouvent multipliés. On peut aussi mesurer approximativement les allongements.

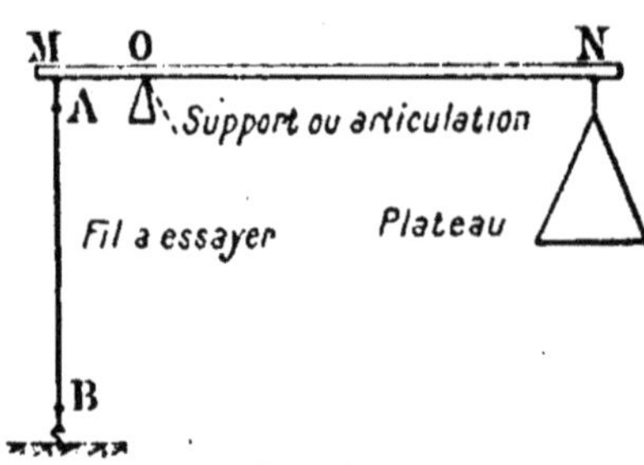

Fig. 104.

2° Essais au choc. — Il consiste à soumettre un **barreau** du métal au choc brusque d'un **mouton** (masse métallique) animé d'une assez grande vitesse. Le barreau AB (*fig.* 105) est disposé horizontalement sur deux appuis SS'; le mouton de poids P est élevé à une hauteur h; puis, abandonné à lui-même, il vient frapper le milieu de AB. Le métal doit pouvoir sans criques supporter 2, 3 ou m fois le choc du mouton et se plier sous un angle déterminé. Si l'on va jusqu'à la rupture, on note : les valeurs P, h, m : 12^{k}, $2^m,50$ et 7 coups, par exemple;

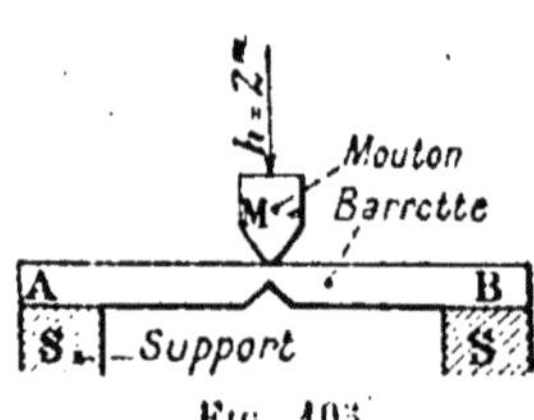

Fig. 105.

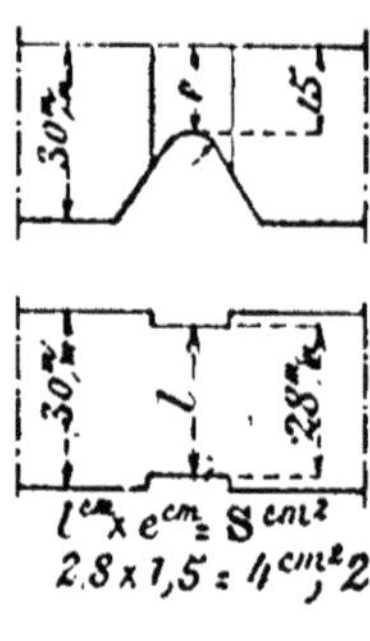

Fig. 106.

on en fait le produit T que l'on exprime en **kilogrammètres** (1^{kgm}) (c'est

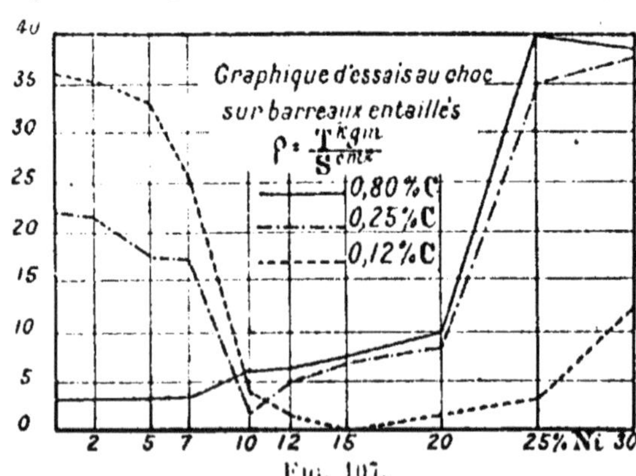

Fig. 107.

une somme de travaux mécaniques, de puissances vives) et que l'on

divise par la section du barreau exprimée en centimètres carrés (1^{cm2}) :
$S = 1^{cm2}$. Le quotient obtenu :

$$\rho = \frac{T}{S} = \frac{mPh}{S} = \frac{7 \times 12 \times 2,5}{4,2} = 50.$$

caractérise assez bien sa **fragilité** *fig.* 107 ou plutôt sa résistance à un effor
local brusque (résilience).

Pour mieux localiser l'effort, on entaille généralement le barreau sur la moitié de son épaisseur (*fig.* 106) et l'on cherche à produire la rupture d'un seul coup en employant un mouton lourd : 50^{k} et une haute chute ; 3 à 4^{m}. Si la rupture n'absorbe pas tout le travail, on évalue celui qui reste soit en faisant comprimer des ressorts par le mouton, soit en provoquant son relèvement comme dans le mouton pendulaire (*fig.* 108) de M. Charpy.

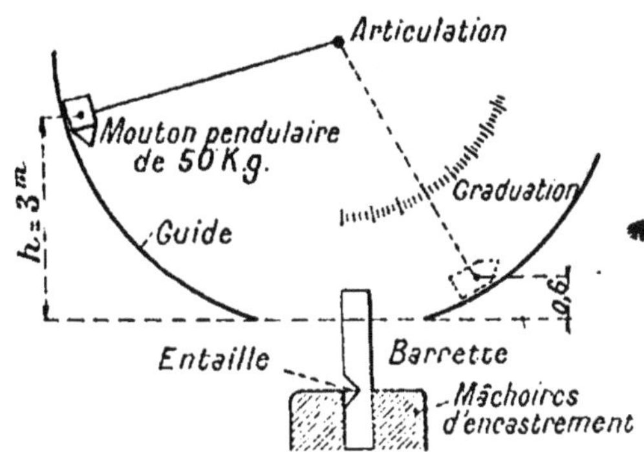

Fig. 108. — Mouton.

L'angle de pliage présente aussi un grand intérêt. Dans les petits ateliers, des essais de pliage, courbage et cintrage peuvent donner d'utiles indications.

Malléabilité. — C'est la propriété que possèdent les métaux de pouvoir se mettre en feuilles ou tôles par le passage au laminoir entre deux cylindres parallèles dont l'écartement est réglable. Le laminage se fait à haute température pour les métaux ferreux, à froid pour le laiton, à 130° pour le zinc.

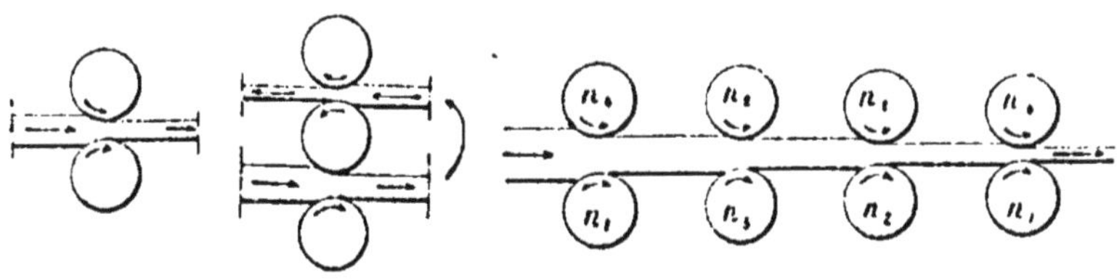

Fig. 109.   Fig. 110.   Fig. 111.
Opération du laminage.

L'épaisseur de la tôle va en diminuant à chaque passe (*fig.* 109) Souvent on fait deux passes (*fig.* 110) ou davantage (*fig.* 111) d'une même chaude. Dans ce dernier cas, il faut que les vitesses n_1 des cylindres les plus serrés soient les plus grandes, car le volume de métal qui passe étant le même et l'épaisseur plus petite, la longueur doit être plus grande pendant le même temps. On fait aussi au laminoir des fers de profils variables, mais la surface des cylindres doit présenter en creux les mêmes profils (*fig.* 112) ou avoir une disposition spéciale comme pour les poutrelles par exemple (*fig.* 113), où il existe deux paires de cylindres AB et CD dont les axes sont deux à deux dans des plans différents.

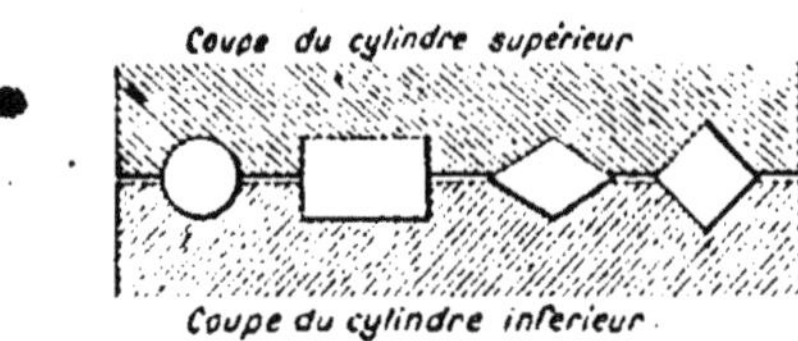

Fig. 112.

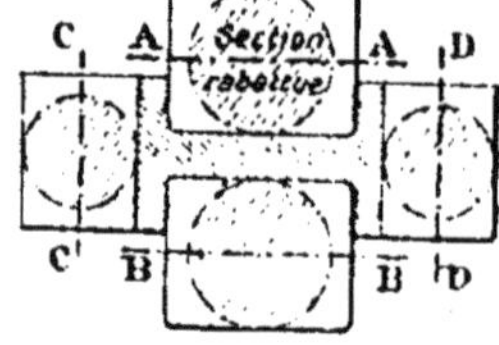

Fig. 113.

L'or est le plus malléable des métaux ; on en fait par battage des feuilles tellement minces qu'elles laissent filtrer une belle lumière verte (transparence) et qu'il faudrait en superposer 10.000 pour obtenir une épaisseur de 1^{mm}. L'argent, l'aluminium, le cuivre, le zinc, l'étain, le plomb et le fer viennent ensuite.

Ductilité. — C'est la propriété que possèdent les métaux de s'étirer en fils de plus en plus fins par le passage dans une filière, plaque d'acier percée de trous (*fig.* 114). Le diamètre du fil est ainsi amené à une très petite valeur après un grand nombre de passes.

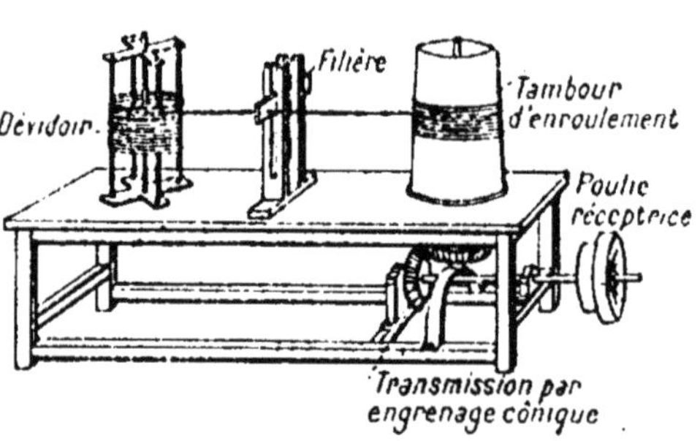

Fig. 114. — Filière.

L'extrémité du fil aminci est introduite dans le trou convenable et fixée sur un tambour d'enroulement qui le tire. Le mouvement est communiqué à l'axe du tambour par un engrenage.

Les métaux les plus malléables sont les plus ductiles s'ils sont suffisamment résistants à la traction du tambour. Pour cette raison, l'étain et le plomb étant peu tenaces sont aussi peu ductiles.

La malléabilité augmente généralement en même temps que l'allongement, la striction Σ et la différence $R - E$. La ductilité nécessite en outre une grande résistance R.

Après le laminage et l'étirage, les métaux s'écrouissent, c'est-à-dire perdent de leur ténacité et deviennent plus cassants. Le recuit, obtenu en laissant refroidir lentement le métal écroui après l'avoir chauffé au rouge sombre, lui rend ses qualités primitives.

REMARQUE. — On peut modifier profondément les qualités physiques et mécaniques des métaux en les mélangeant entre eux dans certaines proportions. On obtient ainsi des **alliages** métalliques présentant parfois certains caractères des combinaisons chimiques; il ne semble pourtant pas que la comparaison entre les deux phénomènes puisse être poussée très loin. Un alliage pouvant être parfois plus fusible, plus tenace, plus malléable, etc., que le métal le plus fusible, le plus tenace, le plus malléable, etc., entrant dans sa composition, on conçoit tout le profit qu'en peut tirer l'industrie. L'étude des principaux alliages sera faite ultérieurement; nous signalerons seulement quelques exemples : l'acier au nickel est plus dur et plus tenace que le fer et le nickel ; la monnaie d'or, alliage d'or et de cuivre, s'use beaucoup moins que ne le feraient séparément l'or ou le cuivre ; l'alliage de Darcet, qui fond à 95°, est plus fusible que le plus fusible des métaux, l'étain, qui fond à 228°.

105. Propriétés chimiques. — *Les agents atmosphériques* altèrent rapidement la surface des métaux ordinaires ; seuls les métaux précieux, or, argent, platine, résistent à cette action. L'air pur et sec n'a généralement pas une action bien grande à la température ordinaire, mais l'humidité et le gaz carbonique l'augmentent considérablement. Le cuivre, le zinc et le plomb se recouvrent, dans l'air humide, d'une couche d'hydrocarbonate, mais ce composé n'étant pas poreux, l'altération est limitée à la surface où elle forme un vernis protecteur de la masse intérieure. Au con-

traire, la rouille ou hydrate ferrique qui se forme à la surface du fer est poreuse, elle n'empêche pas l'air humide d'arriver en contact avec le fer intérieur, qui est à son tour attaqué jusqu'à transformation complète du métal.

Protection du fer contre la rouille. — Elle est obtenue par le dépôt à sa surface d'une couche de matière étrangère imperméable aux agents atmosphériques. Cette matière est souvent une **peinture** à l'huile, dont la première couche est à base de minium : grilles, bâtis de machines, pièces de charpente ou de construction; un émail fusible dans lequel on plonge le métal à protéger : cadres de bicyclette, ustensiles de cuisines, réchauds, fourneaux ; un métal moins oxydable : **nickel** (fer nickelé obtenu par galvanoplastie) ; **zinc** (fer galvanisé) ou **étain** (fer étamé ou fer-blanc) ; pour ces derniers, on plonge le fer décapé dans un bain de métal protecteur en fusion. On peut protéger momentanément le fer en le recouvrant d'une pâte à base de plombagine (graphite) ou à l'aide d'un enduit gras ; huile minérale (pétrole), vaseline, graisses, huiles, etc. Dans ce cas, la protection n'est pas de très longue durée, et l'opération doit être recommencée de temps à autre.

Minerais. — La facilité avec laquelle les métaux ordinaires sont altérés par les agents atmosphériques et par les acides explique la nature des minerais qui les contiennent à l'état naturel. Nous citerons :

Oxydes : L'oxyde de fer magnétique Fe^3O^4 ; l'hématite rouge Fe^2O^3 ; la cassitérite ou bioxyde d'étain SnO^2 ; la pyrolusite ou bioxyde de manganèse MnO^2; l'alumine (corindon, rubis, améthyste) Al^2O^3; la cuprite Cu^2O...

Carbonates : le fer spathique CO^3Fe ; le calcaire CO^3Ca ; la malachite $CO^3Cu, Cu (OH)^2$, et l'azurite $2CO^3Cu, Cu (OH)^2$; la cérusite $CO^3PB, PB (OH)^2$, la calamine CO^3Zn.

Sulfures : la pyrite martiale FeS^2; la pyrite cuivreuse ou chalcopyrite Cu^2S, Fe^2S^3; la chalcosine Cu^2S; la blende ZnS; la galène PbS ; le cinabre HgS et l'argyrose Ag^2S...

XXIV. — GÉNÉRALITÉS SUR LES MÉTAUX FERREUX

106. Caractères distinctifs. — Les métaux ferreux sont : le fer, l'acier et la fonte ; ils jouent un rôle considérable dans l'industrie et sont constitués par le fer, élément chimique, mélangé ou combiné à d'autres corps, notamment à du carbone C.

Fer. — Il renferme moins de 0,5 0/0 de C ; devient pâteux vers 1.300° ; il se forge et se soude alors à lui-même très facilement. On réserve le nom de **fer** au métal obtenu à l'état pâteux ; s'il est obtenu par fusion, on l'appelle acier extra-doux ou **fer homogène.** Le **fer doux** dont la teneur en C est inférieure à 0,05 0/0 est pratiquement pur ; c'est celui qui convient le mieux pour les induits de machines dynamo-électriques ; celui produit en Suède ou à l'île d'Elbe est réputé de qualité excellente.

Acier. — L'acier ordinaire renferme de 0,5 à 1,5 0/0 de C ; avec la teneur en C, la forgeabilité et la soudabilité diminuent, mais la fragilité, la fusibilité, la dureté et la ténacité augmentent, et le métal est encore susceptible de durcir par la *trempe*, c'est-à-dire par le refroidissement brusque. Les *aciers spéciaux* contiennent, à côté du carbone, d'autres matériaux qui en modifient profondément les qualités ; nous citerons les aciers au nickel, au manganèse, au chrome, au tungstène, au vanadium, au molybdène et au silicium, avec teneur variable en ces métaux.

Fonte. — Sa teneur en C varie de 2,5 à 5 0/0 ; elle est fusible et se prête au travail par moulage, mais ne peut ni se forger, ni se souder, ni se réduire en tôle mince (malléabilité). Elle est assez dure, très fragile et résiste mal à la traction ou au choc, mais beaucoup mieux à la compression.

107. Minerais. — Le fer se trouve dans la nature à l'état d'oxydes anhydres ou hydratés, à l'état de carbonate et de sulfure. Ces composés sont rarement purs : ils sont ordinairement mélangés à des matières étrangères variant avec la nature des terrains où on les trouve et qui constituent la **gangue** du minerai. Cette gangue, le plus souvent, est *siliceuse* (quartz) ou calcaire, quelquefois argileuse. Si elle renferme du soufre, du phosphore ou de l'arsenic, elle rend le minerai impur. Elle communique au métal de nombreux et graves défauts. On comprend dès lors que la **pyrite martiale** ou bisulfure de fer FeS^2, très répandue dans la nature, ne soit pas directement utilisée en métallurgie.

Les minerais sont **riches, ordinaires** ou **pauvres**, selon que leur teneur en fer pur est supérieure à 45 0/0, comprise entre 45 et 30 0/0 ou inférieure à 30 0/0. Les principaux minerais de fer sont :

1° La **magnétite** Fe^3O^4, très pure et très riche ;

2° Le **fer oligiste** Fe^2O^3 cristallisé, encore très riche quand il est pur ;

3° L'**hématite rouge** Fe^2O^3, de même composition que le précédent, mais amorphe ;

4° L'**hématite brune** Fe^2O^3, H^2O, résulte de l'hydratation de l'hématite rouge. Elle se rencontre souvent sous forme de petits morceaux reliés entre eux par de l'argile (**minerais d'alluvions**) ou par du calcaire (**fer oolithique**). Ces minerais, relativement pauvres, demandent un traitement spécial (triage et lavage) avant d'être employés ; la **limonite** forme une roche compacte ;

5° Le **fer spathique** ou **sidérose** CO^3Fe ; on le rencontre, soit à l'état de roche presque pure à gangue siliceuse, soit dans les régions houillères, uni à d'autres carbonates, des sulfures, des phosphates, des matières bitumineuses et une gangue argilo-sableuse abondante. Ces minerais sont généralement grillées avant leur emploi ;

6° Les **pyrites grillées** complètement pour la fabrication de l'acide sulfureux sont transformées en Fe^2O^3 ; elles sont utilisées dans quelques usines du Nord et de la Loire.

Traitement préalable. — Le minerai est rarement utilisé
tel qu'il sort de la mine ; il peut, selon son état, subir une ou
plusieurs opérations :

1° Le **triage** consiste à séparer les morceaux directement
utilisables, les morceaux trop gros et le minerai contenant
trop de gangue ;

2ᵉ Le **concassage** des gros morceaux ou
du minerai en roche se fait à l'aide de
marteaux-pilons à vapeur ou de bo-
cards, marteaux soulevés par des cames ;
on les passe également entre des cylindres cannelés (*fig.* 115) ou bien dans
des machines spéciales.

3° Le **lavage** des morceaux les plus
terreux les débarrasse d'une partie de
la gangue ;

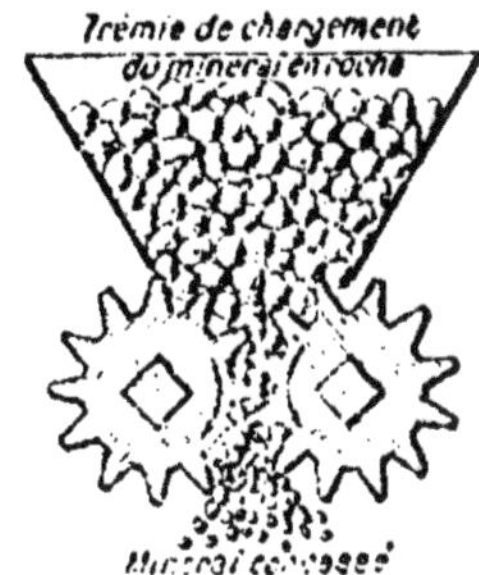

Fɪɢ. 115. — Cylindres
cannelés.

5° Le **grillage** a pour but soit de dessécher les minerais
humides ou lavés, soit de transformer en oxydes les carbonates
ou les sulfures.

168. Autres composés du fer. — *Ocres.* — Ce sont
des terres argileuses colorées :

En **rouge**, par le sesquioxyde de fer anhydre Fe^2O^3 ;

En **jaune**, par ce même corps plus ou moins hydraté ;

En **brun**, par les sesquioxydes de fer Fe^2O^3 et de manganèse
Mn^2O^3, hydratés.

Les ocres rouges servent à faire des crayons (sanguine), à
polir les glaces et les métaux, à peindre les habitations (rouge
d'Almagro). Les ocres jaunes sont employées en peinture, soit
directement, soit après une calcination qui leur communique
une belle teinte rouge. Les ocres brunes sont connues sous le
nom de **terre de Sienne**.

Colcothar. — C'est encore une poudre rouge de Fe^2O^3,
mais elle est obtenue par calcination du sulfate ferreux cristallisé. On l'emploie comme médicament externe et aussi
sous le nom de **rouge d'Angleterre** pour le polissage des glaces
et des métaux.

Vitriol vert. — Le vitriol vert, ou couperose verte, est le sulfate ferreux ; il cristallise en absorbant 7 molécules d'eau $SO^4Fe, 7H^2O$. Il est très avide d'oxygène qui le transforme en sulfate ferrique $(SO^4)^3Fe^2$; il joue donc le rôle d'un corps réducteur, et pour cette raison, est employée dans la **teinture d'indigo** et la fabrication de l'encre ordinaire.

On l'utilise aussi comme désinfectant parce qu'il réagit sur le sulfure d'ammonium $(AzH^4)^2S$, gaz des fosses d'aisances.

Prussiates. — Ce sont des sels contenant du fer, du potassium, du carbone et de l'azote, ces deux derniers corps y entrant sous forme d'un radical composé, le *cyanogène* CAz ou Cy, qui, en combinaison avec l'hydrogène, constitue l'*acide cyanhydrique* HCAz ou HCy.

Le **prussiate jaune** ou ferrocyanure de potassium $FeK^4(CAz)^6$ se présente sous forme de cristaux jaune citron. Traité par les sels ferriques [1], il donne un précipité de bleu de Prusse insoluble dans l'eau et employé en teinture. L'encre bleue est une dissolution de bleu de Prusse dans l'acide oxalique.

Le **prussiate rouge** ou ferricyanure de potassium $Fe^2K^6(CAz)^{12}$ traité par les sels ferreux [2], donne le bleu de Turnbull, employé en peinture. Le papier imprégné d'une dissolution de prussiate rouge et de citrate de fer ammoniacal devient sensible à la lumière solaire qui le vire au vert foncé, puis au bleu. Cette propriété est utilisée pour reproduire les dessins en traits blancs (cachés à la lumière) sur fond bleu employés dans les ateliers.

Perchlorure de fer, Fe^2Cl^6. — Il est très employé en médecine pour arrêter les hémorragies. On obtient d'abord le chlorure ferreux $FeCl^2$ en traitant le fer par l'acide chlorhydrique ; on fait ensuite passer dans la solution de ce corps, chauffée modérément, un courant de chlore en excès et il se forme du chlorure ferrique Fe^2Cl^6.

[1] Sels dans lesquels Fe^2 est hexavalent.
[2] Sels dans lesquels Fe est divalent.

109. Principe de la métallurgie du fer ou sidérurgie. — I. *Réduction du minerai dans le haut fourneau.* — Le minerai de fer, qui, dans sa forme la plus simple et la plus pure, est généralement un mélange de peroxyde de fer Fe^2O^3 et de gangue siliceuse SiO^2, est traité dans un haut fourneau, à une haute température par :

a) Le coke, dont le carbone C sert : 1° à fournir par combustion la chaleur nécessaire à l'élévation de température et à la fusion des matières traitées ; 2° à réduire le peroxyde de fer Fe^2O^3, c'est-à-dire à mettre le fer en liberté, en formant avec son oxygène un mélange d'oxyde CO, et d'anhydride CO^2 carboniques ; 3° comme il y a toujours un excès de carbone, celui qui n'entre pas en combinaison avec O s'incorpore au fer sous différents états pour constituer de la **fonte** fusible ; par refroidissement, il s'en sépare une certaine quantité à l'état de graphite.

b) La **castine** ou fondant est du calcaire CO^3Ca, dont la chaux CaO forme, avec la gangue siliceuse SiO^2 du silicate de calcium peu fusible que l'on pourra dès lors expulser du fourneau, à l'état liquide sous le nom de laitier.

Comme le silicate de calcium est peu fusible, la température doit être très élevée. Dans son ensemble, la formule des réactions peut approximativement s'exprimer ainsi :

$$O + nAz + C = 28^{cal} + CO + nAz ;$$

comburant (air)   combustible (coke)   chaleur   gaz

$$Fe^2O^3 + 3C = Fe(+4\,0/0)C + 3CO ;$$

peroxyde de fer   combustible (coke)   fonte fusible   gaz

$$2SiO^2 + 3CO^3Ca = (SiO^2)^2\,(CaO)^3 + 3CO^2.$$

gangue (silice)   fondant (castine)   laitier fusible   gaz

Minerai

Lorsque la gangue est argileuse, la castine convient encore comme fondant, car si l'argile (silicate d'alumine) est réfractaire, le silicate double d'alumine et de chaux qui se forme est fusible, à la condition que la chaux soit en quantité suffisante. Si au contraire la gangue est calcaire, on ajoute comme fondant une matière siliceuse appelée erbue.

Bien entendu, à côté des réactions que nous signalons, il s'en produit d'autres ; par exemple CO réduit Fe^2O^3, C + 2O donne CO^2, CO + O = CO^2, CO^3 + C = 2CO, 3Fe + C = Fe^3C (carbure de fer).

II. Affinage de la fonte. — On transforme la fonte en fer ou en acier en lui enlevant son carbone par oxydation ; on obtient du fer lorsque la décarburation est complète :

$$(96Fe + 4C) \quad + \quad 8O \quad = \quad 96Fe \quad + \quad 4CO^2.$$

Fonte　　　　　　oxygène　　　　　fer　　　　gaz carbonique

Pour obtenir de l'acier, on pousse la décarburation moins loin ou bien on mélange dans une proportion convenable le fer et la fonte.

XXV. — FONTES

110. Haut fourneau. — *Description* (*fig.* 116). — Le haut fourneau est une construction en briques réfractaires fortement maintenues par des cercles en acier et consolidées par des charpentes métalliques, à l'intérieur de laquelle on charge alternativement par couches le minerai de fer, le coke et le fondant. De bas en haut on distingue dans un haut fourneau différentes parties :

1° Le **creuset**, dans lequel se rassemblent les produits en fusion, est le fond d'un cylindre présentant un **trou de coulée** de la fonte au bord de la sole et un peu plus haut une **tuyère** pour l'évacuation du laitier fondu.

2° L'**ouvrage** est la région du cylindre de base dans laquelle débouchent les **tuyères à vent chaud** dont les axes sont légèrement divergents (*fig.* 117).

3° Les **étalages** ont la forme d'un tronc de cône reposant par sa petite base sur le cylindre. Cette partie assure par sa section décroissante vers le bas un tassage des matières au moment de leur arrivée dans l'ouvrage.

4° La **cuve** est un tronc de cône à génératrice rectiligne ou légèrement concave intérieurement, dont la grande base est en bas. La partie inférieure de la cuve présentant la section maxima s'appelle **ventre** ; la partie supérieure s'appelle gueulard.

Assez souvent la cuve n'est pas supportée par les étalages,

mais par des colonnes en fonte très résistantes. Cela permet
de démonter et de réparer le creuset soumis à une tempéra-

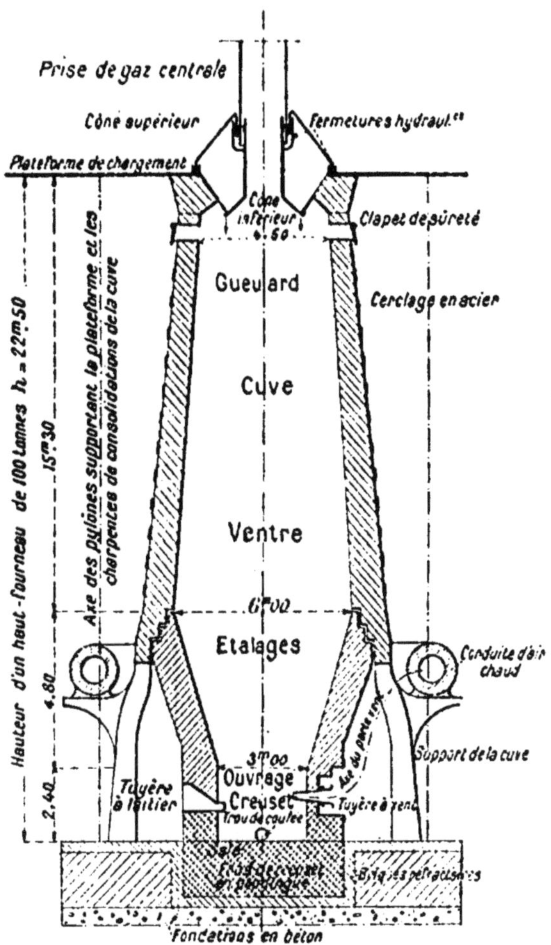

FIG. 116. — Haut fourneau.

ture beaucoup plus considérable, sans toucher à la partie
supérieure du fourneau, beaucoup moins éprouvée.

5° Le cup and cone est le système de fermeture généralement employé. Ses dispositions sont très variables, mais comprennent toujours deux troncs de cônes, dont l'un intérieur

est mobile et l'autre extérieur est fixe. Ce dernier est évasé vers le haut, et présente assez bien l'aspect d'une coupe (en anglais *cup*), d'où son nom.

Fonctionnement. — **1° Mise à feu.** — Le fourneau ayant été préalablement desséché, la sole du creuset est revêtue d'une couche de sciure de bois surmontée de charbon de bois sur lequel on place des morceaux de bois assez menus jusqu'au-dessus de l'orifice des tuyères, puis des fagots facilement inflammables, ensuite du bois dans les étalages, enfin une couche horizontale de coke et une autre couche de laitier. Ce n'est qu'au-dessus de cette couche que l'on place des charges contenant un mélange de coke, de fondant et de minerai; ce dernier est en quantité de plus en plus grande afin de n'arriver à la charge normale qu'à la fin du remplissage. Après avoir ainsi préparé le fourneau, on ouvre le gueulard en relevant le cône supérieur et en abaissant le cône inférieur (pour le cas de notre figure), et l'on peut mettre le feu par l'orifice des tuyères, celles-ci n'étant pas encore placées.

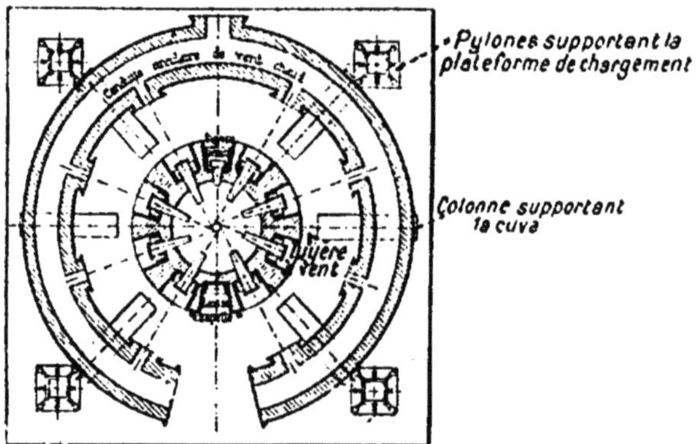

Fig. 117. — Coupe d'un haut fourneau (par l'ouvrage).

2° Mise en place des tuyères à vent. — Ces tuyères peuvent être en fonte, en acier, en bronze ou en cuivre. Elles sont à double enveloppe, et la couronne d'évidement reçoit un courant d'eau réfrigérante pour éviter les détériorations par le feu. Les tuyères sont disposées dans leurs logements de manière que leurs axes soient parfaitement **horizontaux** (pour éviter l'affinage de la fonte par plongée ou l'encrassement de la buse) et **divergents** comme les rayons d'une roue de bicyclette (*fig.* 117). De cette façon, les jets d'air provoquent un mouvement giratoire (de rotation) de la masse en fusion au lieu de frapper la paroi opposée du fourneau. Lorsqu'elles sont placées, on les fixe à l'aide d'une maçonnerie en argile dans laquelle on encastre des débris de briques. On peut alors faire arriver le vent de la conduite générale dans les tuyères, par un tuyau approprié, et commencer le premier soufflage qui doit être modéré.

Chargement. — Le minerai, le fondant et le coke sont élevés sur la plate-forme à l'aide de monte-charges ; on élève le cône supérieur, on verse la charge, on rabaisse ce cône supérieur ; ensuite on abaisse le cône inférieur, la charge s'écroule dans le fourneau et, en relevant ce cône inférieur, le gueulard se trouve complètement fermé. Ces chargements se font au fur et à mesure de la descente des matières solides.

Coulée. — Celle du laitier est assurée par une tuyère spéciale, et celle de la fonte, beaucoup plus dense, se fait à la partie inférieure du creuset, au ras de la sole. Le métal fondu est conduit par une rigole inclinée, appelée dame, soit dans des poches transportées par des manœuvres, soit directement dans les moules pour la fabrication d'objets ou de lingots appelés **gueuses.** Les trous sont ensuite rebouchés à l'aide d'un tampon à base d'argile et de charbon de bois en poudre.

Marche normale. — L'air soufflé par les tuyères transforme complètement le coke en gaz carbonique CO_2, en dégageant une chaleur considérable (la température $= 1.300°$) :

$$C + O_2 = CO_2 + 97^{cal},$$

qui provoque la fusion de la fonte et du laitier. En s'élevant, ce CO^2 rencontre du carbone incandescent qui le réduit en oxyde de carbone CO :

$$C + CO^2 = 2CO.$$

Ce gaz CO provoque la réduction du minerai de fer, mais pas d'une façon absolue :

$$Fe^2O^3 + 3CO = Fe + FeO + 2CO^2 + CO ;$$

c'est le carbone qui achève la réduction de l'oxyde ferreux FeO.

Enfin, dans la partie supérieure, la castine CO^3Ca se décompose, la chaux CaO se combine à la gangue siliceuse, et le CO^2 se dégage avec CO^2 et CO des réactions précédentes, ainsi que l'azote Az du vent, par une conduite latérale ou centrale dite *prise de gaz.*

Arrêt. — S'il s'agit d'une **mise hors feu** pour réparations par exemple, on fait les dernières charges en coke de manière à provoquer la fusion complète de la fonte et du laitier que l'on évacue en entier par le trou de coulée ; on arrête ensuite le soufflage, on démonte les tuyères et l'on bouche leurs logements ainsi que les autres orifices, puis on laisse refroidir.

S'il s'agit d'un **chômage** de deux à quatre mois, on prépare des charges assez fortes en combustible ; on vide le creuset de toutes les matières fondues, on arrête le soufflage, on démonte les tuyères, on bouche les orifices et l'on recouvre la dernière charge de minerai fin et humide avec des tôles afin d'empêcher d'une façon absolue le dégagement des gaz. Le feu peut ainsi couver pendant quelques mois et la **remise en marche** se faire par les opérations inverses : enlèvement des tôles et du minerai fin humide ; placement des tuyères et soufflage du vent. S'il n'existe plus de coke incandescent, on introduit dans le creuset du charbon de bois assez facilement inflammable.

111. Récupérateur Cowper-Siemens (*fig.* 118-119). — L'air que l'on introduit dans le haut fourneau par les

tuyères est chauffé pour obtenir dans le creuset une température plus élevée tout en dépensant le moins possible de coke.
Or, pour chauffer cet air, il y a intérêt à utiliser la chaleur
dégagée par la combustion des gaz qui s'échappent au gueulard, puisque ceux-ci, riches en oxyde de carbone CO, sont

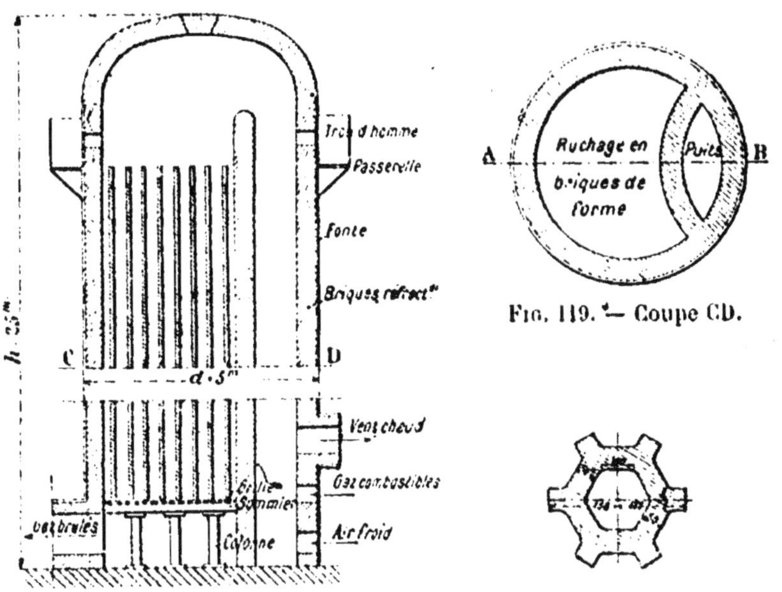

Fig. 118. — Récupérateur
Cowper-Siemens.

Fig. 119. — Coupe CD.

Fig. 120. — Forme d'une brique.

combustibles. Pour effectuer le chauffage, différents appareils sont employés; mais les plus répandus sont les récupérateurs Cowpers-Siemens existant par groupes de deux au
moins par haut fourneau.

Chacun d'eux est constitué par une grande tour en briques
réfractaires revêtue extérieurement d'une paroi en fonte ou
en tôle. Pendant la première phase, l'air froid et le gaz combustible arrivent à la partie inférieure d'une conduite en maçonnerie appelée puits, dans laquelle ils se mélangent et commencent à brûler. Ils s'échauffent alors et traversent un grand
nombre de conduits formés de briques auxquelles ils cèdent
une partie de leurs calories avant de s'échapper par les car-

neaux vers la cheminée. Pendant la seconde phase, les valves des tuyaux de gaz sont fermées. L'air froid injecté par les machines soufflantes (voir les compresseurs d'air en physique), arrive au-dessous de la grille, parcourt les conduits en briques qu'il refroidit et se rend aux tuyères de vent chaud.

REMARQUE. — Les gaz qui se dégagent au gueulard du haut fourneau ne sont pas tous nécessaires pour le chauffage du vent, qui n'en absorbe que 40 0/0 environ. Le reste, épuré par des lavages et des chocs, est parfois brûlé sous des générateurs de vapeur, mais on les utilise de plus en plus pour actionner directement des moteurs à gaz pauvre ([1]), accouplés aux machines soufflantes et à des génératrices d'électricité.

112. Différentes espèces de fontes. — 1° *Fonte grise de moulage.* — Elle possède une texture à grains assez gros; elle fond vers 1.220°, reste fusible et se prête avec facilité au moulage. Relativement douce, on peut la travailler comme le fer; elle est même moins dure, mais encrasse un peu la lime et se casse parfois sur les bords lorsqu'on ne prend pas assez de précaution. Au point de vue de sa composition, cette fonte renferme toujours du silicium Si (1 à 2,5 0/0); elle est riche en **graphite** ou carbone libre (2,5 à 3 0/0) qui lui communique sa teinte; par contre, elle contient peu de **carbure de fer** Fe^3C et presque pas de **carbone de trempe** dissous dans la fonte. Si on l'attaque par l'acide chlorhydrique, le graphite reste intact et constitue un dépôt.

2° *Fonte grise d'affinage Bessemer acide.* — Elle se rapproche de la précédente, mais c'est surtout sa teneur en silicium que l'on recherche, car pendant l'affinage c'est ce corps qui sera le combustible principal.

3° *Fonte blanche d'affinage basique Thomas.* — Cette fonte possède une texture à grains fins; elle fond vers 1.130°, mais elle est moins fluide que la fonte grise et ne peut être moulée. Elle est aussi plus cassante et plus dure, mais ne

([1]) Voir *Mécanique industrielle* de la B. E. T., t. III.

peut se travailler. Elle renferme toujours moins de 1 0/0 de silicium, et le carbone s'y trouve non à l'état graphitique, mais à celui de carbure Fe^3C ou en dissolution. Si on la traite par l'acide chlorhydrique, il ne reste aucun dépôt de charbon, mais on constate le dégagement de carbures d'hydrogène.

4° *Fontes spéciales.* — Ce sont de véritables alliages dans lesquels la teneur en fer peut être considérablement moindre que dans les fontes ordinaires ; nous citerons :

le *spiegel* renfermant de...........	8 à 25 0/0 de manganèse Mn ;
le *ferro-manganèse* renfermant de..	25 à 80 0/0 de manganèse Mn ;
le *ferro-silicium* renfermant de....	10 à 50 0/0 de silicium Si ;
le *ferro-chrome* renfermant de......	8 à 80 0/0 de chrome Cr ;
le *ferro-tungstène* renfermant de...	20 à 25 0/0 de tungstène et
	30 à 40 0/0 de Mn ;
le *silico-spiegel* renfermant de.......	8 à 13 0/0 de Si et
	10 à 20 0/0 de Mn.

On les prépare en introduisant dans le haut fourneau en même temps que le minerai de fer des minerais oxydés des métaux qu'on veut retrouver dans la fonte.

Ces différentes fontes sont employées pour incorporer dans les aciers les métaux correspondants, ceux-ci communiquant aux aciers des qualités particulières. Par exemple, le silicium les rend plus facilement moulables ; le manganèse très oxydable joue le rôle de réducteur ; le chrome rend l'acier très dur (pour outils). Signalons qu'on ajoute parfois aux aciers le métal pur lui-même (nickel, aluminium) et quelquefois son minerai (wolfram, minerai oxydé de tungstène).

113. Usages de la fonte. — A cause de son prix de revient peu élevé et de son moulage facile, on fabrique en fonte un grand nombre d'objets : appareils de chauffage, ustensiles de cuisine, organes de machines (poulies, roues d'engrenage, chaises, paliers, etc.). On l'utilise également pour la fabrication des pièces supportant par compression de très lourdes charges, car elle résiste très bien à ce genre d'efforts ; on en fait des piliers et colonnes, des bâtis de machines, des supports divers. Par contre, la fonte n'est plus employée pour les corps soumis à des efforts d'allongement (bielles) ; à des dilatations intenses et fréquentes (générateurs de vapeur) ou à des chocs (outillage).

Il existe différents procédés de moulage ; en général, on tasse autour de l'objet à reproduire du sable spécial, de sorte que, l'objet enlevé, il existe dans la masse un creux dans lequel on peut couler la fonte. Celle-ci provient soit directement du haut fourneau, soit d'une seconde fusion au cubilot.

Rappelons en terminant qu'une grande partie de la fonte produite est transformée en acier par affinage, c'est-à-dire combustion du carbone.

LECTURE

Le moulage mécanique (¹)

Le moulage mécanique est l'art de produire une ou plusieurs pièces, identiques à un modèle donné ou conformes à un dessin convenablement coté, en coulant dans un moule un métal fondu (fonte, acier ou bronze) qui se solidifie ultérieurement. On appelle moule d'un objet un corps évidé dont la capacité intérieure présente en creux les parties saillantes de cet objet et inversement. Les moules s'exécutent en sable ou en terre, dans des cadres en fonte ou en fer appelés **châssis**, à l'aide d'un **modèle** ou d'un gabarit appelé **trousseau**, et de **noyaux** destinés à occuper l'emplacement des vides intérieurs de l'objet.

La confection d'un moule est précédée de la préparation du sable, de la fabrication du modèle ou du trousseau et des noyaux. Elle est suivie de la coulée, de l'ébarbage et de l'usinage dans les ateliers d'ajustage. Nous examinerons rapidement ces différentes opérations en prenant comme exemple la fabrication d'un **corps de pompe** (*fig.* 121).

Modèle. — Le modèle d'un organe est une pièce généralement en bois, parfois en plâtre ou en métal blanc sans retrait, qui satisfait aux conditions suivantes :

1° Sa surface extérieure est absolument identique à celle de l'objet sortant du moule; c'est-à-dire qu'il possède une **surépaisseur** dans toutes les parties qui doivent être usinées (*ab, cd, ef,* (*fig.* 123) après le moulage;

2° Il porte à l'endroit des creux de l'objet des **portées** destinées à permettre la mise en place des noyaux qui réserveront l'emplacement de ces creux ;

3° Ses dimensions sont toutes **amplifiées** dans un rapport donné : 1,012,

(¹) On obtient également par moulage des objets céramiques, des maté-riaux de construction en ciment et en verre, des reproductions d'œuvres d'art et des ornements en plâtre, des profils de médailles en soufre, etc. Nous ne nous occuperons que de la fabrication des pièces de machines.

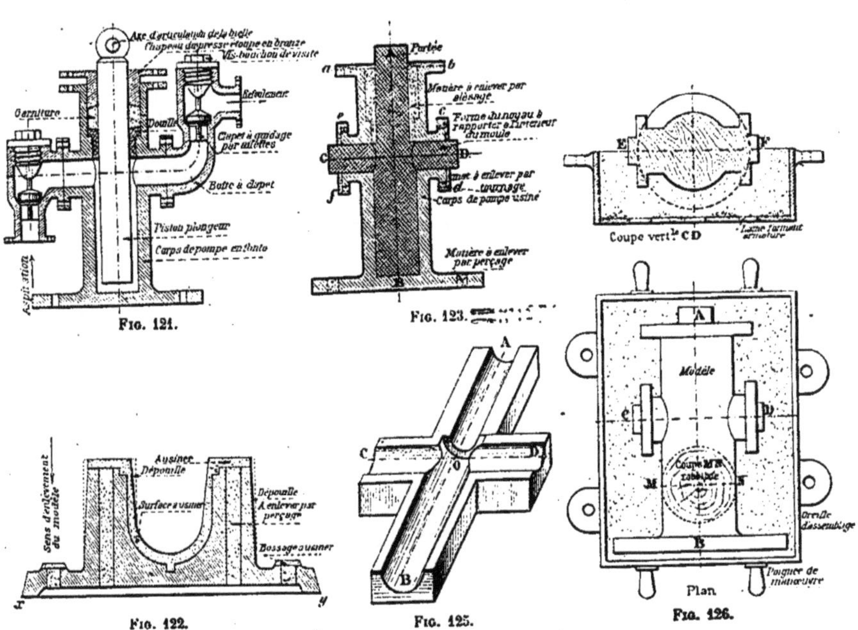

Opérations du moulage mécanique.

pour tenir compte du retrait de la fonte lors de son refroidissement. A cet effet, les modeleurs utilisent un « mètre » mesurant 1.012^{mm} et partagé en 100 divisions égales ;

4° Il doit être **démoulable**, c'est-à-dire pouvoir être sorti du moule sans détériorer celui-ci. Pour cette raison, les corps creux exigent des noyaux ; les pièces prismatiques ou cylindriques en principe et coulées·debout, sont faites sensiblement plus larges au bord du moule que dans le fond (on leur donne de la dépouille) (*fig.* 122), enfin les modèles d'objets compliqués sont souvent faits en plusieurs parties assemblées avec des vis et que l'on retire séparément du moule.

Les bois les plus employés en modèlerie sont le tilleul, le noyer et le sycomore ; ils se travaillent facilement, sont peu fibreux, sont susceptibles d'un beau poli et se conservent sans se déformer.

Les modèles en plâtre et en métal blanc sont surtout employés pour le moulage à la machine et les grandes séries.

Pour le moulage, ce modèle se place dans la position de la figure, sur le *dessus* renversé de manière que le plan xy coïncide avec le bord. Sur le dessus, on posera plusieurs *chapes*, puis le *dessous* renversé en y tassant régulièrement le sable et en saupoudrant de poussiers de charbon de bois les plans de joints ; on retourne ensuite, on enlève le *dessus*, puis le modèle ; on replace le *dessus*, dans lequel on a ménagé les évents et les trous de coulée.

Fig. 121. — Préparation du sable de fonderie.

Sable. — Le sable employé à la confection des moules doit être fin et homogène pour bien épouser la forme du modèle ; plastique et **résistant** pour conserver sa forme lorsqu'on enlève le modèle, qu'on place les noyaux ou qu'on pratique la coulée ; réfractaire pour ne pas s'altérer à la température de fusion du métal ; spongieux pour permettre le dégagement de l'air et de la vapeur d'eau. Sa préparation est donc très délicate et demande beaucoup de soins.

Le sable le plus convenable est légèrement gras, c'est-à-dire argileux, car la liaison en est plus facile. Il ne renferme ni chlorures trop avides d'eau, ni humidité naturelle, ni calcaire, car le dégagement du gaz carbonique CO_2 et de la vapeur d'eau H_2O qui résulte de la présence de ces corps tend à désagréger le moule au moment de la coulée. Une des terres à moulage les plus réputées renferme 82 0/0 de SiO_2, 11 0/0 de Al_2O_3, 2,5 0/0 de Fe_2O_3, 0,5 0/0 de CaO et 4 0/0 de matières volatiles H_2O et CO_2.

Après un séchage à l'étuve, le sable neuf est mélangé à du vieux (ayant déjà servi) ; le tout est broyé, puis tamisé (*fig.* 124), et l'on y ajoute une petite proportion de houille grasse (8 à 10 0/0) également broyée et tamisée très fine. Un brassage à la pelle, ou dans la machine à mélanger, avec une légère addition d'eau achève de rendre la préparation consistante et homogène.

Pour les moulages d'acier, qui se font à une température plus élevée (1.500° au lieu de 1.200° pour la fonte), on utilise un sable plus réfractaire obtenu par l'adjonction de débris de creusets.

Lorsque les moules ne sont pas séchés, avant la coulée, on dit que le moulage se fait en sable vert au lieu de dire sable humide.

Noyau. — Le noyau, destiné à occuper dans le moule l'emplacement du creux de l'objet, s'exécute généralement en sable préparé d'une façon spéciale : après avoir mélangé en parties égales du sable neuf et du sable vieux, on ajoute à la masse un tiers de crottin de cheval convenablement séché et tamisé ; on mouille et on brasse le mélange pour le rendre bien homogène. Le sable ainsi obtenu deviendra très spongieux lors de l'étuvage du noyau et facilitera le dégagement des gaz et vapeurs qui y sont contenus.

Pour la confection du noyau, on commence par exécuter une sorte de moule en bois en deux parties, appelé **boîte à noyau** (*fig.* 125) dans lequel on entasse le sable pour lui donner la forme convenable. Afin de donner au noyau la rigidité nécessaire pour qu'il ne subisse ni déformation, ni déplacement sous l'action des pressions qui s'exercent pendant la coulée, on noie dans le sable, et suivant les axes, une armature métallique. Celle-ci est constituée par un faisceau de fils de fer pour les petites dimensions et par une sorte d'arbre creux à parôi perforée, nommé lanterne, pour les grandes (colonnes creuses, cylindres de moteurs). L'armature est généralement entourée d'une tresse de paille, de foin ou de corde qui, en se carbonisant lors de l'étuvage, laissera autant de passage pour le dégagement des gaz.

Pour confectionner le noyau du corps de pompe, on commence par rassembler les deux parties de la boîte à noyau ; on dresse verticalement la partie AB de manière que A soit en bas sur une planche ; on y tasse un peu de sable; on fixe l'armature autour de laquelle on presse le sable d'une façon régulière jusqu'en O. Ensuite on exécute la partie CD, puis OB en

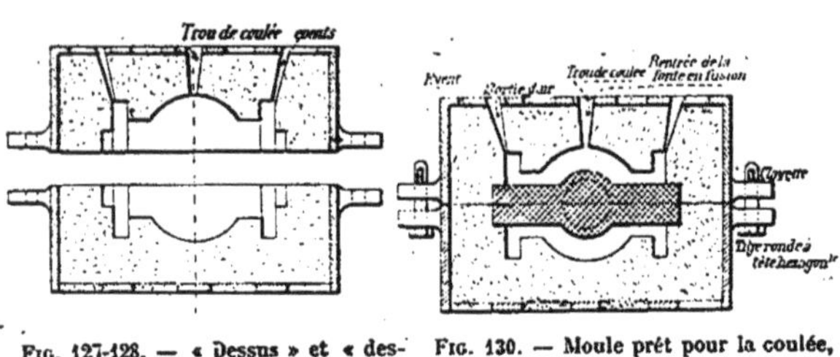

Fig. 127-128. — « Dessus » et « dessous » du moule, modèle et cônes de caoutchouc enlevés.

Fig. 130. — Moule prêt pour la coulée, noyau placé, châssis assemblés.

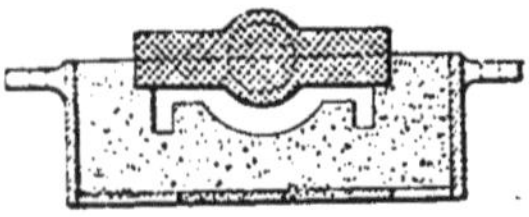

Fig. 129. — « Dessous » du moule avec mise en place du noyau.

Fig. 132. — Robinet à brides.

Fig. 131. — Machine à mouler Bonvillain et Ronceray, la plaque modèle mise en place.

ajoutant dans la région du croisement un peu de colle forte pour y augmenter l'adhérence du sable.

Les corps de révolution peuvent être obtenus par tournage à l'aide d'un gabarit, sans boîte à noyau. Les corps prismatiques peuvent être obtenus rapidement sur la machine à noyauter, sorte de presse à hélice.

Tous les noyaux doivent être séchés à l'étuve.

Moule. — Il s'exécute dans des châssis ou cadres, en fonte ou en fer, à section circulaire, carrée ou rectangulaire, munis d'oreilles pour l'assemblage et de poignées pour la manœuvre. Les châssis inférieur « dessous » et supérieur « dessus » sont en outre armés de lames (*fig.* 127-128) ou de barres destinées à maintenir le sable. Des châssis intermédiaires « chapes » sans armature sont employés pour les modèles de grande épaisseur.

Pour le corps de pompe, deux châssis suffisent ; on commence par placer du sable dans le dessous de manière à faire un support au modèle dont le plan médian EF doit effleurer le bord du châssis. Après la mise en place du modèle, on achève de remplir avec du sable ; on saupoudre avec du poussier de charbon pour empêcher l'adhérence des deux parties du moule ; on place le dessus où l'on tasse le sable autour du modèle auquel on adjoint des cônes de caoutchouc pour ménager des évents d'évacuation des gaz et les trous de coulée. Il ne reste qu'à enlever le dessus, puis le modèle ; à placer le noyau (*fig.* 129) et à assembler de nouveau les deux châssis (*fig.* 130).

Dans le moulage des pièces symétriques à la machine, — sorte de presse à levier ou à eau sous pression, — on emploie souvent des plaques modèles réversibles à surface extérieure en métal blanc sans retrait que l'on imprime successivement dans le « dessous », puis dans le « dessus » et l'on forme ensuite le plan de joint à l'aide d'un peigne métallique (*fig.* 132).

Moulage au trousseau. — C'est un procédé économique

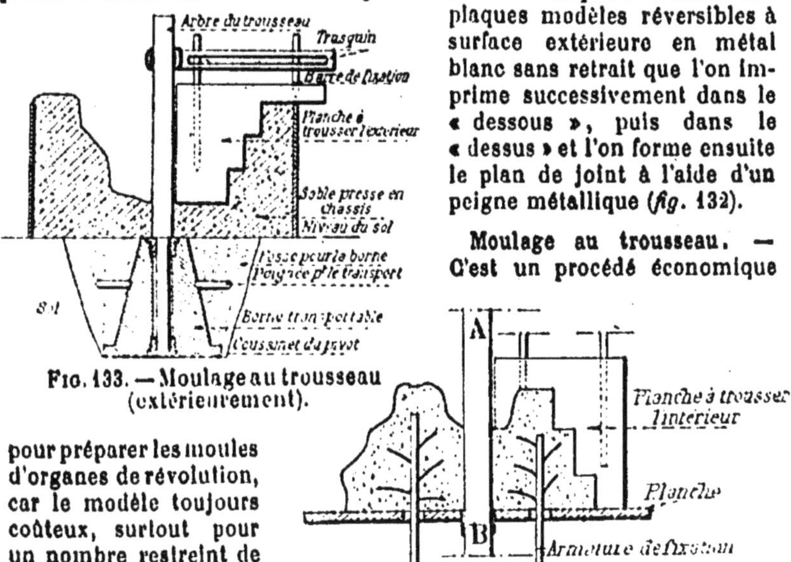

Fig. 133. — Moulage au trousseau (extérieurement).

Fig. 134. — Moulage au trousseau (intérieurement)

pour préparer les moules d'organes de révolution, car le modèle toujours coûteux, surtout pour un nombre restreint de pièces, y est remplacé par un simple gabarit appelé planche à trousser. Pour un cône de trois poulies étagées, deux

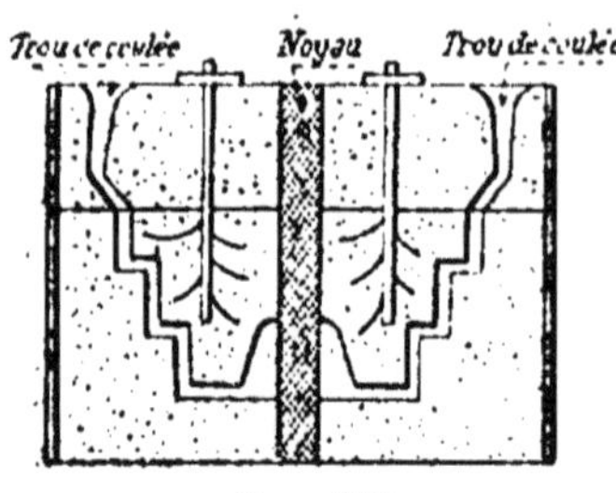

Fig. 135.

planches, l'une à trousser l'extérieur (*fig.* 133), l'autre à trousser l'intérieur (*fig.* 134), sont nécessaires. On rapporte ensuite un noyau circulaire et un châssis supérieur pour y pratiquer les évents et les trous de coulée (*fig.* 135).

Le trousseau à borne le plus usité se compose d'une borne maintenant un arbre vertical autour duquel peut tourner un trusquin servant à la fixation de la planche à trousser.

XXVI. — AFFINAGE DE LA FONTE : FERS ET ACIERS

114. Définitions et classification. — L'affinage de la fonte consiste à lui enlever une partie des corps autres que le fer, notamment du carbone, qu'elle contient. On réserve le nom de fer au métal obtenu à l'état pâteux, contenant moins de 0,5 0/0 de carbone C, très malléable et très soudable. Le métal ferreux renfermant moins de 0,4 0/0 de C, mais obtenu par voie de fusion, est un peu moins soudable, mais un peu plus tenace que le précédent, il est appelé fer fondu, **fer homogène ou acier doux.** L'acier ordinaire renferme de 0,4 à 1,5 0/0 de C; il est malléable, se soude difficilement, mais il est très dur et très tenace.

Le fer proprement dit est obtenu par puddlage,, le fer homogène et l'acier sont obtenus par fusion, quelquefois au creuset, mais généralement au **convertisseur Bessemer acide,** au **convertisseur Thomas basique** ou au four **Siemens-Martin.**

Les aciers spéciaux obtenus en incorporant au fer des corps autres que le carbone jouissent de propriétés particulières dues à ces corps.

115. Puddlage. — *Principe.* — La fonte chauffée dans un four spécial est soumise à l'action d'un courant d'air, en même temps qu'à un brassage énergique soit mécaniquement,

CLASSIFICATION DES ACIERS ORDINAIRES

NATURE	TENEUR 0/0 en C		E par millimètre carré		R par millimètre carré		A 0/0 allongement	Σ 0/0 striction	PROPRIÉTÉS	USAGES
Extra doux	0,05	à 0,15	20	à 24	34 à	40	32-28	50-48	soude comme le fer / ne trempe pas	Forge, clous, rivets, chaudières, acier moulé.
Très doux.	0,15	0,25	24	28	40	46	28-25	50-48	soude assez bien / ne trempe pas	Aciers profilés, poutres, tôles, fils pour câbles.
Doux.....	0,25	0,35	28	32	46	55	25-22	50-48	soude peu / trempe peu	Bandages, essieux, boulons, acier moulé.
1/2 doux..	0,35	0,45	32	38	55	65	22-18	48-44	soude difficilement / trempe assez bien	Arbres de transmission, tiges de pistons.
1/2 dur...	0,45	0,60	38	45	65	75	18-14	44-40	ne soude pas	Ressorts, rails, arbres, tiges.
Dur	0,60	0,70	45	50	75	85	14-10	40-35	trempe très bien	Bandages spéciaux, ressorts de pistons.
Très dur..	0,70	0,80	50	55	85	95	10- 6	35-30	ne soude pas	Ressorts, fraises, limes, coutellerie, outils.
Extra dur.	0,80	1,20	55	60	95	110	6- 4	30-25	trempe extra	

Chacun de ces aciers est classé en plusieurs qualités suivant son degré de pureté. D'autre part la limite élastique E et la résistance R augmentent par la trempe et la teneur en nickel Ni, manganèse Mn, chrome Cr ; A 0/0 et Σ 0/0 diminuent en même temps. La résistance au choc augmente avec Ni, Mn, Cr, mais pas avec la trempe.

soit à la main à l'aide de ringards. Ce brassage a pour but de
mettre en contact avec l'oxygène, le carbone et les autres impuretés contenues au sein de la fonte.

Four à puddler (*fig.* 136). -- Il comprend en général un
foyer sur la grille duquel s'effectue la combustion de la houille

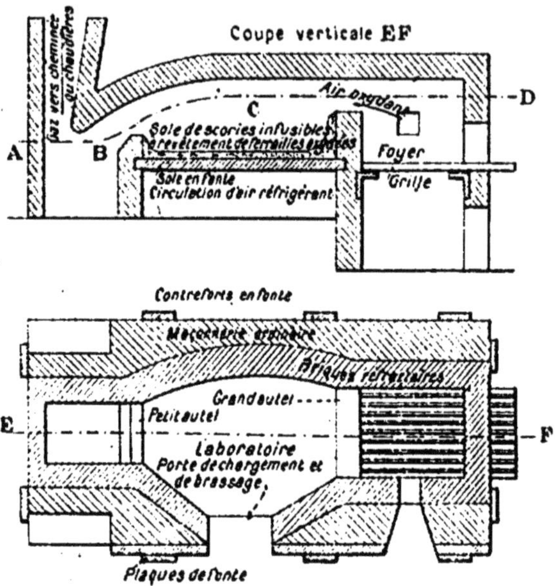

FIG. 136. — Four à puddler.

et un **laboratoire** dans lequel on place la fonte que chauffe-
ront les gaz chauds du foyer. Entre le foyer et le laboratoire
se trouve une sorte de mur appelé pont de chauffe ou grand
autel et destiné à empêcher le mélange du charbon et de la
fonte. Le laboratoire est limité à son autre extrémité par le
petit autel, et sa partie supérieure est concave de manière que
les flammes qui lèchent cette partie soient renvoyées sur la
fonte. Les gaz s'échappent rarement d'une manière directe à
la cheminée; ils servent soit à commencer le chauffage de la
fonte dans un autre four, soit à produire dans des générateurs
la vapeur nécessaire à la mise en marche des machines employées au travail des métaux (cinglage et laminage).

Fonctionnement. — Le four étant chauffé, on y charge des gueuses de fonte cassées avec des ferrailles oxydées et des scories d'opérations précédentes. Le métal se ramollit et commence à fondre en même temps que se produit à la surface l'oxydation du carbone, du silicium et du phosphore, mais aussi du fer. Ce sont d'ailleurs les oxydes de fer ainsi formés qui, pendant le brassage de la masse à l'aide de ringards, provoqueront l'affinage de la fonte :

$$Fe^2O^3 + 3C = 2Fe + 3CO;$$
$$2Fe^2O^3 + 3Si = 4Fe + 3SiO^2.$$

Cinglage et laminage. — Lorsqu'on juge la décarburation suffisamment complète, (on s'en aperçoit quand les flammes bleues de CO qui brûle deviennent rares, indiquant que le carbone a été détruit), on partage le fer ou l'acier pâteux obtenu en plusieurs morceaux ou loupes que des ouvriers saisissent avec des pinces et transportent sous des marteaux à cames, des marteaux-pilons (*fig.* 137) ou des presses. Le fer fortement martelé se trouve débarrassé des scories qu'il renferme et qui giclent sous le choc. Le prisme obtenu

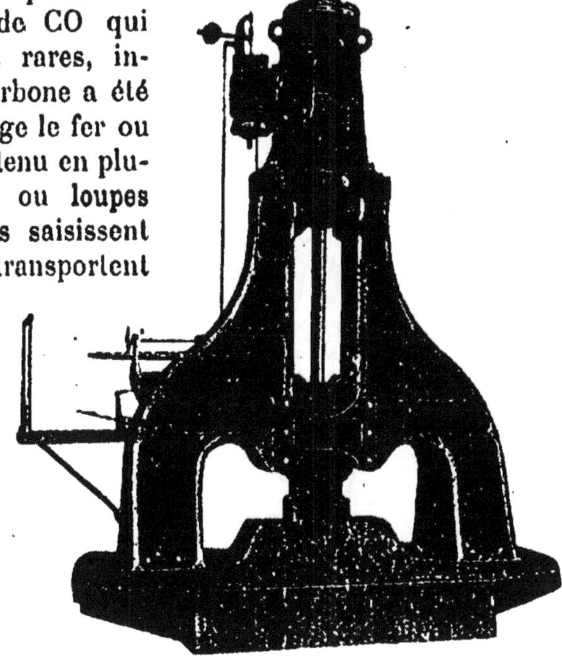

Fig. 137. — Marteau-pilon.

par le cinglage s'appelle **massiot**; on le transporte au laminoir où il passe entre deux cylindres (*fig.* 112) qui l'écrasent et le transforment en barre plate de fer brut. Souvent, on réunit plusieurs barres en un paquet que l'on réchauffe au blanc soudant et que l'on soumet à nouveau dans ces conditions au cinglage et au laminage; cette opération s'appelle le **corroyage** (fer corroyé).

116. Fers et aciers fondus. — 1° Creuset. — Dans des creusets en terre réfractaire revêtus intérieurement d'une couche de plombagine, on charge un mélange de fonte et de fer que l'on chauffe soit dans des fours, soit dans le sein du combustible incandescent. Les matières chargées, étant toujours un peu oxydées, opèrent une sorte d'affinage avec dégagement de CO qui produit un bouillonnement dans la masse fondue. L'acier obtenu est de bonne qualité, mais revient à un prix très élevé.

2° Convertisseur (*fig.* 138-139). — C'est une immense cornue pouvant osciller autour d'un axe de suspension et recevoir à sa partie inférieure un jet d'air sous pression envoyé par des machines soufflantes. La cornue repose sur des paliers par deux tourillons de support; l'un est creux et forme conduite d'air; l'autre porte un pignon denté dont on peut déterminer la rotation par un engrenage à crémaillère.

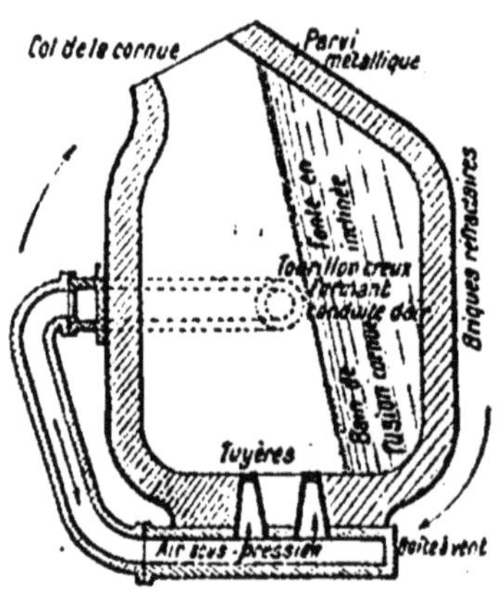

Fig. 138. — Convertisseur.

Acier Bessemer acide. — Le revêtement intérieur en briques réfractaires est à base de silice avec un peu d'argile. On commence par chauffer la cornue au rouge blanc en y brûlant du coke, puis on y verse de la fonte en fusion en inclinant l'appareil de manière à ne pas obstruer les tuyères, puis on donne le vent en ramenant peu à peu le convertisseur dans sa position normale.

Les fontes grises sont les seules employées à cause de leur richesse en silicium Si, car l'oxydation de ce corps joue un double rôle : 1° Elle donne naissance à de la silice SiO^2 à fonction acide, capable de se combiner aux oxydes métalliques de fer et de manganèse pour former un silicate fusible ou scorie ; 2° elle dégage une très grande quantité de chaleur — 7.830^{cal} par kilogramme de Si — qui suffit à maintenir en fusion le bain métallique.

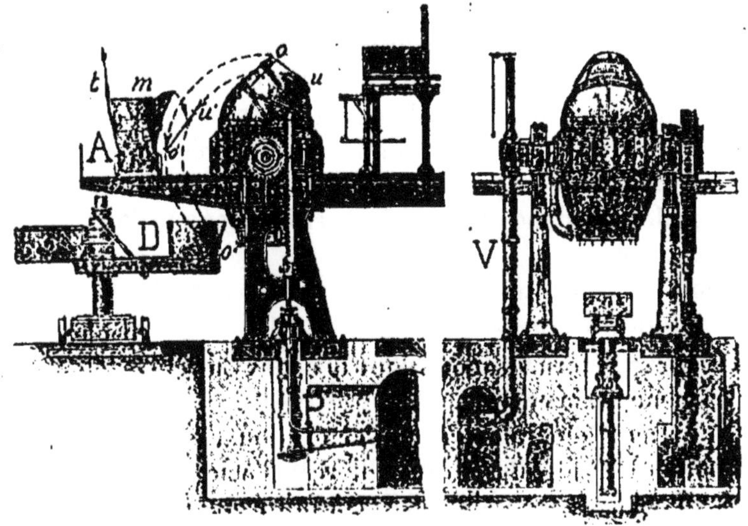

Fig. 139. — Convertisseur Thomas de 15 tonnes (Micheville).
A, benne de chargement ; D, poche de coulée ; V, conduite de vent ; P, piston de manœuvre de la crémaillère.

Au début de l'opération, c'est surtout le manganèse Mn qui brûle parce qu'il est très oxydable ; ce n'est qu'après l'oxydation de ce corps que le carbone se transforme en CO qui se dégage en provoquant le bouillonnement de la masse et brûle au col de la cornue avec une flamme bleue. Si l'on n'arrête pas la décarburation à temps, lorsqu'elle est complète, c'est le fer qui s'oxyde et la scorie devient noire à cause de FeO et Fe^3O^4 ; le métal obtenu est du fer que l'on est souvent obligé de recarburer à l'aide de spiegel dont le manganèse Mn réduit les oxydes de fer et dont le carbone s'incorpore au métal pour lui communiquer de la dureté. L'acier obtenu est versé dans des poches de coulée, en inclinant le col de la cornue; il est généralement dur, car la présence de Si s'oppose à la disparition totale du carbone.

Acier Thomas basique. — On emploie un convertisseur analogue au précédent ; mais au lieu d'un revêtement intérieur siliceux acide, on emploie la **dolomie** (carbonate double de chaux et de magnésie renfermant des traces de silice et d'alumine) décarbonatée par grillage, de sorte que le revêtement est essentiellement **basique** (chaux et magnésie). Les fontes employées proviennent de minerais phosphorés ; elles sont riches en phosphore et par contre doivent être pauvres en silicium; ce doivent donc être des fontes blanches que l'on traite par ce procédé.

Au début de l'opération, le silicium et le manganèse brûlent et forment un silicate. Lorsque tout le silicium est neutralisé par les oxydes de fer et de manganèse, l'acide phosphorique P^3O^5 qui s'est formé se combine à la chaux CaO du revêtement. Le carbone brûle ensuite.

On obtient généralement un acier doux, car la nécessité d'éliminer tout le phosphore, qui rend l'acier cassant, oblige à une oxydation très complète. On fait écouler les scories et l'on ajoute ensuite du spiegel pour recarburer.

Les scories obtenues par ce procédé sont très recherchées par l'agriculture qui les emploie comme engrais à cause de leur richesse en phosphate : on les vend dans ce but sous le nom de *scories Thomas*.

3° *Four Martin-Siemens* (*fig.* 140). — Les matériaux chargés sur la sole du laboratoire y sont chauffés par la combustion du gaz à l'air ou gaz Siemens produit dans un gazogène situé à proximité du four. Les gaz brûlés s'échappant du laboratoire à une haute température sont dirigés sur des massifs de brique appelés récupérateurs, auxquels ils abandonnent une partie de leur chaleur. Dans une seconde phase, on admet dans le récupérateur de l'air frais qui s'échauffe. Une

partie de cet air va au gazogène pour la production du gaz
pauvre et l'autre partie arrive à la partie supérieure du laboratoire où il se mélange
avec le gaz qu'il brûle.
Il y a toujours excès
d'air afin de rendre
oxydante l'atmosphère
du four.

Fig. 140. — Four Martin-Siemens.

La sole du labora-
toire est en fonte, gar-
nie d'un revêtement siliceux; on y charge :

1° Soit un mélange de **fonte et de fer doux** amenant une di-
lution du carbone dans toute la masse;

2° Soit un mélange de **fonte et de minerai de fer riche** et
pur tel que le carbone de la fonte s'oxyde en réduisant le minerai.

Comme dans le convertisseur Bessemer acide, on ne peut
employer des fontes phosphoreuses pour ce traitement, car la
silice SiO^2 se combine aux oxydes et aux bases plus facilement que l'anhydride phosphorique P^2O^3; il est par suite
impossible d'éliminer le phosphore si nuisible.

Avec des fontes qui en contiennent, on est obligé d'employer une sole non siliceuse, mais **basique** comme dans le
procédé Thomas.

117. Aciers spéciaux. — Ce sont des métaux ferreux
dans lesquels entre une proportion souvent sensible de corps
autres que le carbone et en particulier le silicium Si, le manganèse Mn, le nickel Ni, le chrome Cr, le tungstène Tu, le
molybdène Mo et parfois l'aluminium Al ou le vanadium.
Nous examinerons successivement l'action de chacun d'eux
en insistant sur les plus employés.

Silicium Si. — Il augmente l'élasticité et la ductilité de
l'acier ayant même teneur en carbone; il augmente les effets
de la trempe, c'est-à-dire la dureté et la ténacité, sur l'acier
demi-dur. Lorsque la proportion de Si dépasse 2,5 0/0,

l'acier se forge difficilement, mais au-dessus de cette teneur, il convient particulièrement pour la fabrication des ressorts.

Un acier renfermant 0,4 à 0,5 de C et de 1,2 à 1,5 de Si possède brut de forge une limite électrique $E = 46$ à 51^{kg} par ^{mm2}; une résistance à la rupture $R = 75$ à 85^{kg} et un allongement de $A = 18$ à 11 0/0. Chauffé à 900° et trempé, ses propriétés deviennent $E = 150$, $R = 150$, $A = 2$ à 0 0/0; la grande élasticité $E = 150$ est bien ce qui convient pour les ressorts.

Manganèse Mn. — Ce métal augmente la limite élastique, la résistance à la rupture ou ténacité R, et la dureté, mais il diminue l'allongement A 0/0, c'est-à-dire la ductilité, et rend l'acier extrêmement fragile dès que sa teneur s'élève à 1 0/0. Avec le silicium, il donne des aciers aussi résistants et plus faciles à travailler, qui sont également très appréciés pour la fabrication des ressorts.

Nickel Ni. — L'addition d'une quantité convenable de nickel à l'acier au carbone ou au manganèse change peu les valeurs de E, R ou A, qui ont cependant une tendance à augmenter légèrement. Par contre, leur fragilité est considérablement diminuée, ce qui est un avantage sérieux pour les organes ayant à résister au choc. Les aciers au nickel conviennent particulièrement pour la fabrication des tôles, pièces embouties, bandages de roues, arbres, essieux, vilebrequins, tiges de piston, boulons, rivets, organes d'automobiles.

L'acier demi-dur contenant 0,2 à 0,6 0/0 de C et 3 à 5 0/0 de Ni possède lorsqu'il est recuit une limite élastique $E = 40^{kg}$, une résistance $R = 50$ à 60 0/0 et un allongement $A = 30$ à 25 0/0. Si on la trempe à 900°, ces caractères deviennent $E = 120$, $R = 125$ et $A = 7$ 0/0.

La proportion de nickel augmentant, il y a formation de véritables alliages; nous citerons :

1° Le ferro-nickel renfermant 0,2 à 0,9 0/0 C et 25 à 35 0/0 Ni qui se travaille très facilement ($E = 46$ à 60, $R = 70$ à 80, $A = 25$ à 30 0/0); il est employé pour fabriquer les instruments de précision et les appareils d'électricité.

2° La platinite à 46 0/0 de Ni, très ductile ($A = 40$ 0/0),

qui sert à supporter les filaments des lampes à incandescence ;
c'est la partie qui traverse le verre de l'ampoule ; cet alliage a
même coefficient de dilatation que le verre comme le platine,
employé jusqu'à sa découverte (d'où son nom). Il n'y a donc
pas de dislocation à craindre dans cette traversée.

Le métal **invar** a 33 0/0 de Ni ou métal Guillaume, dont le
coefficient de dilatation est sensiblement nul entre — 20° et
+ 120°. Il est très employé dans l'horlogerie pour faire des
rouages sans dilatation ou pour la construction de règles géo-
désiques employées en triangulation.

Chrome Cr. — L'effet de ce métal est surtout d'augmenter
la dureté de l'acier à toute température ; aussi l'emploie-t-on
pour les aciers à coupe rapide (ainsi nommés parce que les
outils coupent rapidement, n'ayant pas besoin d'être refroidis
à chaque instant ni retrempés), les plaques de blindage, les
tubes de canons et les obus de rupture.

Les aciers au chrome et au nickel sont particulièrement
convenables pour les organes d'automobiles. Pour les châssis
devant offrir une grande résistance au choc, l'acier peut contenir 0,6 0/0 de C, 2,50 0/0 de Cr et 20 0/0 de Ni ; dans ces
conditions, $E = 50$, $R = 75$ et $A = 45$ 0/0.

Tungstène Tu et molybdène Mo. — Ces corps communiquent aux aciers assez riches en carbone une dureté extrême ; on en fait des outils, mais leur prix de revient est excessivement élevé et par suite leur usage restreint.

Les aciers spéciaux trouvent leur emploi dans différents
organes des automobiles, et on peut dire que sans la découverte de ces aciers et leurs propriétés remarquables, l'au-
tomobilisme mécanique n'aurait pas pu être réalisé. Les pièces
ont, en effet, à subir des chocs, des tiraillements, cisaille-
ments, etc., que les anciens aciers n'auraient jamais pu supporter sans rupture.

XXVII. — ZINC : $Zn = 65$

118. Métallurgie. — Le zinc se trouve dans la nature à l'état de sulfure ou blende ZnS et à l'état de carbonate ou calamine CO^3Zn, souvent mélangée de silice, libre SiO^2 ou combinée au zinc SiO^3Zn.

Principe de la métallurgie. — Les minerais sont transformés en oxyde de zinc par un grillage dans des fours à réverbère (pour la calamine), dans des fours à grille ou dans des fours coulants (pour la blende). L'oxyde ZnO ainsi obtenu est réduit par le charbon C dans des creusets et le zinc Zn volatilisé est recueilli dans des tubes condenseurs.

$$CO^3Zn \qquad = CO^2 + ZnO$$
$$ZnS + 3O = SO^2 + ZnO \qquad \text{1}^{\text{re}}\ \text{phase}$$
$$ZnO + C = CO + Zn \qquad 2°\ \text{phase.}$$

Fours de réduction. — Celui de la **Vieille-Montagne** (*fig.* 141), en Belgique, est constitué par plusieurs chambres de chauffe dans chacune desquelles sont disposées des creusets cylindriques en terre réfractaire. Chaque creuset ou cornue est constitué par un cylindre dont le fond est fermé à l'arrière et dont l'avant, ouvert, est incliné vers le bas. Lorsqu'on a chargé dans le creuset l'oxyde de zinc ZnO en poudre avec du charbon de bois ou de la houille maigre, on adapte le tube condenseur en tôle (*fig.* 142), refroidi par l'air extérieur et dans lequel les vapeurs de zinc commencent à se condenser. Les vapeurs restantes se condensent dans a rallonge, munie à sa partie supérieure d'un petit trou pour le dégagement de l'oxyde de

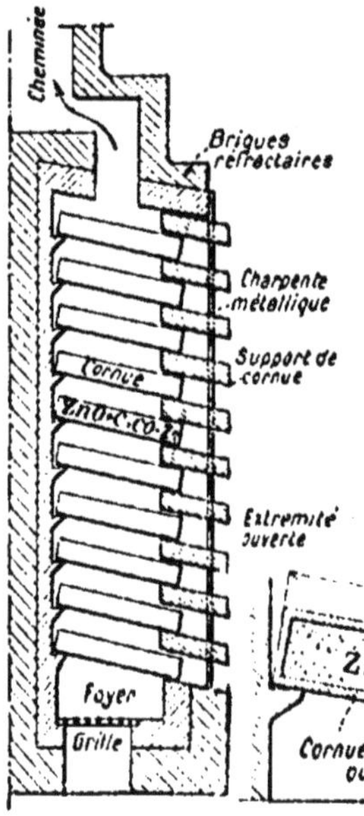

Fiu. 141.

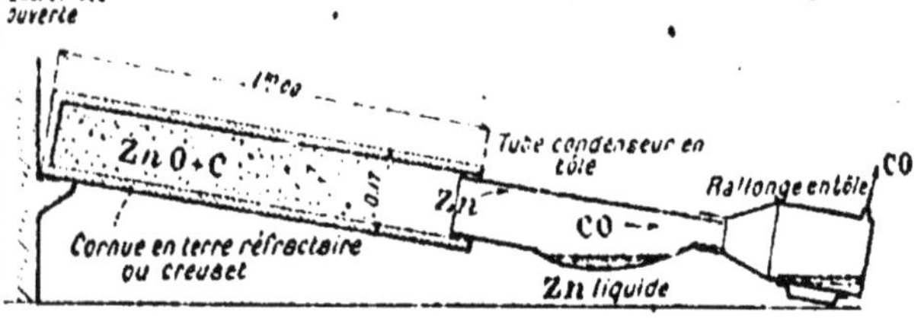

Fig. 142. — Cornue à zinc.

carbone et aussi de la vapeur d'eau qui se forme au début de l'opération.

Le chauffage du foyer a lieu soit à la houille, soit de préférence au gaz de gazogène Siemens, qui assure une température plus uniforme de toutes

les cornues. Cette température doit être égale à 1.500° pour assurer la volatilisation totale du zinc.

Le four silésien ne diffère du four belge que par la grandeur, la disposition et le nombre des cornues appelées moufles.

Pour les petites installations, le four électrique semble présenter un grand
intérêt : 1° il permet de réduire les pertes de métal inhérentes au procédé
précédent et dues à l'entraînement de vapeurs de zinc par CO ainsi qu'au
résidu restant dans les cornues ; 2° il permet de traiter directement les
minerais bruts concassés. Par contre un refroidissement énergique du four
par pulvérisation d'eau est nécessaire.

119. Propriétés et usages. — Le zinc est un métal
blanc bleuâtre, de densité 6,8 à 7,2 ; il est mou et graisse la
lime ; il est peu résistant et par suite peu ductile.

Il fond à 434°, il se moule facilement, et si on le coule dans
un moule métallique en bronze rouge, il se refroidit sans adhérer aux parois ; ce qui permet d'obtenir des épreuves très nettes
dites en fonte d'art.

Il distille à 932°, ce qui permet de le recueillir à l'état de vapeur soit dans la métallurgie, soit pour l'affiner, et à cette
température, il brûle dans l'air en donnant ZnO.

Il est cassant à froid et vers 200°, mais très malléable vers
120° ; aussi l'emploie-t-on en grand à l'état de feuilles de zinc
laminé. Le laminage se fait à cette température pour le recouvrement de la toiture des habitations, le doublage des navires
et la fabrication des tubes d'aérages dans les mines, des gout-
tières, des baignoires.

Le zinc exposé à l'air humide s'y recouvre d'une couche
d'hydrocarbonate, qui est imperméable et qui protège de l'oxydation la masse du métal. Pour cette raison, on recouvre aussi
souvent, d'une mince couche de zinc les tôles et les fils de fer.
On obtient le fer galvanisé en décapant à l'acide sulfurique
SO^4H^2, puis au chlorure d'ammonium AzH^4Cl, la tôle de fer
avant de la plonger dans un bain de zinc Zn fondu.

Le zinc entre avec le cuivre dans la fabrication du laiton
ou cuivre jaune très employé en robinetterie, chaudronnerie,
appareils d'éclairage, tuyauterie, corps de pompe.

Le zinc est utilisé dans les piles électriques parce que l'attaque
facile de ce métal par les acides est la source d'une énergie

qu'on peut recueillir sous forme de courant électrique. La différence de potentiel qui s'établit entre le zinc et les autres métaux mis en présence est d'ailleurs la plus grande de celles qu'on puisse obtenir dans ces conditions. Le Zn constitue toujours le pôle négatif dans les piles.

Le zinc Zn décompose les acides chlorhydrique HCl et sulfurique SO^4H^2, avec lesquels il se combine pour former du chlorure $ZnCl^2$ ou du sulfate SO^4Zn. L'hydrogène H mis en liberté se dégage et peut servir aux usages que nous avons signalés, lors de son étude. C'est un mode de **préparation de l'hydrogène**.

120. Principaux composés. — *Oxyde ou blanc de zinc ZnO.* —

C'est un corps blanc insoluble dans l'eau, que l'on emploie en peinture à la place de la céruse (carbonate basique de plomb). Il a l'avantage de n'être pas toxique et de ne pas noircir en présence de H^2S. Mais il couvre moins bien.

Dans l'industrie, on le prépare en brûlant dans l'air la vapeur de zinc et en recueillant les poussières d'oxyde sur les parois de grandes chambres analogues à celles où a lieu la sublimation du soufre.

Sulfate de zinc SO^4Zn. — On l'obtient soit comme résidu de la préparation de l'hydrogène, soit par un grillage incomplet de la blende ou sulfure de zinc ZnS :

$$ZnS + 4O = SO^4Zn.$$

Il est employé comme mordant dans l'impression des indiennes ; dans la peinture au blanc de zinc, il sert à rendre siccative l'huile de lin ; comme tous les sulfates, c'est un désinfectant.

Chlorure de zinc $ZnCl^2$. — Ce corps, résidu de la préparation de H par Zn et HCl, est surtout remarquable parce que l'électrolyse de sa solution permet d'obtenir du Zn chimiquement pur. C'est un désinfectant très employé.

XXVIII. — CUIVRE : Cu = 63

121. Métallurgie. — Le minerai de cuivre le plus répandu est la chalco-pyrite ou pyrite cuivreuse, sulfure double de cuivre et de fer (Cu^2S, Fe^2S^3) (pays de Galles, Espagne, Suède, Rhône).

Le cuivre se rencontre aussi dans la nature à l'état de :

1° **Cuivre natif** Cu, mélangé à l'argent et parfois au fer, au nickel et au zinc (Amérique du Nord, Chili, Var) ;

2° **Cuivre oxydulé** ou sous-oxyde Cu^2O abondant en Australie et au Chili, existe aussi en Russie et dans le Rhône ;

3° **Cuivre carbonaté** ou carbonates basiques de cuivre, ce sont l'azurite (bleue [$2CO^3Cu$, $Cu(OH)^2$] et la malachite (verte) [CO^3Cu, $Cu(OH)^2$] ; existent au Chili, en Australie et dans l'Oural.

Il existe d'autres minerais à base de **sous-sulfure de cuivre** ou calchosine Cu^2S mélangé avec une grande quantité d'impuretés (chistes) ou combiné avec l'arsenic ou l'antimoine (cuivre gris).

La métallurgie du cuivre est très complexe ; elle varie nécessairement avec chaque minerai et pour chacun d'eux on emploie différentes méthodes ; nous ne ferons qu'en signaler les principes qui reviennent tous à ce fait : De tous les métaux, c'est le cuivre qui a le plus d'affinité pour le soufre : ce sera donc lui que le soufre quittera le dernier quand, dans les grillages ménagés on aura transformé tous les sulfures des métaux en oxydes.

Traitement de la calchopyrite Cu^2S, Fe^2S^3. — 1° Un premier grillage élimine une grande partie de soufre à l'état de SO^2 et un peu d'arsenic et d'antimoine.

Il se forme de l'oxyde de cuivre et des sous-sulfates auxquels la gangue reste mélangée. L'opération a lieu soit dans des fours à réverbère (pays de Galles), soit en tas à l'air libre au moyen de bois (Allemagne).

2° La **fusion** du minerai grillé additionné de combustible (coke, anthra-cite ou charbon de bois) et de fondant provoque la réduction des oxydes. Il y a formation de cuivre métallique, de sulfure de cuivre et d'une scorie fusible dans laquelle le fer se trouve incorporé à l'état de silicate.

3° Le mélange de cuivre, de sulfure de cuivre et de fer constitue une **matte** beaucoup plus pure que le minerai. On la soumet à un deuxième grillage qui permet d'éliminer le soufre et le fer par oxydation et d'obtenir du cuivre oxydulé Cu^2O ou cuivre noir.

4° Le cuivre oxydulé Cu^2O est réduit par le charbon. Enfin on opère l'affinage dans une atmosphère oxydante pour enlever tous les corps étrangers au cuivre, puis un raffinage dans une atmosphère réductrice (riche en CO) pour réduire l'oxyde de cuivre formé. Aux États-Unis, on fait en grand le raffinage électrolytique en faisant arriver dans un bain de sulfate de cuivre SO^4Cu le courant par une anode de Cu impur qui diminue et en le faisant quitter par une cathode de Cu pur qui augmente par dépôt de Cu.

Traitement du cuivre natif. — On provoque par la fusion au four à réverbère : 1° la formation d'une scorie dans laquelle passent les métaux autres que le cuivre ; 2° l'oxydation de ce métal que l'on traite ensuite par réduction comme le minerai oxydulé Cu^2O. Quant aux carbonates, on pourrait les griller pour la métallurgie; mais, à cause de leur coloration (verte), on les emploie de préférence en nature pour la peinture.

122. Propriétés et usages.

— Le cuivre est un métal rouge, de densité 8,9 ; il est mou, mais quand même assez résistant.

Il est essentiellement **malléable, ductile** et **bon conducteur** de la chaleur et de l'électricité, mais ne se soude pas à lui-même. Sa tôle sert à fabriquer par emboutissage (et non par soudure) des alambics et des chaudières de distillation ainsi que des ustensiles de cuisine. De même ses fils sont employés d'une manière presque exclusive pour la transmission du courant électrique.

Le cuivre fond à 1.000° ; cependant il se moule mal quand il est pur et gagne à être allié à d'autres métaux pour les travaux de fonderie et de moulage ; avec le zinc, il forme le laiton ; avec l'étain, il forme le bronze ; avec le nickel, il forme le maillechort, et avec l'aluminium, il donne le bronze d'aluminium. Il entre dans la fabrication des monnaies. Il existe d'ailleurs des alliages de cuivre plus complexes.

Exposé à l'air humide, le cuivre s'y recouvre d'une couche d'**hydro-carbonate** qui est imperméable (vert-de-gris) et qui préserve de l'oxydation la masse du métal. Tous les acides et en particulier ceux que renferment les aliments attaquent le cuivre qu'ils transforment en sels plus ou moins vénéneux suivant les individus, d'où la nécessité de ne pas laisser les aliments séjourner dans les casseroles de cuivre.

En présence de l'ammoniaque AzH^3, le cuivre s'oxyde rapidement et se dissout dans AzH^3 ; c'est la **liqueur de Sohweizer,** qui est bleue, sert à dissoudre la cellulose et à reconnaître si les étoffes de soie ou de laine contiennent du coton (le coton étant de la cellulose, les étoffes suspectes se désagrègent dans cette liqueur).

128. Principaux composés. — *Oxyde cuivreux Cu^2O.*
— Ce corps étant facilement réduit est employé non seulement dans la métallurgie du cuivre, mais encore en céramique pour colorer les poteries en rouge par dépôt de Cu dans la couverte.

Couperose bleue ou vitriol bleu $SO^4Cu + 5H^2O$. — C'est un sulfate de cuivre qui cristallise en incorporant 5 molécules d'eau.

Quand on le chauffe, il perd son eau de cristallisation et se transforme en une poudre blanche qui bleuit au contact d'une trace d'eau.

On l'obtient soit en dissolvant le produit résultant du grillage incomplet des sulfures de cuivre (Cu^2S et Cu^2S, Fe^2S^3), soit en traitant la tournure de cuivre par l'acide sulfurique SO^4H^2 concentré.

La dissolution de SO^4Cu est facilement décomposée par le courant électrique. On utilise cette propriété en **galvanoplastie** pour recouvrir les objets d'une couche de cuivre métallique (cuivrage); en **électro-métallurgie** pour le raffinage du cuivre. On emploie également cette dissolution dans certaines **piles**, parce qu'elle est bonne conductrice de l'électricité.

Le sulfate de cuivre étant un antiseptique, on emploie souvent une dissolution de ce sel pour débarrasser le blé de la carie qui est causée par un champignon; on se débarrasse en même temps des charançons; avec la chaux $Ca(OH)^2$, elle forme la bouillie bordelaise et avec le carbonate de sodium CO^3Na^2, elle constitue la bouillie bourguignonne utilisée pour préserver la vigne du mildew.

Enfin SO^4Cu sert à la préparation de couleurs minérales employées en peinture : vert de Scheele et vert de Schweinfurt (en traitant une solution par l'arséniate de potassium ou l'arsénite de potassium).

XXIX. — ÉTAIN : $Sn = 118$

124. Métallurgie. — Le minerai d'étain le plus répandu est la **cassité-rite**, bioxyde d'étain SnO^2 renfermant des matières arsenicales et sulfu-reuses. Celles-ci sont éliminées après broyage et lavage par un grillage dans un four à réverbère. SnO^2 est ensuite réduit par le charbon de bois dans un petit haut fourneau.

125. Propriétés et usages. — L'étain est un métal blanc, de densité 7,3, peu dur et très fusible ; il fond à 228°. Il est inaltérable dans l'air à la température ordinaire. Pour cette raison, on en recouvre par **étamage** les objets en tôle de cuivre (cuivre étamé) ou de fer (**fer-blanc**).

En France, l'étamage se pratique surtout à Hennebont (Morbihan) au moyen d'appareils mécaniques. La feuille de tôle, décapée à l'acide sulfurique SO^4H^2 puis imprégnée d'une solution de chlorure de zinc $ZnCl$, est plongée dans un bain d'étain fondu au fond duquel elle passe entre deux cylindres de laminage au sein d'une masse de graisse ou d'huile de palme. Il suffit ensuite de dégraisser dans la farine. On em-ploie le fer-blanc pour faire des boîtes, des bidons, des seaux, des brocs, des ustensiles de cuisine ; mais le fer émaillé le rem-place avantageusement.

L'étain est très **malléable** ; réduit en feuilles minces, il sert à entourer certains aliments pour les préserver du contact de l'air et assurer leur conservation : chocolat, thé, comestibles divers. On en fait aussi des mesures de capacité, parce que ses sels ne sont pas vénéneux et qu'il n'est pas attaqué par les acides ordinaires.

L'étain entre dans la composition du **bronze** où il est allié au cuivre et dans celle des **soudures** où il est allié au plomb.

XXX. — PLOMB : Pb = 207

126. Métallurgie. — Le plomb existe dans la nature à l'état de carbonate, de phosphate et d'arséniate, mais son véritable minerai est la **galène** ou sulfure de plomb PbS.

1° Lorsque le minerai est riche, on peut le griller partiellement et faire réagir sur le sulfure restant l'oxyde formé :

$$PbS + 3O = SO^2 \nearrow + \underline{PbO} :$$

$$PbS + 2PbO = SO^2 \nearrow + \underline{3Pb}.$$

2° Le minerai plus pauvre est grillé complètement et l'oxyde est réduit par le charbon :

$$PbO + C = CO \nearrow + \underline{Pb}.$$

3° On peut aussi réduire directement PbS par le fer :

$$PbS + Fe = FeS + \underline{Pb}.$$

Lorsque le minerai de plomb contient de l'argent, celui-ci se retrouve dans le métal obtenu précédemment. On le traite dans un four à coupelle où on le soumet à une température qui s'élève lentement jusqu'à 900°. A cette température le plomb seul s'oxyde et l'argent se prend en une masse qui apparaît très brillante lorsque l'oxydation du plomb est complète. Si la teneur en argent Ag était trop minime, on aurait avantage à traiter la masse par le zinc Zn qui forme avec Ag et Pb un alliage ternaire pauvre en Pb qui surnage. Cet alliage traité au four perd son Zn par distillation et le mélange AgPb est traité comme précédemment.

127. Propriétés et usages. — Le plomb est un métal très lourd, de densité 11,35 ; aussi l'emploie-t-on pour fabriquer des projectiles (balles, plomb de chasse) et pour lester différents objets ou appareils (poids en fonte, densimètres, alcoomètres, engins de pêche).

Il est mou, malléable et flexible ; il convient donc particulièrement pour la confection des **fils** destinés à servir d'attaches (arboriculture) et des **tuyaux** devant se courber facilement (conduites d'eau ou de gaz).

Dans l'air humide, ou dans l'eau chargée de CO^2, le plomb se recouvre d'une couche d'hydrocarbonate vénéneux soluble ;

cependant les eaux naturelles renfermant de nombreux sels, ceux-ci se déposent en partie en une mince pellicule sur la paroi interne des tuyaux. Ceux-ci se trouvent protégés et peuvent servir sans danger de conduites d'eau.

Dans l'air sec, le plomb se recouvre : 1° de sous-oxyde ou **oxyde plombeux** Pb^2O à la température ordinaire ; 2° d'oxyde **plombique** PbO à haute température. La couche de PbO qui se forme sur le plomb fondu vers 400° à 500° est une poudre jaunâtre appelée **massicot**. Lorsque PbO est obtenu vers 600° à 900°, il fond lui-même et par refroidissement se transforme en paillettes rougeâtres de **litharge**.

L'acide sulfurique SO^4H^2 ordinaire est à peu près sans action sur Pb. Les feuilles de ce métal peuvent donc être employées pour garnir intérieurement les caisses, réservoirs, chambres et récipients dans lesquels SO^4H^2 est produit (chambres de plomb) ou employé comme réactif.

Deux lames de plomb recouvertes d'oxydes par électrolyse ont la propriété, dans l'eau acidulée, quand elles sont réunies, de produire un courant en revenant à l'état naturel ; il semble qu'elles aient **accumulé** l'électricité qu'on leur a fourni pour produire l'électrolyse ; de là leur emploi dans les **accumulateurs** très utilisés pour l'éclairage, la régularisation du courant électrique et l'allumage des moteurs à explosion.

128. Principaux composés. — 1° *Minium*, Pb^3O^4. — C'est une poudre rouge obtenue par l'oxydation dans un violent courant d'air de la litharge ou par calcination de la céruse au contact de l'air.

Il est très employé en peinture pour préserver le fer de l'altération ; pour colorer les papiers de tentures et la cire à cacheter. Mélangé à l'huile de lin, il forme un mastic qui sert de joint dans un grand nombre d'appareils, notamment les chaudières à vapeur.

2° *Cristal*. — C'est un silicate double de plomb et de potassium obtenu en verrerie en traitant le minium et le carbonate de potasse par la silice ou sable SiO^2.

3° *Céruse ou blanc de plomb.* — C'est un carbonate basique qui pendant longtemps fut employé en peinture, mais que l'on devra remplacer par l'oxyde de zinc, à cause des dangers qu'il présente quand il est manié sans précautions. On l'obtient en traitant le plomb par l'acide acétique (vinaigre) et l'acétate basique de plomb obtenu par un courant de CO^2.

4° *Jaune de chrome.* — C'est un chromate de plomb employé en peinture.

XXXI. — ALUMINIUM : Al = 27

129. Métallurgie. — L'aluminium est très répandu dans la nature; à l'état de silicate, il constitue l'argile; à l'état d'oxyde ou alumine Al^2O^3, il existe dans presque toutes les roches, combiné ou libre. L'alumine cristallisée pure et anhydre est une pierre précieuse incolore très dure, appelée **corindon**; cette matière se rencontre parfois diversement colorée par des oxydes métalliques; on l'emploie sous le nom de rubis, saphir... en joaillerie. L'émeri est de l'alumine anhydre renfermant de l'oxyde de fer; à cause de sa grande dureté, on en fait des meules servant au travail des métaux; on en recouvre également de la toile et du papier pour le polissage.

Les minerais dont on extrait l'aluminium métallique sont la **cryolithe** (vient du Groenland, tire son nom qui signifie **pierre de glace** de son extrême fusibilité), fluorure d'aluminium Al^2F^6, de sodium NaF et parfois de calcium CaF^2 et la **bauxite** (mélange d'alumine Al^2O^3, d'oxyde ferrique Fe^2O^3, de silice SiO^2 et d'autres corps, plus ou moins hydratés).

Actuellement, on prépare l'aluminium par l'électrolyse d'un bain de cryolithe fondue dont on maintient la richesse par l'introduction d'alumine Al^2O^3 à peu près pure. Celle-ci est obtenue en traitant

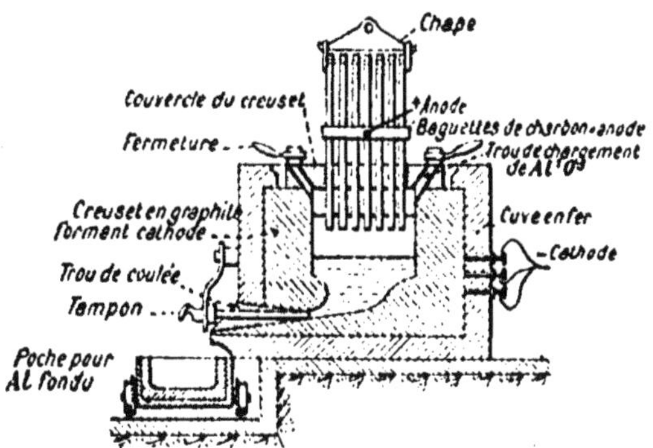

Fig. 143. — Four électrique pour l'aluminium.

la bauxite par la soude caustique $NaOH$, ce qui élimine une partie de Al^2O^3, mais aussi tous les corps étrangers. L'alumine hydratée obtenue est séparée par filtration et calcinée pour fournir Al^2O^3.

Lorsque le courant passe à travers le bain fondu (*fig.* 143), l'aluminium Al se porte à la cathode. Le fluor F tend à se porter à l'anode, mais il rencontre l'excès d'alumine Al^2O^3 que l'on charge ; il reconstitue le fluorure Al^2F^6, et c'est l'oxygène qui se dégage à l'anode.

La température du bain est obtenue par suite de la résistance qu'offre au courant le minerai fondu, mauvais conducteur de l'électricité.

L'aluminium est extrait par le trou de coulée dès que sa production est suffisante ; on charge ensuite Al^2O^3 et l'opération est continue.

130. Propriétés et usages.

— L'aluminium Al est un métal blanc bleuâtre, *très léger ;* il a pour densité 2,6, la même que le verre. Il est très ductile, très malléable, bon conducteur de la chaleur et de l'électricité. Il fond vers 625° et se moule facilement. Il s'oxyde très rapidement à l'air, mais la couche d'alumine dont il se recouvre le protège et l'altération insignifiante semble ne pas exister : c'est pour cela qu'on dit souvent qu'il est inaltérable à l'air.

A cause de sa légèreté et de sa malléabilité, on a employé Al pour faire des ustensiles de cuisine et des bateaux légers ; mais, à cause des impuretés qu'il renferme et qui le rendent altérable, on y a renoncé.

Son emploi dans le moulage de pièces d'automobiles et d'aéroplanes tend par contre à se développer.

Au point de vue du prix et de la légèreté, il remplacerait avec avantage le cuivre pour la confection des conducteurs électriques, mais la difficulté de le souder à lui-même (à cause de son oxydation rapide à chaud) a jusqu'ici été un obstacle à cette substitution.

Si l'aluminium pur est d'un usage restreint, il rend de très grands services dans les moulages d'acier, où il empêche les soufflures et dans la constitution des alliages, notamment du bronze d'aluminium, d'une belle couleur d'or et inaltérable.

L'affinité de Al pour l'oxygène est très grande, son pouvoir calorifique s'élève à 7.140 calories, de sorte qu'il constitue un **réducteur** très énergique. Il enlève l'oxygène aux corps qui en contiennent en dégageant beaucoup de chaleur. Les applications de ces propriétés constituent l'***alumino-thermie ;*** elles sont de deux sortes :

1° On prépare des métaux par réduction des oxydes correspondants, en particulier le chrome Cr en partant de l'oxyde
chromique Cr^2O^3, le manganèse Mn en partant du protoxyde
MnO :

$$Cr^2O^3 + 2Al = Al^2O^3 + 2Cr;$$
$$3MnO + 2Al = Al^2O^3 + 3Mn.$$

L'opération s'effectue dans des creusets, et la scorie d'alumine Al^2O^3 obtenue peut être employée soit à récupérer
l'aluminium, soit à former des meules ou des outils plus durs
que l'émeri naturel ou artificiel (carborundum).

2° On opère le ramollissement ou la fusion des métaux que
l'on peut alors réparer par soudure autogène.

L'alumine est un oxyde qui joue vis-à-vis des acides le rôle
d'une base trivalente et vis-à-vis des métaux alcalins et
terreux le rôle d'un acide monovalent. Pour cette raison, on
utilise l'aluminate de baryum Al^2O^3BaO soluble pour précipiter les sels de calcium, notamment le sulfate SO^4Ca en dissolution dans les eaux industrielles séléniteuses, l'aluminate
de calcium Al^2O^3CaO et le sulfate de baryum SO^4Ba formés
étant tous deux insolubles :

$$Al^2O^3BaO + SO^4Ca = Al^2O^3CaO + SO^4Ba.$$

181. Aluns. — Le sel d'aluminium le plus important est
le sulfate $(SO^4)^3Al^2$, qui, à cause de sa cristallisation difficile,
est généralement uni au sulfate de potassium SO^4K^2. Ce sulfate
double cristallise en absorbant 24 molécules d'eau ; on l'appelle
alun $(SO^4)^3Al^2,SO^4K^2,24H^2O$. On l'utilise dans : l'encollage
du papier ; le **tannage des peaux**, dont il empêche l'altération ;
la clarification des eaux et du suif à cause de l'alumine gélatineuse
$Al^2(OH)^6$ qu'il précipite et qui entraîne à la partie inférieure
les corps en suspension ; le **mordançage** des étoffes qui, imprégnées de $Al^2(OH)^6$, fixent beaucoup mieux la couleur.

Certains corps comme le fer et le chrome ayant des propriétés analogues
à l'aluminium peuvent se combiner avec des sulfates de métaux monovalents pour former des corps analogues au précédent et connus sous le nom

général d'aluns :

Alun d'aluminium potassique........... $(SO^4)^3\ Al^2,\ SO^4K^2,$ $24H^2O,$
—   —   ammoniacal......... $(SO^4)^3\ Al^2,\ SO^4(AzH^4)^2,\ 24H^2O,$
— de chrome potassique................ $(SO^4)^3\ Cr^2,\ SO^4K^2,$ $24H^2O,$
— de fer potassique.................. $(SO^4)^3\ Fe^2,\ SO^4K^2,$ $24H^2O,$

ces aluns sont employés comme mordants en teinture.

XXXII. — MÉTAUX USUELS COUTEUX

132. Nickel : Ni = 59. — *Métallurgie*. — Le nickel se rencontre surtout à la Nouvelle-Calédonie à l'état d'hydrosilicate complexe de nickel, de fer, de cobalt, d'aluminium et de magnésium (garniérite, du nom de l'ingénieur qui l'a découverte le siècle dernier). Il renferme environ 20 0/0 d'humidité, 6 0/0 de nickel.

Traitement par l'acide sulfurique SO^4H^2. — Il est basé sur cette remarque qu'à la température de 115 à 150° correspondant en vase clos à une pression de 4^{k}, le sulfate de nickel est très soluble dans l'eau (37 0/0) alors que le sulfate ferrique $(SO^4)^3\ Fe^2$ se dissocie dans les mêmes conditions en oxyde ferrique Fe^2O^3 et en acide sulfurique :

$$(SO^4)^3\ Fe^2 + 3H^2O = Fe^2O^3 + 3SO^4H^2.$$

1° Le minerai auquel on ajoute une certaine quantité de sulfate de nickel provenant d'une opération précédente, est introduit dans un autoclave garni intérieurement en plomb et chauffé à 133° par la vapeur sous pression (3^{k}) introduite entre les deux enveloppes de l'autoclave. On le **traite par SO^4H^2** ; il y a formation de sulfate de nickel SO^4Ni dont une partie est recueillie par cristallisation, l'autre en dissolution. Il reste comme résidu solide de la silice, SiO^2, de l'oxyde ferreux Fe^2O^3 et des silicates de cobalt, d'aluminium et de magnésium :

$$SiO^3Ni + SO^4H^2 = SiO^2 + H^2O + \underline{SO^4Ni}.$$

2° La solution de SO^4Ni renferme également du sulfate de magnésium SO^4Mg ; mais, si l'on calcine au rouge vif dans une atmosphère oxydante SO^4Ni seul se décompose. On en recueille l'oxyde NiO par lessivage de la masse :

$$SO^4Ni + H^2O = SO^4H^2 + \underline{NiO}.$$

3° L'oxyde de nickel NiO est traité dans un four électrique de réduction avec de la silice SiO^2 et du coke C. Le carbone C réduit SiO^2 et NiO et les éléments mis en liberté réagissent l'un sur l'autre pour former un siliciure de nickel Ni^2Si :

$$2NiO + SiO^2 + 4C = 4CO + \underline{Ni^2Si}.$$

4° Le siliciure de nickel fondu passe dans un autre four électrique d'affinage où il se trouve mélangé à la chaux vive CaO et à un oxyde de nickel NiO ou de fer Fe^2O^3 selon que l'on désire du nickel libre ou du ferro-nickel :

$$Ni^2Si + CaO + 2NiO = SiO^3Ca + \underline{4Ni};$$
$$3Ni^2Si + 3CaO + 2Fe^2O^3 = 3SiO^3Ca + \underline{6Ni, 4Fe}.$$

Traitement par les sulfures. — Le nickel a beaucoup d'affinité pour le soufre ; on le trouve d'ailleurs au Canada à l'état d'arséniures et de sulfures, de nickel, de fer ou de cuivre, mais on peut également transformer en NiS le minerai calédonien SiO^3Ni en le traitant dans un cubilot (sorte de petit haut fourneau) avec du gypse ou pierre à plâtre SO^4Ca et du charbon C :

$$SiO^3Ni + SO^4Ca + 4C = 4CO + SiO^3Ca + NiS.$$

Les silicates de fer et de magnésie sont peu attaqués dans cette réaction ; ils constituent avec le silicate de chaux SiO^3Ca une scorie fusible.

Le sulfure de nickel NiS réduit en poudre est grillé complètement, et l'oxyde obtenu est réduit par le charbon soit dans des creusets ; soit au four électrique.

Le nickel commercial a la forme de petits cubes ; cela tient à ce que, pour effectuer la réduction par le charbon, on a fait une pâte avec le charbon et l'oxyde, et que cette pâte réduite en galettes a été découpée ensuite en petits cubes. Le métal provenant de cette réduction en a conservé la forme.

Propriétés et usages. — Le nickel est un métal blanc brillant de densité 8,8, très dur, très tenace et moins fusible que le fer. Il est inoxydable à l'air, à la température ordinaire ; mais, malgré ses qualités, on l'emploie encore peu quand il est seul, parce que son prix de revient est très élevé. Il entre dans la composition du **ferro-nickel** et des aciers spéciaux devant offrir une grande ténacité et une faible fragilité, notamment pour les organes d'automobiles. Avec le cuivre, il forme le **maillechort**, alliage employé en orfèvrerie.

On recouvre aussi d'une mince couche de nickel Ni, pour les préserver de l'oxydation, certains objets en fer ou en acier. Le dépôt de Ni est obtenu, sur les objets décapés, par l'électrolyse (décomposition par le courant électrique), du sulfate double de nickel et d'ammonium $SO^4Ni, SO^4(AzH^4)^2$; cette opération s'appelle **nickelage**.

133. Mercure : Hg = 200. — *Métallurgie.* — Le minerai de mercure est le cinabre ou sulfure HgS que l'on exploite à Almaden (Espagne), à Idria

(Autriche), à New-Almaden (Californie). On en extrait le métal soit par un simple grillage (distillation) à l'air :

$$HgS + 2O = SO_2 + Hg,$$

soit en traitant à chaud le cinabre HgS par la chaux vive ; il se forme du sulfure CaS et du sulfate SO_4Ca de calcium :

$$4HgS + 4CaO = 3CaS + SO_4Ca + 4Hg.$$

Dans les deux cas le mercure est mis en liberté à l'état de vapeur, car il bout vers 350°. On le condense dans les cylindres en fonte refroidis par pluie d'eau ou par immersion dans l'eau. Lorsqu'on opère par simple grillage, il doit exister plusieurs appareils de condensation pour permettre la séparation complète de l'anhydride sulfureux.

Propriétés et usages. — Le mercure ou vif-argent est un métal liquide, brillant, très lourd, de densité 13,6 et peu altérable à l'air. Il se solidifie à — 45° et bout vers 350°. On l'emploie dans la fabrication d'appareils de physique : thermomètres, baromètres et manomètres, ou de laboratoire : cuve à mercure. On en fait aussi des fermetures hermétiques ou joints à mercure. Il trouve son emploi principal dans la métallurgie de l'argent.

Il s'allie facilement aux autres métaux et forme avec eux des **amalgames**. L'amalgame d'étain Sn servait à l'étamage des glaces ordina'res (avant l'invention de l'argenture). Les lames et les cylindres de zinc Zn employées dans les piles sont amalgamés, de sorte qu'ils ne sont attaqués que quand le courant passe. L'argent et l'or natifs disséminés dans leurs minerais peuvent être amalgamés, puis extraits de leur amalgame par le chauffage à 400° ; le mercure distille et les métaux précieux sont recueillis.

Vermillon. — Cette matière colorante employée en peinture est un sulfure de mercure HgS obtenu soit par lavage et broyage du cinabre (Chine), soit en chauffant au bain-marie, vers 50°, un mélange homogène et humecté de mercure Hg, de soufre S et de potasse KOH.

Calomel. — Le chlorure mercureux Hg_2Cl_2 obtenu en calcinant un mélange de sulfate mercureux SO_4Hg_2 et de sel marin NaCl est employé comme purgatif des enfants surtout.

Sublimé corrosif. — Le chlorure mercurique $HgCl^2$ est un poison violent; il est à faible dose (1 0/00) employé comme antiseptique pour le lavage des plaies et la conservation des herbiers ou des pièces anatomiques.

XXXIII. — MÉTAUX PRÉCIEUX

135. Argent : $Ag = 108$. — C'est un métal blanc, très brillant, de densité 10,4, fusible vers 1.000°, très ductile et très malléable. On en fait des fils excessivement fins, utilisés en chirurgie et dans les broderies de luxe. On en recouvre des objets de cuivre pour leur donner un grand éclat, soit par plaquage de feuilles minces, soit par dépôt électrolytique en décomposant par le courant le cyanure double de potassium et d'argent. C'est le meilleur conducteur électrique et calorifique, mais son prix élevé ne permet pas d'utiliser cette propriété.

On emploie l'argent pour faire des monnaies, des médailles, des bijoux et des objets d'orfèvrerie, mais il est trop mou pour être employé seul, car il s'userait très vite. Pour cette raison, on y ajoute du cuivre, mais dans une proportion déterminée pour chaque catégorie. On appelle titre d'un objet en argent le rapport entre le poids du métal fin Ag et le poids total de l'alliage. Il sert également pour argenter les glaces, les miroirs et les réflecteurs. L'argent est inaltérable par l'air; mais, au contact des matières soufrées (œufs, choux, allumettes) et des gaz sulfurés, il se recouvre d'une couche noire de sulfure d'argent Ag^2S.

Cette affinité de l'argent pour le soufre explique pourquoi on rencontre peu ce métal à l'état natif dans la nature, mais surtout à l'état de sulfure ou **argyrose** Ag^2S, souvent uni aux sulfures de cuivre, de zinc, de plomb, à de l'arsenic et de l'antimoine. On le rencontre aussi à l'état de chlorure AgCl, mais plus rarement.

Les principaux composés de l'argent sont : 1° le chlorure

AgCl et le **bromure AgBr**, employés en photographie parce qu'ils ont la propriété de noircir à la lumière solaire qui les décompose et précipite l'argent pulvérulent brun ; 2° **l'azotate** ou nitrate AzO^3Ag nommé pierre infernale quand il est fondu, employé pour cautériser les plaies ; le **cyanure AgCy** ou AgCAz, utilisé dans la galvanoplastie de l'argent.

136. Or : Au $= 196$. — L'or massif est jaune, très brillant, de densité 19, fusible vers 1.250°, le plus ductile et le plus malléable des métaux. On en fait des fils pour broderie riche et des plaques pour la dorure. On l'emploie pour faire des monnaies, des médailles, des bijoux et des objets d'orfèvrerie ; mais, comme l'argent, il est trop mou pour être employé seul, et l'on y ajoute une petite quantité de cuivre.

L'or est inoxydable à toute température et inattaquable par la plupart des acides : AzO^3H, SO^4H^2, PO^4H^3, CO^2 ... ; cependant il se dissout dans l'eau chlorée ou dans l'eau régale (mélange de AzO^3H et HCl), pour former du **chlorure d'or** $AuCl^3$, dans le cyanure de potassium pour former un **cyanure double d'or et de potassium** et dans le mercure, avec lequel il forme un **amalgame d'or**.

Le chlorure et le cyanure sont employés pour la dorure électrolytique. Par amalgamation ou cyanuration, on extrait les paillettes ou les pépites d'or des roches broyées et des sables dans lesquels on trouve ce métal à l'état pur, puisqu'il est inattaquable par les agents chimiques ordinaires, et notamment par l'oxygène de l'air.

137. Platine : Pt $= 194$. — Le platine est un métal blanc, brillant, de densité 21, fusible à 1.750° seulement. On peut donc en faire des creusets et des appareils pouvant supporter de hautes températures, surtout qu'il est inoxydable et inattaquable par la plupart des réactifs ; pour augmenter sa dureté, on l'allie à un autre métal précieux qui se rencontre dans les mêmes terrains, qui est tout aussi inaltérable que lui et encore plus rare : l'iridium $Ir = 192$.

La bijouterie et la fabrication de fils pour soutenir les filaments des lampes à incandescence, absorbent sa production, qui est assez restreinte. Ces fils sont remplacés maintenant par l'alliage de nickel et fer, la platinite, qui a même coefficient de dilatation que le verre. Un nouveau débouché s'est trouvé dans l'emploi des écrans fluorescents au platinocyanure de baryum. Le prix du platine, déjà élevé, s'est trouvé augmenté de plus de moitié pendant ces dernières années.

Le platine se dissout dans l'eau régale, et le chlorure obtenu $PtCl^4$ s'unit au chlorure d'ammonium AzH^4Cl pour former un précipité jaune de chloroplatinate d'ammonium que l'on décompose par la chaleur pour obtenir la **mousse de platine**, très poreuse, spongieuse et douée de la propriété catalytique de condenser les gaz. La chaleur dégagée par cette condensation est suffisante pour enflammer l'hydrogène et le gaz d'éclairage et pour provoquer l'oxydation du gaz sulfureux :

$$SO^2 + O = SO^3.$$

De là, son emploi comme self-allumeur des becs de gaz et dans la fabrication de l'acide sulfurique par contact.

C'est par l'eau régale, puis par le chlorure d'ammonium, que l'on traite les sables platinifères, et la mousse de platine obtenue et non utilisée directement est fondue pour obtenir le platine utilisé par les bijoutiers.

On fond le platine au chalumeau oxyhydrique.

XXXIV. — ALLIAGES

138. Préparation. — Les alliages peuvent s'obtenir par différents procédés : 1° les métaux à traiter sont mélangés dans des proportions convenables et chauffés simultanément jusqu'à fusion complète ; 2° lorsque le métal dominant est le moins fusible, on commence par le fondre, puis on y incorpore le métal le plus fusible, surtout si celui-ci émet des vapeurs à la température de l'opération. Il est à remarquer que l'un ou plusieurs des métaux constituant l'alliage peuvent parfois être remplacés par leurs minerais ou par leurs autres

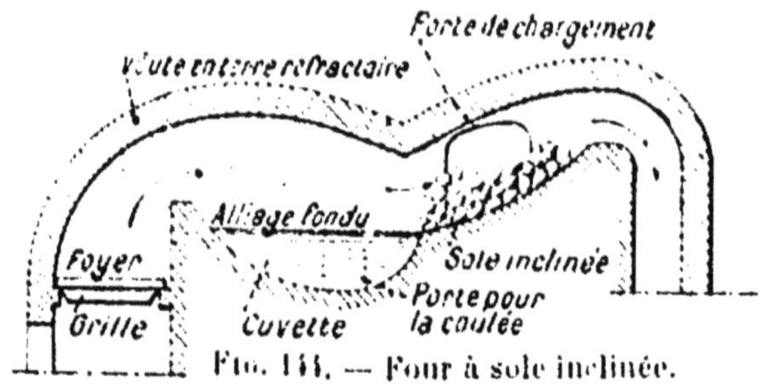

Fig. 144. — Four à sole inclinée.

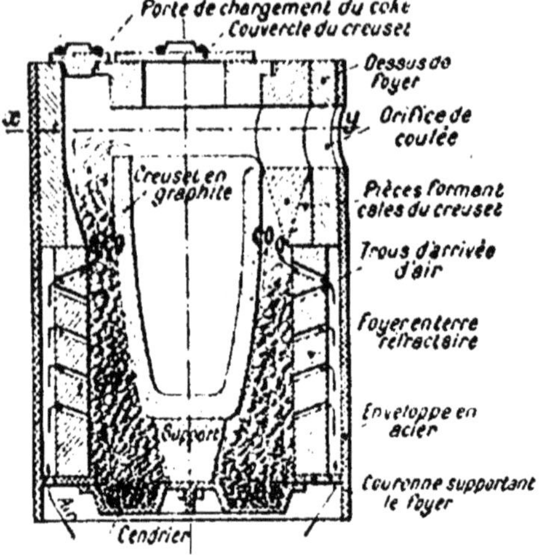

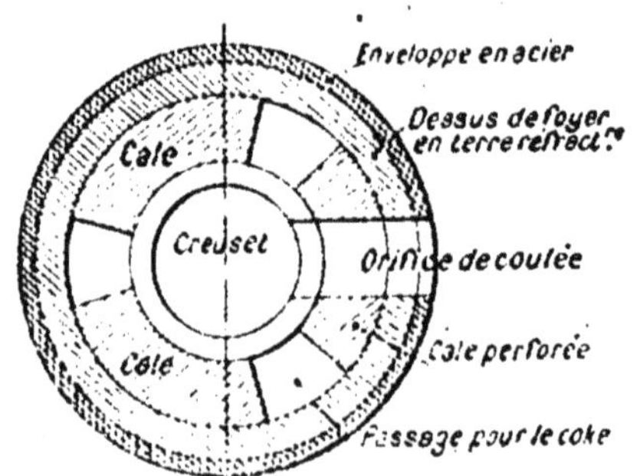

Fig. 145-146. — Four Rousseau.

composés, mais alors on doit y ajouter en quantité convenable le corps réducteur, et le fondant. Ex : le **ferro-manganèse** s'obtient en traitant simultanément le minerai de fer Fe^2O^3, le minerai de manganèse MnO^2 ou MnO, selon les cas, le carbone C, réducteur et la castine comme fondant ; le **ferro-nickel** s'obtient au four électrique avec un mélange de siliciure de nickel, d'oxyde de fer et de chaux.

La fusion s'opère dans des hauts fourneaux, des fours à cuve plus petits que les précédents, des cornues, genre Bessemer ou des fours à réverbère pour les alliages à base de fer ; mais ordinairement on opère dans un four à réverbère à cuvette et à sole inclinée (*fig.* 141), dans un four à creusets ordinaires ou dans des fours spéciaux.

Parmi ces derniers, nous signalerons le **four L. Rousseau**, (*fig.* 145-146), qui est très employé parce qu'il utilise bien la chaleur du combustible. (On arrive à fondre 300^{kg} de bronze en trente-cinq minutes avec 25^{kg} de charbon) et qu'il est d'un maniement commode. En effet, il est muni d'un appareil de manœuvre qui permet d'élever le four proprement dit et de le faire osciller de manière à déverser le contenu du creuset par l'orifice de coulée. La sortie des creusets ordinaires se faisant avec des pinces constitue pour les ouvriers un travail très dur et très pénible.

L'alliage fondu est coulé dans des poches en terre réfractaire qui servent à le transporter jusqu'aux moules. Pour éviter son oxydation, on le recouvre de charbon de bois en poudre.

139. Propriétés. — Les alliages sont des corps qui ont l'aspect métallique et qui paraissent complètement homogènes, bien qu'il n'en soit pas toujours ainsi. Ce ne sont pas de simples mélanges, car leurs caractères ne sont pas toujours des moyennes entre ceux des différents métaux constituants. On admet aujourd'hui que ce sont des combinaisons de deux ou plusieurs métaux ou métalloïdes, en dissolution dans un des métaux en excès comme le sel marin ou le sucre sont en dissolution dans l'eau. L'acier est une dissolution de carbure de fer dans un excès de Fe.

Mais généralement, étant donnés deux métaux le plomb Pb et le cuivre Cu par exemple, ils peuvent former plusieurs composés définis, tels que $CuPb^{12}$ très fusible et $Cu^{12}Pb$ peu fusible. Par suite, si l'on vient à chauffer un alliage contenant $Cu^{12}Pb$, lorsqu'on arrivera à la température de fusion de $CuPb^{12}$, cette combinaison tendra à se produire, à fondre et à se séparer du reste de la masse, qui constituera un autre alliage de propriétés différentes. C'est ainsi qu'on ne peut forger le bronze, parce que, à sa température de fusion, une partie de Sn se sépare du reste de l'alliage. Ce phénomène est connu sous le nom de **liquation des alliages**. Lorsque les métaux constituent un composé bien déterminé pour lequel il n'y a pas liquation, on a un mélange **eutectique** (le mieux fait) de ces métaux.

On étudie la constitution intime des alliages à l'aide d'un procédé spécial auquel on a donné le nom de **métallographie**. Il consiste à polir une petite surface de l'alliage à étudier, à attaquer cette surface à l'aide de réactifs choisis, et à examiner le résultat avec un microscope. On reconnaît ainsi certaines parties attaquées ou non qui se distinguent des parties avoisinantes.

Les propriétés particulières des alliages les rendent parfois
très précieux : le **bronze** Cu-Sn plus dur et plus tenace que
chacun de ses constituants, convient pour une foule d'usages;
l'**antifriction** possède la douceur qui convient pour supporter
les organes de frottement, malgré une résistance à l'usure
considérable, et de plus peut se remplacer aisément ; l'as-
sociation convenable de plomb Pb, étain Sn et antimoine Sb
donne l'alliage des caractères d'imprimerie suffisamment
doux pour ne pas déchirer le papier et tenace pour supporter
l'action des presses ; d'autres compositions sont destinées à
fondre à une température parfaitement déterminée ; les monnaies s'usent moins vite que ne feraient isolément l'or, l'argent
ou le cuivre. Disons pour terminer que les acides agissent sur
les alliages comme sur le métal dominant, les autres pouvant
rester intacts. L'oxygène a généralement moins d'action sur
les alliages que sur les métaux constituants isolés.

140. Alliages à base de cuivre (Cu > 50 0/0). — Le
cuivre pur coûte cher ; il est mou, peu résistant, et difficilement moulable. Pour ces raisons, on l'allie souvent au zinc
Zn (laiton, bronze à haute résistance), à l'étain (bronzes des
machines, des cloches, des monnaies), au nickel (maillechort), ou à d'autres métaux ou métalloïdes (bronzes spéciaux).
Ces alliages renferment souvent en outre d'autres corps.

Influence du zinc Zn. — Il pâlit la couleur de Cu, augmente sa fusibilité, et le rend plus moulable, moins oxydable,
facile à travailler à froid par étirage à la filière, par laminage
et par emboutissage. L'alliage travaillé à froid s'**écrouit** et
perd son élasticité ; on la lui rend par le **recuit,** qui consiste
à le réchauffer vers 300° et à le laisser refroidir lentement.
Jusqu'à 45 0/0 de Zn, la résistance à la rupture R croît en
même temps que la proportion de Zn. L'allongement A 0/0
avant rupture croît également, mais seulement jusqu'à 30 0/0
de Zn. Au delà de 50 0/0 de Zn, l'alliage perd toutes ses
qualités et devient inutilisable. On emploie donc généralement
des alliages dont la teneur en Zn varie de 30 0/0 (très ductiles
et malléables) à 45 0/0 (très tenaces).

Laiton ou cuivre jaune. — Pour le fil et la tôle ou feuilles de laiton, la teneur en Zn est de 30 0/0. Le fil de laiton est utilisé pour la fabrication des épingles. La tôle de laiton sert au doublage des navires, à faire des enveloppes de machines, des récipients de toutes sortes, des vases emboutis. Par le moulage, on obtient des robinets, des collecteurs, des graisseurs, des coussinets et des lingots travaillés au tour en vue d'obtenir les montures d'appareils de physique, d'optique, d'arpentage, les conducteurs électriques, etc. Les tuyaux de vapeur sont souvent faits en laiton. Pour tous les organes soumis à de grands efforts, on augmente à 40 0/0 la teneur en Zn.

Le laiton à 80 0/0 de Cu et 20 0/0 de Zn ayant la couleur et l'éclat de l'or (simili or), on en fait des objets décoratifs tels que pendules, garnitures, bijoux d'imitation.

Bronze à haute résistance. — Il s'obtient par l'incorporation à l'alliage, contenant 60 à 70 0/0 Cu et 40 à 30 0/0 Zn, de 4 à 8 0/0 de ferro-manganèse ou de ferro-aluminium, parfois aussi d'un peu de plomb ou d'étain. Il doit résister au choc, à la traction, et souvent à des températures élevées. On le travaille par moulage en vue d'obtenir des hélices de bateaux, des tubes lance-torpille, des soupapes, des robinets pour vapeur à haute pression ou pour vapeur surchauffée. A cette catégorie appartient le **métal-delta**.

Influence de l'étain Sn. — On appelle généralement **bronze** un alliage de cuivre contenant de l'étain. Celui-ci augmente la fusibilité, la dureté et la ténacité de Cu, mais diminue considérablement sa malléabilité. Jusqu'à 15 0/0 de Sn, l'alliage Cu-Sn se laisse forger au rouge et limer à froid. Au delà de cette proportion, il devient très dur (presque inattaquable par la lime) et très cassant, mais par contre d'une belle sonorité; le bronze des cloches doit donc être parmi les plus riches en Sn. On ajoute souvent à cet alliage des traces de zinc ou de plomb.

Dans la construction mécanique, le bronze est employé pour faire : 1° des **pièces de frottement**: coussinets de paliers, de bielles, de colliers d'excentriques, garnitures de pistons et de presse-étoupe, tiroirs de locomotives ; 2° des **accessoires pour machines à vapeur :** manomètres, indicateurs de vide, robinets, indicateurs de niveau d'eau, soupapes de sûreté, clapets de retenue, etc. Pour tous ces emplois, le **bronze phosphoreux**, renfermant 0,15 à 0,80 de phosphore introduit à l'état de phosphure de cuivre, est particulièrement estimé, parce qu'il est plus résistant, moins oxydable et plus facile à mouler. Nous donnons ci-dessous la composition de quelques bronzes :

Cu	Sn	Zn	Pb	P	USAGES
95	4	1	»	»	Monnaie de billon.
94	5	0,5	»	0,5	Robinets pour vapeur surchauffée.
90	9	»	»	1	Coussinets pour grande vitesse.
88	8	4	»	»	Robinets pour vapeur haute pression.
88	10	2	»	»	Engrenages.
86	13	1	»	»	Pistons et corps de pompes.
84	8	6	2	»	Statues, objets d'art.
83 à 80	14 à 17	3	»	»	Frottements de plus en plus durs.
80 à 75	20 à 25	»	»	»	Timbres et cloches.

Le **bronze siliceux**, alliage de Cu et de Si, est très résistant et très peu oxydable ; il remplace le cuivre pur pour faire des fils conducteurs pour téléphone et télégraphe.

Le **bronze d'aluminium** à 90 0/0 de Cu et 10 0/0 de Al peut avantageusement remplacer le bronze d'étain ; il a une superbe couleur d'or ; il est inaltérable.

Le **maillechort** à 65 0/0 de Cu, 22 0/0 Ni et 13 0/0 de Zn est très employé en orfèvrerie et dans la fabrication d'instruments de précision.

141. Antifriction. — On désigne ainsi tout alliage mou servant à garnir les surfaces frottantes des organes de machines, tels que coussinets en bronze ou en fonte pour paliers, colliers d'excentriques et têtes de bielle ; **coulisseaux**, plaques de tiroirs de distribution, pistons de grande puissance, surface interne des **presse-étoupes**. Il a pour but d'améliorer les conditions de fonctionnement de ces organes à cause des caractères suivants : 1° étant **mou**, il épouse la forme du tourillon, augmente la surface portante et réduit au minimum le jeu et les vibrations ; 2° pour la même raison, il s'use seul, le tourillon reste intact et l'antifriction se remplace aisément ; 3° cet alliage étant très fusible commence à fondre avant que des grippements ne se produisent, et les accidents graves peuvent ainsi être évités.

L'antifriction n'étant pas assez tenace pour être employé seul, on ménage à la surface des organes en fonte ou en bronze des évidements en queue

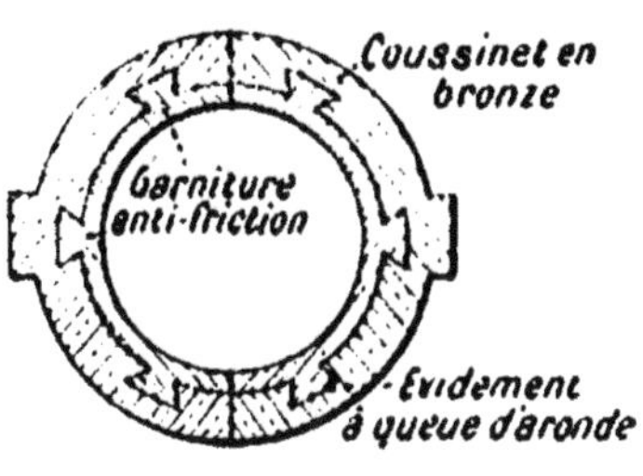

Fig. 147.

d'aronde dans deux sens perpendiculaires, puis on y coule l'alliage. Celui-ci se trouve solidement encastré dans le métal résistant et peut ensuite être travaillé (*fig.* 147).

Nous donnons ci-dessous la composition de quelques alliages blancs ou antifraction. Ils sont à base d'étain Sn ou de plomb Pb et peuvent contenir du cuivre Cu, de l'antimoine Sb ou du zinc Zn.

83,3Sn + 11,1Sb + 5,5Cu.........	chemins de fer du Midi	
88,5Sn + 7,5Sb + 4Cu..........	marine	
72Sn + 18Sb + 10Cu.........	faibles puissances	Garnitures.
15Sn + 10Sb + 75Pb..........	régule	
10Sn + 20Sb + 70Pb.........	(caractères d'imprimerie).	

142. Soudure et brasure.

— On désigne ainsi des alliages destinés à réunir deux portions d'un métal qu'on ne peut souder directement à lui-même. Ces alliages doivent être plus fusibles que le métal à travailler et y adhérer très fortement après refroidissement. C'est ainsi que l'on réunit les deux tronçons d'un tuyau en plomb, ou d'une gouttière en zinc, les parties d'un coussinet que l'on veut aléser, les petites pièces à fixer sur un appareil, les bords d'un trou ou d'une fente occasionnant une fuite, un tuyau à une bride. Les soudures sont ordinairement à base d'étain Sn et de plomb Pb; elles sont employées pour le plomb, le fer-blanc, le zinc, le cuivre, le laiton ou le bronze. Les brasures sont à base de cuivre Cu et de **zinc** Zn ; elles servent pour souder le fer à lui-même ou aux métaux cuivreux.

Fig. 118. — Fer
à souder.

Pour opérer, on utilise : 1° la soudure ou brasure en plaques ou en baguettes ; 2° une poudre à base de borax et de sel ammoniac AzH^4Cl, pour le décapage de la partie à travailler ; 3° un fer à souder à biseau en cuivre, simple ou à chauffage automatique (*fig.* 118) ; 4° un appareil de chauffage, ordinairement une lampe à souder. On commence par décaper le métal et le fer à souder, on chauffe celui-ci et on le recouvre de la soudure et de la brasure ; on le chauffe à nouveau, puis on l'approche ainsi que la soudure de l'endroit à travailler. Le contact du fer à souder et de la soudure provoque la fusion de celle-ci que l'on fait entrer dans toutes les fissures par pression du fer à souder. Après refroidissement, on enlève à la lime l'alliage d'apport en excès.

Brasage des scies à ruban. — Les surfaces à braser d'une scie à ruban devant être, de toute urgence, soustraites à l'action du feu de forge qui les détremperait, ces surfaces, entre lesquelles on a d'abord interposé un morceau de plaque à braser Laffitte, sont serrées dans les mâchoires d'une tenaille spéciale, chauffée préalablement au blanc (*fig.* 119). La brasure obtenue dans ces conditions a respecté la trempe du métal et la scie peut être immédiatement remise en marche après cette opération (Mestre et Blatgé).

Fig. 119. — Brasage.

148. Alliages fusibles. — En alliant dans des proportions convenables le plomb, l'étain et le bismuth, on peut obtenir toute une gamme de produits fondant à des températures peu élevées, quelques-uns dans l'eau bouillante On utilise ces alliages :

1° Comme **bouchons fusibles** (¹) placés dans le ciel du foyer des générateurs pour signaler, en fondant, le manque d'eau, par une fuite ;

2° Comme **fil de plomb fusible** ou coupe-circuit de sûreté placés sur un circuit électrique pour interrompre le courant par fusion au cas où l'échauffement anormal du conducteur pourrait occasionner un incendie ou la destruction des filaments des lampes à incandescence ;

3° Comme **garniture de distributeurs d'eau** : en cas d'incendie, cette garniture fond et l'eau s'écoule pour combattre le fléau.

EXERCICES

I. — Une barre de fer de section carrée $30^{mm} \times 30^{mm}$ et de 50^{c} de longueur pèse $3^{k},500$; quelle est sa densité ?
Quel est le poids de 100^{m} de fil d'acier de 4^{mm2} de section, sachant que sa densité est 7,6 ?

II. — Une transmission électrique reliant le bâtiment des turbines-dynamos à l'atelier de construction distants de 250^{m} est en cuivre Cu rond de 8^{mm} de diamètre. Quel est son poids total (fils d'aller et de retour) si la densité de Cu = 8,9 ?

III. — Quel serait le poids de la même transmission en aluminium Al, sachant que son diamètre devrait être 10^{mm} et que sa densité est 2,6 ? Pourquoi emploie-t-on plus souvent Cu que Al ?

IV. — En partant de l'acide HCl, écrire les formules des chlorures: d'argent Ag monovalent, de zinc Zn divalent, d'or Au trivalent, de platine Pt tétravalent.

V. — En partant de l'acide SO^4H^2, écrire les formules des sulfates : de sodium Na monovalent, de baryum Ba et de calcium Ca divalents.

VI. — Sachant que le carbonate de calcium pur renferme 12 0/0 de C, 48 0/0 de O et 40 0/0 Ca, en trouver la formule, connaissant les poids atomiques C = 12, O = 16, Ca = 40.

(¹) Voir *Mécanique industrielle* de la B. E. T., t. II, p. 210, n° 204.

VII. — Même question pour le sulfate de magnésie, qui contient 4 de S pour 8 de O et 3 de Mg (poids atomiques : S = 32, O = 16, Mg = 24).

VIII. — Quel est le poids d'or contenu dans 100 de chlorure d'or pur $AuCl^3$? Au = 196, Cl = 35,5.

IX. — On essaie à la traction une éprouvette (*fig.* 101-102) en acier à 0,12 0/0 de C et 5 0/0 Ni, dont la section $S = 150^{mm2}$ et la longueur entre repères AB = 100^{mm}. La charge pour laquelle cesse l'élasticité est 4.500^k, celle qui produit la rupture 6.000^k ; au moment de la rupture, la longueur $l = 186^{mm}$ et la section d'étranglement $S' = 40^{mm2}$. En déduire les coefficients : R, E, A 0/0 et Σ 0/0.

X. — Un métal est soumis, par l'intermédiaire d'une bille de Brinell de 10^{mm} de diamètre (*fig.* 99), à une pression de 4.000^k. L'empreinte ainsi faite a une surface de 60^{mm2}. Calculer le chiffre de dureté Δ.

XI. — Un barreau d'acier de $30^{mm} \times 30^{mm}$ est entaillé sur la moitié de son épaisseur et supporte avant rupture 5 fois le choc d'un mouton de 18^k tombant de $2^m,75$ de hauteur. Quel est son coefficient de résistance locale au choc ou résilience :

$$\rho^{kgm} = \frac{m \times p^k \times h^m}{S^{cm2}} \,?$$

XII. — Un autre barreau, de 30×20, entaillé sur la moitié de son épaisseur, est rompu par le choc d'un mouton de 50^k tombant de 3^m de hauteur et remontant après le choc à $0^m,60$ (*fig.* 108). Calculer ρ en négligeant les corrections.

XIII. — Calculer le poids de minerai que l'on doit traiter dans un haut fourneau pour obtenir une tonne de fonte à 92 0/0 de fer pur, lorsqu'on emploie :

1° De la magnétite	contenant	87,6 0/0 de	Fe^3O^4 ;
2° De l'hématite rouge	—	89,3	Fe^2O^3 ;
3° De l'hématite brune	—	74,3	Fe^2O^3 ;
4° De la limonite	—	67,8	Fe^2O^3 ;
5° Du fer spathique cru	—	75	CO^3Fe.

Poids atomiques : Fe = 56, O = 16, C = 12.

XIV. — Dans une usine métallurgique, on dispose d'un minerai de fer renfermant 60 0/0 de Fe^2O^3 et 3 0/0 de protoxyde de manganèse MnO et d'un minerai de manganèse, renfermant 1 0/0 de Fe^2O^3 et 79 0/0 de MnO. Quel poids de chacun d'eux doit-on charger pour obtenir :

1° Un spiegel à 74 0/0 de fer Fe et 20 0/0 de manganèse Mn ?

2° Un ferro-manganèse à 13 0/0 de fer Fe et 50 0/0 de manganèse Mn ?

Poids atomiques : Fe = 56, Mn = 55, O = 16.

XV. — Même problème en tenant compte de ce que 0,5 0/0 de Fe et 2,5 0/0 de Mn passent dans le laitier.

XVI. — Quelle quantité de castine à 95 0/0 de carbonate de chaux CO^3Ca faut-il charger en même temps que 1 tonne de minerai à 16 0/0 de silice SiO^2 pour que le poids de chaux mis en liberté soit égal à 1,4 fois celui de la silice SiO^2?

XVII. — Calculer le poids et le volume de CO^2 qui se dégagera de la castine dans les conditions du problème XVI.

XVIII. — Quel est le poids de carbone C nécessaire pour réduire 1 tonne de minerai à 80 0/0 de Fe^2O^3 en admettant que tout ce carbone passe à l'état d'oxyde CO?

XIX. — Quel poids de minerai à 60 0/0 de Fe^2O^3 et de coke à 30 0/0 de C faut-il traiter dans un haut fourneau pour obtenir 1 tonne de fonte à 92 0/0 de Fe et 3 0/0 de C, en admettant que tout le coke réducteur soit transformé en oxyde CO?

XX. — Quel est le poids et la puissance calorifique du mètre cube d'un gaz de haut fourneau contenant en volumes : 10 0/0 CO^2, 25 0/0 CO, 1 0/0 H, 2 0/0 CH^4, 62 0/0 Az, sachant que :

$$CO + O = CO^2 + 67^{cal},3; \qquad H^2 + O = H^2O + 69^{cal};$$
$$CH^4 + 4O = CO^2 + 2H^2O + 216^{cal}?$$

XXI*. — Pour obtenir 1 tonne de fonte de moulage, on charge dans le haut fourneau 2.400^k de minerai, 1.500^k de coke et 800^k de castine. Étant données les analyses de ces corps, en déduire la composition du laitier, sachant que l'humidité et le carbone non incorporé à la fonte passent dans les gaz.

Minerai :
61 0/0 de Fe^2O^3, 9 0/0 de Al^2O^3; 1 0/0 de MgO; 1 0/0 de CaO; 15 0/0 de SiO^2;
Castine :
1 0/0 de Fe^2O^3; 1 0/0 de Al^2O^3; 1 0/0 de MgO; 92 0/0 de CO^3Ca; 2 0/0 de SiO^2;
Coke :
1,5 0/0 de Fe^2O^3; 2,5 0/0 de Al^2O^3; 0,5 0/0 de CaO; 3,5 0/0 de SiO^2; 92 0/0 de C
Fonte : 93 0/0 de Fe; 4 0/0 de C; 3 0/0 de Si.

XXII*. — Même question pour la composition et le volume des gaz si l'on souffle 4.000^{mc} d'air.

XXIII*. — D'après le tableau de la classification des aciers (n° 114), porter sur un axe horizontal ox les teneurs en carbone à l'échelle 1^{mm} pour 0,01 0/0 de C; aux points remarquables, élever des perpendiculaires à ox et sur chacune d'elles porter : 1° E et R à l'échelle de 1^{mm} par kilogramme; 2° A et Σ à l'échelle de 1^{mm} par unité.

XXIV. — Une calamine renferme 72 0/0 de CO^3Zn; quelle quantité de ZnO peut-on obtenir en grillant une tonne de ce minerai? Quel poids de charbon de bois à 96 0/0 de C faut-il pour réduire l'oxyde?

XXV. — Même question pour une blende à 81 0/0 de ZnS. Poids atomiques : C = 12, O = 16, Zn = 65, S = 32.

XXVI. — Quel poids de sulfate de cuivre cristallisé $SO^4Cu,5H^2O$ faut-il décomposer par électrolyse pour obtenir 100ᵏ de cuivre pur ?

XXVII. — Quel poids d'aluminate de baryte Al^2O^3BaO faut-il ajouter à 40ᵐᶜ d'eau contenant 0ᵏ,6 de sulfate de chaux par litre pour précipiter ce corps? Quelle sera la dépense si Al^2O^3BaO coûte 2 fr. 50 le kilogramme?

XXVIII. — Quel poids d'acide sulfurique SO^4H^2 à 32 0/0 d'eau faut-il ajouter à 1 tonne de minerai contenant 7 0/0 de nickel Ni pour transformer ce métal additionné de 70ᵏᶠ d'oxyde NiO en sulfate de nickel SO^4Ni ? Poids atomiques : S = 32, O = 16, H = 1, Ni = 59.

XXIX. — Calculer les poids d'oxyde de nickel NiO, de silice SiO^2, de coke C et de chaux vive CaO à 92 0/0 de pureté qu'il faut employer pour obtenir au four électrique 100ᵏᵍ de nickel métallique. Poids atomiques : Ni = 59, O = 16, Si = 28, C = 12, Ca = 40.

XXX*. — On traite au four électrique le siliciure de nickel Ni^2S par l'oxyde ferrique Fe^2O^3 et la chaux CaO ; quelle est la teneur en fer et en nickel du ferro-nickel obtenu 6Ni, 4Fe? Poids atomiques : Ni = 59, Fe = 56.

XXXI. — Quelle est la valeur de la pression atmosphérique par centimètre carré de section lorsqu'elle fait équilibre dans le baromètre à une colonne de mercure Hg de 760ᵐᵐ de hauteur (densité de Hg = 13,6) ?

XXXII. — Quelle est la pression par centimètre carré au condensateur d'une machine à vapeur lorsque cette pression fait équilibre à une colonne de Hg de 280ᵐᵐ de hauteur?

XXXIII*. — Les propriétés de l'alliage Cu-Zn varient de la manière suivante :

Teneur en Zn 0/0 d'alliage.............	0	10	20	30	40	50 0/0
Résistance à la rupture par mm².......	21	24	27	31	37	9 kg.
Allongement 0/0 avant rupture........	33	37	42	66	39	2 0/0

Représenter ces variations par un graphique en portant les teneurs en Zn sur Ox comme exercice XXIII.

XXXIV. — Quelle charge peut-on faire supporter à un fil de 2ᵐᵐ de diamètre en alliage à 30 0/0 de Zn, 70 0/0 Cu, sachant que pour avoir toute sécurité on ne veut pas dépasser 20 0/0 de la charge de rupture R = 31ᵏᵍ par millimètre carré.

MATIÈRES ORGANIQUES

XXXV. — COMPOSITION DES SUBSTANCES ORGANIQUES

144. Définitions. — A l'origine, la chimie organique comprenait l'étude des **substances organisées**, c'est-à-dire des matières entrant dans la composition des êtres vivants, animaux ou végétaux; ex. : sang, urine, graisse, lait, œuf, laine, cheveux, farine, huile, bois, jus sucré des fruits, essences et couleurs végétales. Mais ces substances s'altèrent assez rapidement; elles se modifient et donnent naissance à d'autres corps par exemple : le jus sucré se transforme; en alcool, celui-ci en vinaigre. D'autre part, pour étudier les substances organisées, il faut faire agir sur elles des agents physiques : chaleur, lumière, dissolvant, malaxeur, et des agents chimiques: acides, bases ou autres réactifs minéraux. On peut obtenir ainsi des composés bien définis, pouvant se représenter par une formule, ayant des points de congélation, de fusion ou d'ébullition bien définis. On les appelle **substances organiques**; ex. : benzine, alcool, sucre, cellulose, glycérine, acide acétique, tanin. L'étude de ces substances est venue se joindre à celle des substances organisées et a ainsi augmenté le domaine de la chimie organique, qui s'est encore enrichi de tous les produits provenant de la combinaison des corps minéraux et des substances organiques ; ex. : savon (huile et soude), chloroforme (alcool et chlorure de chaux), nitrobenzine, sulfate de quinine.

Le bois, la houille, les alcools et les huiles déjà étudiés comme combustibles, sont des matières organiques.

La caractéristique de tous ces corps, c'est de contenir du carbone.

La **chimie organique** actuelle, c'est l'étude des composés contenant du carbone. On réserve à une branche spéciale de la chimie organique, la **chimie biologique**, l'étude des matières entrant dans la composition des êtres vivants ou produits par les êtres vivants.

145. Analyses immédiates. — L'analyse immédiate d'un corps naturel ou d'une matière organique est la séparation par des procédés plutôt physiques que chimiques de quelques-unes des substances qui composent ce corps. C'est une opération que l'on fait constamment dans l'industrie, car souvent une portion seulement des corps naturels sert à la préparation des produits fabriqués. C'est ainsi que l'on extrait : le gaz (hydrocarbures gazeux), de la houille ; les benzols, du pétrole ; l'alcool méthylique et l'acide acétique, du bois ; les fibres textiles, du lin et du chanvre ; la cellulose (pâte à papier), de l'alfa ; la farine, du blé ; l'amidon, de la farine ; la fécule, de la pomme de terre ; le jus sucré ou glucose fermentescible, du raisin (vin), de la pomme (cidre), de la cerise (kirsch), de fruits divers (confitures) ; le sucre, de la betterave ; l'huile, de l'olive ; le beurre, du lait ; la glycérine, des matières grasses ; le tanin, de l'écorce du chêne ou de la noix de galle ; les matières colorantes, des plantes tinctoriales ; les essences parfumées, des fleurs et des feuilles odoriférantes ; etc.

La séparation des différentes substances qui constituent un même corps est parfois très difficile à réaliser d'une manière absolue ; elle nécessite souvent un grand nombre de manipulations et de rectifications pour donner des produits purs.

Procédés généraux. — Avant toute chose, il y a lieu de nettoyer les corps naturels arrivant plus ou moins souillés à l'usine. On pratique le *lavage* des betteraves dans les sucreries et des pommes de terre dans les féculeries, pour enlever la terre qui les entoure. Le lavage ne doit pas être prolongé trop longtemps à cause des propriétés dissolvantes de l'eau et de son pouvoir diffuseur.

Pour faciliter leur traitement, on brise et l'on réduit en poudre, par écrasement à l'aide de meules, le blé (farine), les graines oléagineuses (huiles de colza), la noix de galle (tanin); ou en petits fragments par broyage, les pommes à cidre; par foulage, le raisin; par râpage, les pommes de terre; et par découpage, les betteraves.

On extrait par pressurage ou expression le jus du raisin, de la pomme, des fruits sucrés et de l'olive, précédemment écrasés, soit à l'aide d'un

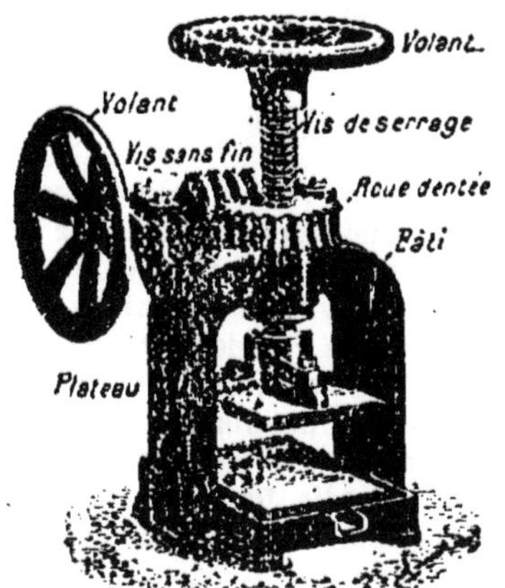

Fig. 150. — Pressoir à vis.

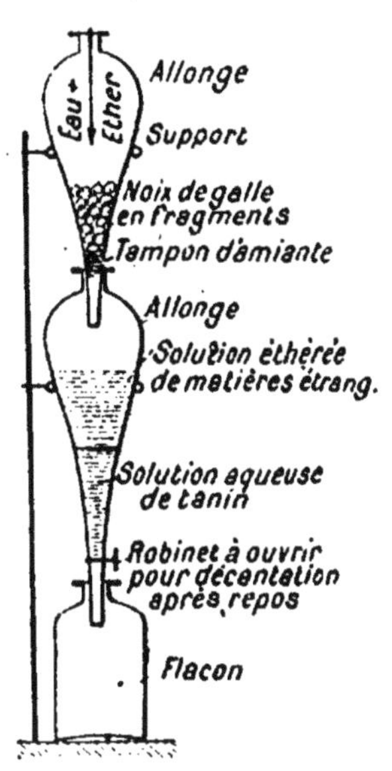

Fig. 151. — Appareil d'extraction.

pressoir à vis (*fig.* 150), soit à l'aide d'une presse hydraulique. Ce procédé donne en général un produit excellent, mais un rendement médiocre. Pour tirer d'un corps toute la substance utile qu'il contient, on le traite par un **dissolvant** de cette substance. On dissout dans l'eau le tanin de la noix de galle, dans le sulfure de carbone l'huile des tourteaux de graines déjà comprimées. On peut également isoler un corps par dissolution des matières étrangères qui l'accompagnent; c'est ainsi que l'éther dissout dans la noix de galle les substances étrangères qui y accompagnent le tanin qui, lui, est soluble dans l'eau. Un mélange d'eau et d'éther épuisera donc la noix de galle (*fig.* 151).

Dans les laboratoires, on peut doser les matières grasses contenues dans un aliment ou dans une graine en les dissolvant dans l'éther ou le sulfure de carbone. Il est facile de faire l'expérience avec 5ᵍ de farine de graine de lin et le digesteur Payen (*fig.* 152). La farine se place dans l'allonge au-dessus d'une matière filtrante (l'amiante convient le mieux), et l'éther dans le ballon. On chauffe celui-ci au bain-marie. L'éther s'évapore à 35°, se dégage par le tube ascendant, se liquéfie dans le condenseur, et passe sur la matière à essayer dont il dissout les substances grasses. La solution traverse le filtre et se rassemble dans le ballon. Un second chauffage évapore de nouveau l'éther, mais non les corps gras. L'éther suit le même chemin, dissout une nouvelle quantité et, après plusieurs opérations, la farine de graine de lin est épuisée. Il suffit d'évaporer une dernière fois le dissolvant pour recueillir l'huile.

La diffusion est une opération analogue à la dissolution, elle consiste dans le mélange intime de deux corps, mais liquides ou gazeux, tandis que

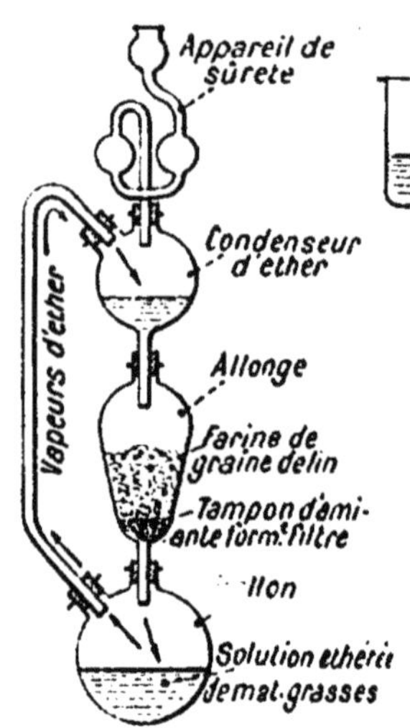

Fig. 152. — Digesteur Payen.

Fig. 153-154.

dans la dissolution l'un est solide. Il y a diffusion du gaz carbonique dans l'air, de l'alcool ou du vin dans l'eau, et surtout d'une dissolution dans un excès de dissolvant. La diffusion a lieu même si les liquides sont de densités différentes ou s'ils sont séparés par une cloison organique : membrane de cellulose, vessie ; ou poreuse : terre non vernissée, porcelaine dégourdie. Dans ce dernier cas, on a réservé le nom d'osmose ou dialyse à la diffusion. Nous avons signalé ce phénomène pour les gaz, pour l'hydrogène servant au gonflement des ballons. On peut constater le passage des liquides à travers les pores très fins des solides, à l'aide de l'expérience suivante (*fig.* 153-154). À l'intérieur d'un cristallisoir C (cuvette en verre), contenant de l'eau pure, on place un vase poreux V (vases de piles électriques) rempli d'eau très sucrée. Au bout de quelques heures on constate que le niveau est devenu le même et que le liquide est également sucré dans les deux vases. En remplaçant l'eau sucrée par une solution incolore de HCl ou de SO^4H^2, et l'eau pure par de la teinture bleue de tournesol, on voit celle-ci rougir peu à peu.

La dialyse se fait à travers des membranes continues, telle que du parchemin, les parois des cellules des végétaux; ainsi, c'est par la dyalyse que l'on extrait le jus sucré de la betterave et que l'on épuise après pressurage le moût de raisin et de pommes. Par le même procédé, on peut séparer les matières solubles cristallisables ou cristalloïdes (sucre, acides organiques, sels minéraux) des matières solubles incristallisables ou colloïdes (albumine et corps gras) qui se trouvent simultanément dans les corps organiques.

La séparation de deux liquides peut se faire :

1° Par décantation s'ils sont de densités différentes : crème et petit-lait, solution aqueuse de tanin et solution éthérée (*fig.* 151), eau et huile, alcool méthylique et acide acétique (*fig.* 60);

2° Par congélation s'ils n'ont pas les mêmes températures de fusion : l'oléine, qui fond à la température ordinaire, se sépare ainsi de la stéarine et de la palmitine (corps gras) fondant à 70° et 62° quand on refroidit une huile ;

3° **Par distillation** si les températures d'ébullition sont différentes :
l'alcool qui existe dans les boissons fermentées, bouillant à 78°, se sépare
en partie de l'eau qui ne bout qu'à 100°; de même les benzols se séparent
des autres carbures contenus dans le pétrole ou le goudron de houille ;

4° **Par turbinage.** Cette opération consiste à faire tourner à une très
grande vitesse (1.500 à 2.000 t/m) deux liquides de densités différentes :
crème et petit-lait, pour les soumettre à l'action de la force centrifuge.
Celle-ci étant proportionnelle à la densité (pour un même volume)
s'exerce davantage sur le corps le plus lourd (petit-lait), qui est projeté
dans une capacité extérieure, alors que la crème s'écoule par un tuyau
central.

On utilise également l'action de la
force centrifuge pour séparer un solide
du liquide qui l'imprègne : sucre cristallisé et sirop qui l'enrobe, copeaux métalliques et huile de graissage. Cette opération est souvent désignée sous le nom
d'essorage (séchage). Elle consiste à placer
le mélange dans un cylindre à claire-voie
concentrique intérieurement à un autre
cylindre plein (*fig.* 155). La force centrifuge
s'exerce à la fois sur le solide et le liquide, mais ce dernier seul peut traverser
le treillis métallique.

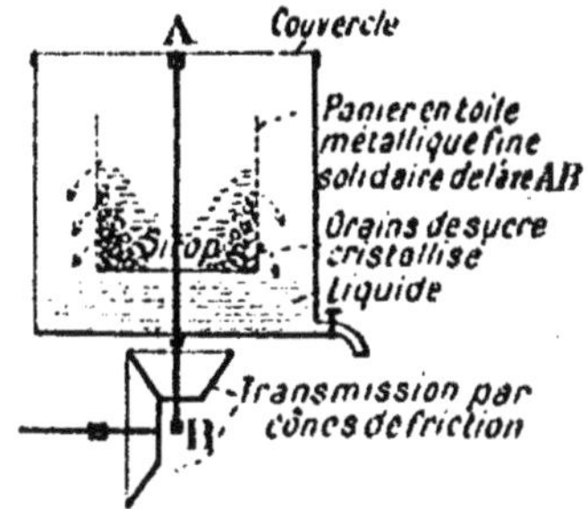

Fig. 155. — Essoreuse.

L'essorage se rapproche donc de la filtration, que l'on emploie par
exemple pour séparer le jus sucré de la pulpe de betterave entraînée. La
filtration est d'autant plus rapide que la différence de pression entre les
deux faces du filtre est plus grande (filtres-presses, trompes).

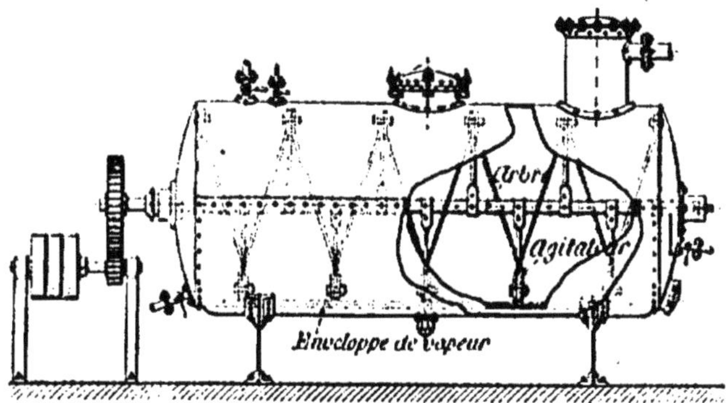

Fig. 156. — Malaxeur.

Pour dessécher un corps, ou pour concentrer les solutions, on procède
par évaporation, soit à l'air libre à haute température, soit dans le vide
avec un chauffage modéré. Dans ce cas, il est nécessaire d'absorber les
vapeurs formées à l'aide d'un corps avide d'eau : acide sulfurique ou chlorure de calcium.

Enfin, pour obtenir une substance organique, il faut souvent traiter le corps qui la contient par des **réactifs** qui se combinent soit avec cette substance, soit avec les matières qui l'accompagnent. On sépare la glycérine des acides gras avec laquelle elle est combinée en la déplaçant par des bases minérales : soude, potasse, chaux.

Quel que soit le traitement qu'on leur fasse subir, les corps ont souvent besoin d'être remués pour entrer en contact intime avec le dissolvant ou le réactif. On emploie à cet effet des agitateurs, des mélangeurs ou des **malaxeurs** (*fig.* 156).

148. Éléments des matières organiques. — *Toutes les matières organiques renferment du carbone C.* — On peut le constater :

1° **Par le chauffage** dans un tube à essai, dans une capsule de porcelaine ou sur une plaque métallique, si le corps est solide : sucre, chair, corne, fragment de légume, grains, feuilles, fruits. Il se forme assez rapidement une masse noire dont la coloration est due au carbone amorphe. C'est par ce moyen que, dans l'industrie, on prépare le **noir animal** par le chauffage des os en vase clos (à l'abri de l'air).

La combustion incomplète (*fig.* 157) permet également de recueillir tout ou partie du carbone contenu dans un corps. La fumée contenant de la suie en est un exemple ; la fabrication du **noir de fumée** est basée sur le même principe ; l'inflammation à l'air libre d'une feuille de papier constitue l'expérience la plus facile et la plus typique.

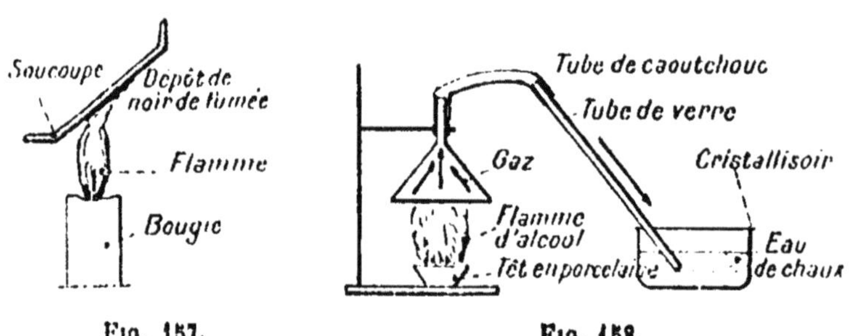

Fig. 157.   Fig. 158.

2° **Par la combustion** (*fig.* 158) si la substance est facilement inflammable : laine, paille, feuilles sèches, alcool, pétrole, benzine.

Les produits de la combustion sont recueillis sous un entonnoir et conduits dans un vase contenant de l'eau de chaux ou de l'eau de baryte très claires. Ces liquides se troublent par suite de la formation d'un carbonate insoluble.

3° En chauffant la matière avec de l'**oxyde de cuivre** CuO (*fig.* 159) facilement réductible par le carbone. Il y a formation de gaz carbonique CO^2, que l'on constate comme précédemment parce qu'il trouble l'eau de chaux.

L'existence du carbone dans toutes les matières d'origine animale ou végétale et dans tous les composés dérivés confirme ce que nous avons dit plus haut : *La chimie organique est l'étude des composés du carbone.*

Hydrogène. — Comme le carbone C, l'hydrogène H se reconnaît en chauffant la substance organique avec de l'oxyde de cuivre CuO (*fig.* 159). Il y a dégagement de vapeur d'eau H^2O qui se condense en fines gouttelettes sur les parois du tube. Si l'on y a ménagé une ampoule t A où le liquide se rassemble, la constatation est encore plus facile.

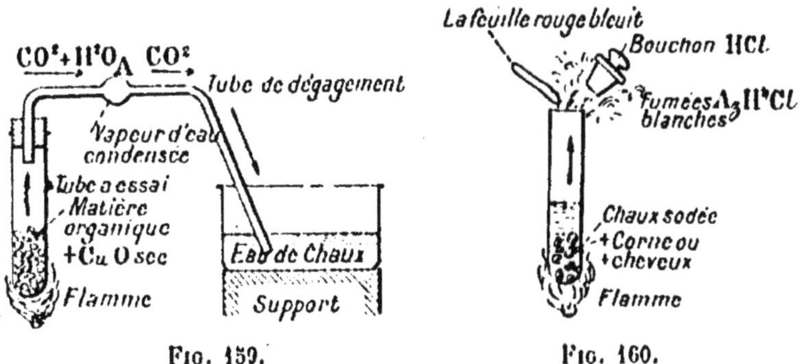

Fig. 159.   Fig. 160.

Presque toutes les matières organiques renferment de l'hydrogène, sauf CO, CO^2 et les carbonates neutres, CS^2 et les sulfo-carbonates, le cyanogène CAz et les cyanures.

Oxygène. — L'oxygène O se reconnaît si, en chauffant la matière organique sèche dans le vide, il y a production de gaz carbonique ou de vapeur d'eau.

Azote. — Quelques substances organiques renferment de l'azote; on le reconnaît ainsi : on chauffe dans un tube à essai (*fig.* 160) un mélange de la substance organique : chair : corne, cheveux, avec de la chaux sodée [1]. Il se dégage dans ces conditions de l'ammoniaque AzH^3 que l'on reconnaît : 1° à son odeur caractéristique; 2° aux fumées blanches de AzH^4Cl que donne ce gaz lorsqu'on en approche un bouchon de verre imprégné de HCl; 3° à la coloration bleue que prend le papier humide de tournesol rouge. En renouvelant l'expérience avec du sucre, de l'amidon ou de l'alcool, le papier rouge et les fumées ne se produisent pas.

Par combustion à l'air, les substances organisées donnent un résidu, les **cendres** constituées par des matières minérales à l'état de carbonates, phosphates, etc., c'est ainsi que le bois, en brûlant, laisse des cendres contenant du carbonate de soude (soude brute, soude végétale...).

147. Classification des composés organiques. — Elle est très complexe, à cause du nombre considérable de substances; nous ne signalerons que les groupes les plus importants, pour y situer les corps étudiés dans cet ouvrage :

1° **Les carbures d'hydrogène** ne renferment que C et H; ils sont tous combustibles; ex. : le **formène** CH^4 du grisou et du gaz d'éclairage, l'acétylène C^2H^2, la **benzine** C^6H^6, l'essence de térébenthine $C^{10}H^{16}$, la naphtaline $C^{10}H^8$ et le caoutchouc C^4H^7.

2° **Les hydrates de carbone** ont une formule telle qu'on y rencontre l'H et l'O dans les mêmes proportions que dans l'eau H^2O et du carbone C; ex. : le **sucre** $C^{12}(H^2O)^{11}$, la **glucose** $C^6(H^2O)^6$, la fécule ou amidon, la gomme, la cellulose ou pâte à papier $C^6(H^2O)^5$.

3° **Les alcools** renferment C, H et O, mais en proportion variable; ils se combinent aux acides pour former des sels particuliers appelés **éthers-sels** ou ethers; ex. : l'alcool de vin ou éthylique C^2H^6O, l'alcool de bois ou méthylique CH^4O et la glycérine $C^3H^8O^3$.

4° **Les acides** renferment aussi C, H et O; ils se combinent aux bases minérales ou organiques (alcools); ex. : acides : **acétique** ou **vinaigre** $C^2H^4O^2$, formique, oxalique, citrique, tartrique.

---

[1] Matière obtenue en mélangeant des dissolutions de chaux $Ca(OH)^2$ et de soude $NaOH$ et en évaporant l'eau; on obtient ainsi une matière pulvérulente; la chaux sodée est aussi active que $NaOH$ et d'un maniement plus aisé; elle a aussi l'avantage d'attaquer plus difficilement le verre que la soude pure.

5° Les matières azotées alimentaires comme l'albumine; pharmaceutiques comme la quinine, la nicotine, la morphine; colorantes, comme la fuschine, et tous les autres dérivés de l'aniline, etc., etc.

XXXVI. — FERMENTATIONS

148. Définitions. — La fermentation d'une substauce organique est la transformation de cette substance en d'autres corps sous l'action d'organismes vivants ou non appelés **ferments**. Quand l'organisme est vivant, on a affaire à un **ferment figuré** ou simplement **ferment**. Si la substance provoquant le dédoublement est inerte, on a un **ferment soluble ou diastase**.

Une diastase prend toujours naissance sous l'influence d'un organisme vivant. La substance décomposée est dite **fermentescible**. Le mot fermentation provient de ce que la transformation du jus sucré en alcool, dans la fabrication du vin et du cidre, est tumultueuse, par suite de la production de CO^2 (*fervere* en latin, être en ébullition).

Pour constater la **fermentation alcoolique**, plaçons une dissolution de glucose ou sucre de fruits $C^6H^2O^6$ et un peu de levure de bière humide (*fig.* 161) dans un flacon muni d'un tube de dégagement. Si la température est convenable (25° environ), nous constaterons assez rapidement un dégagement de gaz que l'on peut recueillir dans une éprouvette sur la cuve à mercure (*fig.* 162). En amenant ce gaz dans une solution d'eau de chaux, celle-ci se trouble; c'est donc de l'anhydride carbonique CO^2. D'autre part, la saveur sucrée du liquide contenu dans le flacon diminue

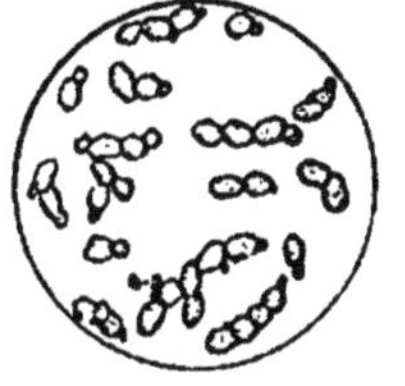
Fig. 161.
Levure de bière.

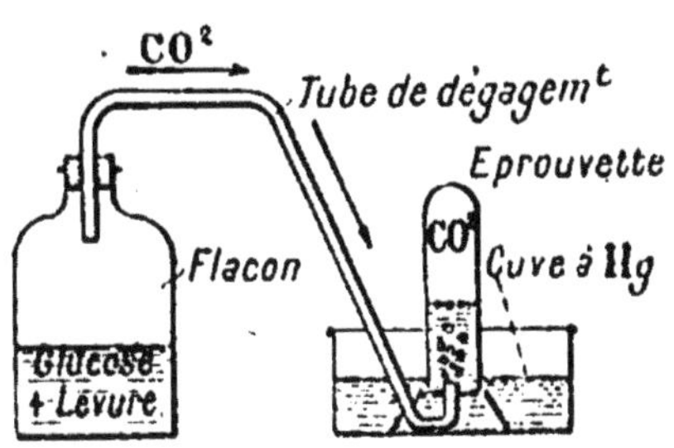

Fig. 162. — Fermentation alcoolique.

peu à peu ; par contre, on peut constater qu'il est devenu légèrement alcoolisé. La plus grande partie de la glucose $C^6H^{12}O^6$ s'est décomposée en alcool C^2H^6O et en CO^2 suivant la relation :

$$C^6H^{12}O^6 \quad = \quad 2C^2H^6O \quad + \quad 2CO^2.$$
$$\text{glucose} \qquad\qquad \text{alcool} \qquad\qquad \text{anhydride carbonique}$$

Une autre partie sert au développement du ferment (levure de bière) et a donné, en outre, de la glycérine et de l'acide succinique.

Le **sucre** ordinaire $C^{12}H^{22}O^{11}$ peut, lui aussi, subir la fermentation alcoolique, mais pas d'une manière directe; il doit d'abord être transformé en glucose $C^6H^{12}O^6$ soit par l'action d'un autre ferment, également contenu dans la levure, soit par l'action des acides très étendus qui permettront au sucre de fixer une molécule d'eau et de se dédoubler en deux molécules de glucoses différentes ayant même formule, mais non même propriétés physiques :

$$C^{12}H^{22}O^{11} + H^2O = 2C^6H^{12}O^6.$$
$$\text{Sucre} \qquad\qquad \text{glucose}$$

Lorsque le lait se caille ou que le beurre devient rance, il y a production d'acides lactique ou butyrique dû à des fermentations.

149. Boissons fermentées. — *Vin*. — Le vin est une boisson obtenue par la fermentation alcoolique du jus sucré des raisins frais, sous l'action d'un **ferment sauvage** qui existe sur la pulpe du raisin.

Ce fruit est récolté en octobre (**vendange**); on le place dans de grandes cuves en bois, parfois en maçonnerie, où on l'écrase en le foulant aux pieds (**foulage**). Si la température atteint 20°, le raisin foulé se met rapidement à fermenter (**fermentation tumultueuse**); une grande partie de la glucose qu'il contient se transforme en alcool et en CO^2. Le dégagement de ce gaz entraîne à la partie supérieure de la cuve les matières solides, qui y forment le **chapeau**. Celui-ci empêche le contact de l'air avec l'alcool qui pourrait s'y évaporer ou s'y altérer (vinaigre). Au bout de quelques jours, la fermentation se ralentit ; on transvase alors le liquide (**décuvage**) de la cuve dans de grands tonneaux où la fermentation s'achève. Pour éviter le contact de l'air, il y a intérêt à opérer le transvasement par des tuyaux formant siphon et allant du bas de la cuve au fond du tonneau. Pendant la **seconde fermentation**, les matières en suspension dans le liquide se déposent sous forme de lie. On facilite ce dépôt en ajoutant au vin une matière gélatineuse (colle de poisson, gélatine), qui forme une membrane entraînant au fond les dernières parcelles solides; c'est le **collage.** Cette opération est suivie du **soutirage** qui consiste à transvaser le vin dans d'autres tonneaux lavés et soufrés ou à le mettre en bouteilles.

Par le décuvage, on n'extrait qu'une partie du liquide ; pour obtenir le reste, on soumet au **pressurage** les marcs additionnés ou non d'eau. Le jus ainsi obtenu est, selon les cas, mis dans des tonneaux spéciaux ou mélangé avec le vin du décuvage.

La matière colorante contenue dans la pulpe du raisin étant insoluble dans l'eau et soluble dans l'alcool, pour obtenir du **vin blanc** il suffit de séparer le jus de la pulpe avant la fermentation. On le place dans d'autres cuves où il fermente, et la suite de la fabrication a lieu comme précédemment.

Le **vin mousseux** s'obtient par la mise en bouteilles d'un liquide encore sucré (soit parce que sa fermentation est inachevée, soit par adjonction de sucre candi). La fermentation du sucre restant dégage CO_2 qui se dissout sous pression dans le liquide.

La composition du vin varie avec la nature du terrain, le climat et la variété de la vigne; il est d'autant plus riche en alcool qu'il provient d'un pays plus chaud. En France, le vin contient en moyenne 10 0/0 d'alcool; il renferme en outre en petite quantité d'autres matières contenues dans le raisin ou provenant de la fermentation : essences végétales, glucose, tanin (dépôt violet), tartrates alcalins, matières grasses, gommes, acide succinique, éthers, glycérine.

Cidre. — Le cidre est une boisson d'une belle couleur jaune d'or obtenue par la fermentation alcoolique du jus sucré des pommes, sous l'action d'un **ferment sauvage**, qui existe sur la pulpe des fruits. En substituant les poires aux pommes, on obtient une boisson analogue, mais blanche et plus capiteuse appelée poiré et fabriquée d'une façon identique.

Un mélange convenable de pommes douces (riches en glucose), de pommes amères (riches en tanin) et de pommes sures ou acides (analogues aux fruits de table) est soumis au **broyage** dans des moulins concasseurs à cylindres cannelés. On obtient un moût qui est **pressuré** dans des pressoirs à vis, Le jus qui en résulte est placé dans des tonneaux où s'effectue la **fermentation** ; lorsque la lie s'est déposée, on pratique le soutirage et la mise en bouteilles.

Le marc restant après pressurage est placé dans des cuves où on le laisse macérer avec une quantité d'eau plus ou moins grande ; il y a **diffusion**, et le jus est extrait par un second pressurage. Il est mélangé à tout ou partie du précédent pour constituer la boisson en Normandie et en Bretagne.

Le cidre pur est moins riche en alcool (5 0/0) et autant en principes nutritifs que le vin ; il est plus rafraîchissant, mais se conserve moins bien, tout en exigeant les mêmes soins. La boisson obtenue en ajoutant de l'eau au jus sucré avant la fermentation doit être consommée dans la première ou la deuxième année qui suivent.

150. Bière. — La bière est une boisson obtenue par la fermentation alcoolique du liquide sucré obtenu par la macération de l'orge germée ou malt dans l'eau ; une décoction de houblon lui communique son arome et assure sa bonne conservation. Or l'orge, comme les autres céréales, ne renferme pas de glucose fermentescible ; elle est au contraire très riche en amidon. Il faut donc transformer cet amidon en glucose ; on y arrive par la germination et par l'action de la chaleur sur le grain germé, en présence de l'eau.

Maltage. — Les grains d'orge, préalablement lavés, se gonflent et se ramollissent dans l'eau ; on les étale alors en couches de 0^m,50 dans de grandes chambres dont la température est maintenue à 15°. Pendant la germination, il se développe dans la graine une diastase ayant la propriété de provoquer la transformation de l'amidon en glucose. Lorsque la longueur du germe commence à atteindre celle du grain, l'orge est desséchée dans des tourailles par un courant d'air chaud (50 à 80°). Le germe devient alors cassant ; il se détache du grain et s'élimine par tamisage. La partie restante (75 0/0 en poids), réduite en farine par un broyage, constitue le malt.

Saccharification ou brassage. — Cette opération consiste à brasser, à malaxer, dans une cuve munie d'un faux fond perforé (*fig.* 163), un mélange de malt et d'eau chaude. Sous l'action de la chaleur, la diastase transforme l'amidon en glucose soluble dans l'eau. La solution est un liquide sucré appelé moût que l'on soutire après repos, pour lui faire subir le houblonnage : on porte à l'ébullition dans des chaudières le moût additionné d'une certaine quantité de fleurs de houblon.

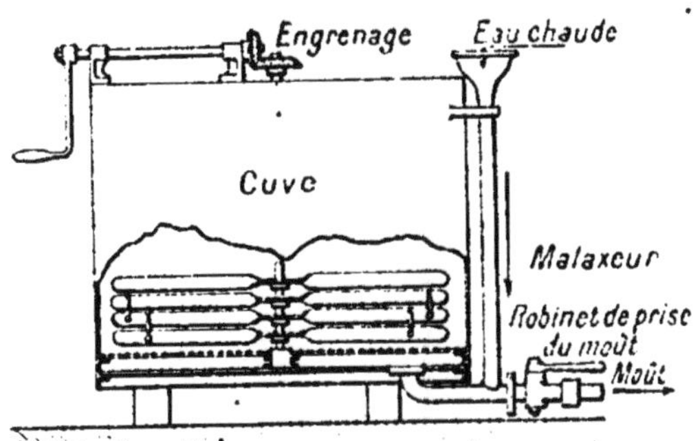

Fig. 163. — Cuve à brasser.

Fermentation. — Après trois ou quatre heures de cuisson, on refroidit très rapidement à 15° et l'on place le moût dans des tonneaux dont la bonde est ouverte. Comme il ne contient pas son ferment, on ajoute de la levure de bière qui provoque la fermentation. Celle-ci est tumultueuse ; il y a production de levure qui s'écoule au dehors ; on la recueille pour les opérations ultérieures ou pour la boulangerie. Lorsque cette production cesse, la fermentation est terminée, on colle à la gélatine et la bière peut être consommée de suite.

Lorsque les bières doivent se conserver, la fermentation a

lieu vers 6°; elle est très lente et s'opère sous l'action d'une levure spéciale. Lorsqu'elle diminue, on procède à la mise en tonneaux dans des caves, maintenus à 0° par la glace, où la fermentation s'achève.

La bière renferme de 2 à 7 0/0 d'alcool, sensiblement moins que le vin; mais elle est plus riche en matières nutritives et constitue une excellente boisson.

151. Eaux-de-vie. — Les eaux-de-vie sont des liquides obtenus par la distillation des boissons fermentées et contenant de 30 à 50 0/0 d'alcool. Leur fabrication est basée sur la différence entre les températures d'ébullition de l'eau H^2O qui bout à 100°, de l'alcool C^2H^6O qui bout à 78° et des autres produits moins importants contenus dans le vin ou le cidre.

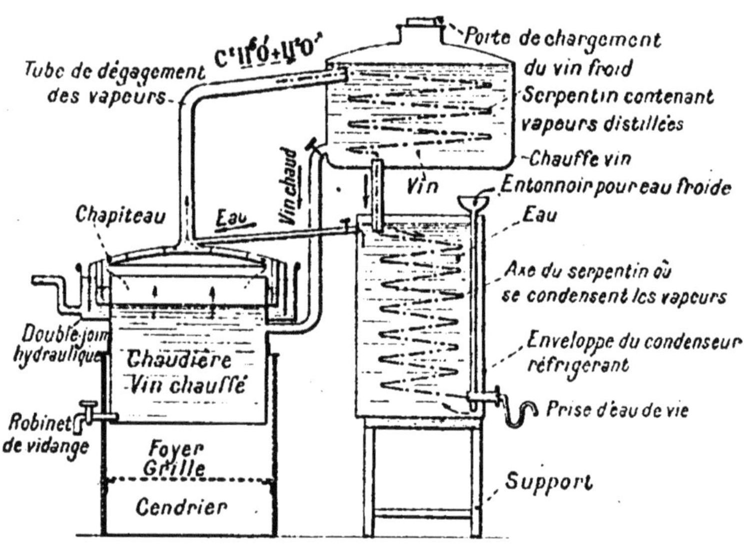

Fig. 164. — Alambic Deroy.

Pour ces liquides, on peut employer un appareil analogue à l'**alambic Deroy** (*fig.* 164), qui comprend essentiellement : une chaudière avec son foyer; un chapiteau à doubles tôles entretoisées avec joint hydraulique; un chauffe-vin et un condenseur réfrigérant. C'est un appareil intermittent dans lequel on distille une charge à la fois. Au début, on remplit de la boisson à distiller le chauffe-vin et la chaudière de même capacité, et l'on allume le foyer. Le liquide atteint rapidement une température comprise entre 80 et 100°; il émet un mélange de vapeurs d'eau et d'alcool qui passent entre les deux tôles du chapiteau. Celui-ci, refroidi par la vaporisation d'un petit filet d'eau, condense une partie de la vapeur d'eau, ce qui enrichit le mélange en alcool. Les vapeurs parcourent ensuite un serpentin où elles sont refroidies par le liquide du chauffe-vin qu'elles échauffent en se condensant; la condensation s'achève dans le réfrigérant dans lequel on fait arriver l'eau fraîche à la partie inférieure par un tuyau surmonté d'un entonnoir. C'est l'excès de cette eau qui arrose le chapiteau, s'y évapore ou glisse dans le joint hydraulique extérieur d'où un siphon extrait le trop-plein.

Les premiers **produits dits de tête**, que l'on recueille, renferment surtout des éthers et des essences bouillant au-dessous de 78°. Ils sont d'une saveur plus ou moins désagréable et qualifiés d'alcools mauvais goûts; on les rejette. On sépare également les produits moyens goûts qui suivent et qui nécessitent une nouvelle distillation. Enfin l'alcool **bon goût** arrive, et continue tant que la température dans la chaudière ne s'approche pas de 100°. On arrête alors; on vide par le robinet de vidange l'alambic où l'on envoie le contenu du chauffe-vin en ouvrant le robinet approprié. Enfin, on remplit le chauffe-vin et l'on peut recommencer une nouvelle « chaude ».

En dehors des eaux-de-vie de vin ou de cidre, on en distille un grand nombre d'autres.

L'eau-de-vie de fruits : mérises ou cerises (kirsch); prunes, pêches ou abricots (quetsch), s'obtient en mettant à fermenter les fruits écrasés, puis arrosés d'eau tiède. Si l'on soutire le jus, on peut distiller le liquide obtenu comme le vin ordinaire. Généralement on place le tout dans la chaudière que l'on munit d'une grille ou faux-fond perforé pour empêcher le contact avec les parois trop chaudes.

L'eau-de-vie de marcs s'obtient comme la précédente avec une chaudière munie d'une grille si ces marcs ont fermenté avec le vin rouge. S'ils proviennent de vin blanc, de pommes ou de fruits, on les met à fermenter en les additionnant d'eau tiède; on les distille ensuite.

L'eau-de-vie de grains se prépare en réduisant les céréales (seigle, orge, maïs, riz, blé) en une farine non blutée, qu'on fait macérer dans une cuve-matière à faux fond perforé (*fig.* 163) avec 6 à 800ˡ d'eau à 55° et 25 à 30ᵏˢ de malt d'orge germée. On brasse, on élève la température à 79° par un courant de vapeur ou de l'eau très chaude, et, quand l'amidon est transformé en glucose, on soutire le liquide clair qui est mis à fermenter avec 5 à 6ˡ de levure humide. Après la fermentation, on distille. Si l'on désire obtenir le « genièvre », on envoie les vapeurs d'alcool sur des baies de genièvre contenues dans un panier.

La distillation des lies se fait également, mais exige un malaxage continu.

Le chauffage par un serpentin de vapeur offre beaucoup d'intérêt dans les grandes installations.

152. Alcools industriels. — On désigne sous le nom d'alcools des liquides renfermant 90 à 96 0/0 de C^2H^6O ; ils proviennent de la distillation de moûts fermentés et tirés soit des graines de céréales, soit des résidus (mélasses) de la fabrication du sucre de betterave, soit des betteraves entières, des pommes de terre, des topinambours, carottes, navets, etc.

Or, ces différentes matières ne contiennent pas de glucose $C^6H^{12}O^6$ fermentescible, mais seulement du sucre $C^{12}H^{22}O^{11}$ ou une matière amylacée (amidon, fécule) $C^6H^{10}O^5$ qu'il faut transformer en glucose. Cette transformation se fait rarement par le malt, comme pour la bière et le genièvre ; il est plus rapide et plus économique de faire agir de l'acide sulfurique SO^4H^2 très étendu qui, à haute température, provoque la saccharification (sans y prendre part); les réactions suivantes se produisent :

$$\begin{array}{ll}\text{(sucre)} & C^{12}H^{22}O^{11} + H^2O = 2C^6H^{12}O^6 \\ \text{(amidon-fécule)} & C^6H^{10}O^5 + H^2O = C^6H^{12}O^6 \end{array} \Bigg\} \text{ (glucose).}$$

La fermentation alcoolique de la glucose a lieu ensuite sous l'action d'une levure appropriée. Quant à la distillation, elle est continue (*fig.* 165).

Le liquide est amené par une conduite, venant du réservoir de jus fermenté, dans le tube, qui le conduit à la base du chauffe-vin où circulent dans un serpentin les vapeurs d'alcool. Il s'échauffe peu à peu, et sort par le tube qui le conduit sur le plateau supérieur.

Là son alcool se dégage en grande partie et le liquide de moins en moins riche tombe de plateau en plateau jusque dans la chaudière qui ne renferme plus que des vinasses et qui est chauffée par la vapeur. Les vapeurs de C^2H^6O perdent encore une partie de leur H^2O qui se condense dans la colonne de rectification. Elles se liquéfient à leur tour en partie dans le chauffe-vin, le reste dans le condenseur.

Plus encore que pour les eaux-de-vie, il est essentiel

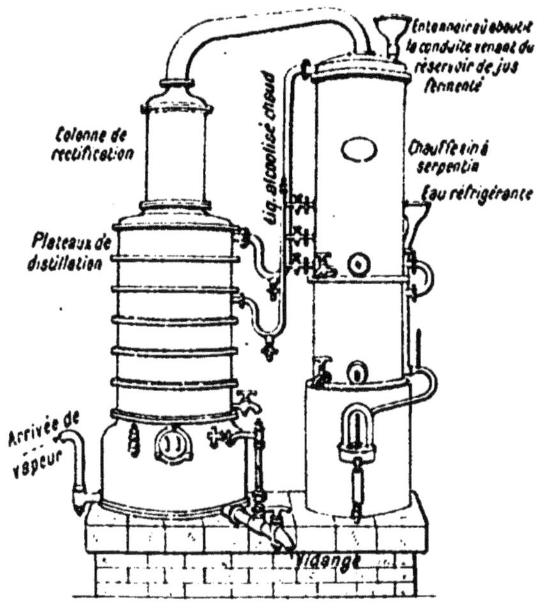

FIG. 165. — Appareil pour la distillation continue.

de séparer les produits mauvais et moyens goûts de tête. D'ailleurs l'alcool bon goût ainsi obtenu ou flegme demande encore à être rectifié pour le séparer de produits très nocifs (poisons), tels que les alcools butyliques et propyliques, qui distillent à peu près à la même température. La rectification consiste à augmenter la proportion d'alcool contenue dans le mélange. Pour cela on en condense le 1/3 environ des vapeurs qui distillent; le liquide renferme une grande partie de l'eau et des produits de queue (alcools mauvais goûts), moins volatils que l'alcool bon goût C^2H^6O, qui reste en plus grande proportion dans les vapeurs se rendant au réfrigérant. L'affinité de C^2H^6O pour l'eau ne permet pas d'obtenir par rectification un degré supérieur à 96 0/0. L'alcool pur s'obtient en faisant agir sur le précédent, et à plusieurs reprises, de la chaux vive CaO, encore plus avide d'eau, et en distillant.

Usages. — Nous avons étudié l'alcool comme combustible liquide (éclairage et moteurs); c'est en outre un dissolvant énergique employé pour la préparation des liqueurs de table, des parfums (alcoolats), des produits pharmaceutiques (alcool camphré, teinture d'iode, teinture d'arnica, alcaloïdes), des produits tinctoriaux, des vernis, etc. Pour la plupart de ces emplois, il importe de n'utiliser que l'alcool parfaitement rectifié et, si des coupages sont nécessaires, ils doivent être faits avec de l'eau distillée.

L'abus des eaux-de-vie, des liqueurs et même leur usage modéré, mais fréquent, est nuisible à l'organisme à la longue; l'alcool joue le rôle d'un poison du sang et des centres nerveux. L'alcoolisme est surtout déterminé par la présence des essences contenues dans les alcools mal rectifiés, ou introduites à dessein (amers, absinthe, etc.).

158. Vinaigre. — C'est un condiment liquide obtenu par la fermentation acétique de l'acool contenu dans le vin. L'agent de cette transformation étant un ferment oxydant :

$$C^2H^6O \ + \ O^2 \ = \ C^2H^4O^2 \ + \ H^2O,$$

alcool　　　oxygène　　acide acétique　　eau

a besoin d'air pour se développer et pour agir. Pour assurer

Fig. 167.

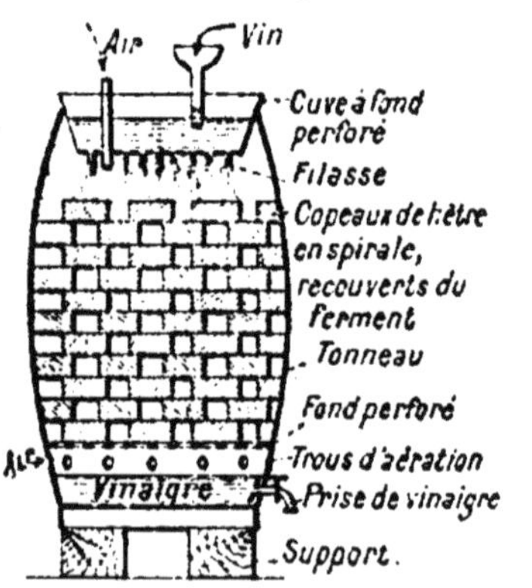

Fig. 166.—Préparation du vinaigre.

au vin à transformer une grande surface de contact avec l'air, on opère en faisant passer ce liquide soit dans des tonneaux contenant des copeaux de hêtre (*fig.* 166), chargés du ferment, soit dans des cuves circulaires plates (*fig.* 167) où une circulation d'air est assurée. L'adjonction de phosphates de sodium ou de calcium assure un développement plus complet du ferment contenu dans la mère du vinaigre et empêche le développement des anguillules nuisibles à la fabrication.

L'acide acétique $C^2H^4O^2$ qui se trouve dilué dans le vinaigre (6 0/0 environ) n'est pas extrait de ce corps; pour l'obtenir pur, on emploie le pyroligneux résultant de la distillation du bois (*fig.* 60, n° 46).

XXXVII. — HYDRATES DE CARBONE

154. Définitions. — Les hydrates de carbone contiennent de l'hydrogène et de l'oxygène dans les mêmes proportions que dans l'eau, ainsi que du carbone qui leur a valu leur nom. Ils sont donc formés de trois corps simples et le nombre d'atomes de H y est double de celui de O.

Il y en a un très grand nombre, qui peuvent avoir la même formule moléculaire mais se distinguant par leurs propriétés physiques. Les principaux hydrates de carbone sont :

1° Les **glucoses** $C^6H^{12}O^6$, parmi lesquels la glucose proprement dite ou sucre de fruits, abondante à la surface des pruneaux secs (poudre blanche), dans le jus du raisin, des cerises, des prunes, des pommes et la plupart des autres fruits ;

2° Le **sucre** $C^{12}H^{22}O^{11}$ ou saccharose, contenu dans le melon, la carotte, l'érable et surtout dans la canne à sucre et certaines variétés de betteraves ;

3° Les **matières amylacées** $C^6H^{10}O^5$, amidon des céréales et fécule de pomme de terre, se rencontrant dans la plupart des végétaux ;

4° La **cellulose** $C^{24}H^{40}O^{20}$, constituant la membrane des cellules végétales et les fibres textiles du coton, du lin et du chanvre.

155. Fabrication du sucre de betterave. — La culture de la betterave et la fabrication du sucre qu'on en extrait constituent l'une des plus intéressantes applications des sciences, et de la chimie en particulier, à l'agriculture et à l'industrie. La betterave est une plante bisannuelle qui, pendant la première année accumule dans sa racine de nombreux éléments nutritifs : sucre, matières albuminoïdes, matières grasses et sels minéraux nécessaires à son existence pendant la seconde année où elle produit ses fleurs et ses graines. C'est pendant l'automne de la première année qu'on la récolte (arrachage), afin de profiter de ses réserves, soit pour nourrir les bestiaux (betteraves fourragères), soit pour la fabrication du sucre (betteraves sucrières). Parmi ces dernières, l'une des plus estimées est la variété de betterave **blanche à collet vert**, dite de Silésie. Elle contient en moyenne :

13 0/0 de *sucre* ; 0,8 0/0 de sels minéraux ;
83 0/0 d'eau ; 3,2 0/0 de matières albuminoïdes, grasses ou colorantes.

Sa culture intensive exige l'emploi d'engrais chimiques.

La betterave débarrassée des fanes (feuilles) et du collet ayant poussé hors de terre, pauvres en sucre, est transportée dans les sucreries où on la met en tas (silos) sous des hangars, en attendant le moment d'en extraire le sucre par la série d'opérations suivantes :

1° Nettoyage. — Pour enlever la terre qui entoure la betterave, on lui fait subir un lavage et un brossage mécanique sous l'eau. Dans certains pays, le lavage se fait naturellement dans des canaux d'eau tiède en pente douce servant au transport des racines du silo au pied du coupe-racine auquel elles sont conduites par une vis d'Archimède(¹) tournant également dans l'eau.

2° Découpage. — Les betteraves sont transformées en petits morceaux semi-cylindriques ou **cossettes** à l'aide d'un coupe-racine.

Lixiviation (²) méthodique des cossettes dans les diffuseurs. — Nous rappelons que la **diffusion** de deux liquides (eau et jus sucré par exemple), (*fig.* 168), consiste dans leur mélange intime même au travers de parois poreuses ou de membranes organiques (osmose). La diffusion du jus sucré dans l'eau offre sur le pressurage jadis employé le double avantage d'extraire le sucre même des cellules fermées, et de laisser à l'intérieur de celles-ci les impuretés colloïdales : graisse et albumine, qui ne subissent pas la diffusion au travers des membranes de cellulose.

La diffusion s'opère dans une batterie de diffuseurs (*fig.* 169), en nombre variable (24 à Nassandres), généralement disposés en cercle au-dessous du coupe-racine afin d'en recevoir

(¹) Voir *Mécanique industrielle*, B. E. T. t, 1, *fig.* 228.
(²) Lixiviation = lavage.

les charges de cossettes, par une auge mobile autour d'un axe

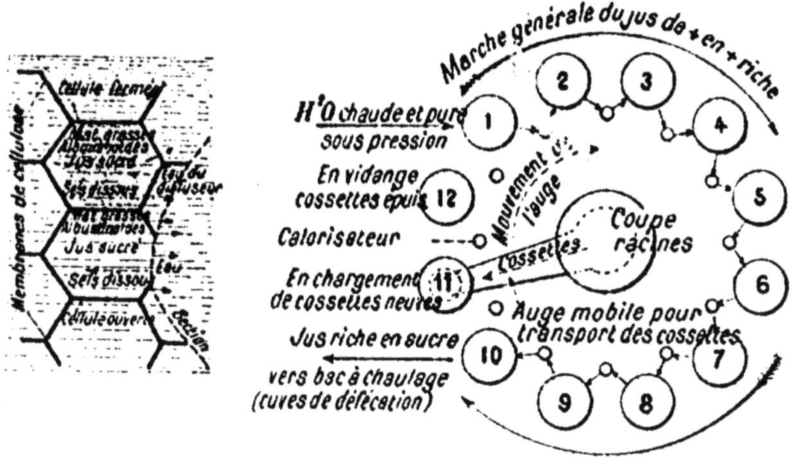

Fig. 168.　　　　Fig. 169. — Batterie de diffuseurs.

vertical. Chaque **diffuseur** (*fig.* 170) se compose d'un cylindre (calandre) terminé en bas et en haut par des surfaces coniques aboutissant aux portes de chargement et de vidange.

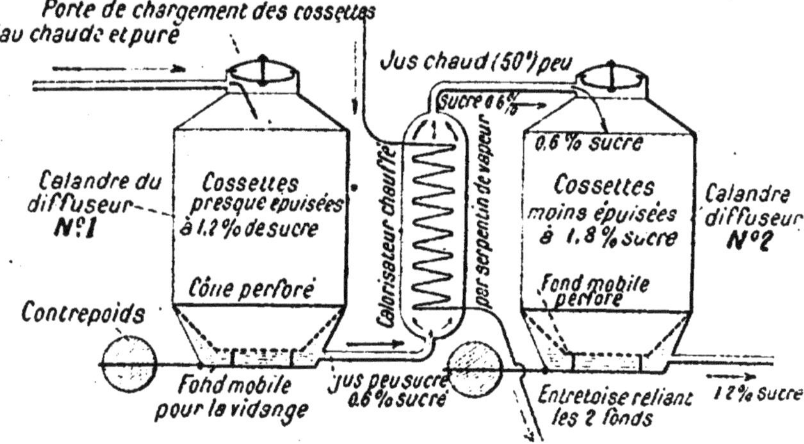

Fig. 170. — Diffuseur.

Un cône perforé permet la séparation des cossettes et du jus.

Son fond est entretoisé avec celui de la calandre, pour faciliter la vidange des cossettes épuisées. Chaque diffuseur est accompagné d'un calorisateur chauffé par un serpentin de vapeur et dans lequel passe le jus pour aller d'un diffuseur au suivant, afin de se maintenir à une température voisine de 50° favorable à la diffusion.

Examinons ce qui se passe dans une batterie de 24 diffuseurs dont 22 en marche contiennent des cossettes renfermant de 1,2 0/0 de sucre (n° 1) à 13,2 0/0 (n° 22), le numéro 23 étant en chargement de cossettes neuves à 13,8 0/0 et le numéro 24 en vidange de cossettes épuisées à 0,6 0/0. En admettant que les liquides en présence soient de même volume et que la diffusion soit parfaite, on a :

```
                0/0                    0/0                    0/0                        0/0
n° 1 : eau à 0,0 + cossettes à 1,2 = cossettes à 0,6 (à vider n° 24) + jus à 0,6 (vers n° 2)
n° 2 : jus à 0,6 +     —       1,8 =     —       1,2 (devient n° 1) + —   1,2 (   —    3)
n° 3 :    —   1,2 +     —       2,4 =     —       1,8 (       —      2) + —   1,8 (   —    4)
n° 4 :    —   1,8 +     —       3,0 =     —       2,4 (       —      3) + —   2,4 (   —    5)
n° 5 :    —   2,4 +     —       3,6 =     —       3,0 (       —      4) + —   3,0 (   —    6)
n° 6 :    —   3,0 +     —       4,2 =     —       3,6 (       —      5) + —   3,6 (   —    7)
  .   .   .   .   .   .   .   .   .   .   .   .   .   .   .   .   .   .   .   .   .
n° 20 :   — 12,4 +     —      12,6 =     —      12,6 (       —     19) + —  12,0 (   —   21)
n° 21 :   — 12,0 +     —      13,2 =     —      12,6 (       —     20) + —  12,6 (   —   22)
n° 22 :   — 12,6 +     —      13,8 =     —      13,2 (       —     21) + —  13,2 à la défécation
n° 23 : en chargement de cossettes neuves à 13,8 0/0 deviendra n° 22 de l'opération
        suivante.
n° 24 : en vidange de cossettes épuisées à 0,6 0/0 deviendra n° 23 de l'opération
        suivante.
```

Les cossettes épuisées contiennent une grande quantité d'eau, un peu de sucre et d'autres principes nutritifs ; elles sont vendues sous le nom de pulpe, soit aux distillateurs qui en extraient l'alcool après fermentation, soit aux cultivateurs pour la nourriture des bestiaux. Dans ce cas, la pulpe doit être pressurée pour la rendre moins aqueuse.

Chaulage et carbonatation. — Au sortir de la batterie des diffuseurs, le jus contient, outre le sucre, les matières contenues dans les cellules ouvertes (*fig.* 168). Elles rendent le jus très altérable.

Pour les éliminer, on ajoute au liquide un lait de chaux qui forme avec les impuretés des composés insolubles

montant à la surface sous forme d'écume qu'on enlève en
partie. L'excès de CaO forme avec le sucre un sucrate de chaux
que l'on décompose après séparation des matières solides par
un courant de CO^2, formant CO^3Ca insoluble.

On obtient simultanément à l'usine même, CaO et CO^2 par
décomposition de CO^3Ca dans des fours à chaux à prise de
gaz (*fig.* 94) si on traite la betterave jusqu'au bout pour l'obtention du sucre. Dans les grandes exploitations, la fabrication est divisée en deux parties dans des usines séparées. Dans
la première on prépare seulement le jus sucré, dans la seconde
on traite le jus pour en extraire le sucre cristallisé. L'acide
carbonique que l'on emploie est actuellement CO^2 du liquide,
et les fabricants trouvent plus avantageux d'acheter de la
chaux vive plutôt que de la fabriquer eux-mêmes.

Filtrage. — Les impuretés insolubles résultant des opérations précédentes sont séparées du jus par le passage dans un
grand *filtre-presse* (*fig.* 172). C'est un ensemble de cadres rec-
tangulaires (*fig.* 171) dont la partie intérieure amincie est recouverte de chaque côté par deux toiles métalliques formant

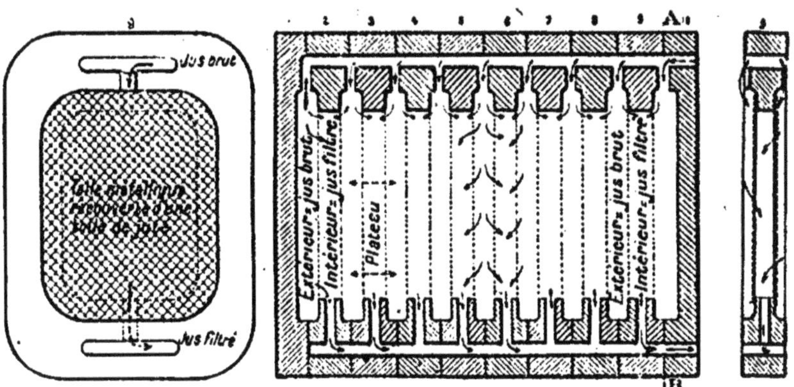

Fig. 171, 172 et 173. — Filtre-presse.

entre elles une chambre centrale dans laquelle pénétrera le
jus filtré (*fig.* 173). Cette chambre communique, par un orifice
ménagé dans la base du cadre, avec la conduite de jus filtré.
Le jus brut arrive sous pression à la partie supérieure et

pénètre dans l'espace compris entre les toiles de deux plateaux
consécutifs (chambre extérieure) en passant par un orifice
ménagé mi-partie dans un cadre et mi-partie dans le suivant.
Chaque toile métallique est recouverte d'une toile de jute
qu'il suffit de remplacer en démontant les plateaux pour obtenir un nettoyage parfait.

Sulfitation. — Le jus filtré est traversé par un serpentin à
trous dans lequel circule
un courant de gaz sulfu-
reux SO^2 qui provoque sa
décoloration et forme des
sulfites insolubles qu'on
enlève par un nouveau filtrage. Cette opération est
suivie de nouvelles: carbonatation, sulfitation et fil-

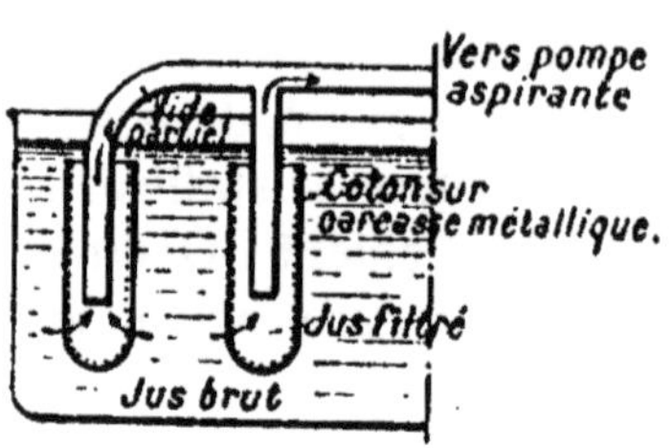

Fig. 174. — Filtrage du jus.

trage sur tissu de coton (*fig.* 174).

Concentration et cuite. — La teneur du jus est amenée de

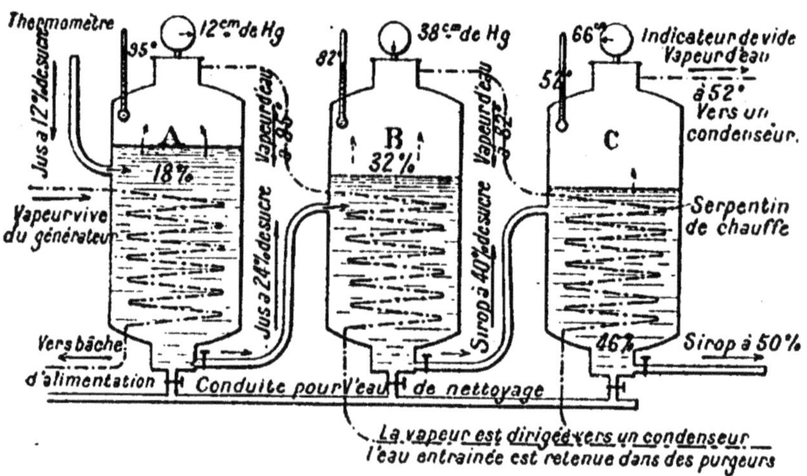

Fig. 175. — Appareil de concentration à triple effet.

12 à 50 0/0 en sucre dans un appareil à triple effet (*fig.* 175),
ainsi appelé parce qu'il se compose de trois chaudières A, B, C,

dans lesquelles existe un vide partiel et chauffées par un serpentin de vapeur (le chauffage peut se faire à l'aide d'une caisse tubulaire). En A arrive le jus à 12 0/0 de sucre chauffé par la vapeur vive du générateur ; il s'évapore, sous pression réduite à 95°, et la vapeur formée chauffe B où arrive le jus plus riche en sucre 20 à 30 0/0. Celui-ci sous pression plus réduite émet de la vapeur à 82° chauffant le serpentin de C. C'est en C que passe le jus concentré à 40 0/0 en B. Au sortir de C, le jus forme un sirop à 50 0/0 que l'on cuit dans une chaudière à cuire basée sur le même principe que les précédentes, mais chauffée par trois serpentins. Le vide dans ces chaudières permet l'évaporation, par suite de l'ébullition du sirop, à une température inférieure à 100° et davantage. On évite ainsi la caramélisation du jus et la transformation partielle du sucre en glucose sous l'influence de la température.

Au sortir de la chaudière à cuire, le sirop contient 80 0/0 de sucre, il file entre les doigts et renferme des grains cristallisés dont la formation commence. Pour en faciliter l'agglomération, on introduit la masse refroidie dans un malaxeur (*fig.* 176) constitué par un serpentin de vapeur tournant lentement à l'intérieur d'une cuve. On

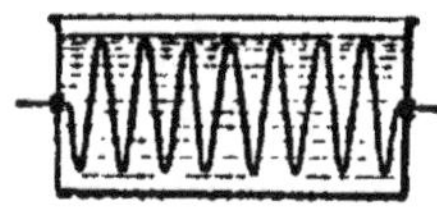

Fig. 176.

provoque la formation des grains de sucre dans le liquide en ébullition en introduisant les grains déjà formés ; en continuant à chauffer leur couche augmente ; c'est la **cuite en grains**. Quand il y en a plein la chaudière, on les écoule au dehors pour les turbiner ensuite.

Lorsque les grains sont suffisamment formés, on les soumet au turbinage (*fig.* 155) pour les séparer du liquide qui les entoure. On obtient le sucre de premier jet que l'on achève de sécher et que l'on peut envoyer au raffinage ou livrer directement à la consommation (sucre cristallisé).

Le jus provenant du turbinage repasse à l'épuration, au filtrage et aux autres opérations ; il donne le sucre roux de deuxième jet ; on en extrait encore un sucre plus roux de troisième jet. Quant au dernier liquide ou mélasse, il est noir; on le vend aux distillateurs qui, après fermentation, en retirent de l'alcool.

Raffinage. — Les cristaux de sucre sont dissous dans une faible quantité d'eau; le sirop est décoloré par son passage sur du noir animal en grains, puis évaporé, cuit, turbiné. Les grains obtenus sont comprimés, encore humides, dans des moules prismatiques que l'on sèche à l'étuve et que l'on découpe en morceaux à l'aide de cylindres à cannelures disposées suivant les génératrices.

Les usages du sucre dans l'économie domestique, la confiserie et la confiturerie sont connus.

156. Matières amylacées $C^6H^{10}O^5$. — On désigne sous ce nom général certaines substances que l'on rencontre en grande quantité dans les végétaux, notamment dans les graines des céréales (amidon) et des légumineuses, les tubercules de pomme de terre (fécule), les racines du manioc (tapioca). Au point de vue chimique, il n'y a pas de distinction entre l'amidon et la fécule. En suspension dans l'eau et portés à l'ébullition, les grains gonflent énormément, la liqueur prend une teinte opalecente : c'est l'empois. L'empois a la propriété de bleuir avec l'iode. C'est un réactif de la matière amylacée. Ces substances constituent la base de notre alimentation. Généralement, l'homme les absorbe à l'état naturel ; mais comme ce sont des principes insolubles, ils doivent être transformés dans l'appareil digestif avant de pouvoir passer dans le sang. C'est le rôle des diastases que sécrètent la salive dans la bouche et le sucre pancréatique à l'entrée de l'intestin.

C'est une action analogue qui se produit pendant la germination des plantes et lors de la transformation en glucose de l'amidon des grains d'orge ou d'autres céréales dans la fabrication de la bière ou des alcools de grains et de betteraves. Les acides minéraux ayant la même propriété que les diasases, on emploie souvent l'acide sulfurique étendu dans les distilleries pour provoquer cette transformation. Ces agents ne sont pas altérés dans la réaction qui consiste simplement en une hydratation :

$$C^6H^{10}O^5 + H^2O = C^6H^{12}O^6.$$
amidon   eau   glucose

Mélangé à l'eau et porté avec elle à l'ébullition, l'amidon forme un empois qui donne au linge un bel aspect par la rigidité et la glaçure qu'il lui communique. Avec l'eau chaude et un acide très étendu, il se transforme en une substance de même composition, mais soluble, la **dextrine** $C^6H^{10}O^5$, utilisée pour faire de la colle et pour épaissir les mordants ou les matières colorantes en teinture. La chaleur seule peut produire cette transformation.

L'amidon s'extrait des farines de blé, de maïs ou de riz qui contiennent en outre du gluten et des matières grasses. Après avoir formé avec ces farines et un peu d'eau une pâte consistante, on soumet celle-ci au-dessus d'un tamis à un malaxage énergique sous une injection d'eau qui entraîne l'amidon à l'extérieur du tamis. Après une décantation qui élimine une grande partie d'eau, on sèche l'amidon. Le gluten restant au-dessus du tamis est employé pour enrichir la farine qui sert à la confection de certaines pâtes alimentaires (pâtes d'Italie).

Les pommes de terre ne contiennent guère que de la fécule, on les réduit en pulpe à l'aide de râpes, et un filet d'eau entraîne la fécule au travers d'un tamis comme précédemment.

157. Cellulose $C^{24}H^{40}O^{20}$. — La cellulose est une matière blanche constituant en grande partie les membranes des cellules végétales, les fibres textiles du lin et du chanvre, le duvet du coton. Le vieux linge, le papier filtre, la moelle de sureau, la matière blanche interposée entre le fruit de l'orange et son écorce, sont formés par de la cellulose à peu près pure.

La cellulose est insoluble dans l'eau et l'alcool; elle est inattaquable par les acides et les bases étendus.

La liqueur de Schweizer (dissolution de CuO dans AzH^3) est son seul dissolvant. SO^4H^2 concentré la transforme en amidon, en dextrine, puis en glucose (sucre de chiffons). SO⁴H² à 30 0/0 d'eau change le papier filtre en papier parcheminé. AzO³H concentré donne des celluloses nitriques, bases du coton-poudre, du fulmi-coton, des poudres sans fumée, du celluloïd et du collodion servant à préparer la **soie artificielle de Chardonnet**.

Triturée avec trois fois son poids de soude NaOH, la cellulose donne une substance soluble dans l'eau, la cellulose mercerisée, qui, traitée par le sulfure de carbone CS², fournit une matière isolante susceptible d'être filée, la **soie viscose**.

158. Bois. — *Importance*. — Le bois, substance dure et résistante des arbres, est une des matières les plus importantes parmi celles qui renferment une grande proportion de **cellulose**. Malgré la concurrence des métaux, plus tenaces, plus légers et souvent plus faciles à travailler, il joue encore, dans l'industrie, un rôle considérable. C'est la matière première principale de la menuiserie, l'ébénisterie, la carrosserie, la charronnerie, la modélerie, la tonnellerie; on en fait des charpentes d'habitations ou de navires, des traverses de chemins de fers, des manches d'outils, des sabots, des échafaudages, des pieux, des échalas, de la pâte à papier, etc.

Formation (*fig.* 177) ***et structure*** (*fig.* 178). — L'eau, tenant en dissolution les sels nécessaires à la nutrition et à la croissance du végétal, est puisée dans le sol par les poils absorbants de la racine d'où elle s'élève, par capillarité, à l'intérieur de canaux très petits disséminés dans toute la surface de la tige (coupée horizontalement).

C'est la **sève brute** qui se dirige toujours de la racine vers les feuilles et dont on peut constater la montée (ascension) en coupant une jeune tige au printemps. Dans la feuille, véritable laboratoire où s'élaborent les différentes substances assimilables par la plante, la sève brute est rendue **nutritive (élaborée)** par une série de réactions encore mal connues. On sait néanmoins que l'eau en excès est éliminée par **transpiration**; que le carbone C est puisé dans le CO² de l'air où l'oxygène O

est rejeté (assimilation chlorophyllienne) et que l'oxygène nécessaire aux réactions provient d'une respiration analogue à
la nôtre.

La sève élaborée, chargée de principes nutritifs, circule à
son tour de la feuille à la racine, mais dans deux zones con-

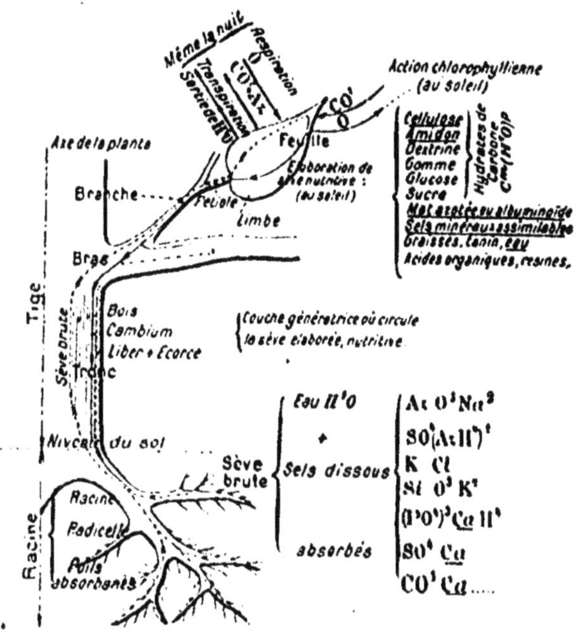

Fig. 177. — Formation du bois.

centriques bien déterminées et distinctes, où se produit la
génération de nouvelles cellules. La couche génératrice
interne ou intra-libérienne s'appelle cambium; c'est elle qui
provoque la croissance de l'arbre par le double dépôt d'une
couche épaisse de cellules de **bois** à l'intérieur et d'une couche
excessivement mince de cellules de **liber** à l'extérieur. Ce
dépôt se fait chaque année au printemps et à l'automne;
comme à cette époque-ci le dépôt dans le bois est plus étroit et
plus foncé, il apparaît comme une circonférence visible pour
chaque année de l'existence de l'arbre dont on peut ainsi

apprécier l'âge par le nombre de circonférences. Au delà du liber, existe une autre couche génératrice extra-libérienne qui sert au développement de l'écorce constituée par une matière tubéreuse, le liège, recouvert dans la jeunesse de l'arbre par une peau très mince appelée épiderme qui disparaît avec le temps. Il en est de même de la moelle située au centre de l'arbre et qui se ramifie suivant les rayons médullaires dirigés vers l'extérieur.

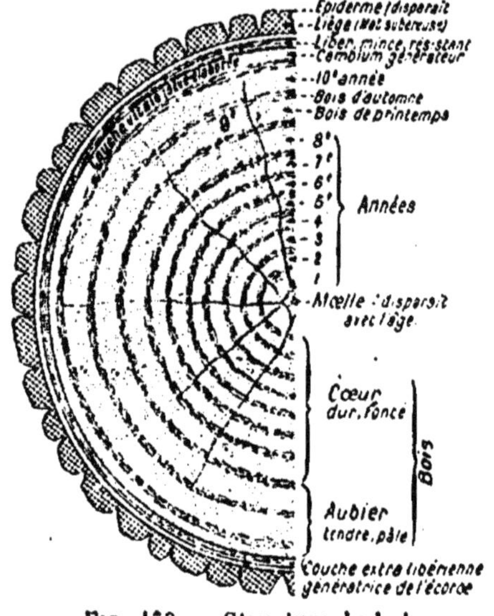

Fig. 178. — Structure du bois.

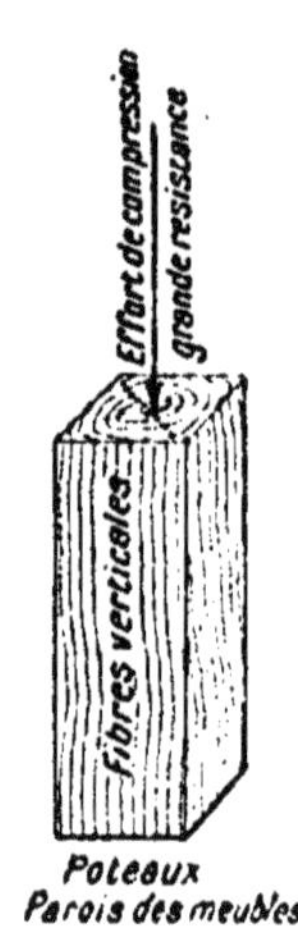

Fig. 179.

Lorsque les rameaux sont jeunes, on enlève facilement, surtout au printemps, la partie extérieure du cambium. On peut alors distinguer nettement le liber ligneux, blanc et mince, mais très résistant, du liège brun, léger, crevassé s'il est vieux et qui, comme le liber, protège la zone vitale.

Quant au bois, formé de cellulose imprégnée de substances minérales (silice, acide phosphorique, chaux, potasse) il perd peu à peu l'amidon et les autres matières nutritives qu'il renferme lors de sa formation. Il durcit, sa teinte devient de plus en plus foncée et constitue le cœur, alors que le bois plus jeune, tendre et riche en amidon, s'appelle aubier.

Propriétés. — Elles varient avec l'espèce, l'âge, l'état de
dessiccation et le traitement subi. La **coloration** des bois de
nos pays est peu accentuée ; elle augmente un peu avec l'âge,
mais surtout sous l'action de certains agents chimiques : le
buis est jaune ; le chêne est jaunâtre, le hêtre et le noyer sont
bruns ; l'orme, le sorbier, le poirier, le cerisier sont rougeâtres.

La **dureté** dépend de la compacité de la cellulose (plus
grande pour le cœur que pour l'aubier) et de la quantité
comme de la nature des substances minérales dont elle est
imprégnée.

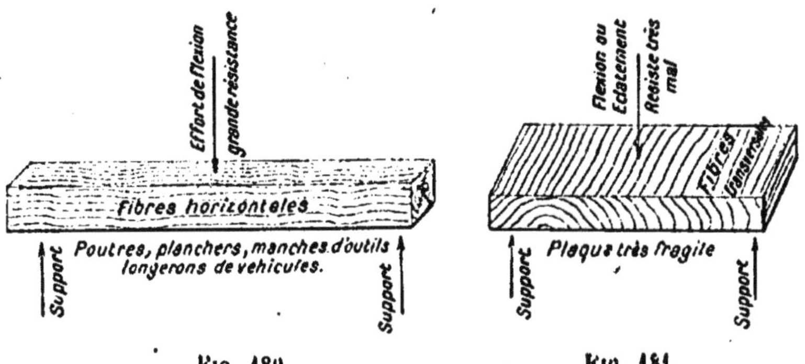

Fio. 180.   Fio. 181.

Elle augmente généralement en même temps que la **densité,** qui est voisine des nombres suivants : buis, 0,92 ; sorbier,
0,91 ; chêne, 0,90 ; alisier, 0,88 ; frêne, 0,79 ; charme 0,76 ;
érable, 0,75 ; hêtre, 0,72 ; orme, 0,71 ; châtaignier, 0,69 ;
noyer, 0,66 ; aune, 0,65 ; peuplier, 0,63 ; pin, 0,57 ; sapin, 0,50 ;
saule, 0,45. Le frêne et le châtaignier sont les bois les plus
souples, les plus flexibles et les plus élastiques, mais ordinairement la **ténacité** varie dans le même sens que la densité,
sauf pour le pin et le sapin, qui sont plus résistants que ne
l'indiquerait leur légèreté. Un bon bois supporte sans s'écra-
ser 1^{ks} par millimètre carré de section ; il résiste d'autant
mieux à la flexion (*fig.* 180) et à la compresssion (*fig.* 170) que
les fibres sont disposées dans le sens de la plus grande longueur. Au contraire, le bois résiste mal à la flexion ou à

l'éclatement, lorsque l'effort tend à séparer deux fibres voisines (*fig.* 181).

Le bois absorbe facilement l'humidité (**hygrométricité**); il sé gonfle, se dilate, surtout dans le sens perpendiculaire aux fibres, et occasionne une courbure; on dit que le bois se voile. La **dessiccation**, au contraire, détermine un retrait, une contraction qui peut parfois provoquer des gerçures, vides laissés par la séparation des fibres voisines sur une longueur plus ou moins grande. On utilise les effets de la chaleur et de l'humidité sur les bois pour courber ceux-ci (*fig.* 182), en tonnellerie et en lutherie (violons et mandolines), sans rompre la continuité des fibres comme ferait le travail à la scie. On peut encore arriver au même résultat en soumettant le bois à l'action prolongée de l'eau bouillante ; il se ramollit et peut alors être disposé dans des moules convenables dont il prend la forme en séchant.

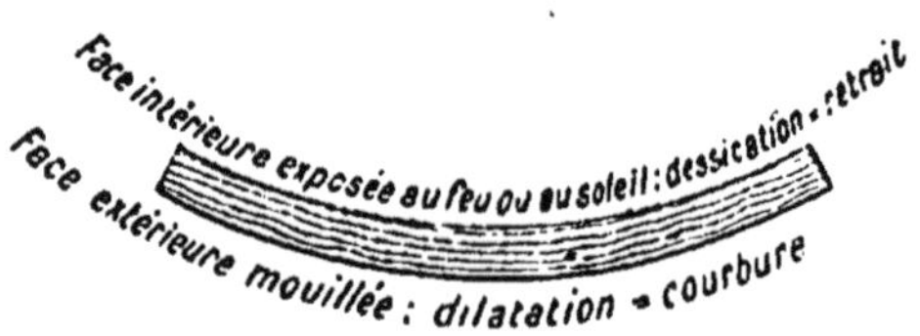

Fig. 182.

Pour obtenir la pâte à papier, on traite le bois blanc réduit en fibres, successivement par les acides et par les alcalis afin de débarrasser la cellulose des autres substances organiques ou minérales qui l'imprègnent.

Causes d'altération et moyens de préservation. — Le bois, tant par sa composition que par son mode de formation, est soumis, aussi bien après sa mise en œuvre que dans les magasins et sur les lieux d'abatage, à de nombreuses détériorations. Les principaux agents destructeurs sont la **vermoulure**, la **pourriture** et, accidentellement, le feu.

La **vermoulure** est due à un insecte appelé vrillette qui se nourrit de l'amidon du bois et qui, pour trouver sa subsistance, creuse de petites, mais nombreuses galeries, d'où il rejette la cellulose sous forme de sciure.

La **pourriture** est occasionnée par la fermentation de diffé-

rentes substances, notamment des matières albuminoïdes ou
azotées, que renferme la sève, surtout sous l'influence de
l'humidité.

Pour éviter ou atténuer ces causes d'altération : 1° on abat
l'arbre en hiver, au moment où il y a peu de sève et peu
d'amidon ; 2° on n'emploie, dans la construction, que le cœur
ou bois parfait, à l'exclusion de l'aubier riche en amidon ;
3° on écorce les tuteurs employés en agriculture : pieux, four-
chettes, échalas, afin de détruire le meilleur asile des insectes
sous l'écorce et d'enlever une partie de l'amidon, celle que
renferme le liber ; 4° on dessèche le bois en disposant les
poutres ou les planches en tas, de préférence sous des hangars
et de manière que l'air puisse circuler entre chacune d'elles ;
5° on carbonise en présentant au feu ou en plongeant dans
l'acide sulfurique l'extrémité des pieux à enfoncer en terre ;
6° on fait flotter les arbres abattus afin de provoquer le remplacement de la sève par l'eau qu'on évapore ensuite ; 7° on
étuve le bois dans des enceintes chauffées à l'air chaud ou à
la vapeur. Ces diverses précautions sont généralement insuf-
fisantes pour assurer la conservation des bois devant fournir
une longue carrière : traverses de chemins de fer, poteaux,
meubles, pièces de charpente ou de menuiserie. Dans ces cas,
on a recours, soit à l'**injection** dans la masse d'un liquide antiseptique, soit au recouvrement de la surface par un **enduit**,
soit aux deux procédés.

Les antiseptiques les plus employés sont la **créosote** (huile
lourde de goudron de houille agissant surtout par ses phénols) ;
le **chlorure de zinc**, beaucoup moins coûteux, mais moins effi-
cace ; le **sulfate de magnésium** ; les **sels ammoniacaux** *ignifuges*
(phosphate, sulfate ou borate), le tanin, les substances rési-
neuses et les sulfates de cuivre, de zinc ou de fer. Il existe de
nombreux procédés d'injection ; nous citerons les trois principaux :

a) *Procédé par « vide et pression »*. — C'est le plus répandu.
On commence par un **séchage** soit à l'air libre (deux à trois ans),
soit à l'étuve à 80° ou 100° (un à trois jours). Le bois sec est
introduit dans un cylindre métallique où l'on traite à la fois

soixante à cent traverses de chemins de fer ; on y fait le vide à l'aide de pompes, pendant une demi-heure, puis on introduit dans le cylindre, sous une pression de 6 à 8^{kg}, soit de la créosote, soit un mélange de créosote et de chlorure de zinc préalablement chauffés vers 60° ou 80°. Une traverse de chemin de fer absorbe environ 8^{kg} de créosote si elle est en chêne et 30^{kg} si elle est en hêtre ou en sapin.

b) *Utilisation du pouvoir ascensionnel de la sève.* — Le liquide antiseptique est amené sous une faible pression à la partie inférieure de l'arbre sur pied, ou à la base de l'arbre récemment abattu. Il se répand dans la masse en suivant le courant de la sève.

c) *Sénilisation* ([1]) *et ignifugation* ([2]) *électrolytiques. Nodon-Bretonneau.* — Les **cuves d'électrolyse** ont 6 ou 12^m de longueur, 3^m de largeur, 1^m de profondeur ; elles sont en bois doublé intérieurement de feuilles de plomb de 1^{mm},5 d'épaisseur ; elles peuvent être chauffées à 35° par un serpentin de vapeur situé dans le fond. Le bois est disposé par couches de 0^m,40 à 0^m,70 sur un **faux fond** mobile à claire-voie, garni d'une table de plomb formant **électrode**. L'autre électrode est constituée par des lames de plomb contenues dans un récipient poreux disposé sur le bois. Il y a : 1° échange par diffusion osmotique entre la sève et le bain électrolytique; 2° décomposition de certains composés organiques putrescibles en même temps que des sels minéraux contenus dans le bois comme dans le bain ; 3° destruction des ferments qui provoquent la pourriture.

Le bain dans lequel sont plongés le bois et les électrodes peut varier : les sulfates de magnésium ou de zinc préservent le mieux de la pourriture ; les phosphates et borate de sodium augmentent la dureté et la ténacité; les sulfate, borate et phosphate d'ammonium sont les meilleurs ignifuges. (Pour l'ignifugation, les dimensions des cuves et l'épaisseur des couches sont moindres.)

([1]) Opération qui préserve le bois de la pourriture.
([2]) Opération qui préserve le bois de l'inflammation.

Après le traitement, le bois est ressuyé à l'air libre pendant huit à quinze jours, puis séché à 35 ou 40° dans des étuves à circulation d'air chaud, pendant une durée de quinze jours à deux mois.

La méthode de préservation par enduits ayant pour but de soustraire l'intérieur du bois à l'influence des agents extérieurs, et notamment de l'humidité, ne doit s'appliquer qu'après un séchage convenable ; on l'utilise parfois aussi après l'injection antiseptique. On emploie : 1° le *badigeonnage* à la chaux, pour les pieux et les charpentes communes ; 2° la *peinture* en couleur, à l'huile de lin, pour les fenêtres, les volets, les plinthes, les clôtures, la charronnerie et la carrosserie ; au goudron, pour les coques de navires et certains tonneaux ; 3° le *vernissage* à l'aide d'une dissolution de résines dans l'alcool ou l'essence de térébenthine, pour les meubles et les boiseries des habitations ; 4° l'*encausticage* à l'aide d'une dissolution de cire dans l'essence de térébenthine, pour les meubles et les parquets.

XXXVIII. — MATIÈRES TEXTILES

159. Classification. — Les matières textiles sont celles que l'on peut réduire en fils susceptibles d'être entrecroisés ou agglomérés de manière à constituer des tissus. En France, le coton, la laine, le lin, le chanvre, la soie, le poil de lapin et l'amiante sont, par ordre d'importance, les matières les plus employées. Elles n'ont ni la même origine, ni la même composition.

La laine, la soie et les poils sont des matières azotées d'origine animale. Elles sont combustibles et brûlent en dégageant du gaz ammoniac AzH^3, à fonction basique, qui vire au bleu le papier rougi de tournesol. Il suffit d'ailleurs de chauffer ces substances avec de la soude $NaOH$, sans aller jusqu'à la combustion, pour constater le dégagement de AzH^3. Les alcalis KOH, $NaOH$, s'ils sont concentrés, si leur action est prolongée ou si elle s'exerce à température élevée, amènent la destruction des fibres animales. Le chlore ou les acides étendus, de même que l'oxygène, exercent peu d'action sur elles, mais les acides concentrés provoquent leur contraction (retrait). Enfin ces fibres sont mauvaises conductrices de la chaleur et présentent beaucoup d'affinité pour les matières colorantes.

Le **coton**, le lin, le chanvre, le jute, la ramie et l'alfa sont des matières d'origine végétale, constituées par des substances hydrocarbonées : le coton est de la cellulose presque pure, et le lin, comme le chanvre, en renferme 70 0/0. Ces matières sont combustibles ; elles brûlent en dégageant des gaz à fonction acide qui virent au rouge le papier bleu de tournesol. En les chauffant à 250° avec NaOH concentré, il y a formation d'acide oxalique. A la température ordinaire, les alcalis, même concentrés, provoquent la contraction, mais non la destruction des fibres végétales. Le chlore et les acides très étendus, de même que l'oxygène, ont peu d'action sur elles, mais les acides concentrés les transforment rapidement. Enfin ces fibres sont bonnes conductrices de la chaleur et présentent peu d'affinité pour les matières colorantes.

Les textiles d'origine minérale sont des matières filamenteuses à base de silicates naturels : **amiante**, ou artificiels : laine de laitier de hauts fourneaux. Ces substances sont **incombustibles** et **mauvaises conductrices** de la chaleur, d'où leur emploi pour la fabrication de toiles, de rideaux de théâtre, de vêtements : gants, moufles, tabliers ignifuges contre l'incendie, et de matelas, bourrages ou enveloppes calorifuges contre les fuites de chaleur dans les conduites de vapeur. Elles sont en outre **très souples**, et constituent un joint excellent pour les presse-garnitures ou les assemblages divers.

Quelle que soit leur origine, les matières textiles doivent subir un grand nombre d'opérations avant de pouvoir être utilisées par les consommateurs. Ces opérations peuvent se grouper dans quatre catégories : la filature et le tissage, qui sont des industries mécaniques ; le blanchiment et la teinture qui sont surtout des industries chimiques. On peut y ajouter le traitement des fibres en vue de leur communiquer un aspect et des propriétés spéciales, tel que le crêpage ou mercerisage et la préparation des soies artificielles.

160. Préparation des fibres naturelles. — Le *coton* provient d'un duvet blanc, fin, long et brillant, qui entoure les grains du cotonnier. La récolte se fait un peu avant que la maturité n'ait provoqué le déchirement du fruit pour la sortie des graines. Celles-ci sont éliminées après séchage, par un **égrenage** au moyen de machines spéciales.

Le *lin*, le chanvre, le jute et la ramie proviennent des fibres libériennes situées sous l'écorce des plantes de même nom. Ces fibres sont entourées et reliées par une matière gommeuse dont on provoque la destruction par une fermentation spéciale. L'opération s'appelle **rouissage** et se produit dans l'air humide, l'eau ou la vapeur par l'action d'un ferment qui se trouve sur la tige des végétaux.

La *laine* recouvre le corps du mouton domestique dont la tonte a lieu au mois de mai. Elle renferme de nombreuses impuretés constituées surtout par des matières grasses (suint), des carbonates alcalins, de potassium surtout, des matières terreuses et des débris de végétaux. On la soumet après triage au dépotassage, au dégraissage et à l'épaillage. Le **dépotassage**, ainsi appelé parce qu'il produit de la potasse du commerce CO^3K^2, consiste dans un lavage méthodique de la laine dans l'eau froide : comme dans la diffusion du sucre, on trempe dans l'eau pure la laine déjà très lavée ; dans la solution obtenue la laine moins lavée et ainsi de suite plusieurs fois. Le **dégraissage** se fait à 50° à l'aide de lessive CO^3Na^2, puis de savon ; on lave à grande eau que l'on élimine ensuite par pressurage entre deux cylindres, par essorage dans une turbine et par séchage à l'air. L'**épaillage**, qui a pour but d'éliminer les débris de végétaux, se fait surtout par un trempage dans l'eau acidulée à 4 0/0 de SO^4H^2. L'eau est éliminée par un essorage et la laine imprégnée d'acide est placée sur des plaques chauffées à 80°, température à laquelle toutes les matières végétales sont carbonisées par SO_4H_2. On les élimine ensuite facilement par un foulage entre rouleaux cannelés suivi d'un battage.

161. Blanchiment. — Le blanchiment a pour but d'éliminer des matières textiles toutes les impuretés qui les souillent (graisse), qui les colorent (matières colorantes) ou qui en altèrent les propriétés (principes acides ou basiques). Cette opération se fait dans les filatures ou dans les teintureries.

Coton. — Pour éliminer les graisses et les acides organiques, il suffit de traiter par la vapeur d'eau les pièces imprégnées de soude caustique $NaOH$. Cependant, une grande surveillance étant nécessaire par ce procédé, on préfère souvent aller plus lentement. On soumet à l'ébullition pendant douze à vingt-quatre heures le textile et une lessive de chaux $Ca(OH)_2$. Ce corps fixe les acides ; il forme avec les corps gras des savons insolubles avec mise en liberté de glycérine. Un acidage à HCl forme avec la chaux du $CaCl_2$ soluble, avec la glycérine un éther soluble, et met en liberté les acides minéraux. Ceux-ci, traités par CO_3Na_2, forment des sels de soude solubles avec dégagement de CO_2. Toutes ces matières solubles sont éliminées par d'abondants lavages.

Le **chlorage** qui suit le lessivage se fait à l'aide des hypochlorites alcalins, qui détruisent les matières colorantes par oxydation :

$$CaO_2Cl_2 = CaCl_2 + O_2.$$

Cette opération, comme la précédente, doit être très surveillée et suivie d'un grand lavage à l'eau, car il pourrait se former de l'oxycellulose friable amenant la destruction du tissu.

Un **acidage** final à l'eau très légèrement acidulée par HCl (préférable) ou SO_4H_2 élimine l'excès de chlore et de chaux.

Lin. — En dehors de la cellulose, ce textile renferme 30 0/0 de corps moins résistants que cette matière à l'action des alcalins, aussi agit-on avec des solutions très faibles de $NaOH$ ou de CO_3Na_2. Pour le fil, on répète les mêmes opérations quatre à cinq fois, en diminuant chaque fois leur durée ; elles comprennent : un lessivage à CO_3Na_2, un lavage à H_2O, un chlorage, un lavage à H_2O, un acidage à HCl et un lavage à H_2O. A partir du troisième lessivage, on fait suivre le lavage d'un **séjour sur le pré**, de préférence le matin à la rosée. On termine par un battage et un séchage. L'oxygène et l'ozone qui se forme lors de la vaporisation de la rosée sont les agents actifs du blanchiment.

Laine. — Son **dégraissage**, après filature et tissage, doit être fait à dose très faible et à basse température, si l'on emploie CO_3Na_2 ou le savon ; l'usage de l'ammoniaque AzH_3 serait préférable, mais plus coûteux. Le blanchiment proprement dit se fait au **gaz sulfureux** SO_2. Les pièces encore humides sont exposées dans un soufroir où l'on brûle du soufre. On emploie également les dissolutions de SO_2, SO_3Na_2 dans solution de SO_2 (bisulfite de soude), de SO_3Ca dans solution de SO_2 (trisulfite de chaux). La destruction des matières colorantes a lieu par réduction ou absorption d'oxygène. L'emploi de l'eau oxygénée H_2O_2 alcalinisée par du silicate de soude SiO_3Na_2 opère, au contraire, par oxydation comme le chlore. On termine par un savonnage.

Le blanchiment de la soie est analogue, mais son dégraissage a lieu par une cuite dans l'eau de savon bouillante.

162. Teinture. — La teinture est une industrie qui a pour but de fixer des matières colorantes sur les fibres textiles de manière que la couleur ainsi communiquée résiste aux différentes actions : pluie, vent, soleil, brossage, lavage, que le fil ou le tissu doivent supporter pendant leur emploi.

Les couleurs doivent être solubles avant leur emploi afin de bien pénétrer à l'intérieur de l'étoffe, et devenir insolubles dès qu'elles sont fixées afin de ne pas partir au lavage.

Pour obtenir ce résultat, on est souvent obligé d'employer un **mordant**, agent chimique ayant la propriété de se combiner avec la couleur pour former une laque insoluble, et en même temps à la fibre elle-même : c'est un trait d'union.

Généralement, le **mordançage** du tissu précède le trempage dans le **bain colorant**. Les principaux mordants sont le tanin et les sels d'aluminium, de fer et de chrome.

Quelques matières colorantes teignent sans mordant parce qu'elles se combinent directement à la fibre textile. D'autres insolubles sont réduites en poudre, mélangées intimement à une matière gélatineuse et fixées de cette manière.

L'impression, qui est une teinture par endroits à l'exclusion des autres, se fait à l'aide de machines apposant la couleur à l'endroit désiré. Plus souvent, on appose aux endroits qui ne doivent pas être teints une matière grasse ou céreuse qui ne prend pas la couleur lorsqu'on en imprègne toute la surface du tissu.

Actuellement, la plupart des matières colorantes sont obtenues en traitant les produits extraits de la distillation des goudrons de houille (couleur d'aniline ou couleur de houille).

EXERCICES

I. — On chauffe 13^{gr} de benzine pure avec de l'oxyde de cuivre CuO; on recueille 44^{gr} de CO^2 et 8^{gr} de vapeur d'eau H^2O. Le corps renferme-t-il de l'oxygène O? Quelle est sa teneur en carbone C? en hydrogène H? Poids atomique : $C = 12$, $H = 1$, $O = 16$.

II. — On chauffe de la fécule de pomme de terre avec de la chaux sodée ou de la soude $NaOH$. Les vapeurs sont sans action sur le papier de tournesol rougi; qu'est-ce que cela indique ?

III. — En chauffant avec CuO $16^{gr},2$ de ce même corps, l'on recueille $26^{gr},4$ de CO^2 et 9^{gr} de vapeur d'eau. Quelle est sa teneur en carbone C? en hydrogène?

IV. — Le poids de cuivre Cu que l'on retrouve en opérant dans le vide l'analyse précédente est $75^{gr},6$. Quel a été le poids de CuO décomposé? le poids d'oxygène O enlevé par la fécule? En déduire si cette substance contenait de l'oxygène O et, si oui, combien. Poids atomiques : $C = 12$, $H = 1$, $O = 16$, $Cu = 63$.

V. — Le jus d'un raisin renferme 150^{gr} de glucose $C^6H^{12}O^6$ par litre. Calculer les poids et les volumes d'alcool C^2H^6O et de CO^2 produits par la fermentation de 96 0/0 du glucose contenu dans 1.000^l de jus. Quelle est en volumes la teneur en alcool du vin obtenu? (Densité de l'alcool pur : 0,80.)

VI. — A 1.000^l de jus de raisin, on ajoute 684^{gr} de sucre $C^{12}H^{22}O^{11}$ qui se transforment en glucose $C^6H^{12}O^6$. Calculer le poids de ce dernier corps produit et la quantité d'alcool introduit dans le vin en admettant que les pertes s'élèvent à 10 0/0.

VII. — Les pommes renferment en poids 80 0/0 de jus à 10 0/0 de glucose $C^6H^{12}O^6$, et l'hectolitre de pommes pèse 64^{kg}. On en brasse 25^{hl}, et l'on en extrait par pressurage 800^l de jus. Quel est : 1° le poids du marc et de la glucose qu'il contient ? 2° la teneur en alcool du cidre de premier jet, si l'on évalue à 3 0/0 du poids des pommes la proportion de glucose qui passe dans cette boisson ?

VIII. — On ajoute au marc précédent 500^l d'eau et l'on admet que la glucose se répartit également dans cette eau et dans le jus des pommes. Quelle est la teneur en glucose et plus tard en alcool des 500^l de cidre de deuxième jet obtenus par pressurage ?

IX. — Calculer le poids de glucose restant dans le marc et la quantité d'eau-de-vie à 50 0/0 d'alcool que l'on peut en tirer par fermentation et distillation.

X. — Pour obtenir de la bière forte, on provoque la transformation de 108^{kg} d'amidon $C^6H^{10}O^5$ en glucose dans 100^l d'eau et la fermentation alcoolique du liquide obtenu. Quelle est, en volumes, la teneur 0,0 en alcool de la bière obtenue ?

XI. — Un vin renferme 69^{gr} d'alcool par litre ; quel poids d'acide acétique $C^2H^4O^2$ par litre renfermera le vinaigre obtenu avec ce vin ?

TABLE ALPHABÉTIQUE DES MATIÈRES

TABLE ANALYTIQUE DES MATIÈRES

LES AGENTS DE LA CHIMIE : L'AIR, L'EAU, LE FEU (COMBUSTIBLES)

MÉTALLOIDES

Tours. — Imp. DESLIS FRÈRES et Cⁱᵉ.